9

3次元リッチフローと幾何学的トポロジー

戸田 正人 著

新井 仁之・小林 俊行・斎藤 毅・吉田 朋広 編

共立講座 数学の輝き

共立出版

刊行にあたって

　数学の歴史は人類の知性の歴史とともにはじまり，その蓄積には膨大なものがあります．その一方で，数学は現在もとどまることなく発展し続け，その適用範囲を広げながら，内容を深化させています．「数学探検」，「数学の魅力」，「数学の輝き」の3部からなる本講座で，興味や準備に応じて，数学の現時点での諸相をぜひじっくりと味わってください．

　数学には果てしない広がりがあり，一つ一つのテーマも奥深いものです．本講座では，多彩な話題をカバーし，それでいて体系的にもしっかりとしたものを，豪華な執筆陣に書いていただきます．十分な時間をかけてそれをゆったりと満喫し，現在の数学の姿，世界をお楽しみください．

「数学の輝き」

　数学の最前線ではどのような研究が行われているのでしょうか？　大学院にはいっても，すぐに最先端の研究をはじめられるわけではありません．この第3部では，第2部の「数学の魅力」で身につけた数学力で，それぞれの専門分野の基礎概念を学んでください．一歩一歩読み進めていけばいつのまにか視界が開け，数学の世界の広がりと奥深さに目を奪われることでしょう．現在活発に研究が進みまだ定番となる教科書がないような分野も多数とりあげ，初学者が無理なく理解できるように基本的な概念や方法を紹介し，最先端の研究へと導きます．

編集委員

序　文

　2002年から2003年にかけてペレルマンがサーストンの幾何化予想の解決を主張するプレプリント [Per02], [Per03b] を公開してから10年以上が経った．その間に証明は多くの人たちによって検証され，すでに正当なものとして認められている．例えばクレイ研究所のミレニアム問題としてはポアンカレ予想は2010年に解決が宣言された．この予想とその解決を理解しようとする数学科の院生が本書の想定する読者である．具体的な目的は 1) サーストンの幾何化予想の主張を理解すること，2) 必要最小限の準備を行ったうえで予想の解決のための主なアイデア [Per02] を解説すること，3) 実際の予想の解決 [Per03b] の詳細を追うための準備を行うこと，の3つである．

　3次元多様体は連結和分解，JSJ-分解と呼ばれる2段階の分解を経て，一意的に基本部品に分解される．曲面はユークリッド幾何，球面幾何，双曲幾何のいずれかにより一意化されるが，同じような意味で3次元多様体の基本部品が等質的な幾何モデルを持つことを主張するのが幾何化予想である．この予想によれば3次元の基本部品はさらに5種類のモデルを加えた8種類のうちのいずれかの幾何モデルを持つことになる．とくにポアンカレ予想は，単連結な基本部品が球面幾何をモデルに持つ，という主張として幾何化予想に含まれる．

　与えられたリーマン計量を対称性の高いものに変形してこのような幾何モデルを与えようとするのは比較的素直なアイデアである．しかし曲面の場合とは異なり，3次元多様体の場合は2段階の分解の後の基本部品に幾何モデルが与えられるから，変形に伴って分解も実行する必要があり，そう簡単ではない．ペレルマンはリッチフローと呼ばれる発展方程式に従って計量を変形し，その特異性と長時間挙動を解析することにより2段階の分解をも実行して幾何化予想を解決した．幾何化予想をこのように解決する構想自体はもっと前からあり，ハミルトン・ヤウプログラムと呼ばれている．

ハミルトン・ヤウプログラムを理解，実行するためには幾何モデル，3次元多様体の分解，リッチフローとその特異性，長時間挙動を理解する必要があるが，本書の章立ても概ねこれに従っている．各章を読むために必要な予備知識とともに簡単に全体の構成を述べておく．第一章では幾何モデルの形式的定義を与え，同時に幾何モデルを持つ3次元多様体の具体例を見ていく．最終節で3次元の幾何モデルが8種類であることを見る．第二章では3次元多様体が一意的に基本部品に分解されることを見る．最後の節でサーストンの幾何化予想とハミルトン・ヤウプログラムについて述べて，目的の1) はこの章までで終える．ここまでは群論，代数的位相幾何，リーマン幾何などの初歩以上の予備知識は仮定しないが，リー群，ファイバー束にはある程度慣れ親しんでおく必要がある（これを超える内容については簡単なまとめを付録とした）．第三章からは主にリッチフローについて論ずる．第三章では準備として，とくに解析的な結論について述べる．最後の二節ではリーマン幾何について初歩以上の知識を要する．§3.5 に簡単に予備知識をまとめたが，必要ならば入門書を読んでから内容に入った方がよい．またこの章全体に放物型偏微分方程式の性質を論ずることが多い．証明まで立ち入っているものも多いが，一部は引用文献に譲る．第四章は §4.8 までで目的 2) の [Per02] の内容を見る．非負曲率空間の幾何が重要となるのでこれについては §4.4 と §4.5 にまとめた．最後の二節で目的3) の [Per03b] を概観する．[MT07], [KL08], [Kob11] などで詳細を追う前の準備として読むことを想定し，この部分は証明の詳細まで述べていない．

　末筆ではあるが，目次案すらなかなか決まらないなか筆者の遅々として進まない執筆を辛抱強く待っていただいた共立出版の赤城圭氏，校正を担当していただいた三浦拓馬氏，不備の多い原稿を注意深く読み，多くの有益な指摘をしていただいた査読者に感謝の意を表したい．

2017 年 2 月　戸田　正人

目 次

序 文 .... *iii*

第 1 章　幾何構造と双曲幾何 *1*
- 1.1　幾何構造の一般論　*1*
- 1.2　双曲モデルと双曲変換　*10*
- 1.3　双曲三角形の比較定理　*19*
- 1.4　多面体による構成　*25*
- 1.5　体積有限双曲多様体の構造　*32*
- 1.6　ファイバー束の幾何構造　*42*
- 1.7　幾何モデルの分類　*53*

第 2 章　3 次元多様体の分解 *61*
- 2.1　PL-構造と微分構造　*61*
- 2.2　3 次元多様体内の曲面　*73*
- 2.3　Heegard 分解と素因子分解　*84*
- 2.4　ループ定理と球面定理　*93*
- 2.5　ザイフェルト多様体　*103*
- 2.6　JSJ-分解　*111*
- 2.7　幾何化予想　*125*

第 3 章　リッチフローの基本定理 *129*
- 3.1　方程式と特殊解　*129*
- 3.2　初期値問題　*139*
- 3.3　最大値原理の一般論　*147*
- 3.4　最大値原理の応用　*159*

3.5　ヤコビ場の評価　*169*

　3.6　局所評価　*184*

　3.7　コンパクト性　*195*

第4章　リッチフローの特異性 207

　4.1　局所 $\mathcal{L}$-幾何　*207*

　4.2　局所非崩壊定理　*218*

　4.3　共役熱方程式と $\mathcal{L}$-幾何　*226*

　4.4　リーマン幾何からの準備　*235*

　4.5　非負曲率空間の幾何　*247*

　4.6　κ 解の性質　*257*

　4.7　κ 解の分類　*265*

　4.8　標準近傍定理　*276*

　4.9　特異時刻における連結和分解　*285*

　4.10　長時間挙動　*294*

付録　ファイバー束と主束の接続 305

参考文献 313

索　引 318

第1章 ◇ 幾何構造と双曲幾何

　本章では幾何構造について述べる．サーストンプログラムは3次元多様体に標準分解を施した後，分解の成分を幾何構造に基づいて分類するという構想であり，3次元多様体の全体像を理解するために重要な視点である．標準分解自体はサーストンプログラム以前に整備されていて，古典的3次元多様体論の最大の成果の一つだが，これについては次章で述べる．先に幾何構造について述べるのは単にサーストンプログラムを理解するためだけでなく，幾何構造の力を借りて3次元多様体を具体的に理解できるからである．多様体上の構造の一般論から始めて，「ジェネリック」な3次元多様体の幾何構造である双曲幾何について詳説した後，ファイバー構造や葉層構造に関連した幾何構造を持つ3次元多様体について触れ，最後に3次元幾何モデルの分類を行う．参考にした文献は多いが，サーストン本人による直感的な [Thu97] をとくに挙げておく．

1.1　幾何構造の一般論

　位相多様体は局所的に $\mathbb{R}^n$ の開集合と位相同型なハウスドルフ空間として定義される．このことを非公式に「多様体は $\mathbb{R}^n$ を（局所）モデルとする空間である」などという．このとき2つの局所座標の座標変換はモデルの開集合の間の位相同型となる．例えば座標変換の可微分性も仮定すれば位相多様体は可微分構造を持つことになる．この意味でのモデルと座標変換により空間に構造を定めるための一般的な用語をまず用意する．

定義 1.1（**亜群と $\mathcal{G}$-多様体**）　X を位相空間とする．X の開集合 Ω_1, Ω_2 の間の位相同型写像 $\phi : \Omega_1 \to \Omega_2$ に対して，$\mathrm{Dom}(\phi) = \Omega_1, \mathrm{Range}(\phi) = \Omega_2$ とおく．X の開集合の間の位相同型写像のなす集合 $\mathcal{G}$ が次の条件を満たすとき，$\mathcal{G}$ を X 上の**亜群**という．

1. $X = \bigcup_{\phi \in \mathcal{G}} \mathrm{Dom}(\phi)$
2. $\phi \in \mathcal{G}$ の開集合 $\Omega \subset \mathrm{Dom}(\phi)$ への制限 $\phi|_\Omega$ も $\mathcal{G}$ に属する．
3. $\mathrm{Range}(\phi) = \mathrm{Dom}(\psi)$ を満たす $\phi, \psi \in \mathcal{G}$ の合成 $\psi \circ \phi$ も $\mathcal{G}$ に属する．
4. $\phi \in \mathcal{G}$ ならば ϕ^{-1} も $\mathcal{G}$ に属する．
5. 位相同型 $\phi : \Omega_1 \to \Omega_2$ が与えられたとき，任意の点 $x \in \Omega_1$ の開近傍 $U \subset \Omega_1$ で $\phi|_U \in \mathcal{G}$ を満たすものが存在するならば，ϕ は $\mathcal{G}$ に属する．

ハウスドルフ空間 M の開被覆 $\{U_\alpha\}_\alpha$ と X の開集合 Ω_α への位相同型 $\phi_\alpha : U_\alpha \to \Omega_\alpha$ が与えられていて，その座標変換 $\phi_\beta \circ \phi_\alpha^{-1} : \phi_\alpha(U_\alpha \cap U_\beta) \to \phi_\beta(U_\alpha \cap U_\beta)$ が全て亜群 $\mathcal{G}$ に属するとき，$\{(U_\alpha, \phi_\alpha)\}_\alpha$ を $\mathcal{G}$-座標系といい，各々の (U_α, ϕ_α) を $\mathcal{G}$-局所座標という．M 上の極大 $\mathcal{G}$-座標系を $\mathcal{G}$-**構造**といい，$\mathcal{G}$-構造が与えられたハウスドルフ空間を $\mathcal{G}$-**多様体**という．

2つの $\mathcal{G}$-多様体 M_1, M_2 とその間の連続写像 $f : M_1 \to M_2$ が与えられた時，M_1 の各点 x のまわりの $\mathcal{G}$-局所座標 (U, ϕ) と $f(x)$ のまわりの $\mathcal{G}$-局所座標 (V, ψ) が存在して，$\psi \circ f \circ \phi^{-1} \in \mathcal{G}$ となるとき，f を $\mathcal{G}$-写像といい，f がさらに位相同型であるとき，f を $\mathcal{G}$-位相同型写像という．

実際には X は構造がよく分かっている典型的な空間，とくにそれ自身多様体であるものを選ぶ．X の開集合の間の位相同型のなす亜群を $\mathcal{H}omeo(X)$ とし，X が多様体の場合，開集合の間の C^∞ 級微分同相のなす亜群を $\mathcal{D}iff(X)$ と書くことにする．また，以下様々な亜群について $\mathcal{H}omeo_n = \mathcal{H}omeo(\mathbb{R}^n)$ などと略記し，次元が重要でなければ添字 n も省略することにする．この記法によれば位相多様体，可微分多様体はそれぞれ $\mathcal{H}omeo$-多様体，$\mathcal{D}iff$-多様体の言い換えである．上半平面 $\mathbb{R}^n_+$ を用いて，$\mathcal{H}omeo(\mathbb{R}^n_+), \mathcal{D}iff(\mathbb{R}^n_+)$ を考えれば境界付き多様体が得られる．位相多様体上の構造として可微分構造の他に次の構造もよく考察の対象になる．

● **例 1.2**（PL 構造） 単体複体の $\mathbb{R}^n$ へのアファイン埋め込みの像を多面体という．$\phi \in \mathcal{H}omeo_n$ に対して，$\mathrm{Dom}(\phi)$ を含む多面体 P が存在して，P の各単体上で ϕ がアファイン写像となるとき，ϕ を **PL-位相同型**という．PL-位相同型全体は亜群 $\mathcal{P}l$ をなす．（3., 5. の条件は $\mathbb{R}^n$ の2つの多面体の和集合は単体

複体を適当に細分することでやはり多面体となること [Mun61, §7] から従う）各単体上でアファインであることの代わりに単体の近傍で微分同相であるという条件を満たす位相同型を PS-位相同型という．PS-位相同型全体が亜群をなさないことはすぐに分かるだろう．PS-位相同型は PL 構造と微分構造を比較するときに補助的に用いられる．$\mathcal{P}l$-多様体は単体複体の構造（命題 2.1）を持つので，組み合わせ的に多様体を調べるために便利な構造である．

例 1.2 において PL-位相同型の代わりに単純にアファイン位相同型を考えるとどうなるだろうか．この変更で全く新しい構造が定まるのだが，少し技術的な注意をしておこう．$\mathbb{R}^n$ のアファイン自己位相同型全体は合成に関して群 $\mathrm{Aff}(\mathbb{R}^n)$ を成しており，しかも開集合への制限は $\mathrm{Aff}(\mathbb{R}^n)$ の元を一意に決定するというある種の剛性を持つ．このことから，$\mathrm{Aff}(\mathbb{R}^n)$ の開集合への制限全体 $\mathcal{G}_0$ は定義 1.1 の 5. 以外の性質を満たすが，非連結開集合の連結成分ごとに異なる $\mathrm{Aff}(\mathbb{R}^n)$ の元を制限して得られる位相同型は 5. の仮定を満たすにもかかわらず $\mathcal{G}_0$ に属さない．この場合は単に $\mathcal{G}_0$ の代わりに局所アファイン位相同型全体 $\mathcal{A}ff_n$ を考えれば，亜群を得ることができる．一般的にいえば $\mathcal{G}_0$ の生成する亜群，つまり $\mathcal{G}_0$ を含む最小の亜群が $\mathcal{A}ff_n$ ということになる．$\mathcal{A}ff$-構造をアファイン構造という．

• 例 1.3（アファイン構造とユークリッド構造）n 次元トーラス $\mathbb{R}^n/\mathbb{Z}^n$ 上にはアファイン構造を与えることができる．この場合，$\mathbb{R}^n$ の座標をそのまま用いれば，$\mathcal{A}ff$-座標系として，その変換が全て $\mathbb{R}^n$ の局所平行移動であるようなものを選ぶことができる．したがって，$\mathcal{E}uc$ でユークリッド合同変換の制限全体の生成する亜群を表すことにすると $\mathbb{R}^n/\mathbb{Z}^n$ は $\mathcal{E}uc$-構造（**ユークリッド構造**）を与えることもできる．$\mathbb{R}^n$ の局所平行移動全体も亜群 $\mathcal{T}$ をなすのでもっと亜群を小さくとることもできる．これらの亜群には $\mathcal{T} \subset \mathcal{E}uc \subset \mathcal{A}ff$ なる包含関係がある．このようにある多様体上の構造を定める亜群を小さくとりなおすことを構造を制約するといい，逆により大きな亜群にとりなおすとき，構造を緩和するということにする．

乗法群 $\mathbb{C}^\times$ の元 z で $|z| \neq 1$ を満たすものをとり，z が生成する部分群 Z で割った商群 $T_z = \mathbb{C}^\times/Z$ は 2 次元トーラスと微分同相である．この場合も

$\mathbb{C}^\times = \mathbb{R}^2 \setminus \{0\}$ 上の座標をそのまま用いて，$\mathcal{A}ff$-座標系を構成できる．このとき，座標変換は相似変換で与えられるので，相似変換群 Sim_2 の生成する亜群 $\mathcal{S}im$ に構造を制約することもできる．

$\mathcal{A}ff \subset \mathcal{P}l$ であるから，アファイン構造は PL-構造の制約である．PL-構造とアファイン構造は定義は似ているが，実際にはアファイン構造を持つ多様体はずっと少ない．例えば可微分多様体はかならず PL-構造を持つが，アファイン多様体は位相的な制約を受ける（例 1.8）．このように可微分構造や PL-構造などとは異なり，アファイン構造のようにリー群の作用により与えられる構造はかなり特別な性質を持っている．次の定義をしておく．

定義 1.4 単連結可微分多様体 X へのリー群 G の推移的な作用 $\rho : G \to \mathrm{Diff}(X)$ が定まっているとする．さらに，作用は剛性を持つものとする．つまり $\rho(g_1)$ と $\rho(g_2)$ が X の空でない開集合上一致しているならば，$g_1 = g_2$ であるとする．このとき，$\rho(g)$ の開集合上への制限全体の生成する X 上の亜群 $\mathcal{G}$ の定める $\mathcal{G}$-構造を (G, X)-**構造**あるいは (G, X)-**幾何**といい，種々の用語の接頭辞「$\mathcal{G}$-」を「(G, X)-」に置き換えて用いる．

注意 1.5 ここで作用とは ρ が自己微分同相群 $\mathrm{Diff}(X)$ への準同型で，$\tilde\rho : G \times X \ni (g, x) \mapsto \rho(g)x \in X$ が可微分写像であることを意味する．ρ が単射であるとき，とくに作用は効果的であるという．また作用が推移的とは任意の二点 $x, y \in X$ に対して $\rho(g)x = y$ なる $g \in G$ が存在することである．以下そのほうが分かりやすい場合は $\rho(g)x$ を gx と略記する．

注意 1.6 論理的には接頭辞は (G, X) ではなくて ρ であるべきだが，具体的な構造についてはかえって分かりにくくなるので，(G, X) を用いることにする．

例えばアファイン構造，ユークリッド構造はそれぞれ $(\mathrm{Aff}(\mathbb{R}^n), \mathbb{R}^n)$-構造，$(\mathrm{Isom}(\mathbb{R}^n), \mathbb{R}^n)$-構造のことである．ここで $\mathrm{Isom}(X)$ は距離空間 X の自己等長写像全体のなす群を表す．

M を (G, X)-多様体とすると，M の局所座標をそのまま持ちあげる事により M の被覆上にも自然に (G, X)-構造が定まる．M の普遍被覆を $\tilde M$ とするとき，(G, X)-写像 $\tilde M \to X$ を**展開写像**という．

1.1 幾何構造の一般論

命題 1.7 連結 (G,X)-多様体 M は展開写像を持つ．また，2 つの展開写像 $f_1, f_2 : \tilde{M} \to X$ が与えられた時，$\rho(g) \circ f_1 = f_2$ を満たす $g \in G$ がただ一つ存在する．

証明 後半の主張をまず示す．展開写像を $x \in \tilde{M}$ の十分小さな連結近傍 U に制限すると，$\tilde{M}$ 上の (G,X)-局所座標を与える．2 つの展開写像 f_1, f_2 が与えられた時，このように定められる局所座標の座標変換は $g \in G$ の X への作用の変換で与えられ，作用が剛性を持つことから，このような $g = g(x) \in G$ は U 上一意に決まる．つまり，局所定数写像 $g: \tilde{M} \to G$ が存在して，$f_2(x) = \rho(g(x)) \circ f_1(x)$ が成り立っている．M の連結性から後半の主張が従う．

展開写像を構成しよう．$p \in M$ とそのまわりの連結な (G,X)-局所座標 (U_0, ϕ_0) を一つ固定して，$p \in M$ と $q \in M$ を結ぶ連続曲線 $\gamma : [0,1] \to M$ をとる．さらに $[0,1]$ を小区間 $I_i = [t_i, t_{i+1}]$ $i = 0, \ldots, N$ に分割して，$\gamma(I_i)$ が M 上のある (G,X)-局所座標 (U_i, ϕ_i) に含まれるようにとる．このとき，$U_i \cap U_{i+1}$ の $\gamma(t_{i+1})$ を含む連結成分 V_i 上では座標変換 $\phi_{i+1} \circ \phi_i^{-1}$ はある $g_i \in G$ の作用で与えられている．したがって，局所座標関数 ϕ_{i+1} をすべて $\rho(g_1 \ldots g_i)^{-1} \circ \phi_{i+1}$ にとりかえると V_i 上で $\phi_i \equiv \phi_{i+1}$ であると仮定してよい．このような区間の分割と曲線に沿った局所座標の列 (U_i, ϕ_i) のとり方によらず終点の像 $\phi_N(q)$ が定まることは，作用の剛性により容易に確かめられる．

さらに $\phi_N(q)$ が γ のホモトピー類にのみよることを示せば，$\tilde{p} \in \pi^{-1}(p)$ を始点とする γ のリフト $\tilde{\gamma}$ を考えて，$f(\tilde{\gamma}(1)) = \phi_N(q)$ と定めることにより展開写像 f が構成できる．これを見るには，γ の代わりにホモトピー $h: [0,1]^2 \to M$ についても同様の構成を行えばよい．$h(0,t) = \gamma(t), h(1,t) = \gamma_1(t), h(s,0) = p, h(s,1) = q$ を満たしているものとする．2 次元区間 $[0,1]^2$ を十分小さい小区間 $\{I_i \times J_j\}_{0 \leq i,j \leq N}$ に分割して $h(I_i \times J_j)$ がある局所座標 $(U_{ij}, \phi_{i,j})$ に含まれるようにとる．2 つの小区間が境界の線分 σ を共有するとき，座標近傍の交わりの $h(\sigma)$ を含む連結成分上で対応する局所座標が一致するように G の元の作用により局所座標をとりなおしていく．まず原点を含む区間 $I_0 \times J_0$ から y 軸に沿って $I_0 \times J_1, \ldots$ は最初に選んだ局所座標 (U_0, ϕ_0) に含まれているものとしてよい．次に x 軸に沿って右に移り，$I_1 \times J_0, \ldots, I_1 \times J_N$, さらに

$I_2 \times J_0, \ldots, I_2 \times J_N$ と順に $\phi_{i,j}$ をとりかえていく．このとき，$I_{i+1} \times J_{j+1}$ に隣り合う2つの小区間 $I_i \times J_{j+1}, I_{i+1} \times J_j$ に対して，$h(I_i \times J_{j+1}), h(I_{i+1} \times J_j)$ を含む局所座標 $(U_{i,j+1}, \phi_{i,j+1}), (U_{i+1,j}, \phi_{i+1,j})$ がすでに決まっていて，$I_{i+1} \times J_{j+1}$ の境界の2つの辺 σ_0, σ_1 上でそれぞれ $\phi_{i,j+1}, \phi_{i+1,j}$ と同時に一致するように座標 $\phi_{i+1,j+1}$ をとりかえなければならない．しかし，σ_0, σ_1 は一点 z を共有し，$\phi_{i,j}$ を介して $h(z)$ の近傍上ですでに $\phi_{i,j+1}, \phi_{i+1,j}$ は一致しているから，$h(\sigma_0)$ 上で $\phi_{i,j+1}$ と一致するように局所座標 $(U_{i+1,j+1}, \phi_{i+1,j+1})$ をとりかえれば，剛性から $h(\sigma_1)$ 上で $\phi_{i+1,j}$ と一致することになる．同様な座標のとりかえを繰り返すと $[0,1]^2$ の小区間 $I_i \times J_j$ への分割と $h(I_i \times J_j)$ のまわりの局所座標 $(U_{i,j}, \phi_{i,j})$ が構成され，これらは $h(I_i \times J_j \cap I_k \times J_l)$ の近傍上では $\phi_{i,j} = \phi_{k,l}$ を満たしている．これを $[0,1]^2$ の境界のそれぞれの辺に制限すると，曲線 γ, γ_1 及び自明な曲線 $s \mapsto h(s,1) \equiv q$ に対して，区間の分割と曲線に沿った局所座標の列が得られるから，ホモトピックな曲線 γ, γ_1 の終点における像の一致 $\phi_{N,0}(q) = \phi_{N,N}(q)$ が従う． ∎

$\tilde{M}$ 上の (G, X)-構造の定め方から $z \in \pi_1(M, p)$ が $\tilde{M}$ に定める被覆変換 σ_z は (G, X)-自己位相同型を定める．とくに展開写像 $f : \tilde{M} \to X$ が与えられると $f \circ \sigma_z = \rho(g_z) \circ f$ を満たす $g_z \in G$ が定まる．明らかに $H_f : \pi_1(M, p) \ni z \mapsto g_z \in G$ は準同型である．H_f を**ホロノミー準同型**と呼び，像 $H_f(\pi_1(M, p))$ を**ホロノミー群**という．展開写像を $\rho(g_0) \circ f$ にとりかえると，ホロノミー準同型は共役 $H_{\rho(g_0) \circ f} = g_0 H_f g_0^{-1}$ となる．また (G, X)-多様体 M_1, M_2 の間の (G, X)-同相写像 $\phi : M_1 \to M_2$ の普遍被覆への持ち上げ $\tilde{\phi} : \tilde{M}_1 \to \tilde{M}_2$ と M_2 の展開写像 f に対して $f \circ \tilde{\phi}$ は M_1 の展開写像である．$\tilde{\phi}$ が $\tilde{\phi} \circ \sigma_z^1 = \sigma_{\phi_\sharp(z)}^2 \circ \tilde{\phi}$ なる同変性を持つことに注意すると，同型 $\phi_\sharp : \pi_1(M_1, p) \to \pi_1(M_2, \phi(p))$ に対して $H_{f \circ \tilde{\phi}} = H_f \circ \phi_\sharp$ が従う．とくにホロノミー群の共役類は M の (G, X)-位相同型類のみで定まる．

- **例1.8** 例1.3のユークリッドトーラス $\mathbb{R}^n / \mathbb{Z}^n$ の展開写像はもちろん恒等写像 $\mathbb{R}^n \to \mathbb{R}^n$ となり，ホロノミーは $\mathbb{Z}^n = \pi_1(\mathbb{R}^n / \mathbb{Z}^n)$ を $\mathbb{R}^n$ の整数ベクトルによる平行移動に埋め込む準同型である．一方，$T_z = \mathbb{C}^\times / Z$ の展開写像は $\mathbb{C}^\times$ の普遍被覆写像 $\exp : \mathbb{C} \to \mathbb{C}^\times \subset \mathbb{C} \simeq \mathbb{R}^2$ となり，そのホロノミー準同型 H につい

て $\ker H \simeq \mathbb{Z}$ が成り立ち，ホロノミー群は Z である．とくに，この場合は展開写像は単射でも全射でもないし，ホロノミー準同型の核は非自明である．

命題 1.7 から導かれるアファイン多様体の位相的な制約についていくつか例を挙げてみる．単連結アファイン多様体 M が与えられたとき，展開写像 $f : M \to \mathbb{R}^n$ は定義から局所微分同相である．とくにこのことからアファイン多様体の普遍被覆はコンパクトではないので，例えば球面はアファイン構造を持たないことが分かる．また $\mathbb{R}^n$ のベクトル場は f により M 上のベクトル場に持ち上がるので，とくに M 上には線形独立な n 本のベクトル場で $\mathcal{A}ff$-局所座標上で定ベクトルで局所表示されるものが存在し，したがってアファイン多様体の普遍被覆の接ベクトル束は自明である．

【演習 1.9】 例 1.3 においてアファイン構造を与えた二次元トーラス T_{z_1}, T_{z_2} が互いにアファイン位相同型になるための z_1, z_2 の条件を求めよ．またユークリッドトーラス $\mathbb{R}^2/\mathbb{Z}^2$ とアファイン位相同型になるか．

一般には展開写像は局所位相同型だが必ずしも被覆写像であるとも単射であるとも限らない．しかしもし被覆写像ならば，X の単連結性から展開写像は位相同型であり，したがって，ホロノミー準同型は単射である．展開写像が被覆写像となるための条件を考えよう．よく知られているのは X が単連結リーマン多様体で，$G = \mathrm{Isom}(X)$ が推移的に作用しているケースである．この場合，(G, X)-写像は局所等長写像で，X のリーマン計量は局所座標を介して (G, X)-多様体にリーマン計量を定める．(G, X)-多様体がリーマン多様体として完備であれば，次のよく知られたホップ・リノウの定理の系により展開写像は被覆写像となる．

定理 1.10 完備リーマン多様体 $(\tilde{M}, \tilde{g})$ から連結リーマン多様体 (M, g) への局所等長写像 $\pi : \tilde{M} \to M$ は被覆写像．

証明 まず π の全射性を確かめる．π は局所等長なので $\pi(\tilde{M})$ は M の開集合である．$\pi(\tilde{M})$ の補集合も開集合であることを示すには $p \in M$ の正規座標近傍 $U(p, r) = \mathrm{Int}\, B(p, r)$ に対して $q \in \pi(\tilde{M}) \cap U(p, r)$ ならば $p \in \pi(\tilde{M})$ である

ことを示せばよい．q から p への最短正規測地線 $c : [0, r_0] \to U(p, r)$ に対して，$\tilde{q} \in \pi^{-1}(q)$ と $d\pi(\tilde{V}) = \dot{c}(0)$ を選び，$\tilde{V} \in T_{\tilde{q}}\tilde{M}$ を初期ベクトルとする測地線 $\tilde{c}$ を考える．ホップ・リノウの定理から持ち上げ $\tilde{c}$ の定義域は $\mathbb{R}$ 全体に延長できる．π は局所等長写像なので $\pi \circ \tilde{c}$ も測地線であり，c と一致するので，$p = c(r_0) = \pi(\tilde{c}(r_0))$，とくに $p \in \pi(\tilde{M})$ である．あとは正規座標近傍 $U(p, r)$ の逆像が交わりのない和集合 $\pi^{-1}(U(p, r)) = \bigsqcup_{\tilde{p} \in \pi^{-1}(p)} U(\tilde{p}, r)$ で書け，その各成分上で π が微分同相であることを示せばよい．

まず，$\pi : U(\tilde{p}, r) \to U(p, r)$ が微分同相であることを示す．局所等長写像は測地線を測地線に移すから，

$$\pi \circ \exp_{\tilde{p}} = \exp_p \circ \, d\pi \tag{1.1}$$

である．T_pM の原点 0 の r-近傍 $D_r(p)$ 上 $\exp_p$ は微分同相を導くことから，(1.1) の右辺は $D_r(\tilde{p})$ 上で微分同相．とくに $\exp_{\tilde{p}}$ は $D_r(\tilde{p})$ 上単射で，完備性から全射も従うので $\exp_{\tilde{p}} : D_r(\tilde{p}) \to U(\tilde{p}, r)$ は微分同相となる．このことから $\pi : U(\tilde{p}, r) \to U(p, r)$ が微分同相であることが分かる．$\pi^{-1}(U(p, r)) \subset \bigcup_{\tilde{p} \in \pi^{-1}(p)} U(\tilde{p}, r)$ を確かめるには冒頭の議論を繰り返せばよい（逆の包含関係は自明である）．すなわち $\tilde{q} \in \pi^{-1}(U(p, r))$ に対して，$q = \pi(\tilde{q}) \in U(p, r)$ から p へ結ぶ最短測地線 $c : [0, r_0] \to M$ を $\tilde{q}$ において $\tilde{c}$ に持ち上げると，$\pi \circ \tilde{c} = c$ であるから，$\tilde{p} = \tilde{c}(r_0) \in \pi^{-1}(p)$ となり，$\tilde{q} \in U(\tilde{p}, r)$ を得る．最後に $\tilde{p}_0 \neq \tilde{p}_1 \in \pi^{-1}(p)$ に対して，$U(\tilde{p}_0, r) \cap U(\tilde{p}_1, r) = \emptyset$ を確かめる．もしそうでなければ $\tilde{p}_0, \tilde{p}_1$ を結ぶ最短測地線 γ は長さ $< 2r$ となる．γ の π による像は $U(p, r)$ 内の p を基点とする測地閉曲線となり，$U(p, r)$ が正規座標近傍であることに反する． ■

可微分多様体 X にリー群 G が作用しているとき，$x_0 \in X$ における**固定化群** $G_{x_0} = \{g \in G \mid gx_0 = x_0\}$ は G の閉部分リー群をなす．G_{x_0} の作用の微分は $T_{x_0}X$ の自己同型を導き，線形表現 $dL : G_{x_0} \to \mathrm{GL}(T_{x_0}X)$ が得られる．また X 上のリーマン計量 Q であって $Q_{gy}(gV, gW) = Q_y(V, W)$ $g \in G$, $y \in X$, $V, W \in T_yX$ を満たすものを X の G-**不変計量**という．

<u>**補題 1.11**</u> X を可微分多様体，G をリー群とする．G が X に推移的に作用しているとき，X 上に G-不変計量が存在するための必要十分条件は $dL(G_{x_0}) \subset$

1.1 幾何構造の一般論

$\mathrm{GL}(T_{x_0}X)$ が相対コンパクトであることである.

証明 x_0 における接ベクトル空間 $T_{x_0}X$ は他の点 $x = gx_0$ における接ベクトル空間 T_xX と $g \in G$ の左作用の微分 dL_g の導く線形同型 $dL_g : T_{x_0}X \to T_xX$ で同一視される.$x = gx_0$ となるような $g \in G$ の集合は剰余類 gG_{x_0} と一致しているので,ベクトル空間 $T_{x_0}X$ の内積 Q_0 で線形変換群 $dL(G_{x_0})$ で不変なものが与えられていれば,$Q_x(V, W) = Q_0(dL_g^{-1}V, dL_g^{-1}W)$ とすることにより X 上の G-不変計量 Q が定まる.逆に G 不変計量 Q はこの仕方で得られるので,結局 G-不変計量と $T_{x_0}X$ の $dL(G_{x_0})$-不変内積は一対一に対応する.$T_{x_0}X$ が $dL(G_{x_0})$-不変内積 Q_0 を持てば,$dL(G_{x_0})$ は Q_0 に関する直交群に含まれるので相対コンパクト.また,閉包 $K = \overline{dL(G_{x_0})}$ がコンパクト群であれば,任意に与えた計量 Q_1 を $Q_0(V, W) = \int_K Q_1(kV, kW)d\mu(k)$ と K 上のハール測度 $d\mu$ を用いて平均すれば K-不変内積 Q_0 が得られる. ∎

系 1.12 リー群 G が単連結可微分多様体 X に効果的,推移的に作用しているものとする.X への G の作用の固定化群がコンパクトであるとき,X 上には G-不変計量 Q が存在して,(G, X)-構造が定まる.

証明 G の推移的な作用から,(X, Q) の単射半径はどの点でも一定であるからとくに完備リーマン多様体である.G の作用の剛性を示せばよい.完備性から $p, x \in X$ に対して p, x を結ぶ最短測地線 γ が存在するが,$g \in G$ に対して最短測地線 $g\gamma$ は始点 gp での初期ベクトル $g\dot\gamma(0)$ で定まるから,$p \in X$ の近傍における $g \in G$ の作用が定まれば,gx が決まる. ∎

さらに定理 1.10 と補題 1.11 から次が従う.

系 1.13 (G, X) を系 1.12 のとおりとする.(G, X)-多様体 M に自然に導かれるリーマン計量 Q_M に関して (M, Q_M) が完備リーマン多様体ならば M の展開写像 $f : (\tilde M, Q_{\tilde M}) \to (X, Q)$ は等長写像で,ホロノミー準同型 H は単射となる.このとき,(G, X)-位相同型

$$M \simeq \pi_1(M) \backslash \tilde M \simeq H(\pi_1(M)) \backslash X$$

が導かれる．とくに G-不変計量に関して完備な (G,X)-多様体の (G,X)-位相同型類はホロノミー群（の共役類）で決まる．

1.2 双曲モデルと双曲変換

(G,X)-構造に対して G-不変計量 Q が与えられているものとする．このとき固定化群 G_{x_0} は単射準同型 $\rho\colon G_{x_0} \to O(T_{x_0}M)$ を導く．また $G_{x_0}^0 = \rho^{-1}(\mathrm{SO}(T_{x_0}M))$ は固定化群のうち，単連結多様体 X の向きを保って作用するもの全体である．$\rho(G_{x_0}^0) = \mathrm{SO}(T_{x_0}M)$ であるとき，(G,X)-構造は**等方的**であるという．$T_{x_0}M$ の $\mathrm{SO}(T_{x_0}M)$-不変内積は定数倍を除いて一意的なので，このとき，G-不変計量 Q も定数倍を除いて決まる．また G は等長写像として X に作用し，$\mathrm{SO}(T_{x_0}M)$ は $T_{x_0}M$ の 2 次元部分空間のなすグラスマン多様体 $G_2(T_{x_0}M)$ に推移的に作用するので，(X,Q) の（x_0 における）断面曲率は $T_{x_0}M$ のどの平面に対しても一定である．したがって，等方的な (G,X)-多様体の G-不変計量は定曲率を持つ．よく知られているように完備定曲率空間は計量の定数倍を除いてユークリッド空間 $\mathbb{R}^n$（曲率 0），球面 S^n（曲率 1），双曲空間 $\mathbb{H}^n$（曲率 -1）のいずれかである．球面幾何やユークリッド幾何について基本的なことを見ておこう．

● 例 1.14（**球面幾何**）　球面 S^n のリーマン計量は球面をユークリッド空間 $\mathbb{R}^{n+1}$ の単位球面として埋め込んだとき，ユークリッド計量の制限として実現する．とくに，$\mathbb{R}^{n+1}$ の直交変換群 $O(n+1)$ は S^n を保つ $\mathbb{R}^{n+1}$ の等長写像として $\mathbb{R}^{n+1}$ に作用するから，S^n にも等長写像を導く．$O(n+1)$ のこの作用は推移的，等方的であるが，このことから S^n の等長変換は全てこの仕方で得られる．実際系 1.12 の議論により等長変換 ι による測地線 γ の像 $\iota\gamma$ は初期ベクトル $d\iota_p(\dot{\gamma}(0))$ で決まるから X の等長変換は $\iota(p)$ と $d\iota_p$ の 2 つのデータにより完全に決定する．とくに作用が推移的，等方的ならばありうる全てのデータがすでにつくされているので他の可能性はない．

また，$m \leq n$ に対して，S^n と $\mathbb{R}^{n+1}$ の $m+1$ 次元線形部分空間 P_m の交わり $S^n \cap P_m$ は S^m の全測地的等長埋め込みである．実際 P_m に関する鏡像変換

$P_m \oplus P_m^\perp \ni (v, v^\perp) \mapsto (v, -v^\perp) \in P_m \oplus P_m^\perp$ は直交変換で $S^n \cap P_m$ はその固定点集合であるから，$S^n \cap P_m$ に沿う初期ベクトル，つまり鏡像変換で固定される初期ベクトルを持つ S^n の測地線は必然的に鏡像変換で固定される．もっと一般に P_m が $\mathbb{R}^{n+1}$ のアフィン部分空間で原点からの距離が <1 であるとき，$S^n \cap P_m$ は S^m と微分同相である．これを m-部分球面と呼ぶ．もちろん，これが全測地的となるのは P_m が原点を含む場合だけである．

双曲幾何も同様に記述してみよう．$\mathbb{R}^{n+1}$ のミンコフスキー内積を $((x,y)) = -x_0 y_0 + x_1 y_1 + \cdots + x_n y_n$，対応する $(n,1)$-型の非退化二次形式を $q_{n,1}(x) = ((x,x))$ とする．念の為実二次形式に関する用語と主張を述べておく．

補題 1.15 q を有限次元実ベクトル空間 V 上の二次形式とする．$((,))$ を対応する双線形形式として，線形部分空間 W に対して直交空間 $W^\perp$ を

$$W^\perp = \{v \in V \mid ((v,w)) = 0 \quad \text{for any } w \in W\}$$

で定める（一般に $W^\perp$ は W の補空間とは限らない）．$V^\perp$ を q の**零空間**といい，その次元を**退化次元**という．退化次元が 0 であるとき q は**非退化**であるという．V の線形部分空間 V_0 で $q|_{V_0}$ が正定値（負定値）となるようなものの最大次元を $k(l)$ とするとき，$q \backslash V_0$ や V_0 を (k,l)-型という．W, W_1, W_2 を V の線形部分空間，q が非退化 (k,l)-型であるとき，次の命題が成り立つ．

1. $\dim W + \dim W^\perp = \dim V$, $(W^\perp)^\perp = W$ が成り立つ．また $(W_1 + W_2)^\perp = W_1^\perp \cap W_2^\perp$ であり，$W_1 \subset W_2$ ならば $W_2^\perp \subset W_1^\perp$ が従う．
2. $V = W \oplus W^\perp$ であることと W が非退化であることは同値である．とくに W が非退化 (k_1, l_1)-型ならば $W^\perp$ は非退化 $(k - k_1, l - l_1)$-型である．
3. V の基底 $\{v_1, \ldots, v_{k+l}\} \in V$ で $((v_i, v_j)) = \varepsilon_i \delta_{ij}$ を満たすものが存在する．ここで，$i \leq l$ のとき，$\varepsilon_i = -1$，そうでないとき $\varepsilon_i = 1$ とする．
4. m 次元部分空間 N に対して $q|_N = 0$ であるとき，非退化 (m,m)-型部分空間 H で N を含むものが存在する．とくに $m \leq \min(k, l)$ である．
5. $q|_W$ の退化次元が m，(k_1, l_1)-型ならば $q|_{W^\perp}$ も同じ退化次元 m をもち，$(k - k_1 - m, l - l_1 - m)$-型である．とくに $l = 1$ の場合，部分空間上で q が非退化でなければ退化次元 1 で半正定値でなければならない．

● **例1.16** n 次元双曲面 $\tilde{H} = \{x \in \mathbb{R}^{n+1} \mid q_{n,1}(x) = -1\}$ は2つの連結成分を持つ．このうち，$p_0 = (1, 0, \ldots, 0)$ を含む成分を $\mathbb{H}^n$ とする．このとき，$\mathbb{R}^{n+1}$ の各点の接ベクトル空間 $T_x\mathbb{R}^{n+1}$ を $\mathbb{R}^{n+1}$ と標準的に同一視し，これにミンコフスキー内積 $((,))$ を与えておくと，$T_x\mathbb{H}^n$ は直交空間 $x^\perp$ と同一視される．$q_{n,1}(x) = -1$ であるから補題1.15 2. から $q_{n,1}|_{T_x\mathbb{H}^n}$ は $(n, 0)$-型となり，$((,))$ は $\mathbb{H}^n$ 上のリーマン計量（定曲率計量）$g_{\mathbb{H}^n}$ を与える．$q_{n,1}$ に関する直交群を

$$O(n,1) = \left\{ g \in \mathrm{GL}_{n+1}(\mathbb{R}) \mid q_{n,1}(gx) = q_{n,1}(x) \quad \text{for all } x \in \mathbb{R}^{n+1} \right\}$$

で定める．$O(n, 1)$ は4つの連結成分を持つが，$\tilde{H}$ の連結成分を保つ変換のなす指数2の部分群を $O^+(n, 1)$，さらに単位元の連結成分を $\mathrm{SO}^+(n,1)$ とする．$O^+(n,1)$ は $(\mathbb{H}^n, g_{\mathbb{H}^n})$ に等長変換として推移的，等方的に作用する．実際 $O(n)$ と同様に $O(n,1)$ の元は $(n,1)$-正規直交基底を $(n,1)$-正規直交基底に写す線形変換と特徴付けられるので，与えられた $v \in \mathbb{H}^n$ に対して $v_0 = v, \ldots, v_n$ なる $(n,1)$-正規直交基底を構成すればよい（補題1.15 3.）．作用が等方的であることは p_0 の固定化群が $\mathbb{R}^n = p_0^\perp$ の直交群 $O(n)$ であることに注意すればよい．とくに球面の場合と同様に $O^+(n,1)$ の等長作用は $\mathbb{H}^n$ のすべての等長変換を与える．

$\mathbb{R}^{n+1}$ の $m+1$ 次元線形部分空間 P_m が $\mathbb{H}^n$ と交わりを持つとすると補題1.15 5. から $q_{n,1}$ の P_m への制限は非退化 $(m,1)$-型の二次形式であるから，とくに $P_m \cap \mathbb{H}^n$ は $\mathbb{H}^m$ と等長的である．また直交分解 $\mathbb{R}^{n+1} = P_m \oplus P_m^\perp$ に対応して，P_m を固定する鏡像変換は $O^+(n,1)$ の元となる．したがって球面の場合と同様に $P_m \cap \mathbb{H}^n$ は $\mathbb{H}^m$ の全測地的等長埋め込みである．$P_m \cap \mathbb{H}^n$ を m 次元**双曲部分空間**という．とくに双曲測地線は2次元部分空間 P_1 と $\mathbb{H}^n$ の交わりとして得られる．P_1 の $(1,1)$-正規直交基底 v_0, v_1 をとって，$\gamma(t) = (\cosh t)v_0 + (\sinh t)v_1$ とすると正規測地線 γ が得られる．とくにホップ・リノウの定理から完備性が分かるから，$\mathbb{H}^n$ の二点を結ぶただ一つの測地線は最短である．一般にリーマン多様体の最短測地線の弧長パラメータの有界閉区間の像を**線分**，$[0, \infty)$ の像を**半直線**，$\mathbb{R}$ の像を**直線**と呼ぶ．

$S^n, \mathbb{H}^n$ の $(n-k)$ 次元全測地的閉部分多様体は例1.14，例1.16のように具体

的に書ける．$\mathbb{R}^n$ の場合は $(n-k)$ 次元アファイン部分空間となることも容易に分かる．これらを $(n-k)$-平面といい，とくに $k=1$ のとき超平面という．どの場合も T_pX^n の k 次元線形部分空間 V が与えられると，p において V に直交する $(n-k)$-平面がただ一つ存在する．

【演習 1.17】
1. $\rho = \rho_{\mathbb{H}^n}$ をリーマン計量 $g_{\mathbb{H}^n}$ の定める距離とする．$p, q \in \mathbb{H}^n$ に対して，$\cosh \rho(p,q) = -(\!(p,q)\!)$ を示せ．
2. $p,q,r \in \mathbb{H}^n$ とする．線分 pq, pr が p でなす角を θ とするとき，双曲余弦定理
$$\cosh \rho(q,r) = \cosh \rho(p,q) \cosh \rho(p,r) - \sinh \rho(p,q) \sinh \rho(p,r) \cos \theta$$
を示せ．

定義 1.18（**等角構造**）可微分多様体 M 上の 2 つのリーマン計量 g_0, g_1 に対して C^∞ 級関数 f が存在して $g_0 = e^f g_1$ なる関係が成り立つとき，g_0, g_1 は**等角同値**であるといい，M 上の等角同値類 $[g_0]$ を M 上の**等角構造**という．等角構造 $[g], [h]$ が与えられた多様体 M_1, M_2 の間の微分同相写像 $\phi : M_1 \to M_2$ が $[\phi^* h] = [g]$ を満たすとき，ϕ を**等角写像**という．

双曲空間 $\mathbb{H}^n$ が球面の場合と異なるのは $\mathbb{R}^{n+1}$ にミンコフスキー計量を与えると光錐 $C = \{x \in \mathbb{R}^{n+1} \mid q_{n,1}(x) = 0\}$ が現れる点である．$O(n,1)$ は C にも作用し，さらに $O^+(n,1)$ は $C^+ = \{x = (x_0, \ldots, x_n) \in C \mid x_0 > 0\}$ にも作用する．C^+ は部分多様体で，やはり接ベクトル空間は $T_x C^+ = x^\perp$ であるが，$q_{n,1}(x) = 0$ であるから，補題 1.15 5. から $T_x C^+$ に $q_{n,1}$ を制限すると x の方向（錐の半直線方向）に退化した退化次元 1 の $(n-1, 0)$-型二次形式となる．零空間で割れば $T_x C^+ / \langle x \rangle$ 上に $q_{n,1}$ は正定値な内積を定め，$O^+(n,1)$ の作用はこの内積を保つ．C^+ に含まれる半直線の空間（実射影化）PC^+ は球面 S^{n-1} と微分同相であり，$O^+(n,1)$ は PC^+ に効果的に作用する．また PC^+ の点の接ベクトル空間は $T_{\langle x \rangle} PC^+ = T_x C^+ / \langle x \rangle$ と自然に同一視される．このとき，$q_{n,1}$ が定める内積は代表元 x のとり方により定数倍の違いがあるが，PC^+ の等角構造は定まり，$O^+(n,1)$ は等角写像として作用する．PC^+ を超平面 $\Pi = \{x_0 = 1\}$ と C^+ の交わりの球面 S^{n-1} と同一視するとき，この等角構造は S^{n-1} の標準的等角

構造と一致している．また $\mathbb{H}^n$ と交わりを持つ $m+1$ 次元部分空間 $P_m \subset \mathbb{R}^{n+1}$ に対して，$\Pi \cap P_m$ は $PC^+ = S^{n-1}$ から $(m-1)$-部分球面を切り取る．とくに $O^+(n,1)$ は部分球面を部分球面に写す S^{n-1} の等角変換として作用していることが分かる．この性質から系1.24で見るように $O^+(n,1)$ は S^{n-1} にメビウス変換として作用していることが分かる．

$\mathbb{H}^n$ から見ると，PC^+ は「無限遠境界」である．実際，$\mathbb{H}^n$ の点を含む2次元部分空間 $P_1 \subset \mathbb{R}^{n+1}$ 上では $q_{n,1}$ は $(1,1)$-型であり，$P_1 \cap C^+$ はちょうど2つの半直線 l_1, l_2 からなる．$\mathbb{H}^n \cap P_1$ は $\mathbb{H}^n$ の測地線であるが，P_1 の中では l_1, l_2 に漸近する双曲線の連結成分である．この意味で，任意の $\mathbb{H}^n$ の測地線には両端の無限遠方の漸近線として PC^+ の元がそれぞれ対応する．逆に PC^+ の相異なる2つの点 l_1, l_2 に対してそれらに漸近する測地線がただ一つ存在する．これらの観察をもとに光錐へのメビウス変換の作用から $\mathbb{H}^n$ を構成してみよう．

定義 1.19（メビウス変換） $S \subset \mathbb{R}^n$ を中心 p，半径 $r > 0$ の球面とする．このとき，$\mathbb{R}^n \cup \{\infty\}$ の変換 R_S で $|R_S(x) - p||x - p| = r^2$ を満たすものを S に関する反転という．もちろん $R_S(p) = \infty$, $R_S(\infty) = p$ とする．S が $\mathbb{R}^n$ の超平面であるときは S に関する反転 R_S は S に関するユークリッド鏡像変換を表す．球面または超平面に関する反転のいくつかの合成として得られる $\mathbb{R}^n \cup \{\infty\}$ の変換を**メビウス変換**という．また，メビウス変換全体のなす群を Mob_n と書く．球面と超平面をまとめて一般球面と呼ぶことにする．

【演習 1.20】
1. 2つの同心球面に関する反転の合成はどのような変換か．
2. 2つの超平面に関する反転の合成はどのような変換か．
3. $\mathbb{R}^n$ の相似変換がメビウス変換であることを確かめよ．

【演習 1.21】 S に関する反転 R_S（したがってメビウス変換）は一般球面を一般球面に写すことを示せ．また，Mob_n は一般球面全体に推移的に作用することを示せ．

北極 N からの立体射影 $S^n \to \mathbb{R}^n \cup \{\infty\}$ は N を中心とする半径 $\sqrt{2}$ の球面に関する反転 $R_1 \in \mathrm{Mob}_{n+1}$ の制限である．さらに超平面 $\mathbb{R}^n \subset \mathbb{R}^{n+1}$ に関する反転 R_2 を合成して，$T = R_2 R_1 \in \mathrm{Mob}_{n+1}$ を考えると，S^n の囲む球体 $\mathbb{D}^{n+1}$

を上半平面 $U^{n+1} = \{(x_0, \ldots, x_n) \mid x_n > 0\}$ に写すメビウス変換が得られる. $\sigma \in \mathrm{Mob}_n$ は S^n の変換 $T^{-1}\sigma T$ と同一視できる. $\mathbb{R}^n$ の一般球面 S に関する反転 R_S は $\mathbb{R}^{n+1}$ の球面 $\tilde{S}$ で $\mathbb{R}^n$ に直交し, $\tilde{S} \cap \mathbb{R}^n = S$ を満たす球面に関する反転 $R_{\tilde{S}}$ に拡張され, U^{n+1} の変換を引き起こす. これをポアンカレ拡張という. 対応して $T^{-1}R_{\tilde{S}}T$ は $\mathbb{D}^{n+1}$ の境界 $\partial \mathbb{D}^{n+1} = S^n$ に直交する球面 $T^{-1}(\tilde{S})$ に関する反転として $\mathbb{D}^{n+1}$ の変換を引き起こす. Mob_n の元がポアンカレ拡張により引き起こす $\mathbb{D}^{n+1}, U^{n+1}$ の変換もメビウス変換と呼んでしまうことにして, $\mathrm{Mob}(\mathbb{D}^{n+1}) = \mathrm{Mob}(U^{n+1})$ などと書く.

補題 1.22 $\mathbb{R}^n \cup \{\infty\}$ の等角変換 f が任意の一般球面を一般球面に写し, ある一般球面 S の点を全て固定するとき, f は恒等写像か, S に関する反転である. 球面のメビウス変換についても一般球面を $(n-1)$-部分球面と読み替えて同じ命題が成り立つ.

証明 必要ならば S に関する反転を施して, f は S の補集合の 2 つの連結成分を保つものとしてよい. $p \notin S$ に対して, p を通る一般球面で S に直交するもの全体を $\mathcal{S}_p$ で表す. f に関する仮定から $S_1 \in \mathcal{S}_p$ に対して, $f(S_1) = S_1$ であり, また $\bigcap_{S_1 \in \mathcal{S}_p} S_1$ の点で p と同じ連結成分にあるのは p しかないから, $f(p) = p$ が成り立ち, f が恒等写像であることが従う. 立体射影で写せば対応する球面の結論が従う. ∎

系 1.23 S^{n-1} と $\mathbb{R}^{n-1} \cup \{\infty\}$ を T で同一視すると, 境界 $\partial \mathbb{D}^n = S^{n-1}$ への制限は同型 $\mathrm{Mob}(\mathbb{D}^n) \to \mathrm{Mob}_{n-1}$ を導く.

証明 単射性は補題 1.22 から直接従う. 補題 1.22 はさらに直交球面に関する反転を一般球面に関する反転に対応させることも導くから全射性も従う. ∎

$n = 2$ の場合, 複素解析の結論を用いるとメビウス変換は簡単に記述される. この場合立体射影は S^2 と $\mathbb{C} \cup \{\infty\}$ の間の標準的等角同型を与える. $\mathbb{C} \cup \{\infty\}$ の等角変換で向きを保つものは正則だから一次分数変換である. 複素共役の定める変換も加えると等角変換群が生成される. これが（一般化された）円周に関する反転で生成されることは直接確かめられるから, Mob_2 は $\mathbb{C}P^1$ の等角変

換群と一致する．一般の場合も帰納法で $n=2$ の場合に帰着すれば次が従う．

系 1.24 $n \geq 2$ とする．$(n-1)$-部分球面を $(n-1)$-部分球面に写す等角変換 $f: S^n \to S^n$ はメビウス変換である．

証明 E を S^n の赤道とする．n に関する帰納法を行う．メビウス変換を合成して $f(E)=E$ で，f は $S^n \setminus E$ の2つの連結成分を保つとしてよい．$E=S^{n-1}$ に対して帰納法の仮定を適用するとさらに f は E の点を固定するものとしてよい．このとき補題1.22から f は恒等写像であることが従う．■

系1.24から $O^+(n,1)$ はメビウス変換として $PC^+ = S^{n-1}$ に作用し，$O^+(n,1)$ の鏡像変換が部分球面に関する反転に対応するので，同型 $O^+(n,1) \simeq \mathrm{Mob}(\mathbb{D}^n)$ が導かれる．PC^+ を無限遠境界とする $\mathbb{H}^n$ と $\partial \mathbb{D}^n = S^{n-1}$ を境界とする $\mathbb{D}^n$ の間の対応を与えよう．$p \in \mathbb{H}^n$ の張る一次元線形部分空間 $\langle p \rangle$ に関する鏡像写像を $r_p \in O^+(n,1)$ とすると，埋め込み $\mathbb{H}^n \ni p \mapsto r_p \in O^+(n,1)$ が定まる．r_p は対合 ($r_p^2 = 1$) で p を通る全ての測地線の向きを反転し，とくに境界 PC^+ 上に固定点を持たない．r_p が定める $\mathbb{D}^n$ のメビウス変換を $\theta_p \in \mathrm{Mob}(\mathbb{D}^n)$ とする．$\xi, r_p(\xi) \in \partial \mathbb{D}^n = PC^+$ を両端点とし $\partial \mathbb{D}^n$ に直交する円周の弧 γ（直交円周）は θ_p で反転されるので，γ 上には θ_p の固定点 $\mathrm{Poi}(p) \in \mathbb{D}^n$ が存在する．また θ_p の固定点はただ一つである（そうでなければ2つの固定点を含む直交円周の両端の点は r_p の固定点となってしまう）．この対応 $\mathbb{H}^n \ni p \mapsto \mathrm{Poi}(p) \in \mathbb{D}^n$ は構成から $g \in O^+(n,1) \simeq \mathrm{Mob}(\mathbb{D}^n)$ に関して同変性 $\mathrm{Poi}(gx) = g\,\mathrm{Poi}(x)$ を持つ（したがって微分同相であることも見やすい）．つまり双曲幾何 ($=(O^+(n,1), \mathbb{H}^n)$-構造) とメビウス幾何 ($=(\mathrm{Mob}(\mathbb{D}^n), \mathbb{D}^n)$-構造) は Poi を介して同等であることが分かる．とくに $\mathbb{H}^n$ の超平面に関する鏡像変換の固定点は対応する $\mathrm{Mob}(\mathbb{D}^n)$ の反転写像の固定点に写されるので，部分双曲空間は Poi で（無限遠）境界を共有する $\mathbb{D}^n$ の直交球面に写される．

$\mathbb{H}^n$ から超平面 $\Pi \simeq \mathbb{R}^n$ への射影 $\mathrm{Kl}(x) = (x_1/x_0, \ldots, x_n/x_0)$ を考えると $\mathbb{H}^n$ と $\mathbb{D}^n$ の間の微分同相ができるが，例えば測地線が $\mathbb{D}^n$ の直線に写されるからこれは Poi とは異なる対応である．双曲幾何に関するこの対応を**クラインモデル**という．それに対して対応 Poi を**ポアンカレモデル**という．クラインモデル

は双曲部分空間の位置関係を簡明に記述できるという利点はあるが，ポアンカレモデルが等角的 (演習 1.26) であるのに比べると幾何的な情報の表現力は劣る．またメビウス変換の U^n への作用を考えると双曲幾何は $(\mathrm{Mob}_{n-1}, U^n)$-構造とも等価である．これを**上半平面モデル**という．上半平面モデルとポアンカレモデルの具体的な対応はメビウス変換 T により与えられる．

【演習 1.25】 $\mathrm{Poi}(x) = \frac{x_0}{1+x_0^2}(x_1, \ldots, x_n)$ を導け．

【演習 1.26】
1. $\mathbb{D}^n$ の等角構造で $\mathrm{Mob}(\mathbb{D}^n)$ の作用により不変となるのは $\mathbb{D}^n$ のユークリッド計量が定める等角構造に限ることを確かめよ．
2. $\mathbb{D}^n$ 上の $\mathrm{Mob}(\mathbb{D}^n)$-不変計量は
$$\frac{4dx^2}{(1-|x|^2)^2}$$
で与えられることを示せ．ただし，dx^2 は $\mathbb{R}^n$ のユークリッド計量を表す．

Mob_{n-1} の $S^{n-1} = \mathbb{R}^{n-1} \cup \{\infty\}$ への作用も簡単に調べておこう．この作用は剛性をもち，推移的だから，$(\mathrm{Mob}_n, \mathbb{R}^n \cup \{\infty\})$-構造は定まるが，一点の固定化群はコンパクトではない．

命題 1.27 $(\mathrm{Mob}_n, \mathbb{R}^n \cup \{\infty\})$-構造の一点 ∞ の固定化群は $\mathbb{R}^n$ の相似変換群 Sim_n である．

証明 演習 1.20 から Sim_n は ∞ を固定するメビウス変換として，$\mathbb{R}^n \cup \{\infty\}$ に作用している．∞ を固定するメビウス変換 f が相似変換であることを示す．Sim_n は $\mathbb{R}^n$ に推移的に作用するので，必要ならば f に相似変換を合成して f は原点 o と ∞ を同時に固定するものとしてよい．このとき，o, ∞ を通る一般球面，つまり原点を通る超平面，全体を f が保つ．したがって，それらに直交する一般球面，つまり o を中心とする球面全体も f によって保たれるから，単位球面を原点中心の球面に写す．したがって，相似変換を合成して，f はさらに単位球体 $\mathbb{D}^n$ を保つものとしてよい．つまり f は $\mathrm{Mob}(\mathbb{D}^n)$ における o の固定化群の元となるが，これは直交変換に限る． ∎

相似変換群 Sim_n はポアンカレ拡張により U^{n+1} にも $\partial U^{n+1} = \mathbb{R}^n$ を保つ相

似変換として作用する（演習 1.20 を参考にせよ）．とくに，U^{n+1} 上の Mob_n-不変計量は

$$g_{U^{n+1}} = \frac{1}{x_{n+1}^2} dx^2 \tag{1.2}$$

（の定数倍）であることが分かる．

　双曲合同変換の分類について述べてこの節を終わろう．$\mathbb{H}^n$ の合同変換は $\mathbb{H}^n$ と PC^+ に作用する．これらの作用を合わせた作用はポアンカレモデルにおけるメビウス変換の閉球体 $\overline{\mathbb{D}^n}$ への作用に他ならない．ブラウワーの不動点定理により合同変換 $\sigma \in \mathrm{Isom}(\mathbb{H}^n)$ は $\overline{\mathbb{D}^n}$ に少なくとも一つ固定点を持つ．σ が内部 $\mathbb{D}^n = \mathbb{H}^n$ に固定点を持つとき，σ は**楕円型**であるという．

　σ が楕円型でなければ，固定点は PC^+ に高々 2 つだけである．実際，もし PC^+ の 3 点を固定すれば，その 3 点で張られる双曲 2-平面 P を σ は保ち，P の合同変換を導く．$\sigma|_P$ は $P \simeq \mathbb{H}^2$ の無限遠 3 点を固定するので，系 1.24 により σ は P の点を全て固定して楕円型になってしまう．σ が PC^+ の二点を固定する場合 σ は**双曲型**という．このとき，σ は 2 つの固定点に両端で漸近する直線 γ を保ち，$\gamma \simeq \mathbb{R}$ に平行移動を導く．γ を σ の軸という．σ が PC^+ にただ一つの固定点 p_∞ を持つ場合 σ は**放物型**という．

　$\mathrm{Isom}_0(\mathbb{H}^n)$ で向きを保つ双曲合同変換全体を表す．$\sigma \neq 1 \in \mathrm{Isom}_0(\mathbb{H}^n)$ として，$n = 2, 3$ の場合に型ごとに σ の振る舞いを簡単に記述する．σ が $p \in \mathbb{H}^n$ を固定する楕円型変換とする．$n = 2$ のとき，σ は $T_p\mathbb{H}^2$ に回転として作用するから，p はただ一つの固定点である．$n = 3$ ならば，$\mathrm{SO}(T_p\mathbb{H}^3)$ の元は $v \neq 0 \in T_p\mathbb{H}^3$ を固定するから，v を接ベクトルとする直線 γ のまわりの回転として作用する．この場合も γ を σ の軸と呼ぶことにする．σ が双曲型であるとする．一般に σ は軸に直交する超平面を同じ性質を持つ超平面に写し，そのような超平面全体 $\mathcal{H}$ への作用は軸に導く平行移動 T で決まる．$n = 2$ の場合，$h \in \mathcal{H}$ は直線であるから，h から $\sigma(h)$ への合同変換で軸との交点を保つものは 2 つしかない．σ が向きを保つという条件を考慮に入れると，T により σ は完全に決定する．$n = 3$ の場合，h から $\sigma(h)$ への合同変換は軸に関する回転のとり方の自由度がある．軸を上半平面モデルで $\infty, 0 \in \mathbb{R}^2$ を端点とする直線にとると，命題 1.27 により σ は $f(x) = e^t K x$ ($K \in \mathrm{SO}(2)$) のポアンカレ拡張である．このとき，軸

上の点は $|t|$ だけ平行移動され，K は軸に関する回転を表す．σ が放物型の場合も命題 1.27 を用いて上半平面モデルで考えると振る舞いがよく分かる．σ が ∞ を固定するならば，σ は $\mathbb{R}^{n-1}$ の相似変換 f のポアンカレ拡張で書ける．向きを保つ相似変換 $s(x) = e^t Kx + a$ は $K \in \mathrm{SO}(n-1), t \in \mathbb{R}, a \in \mathbb{R}^{n-1}$ で書けるが，$t \neq 0$ ならば $\mathbb{R}^{n-1}$ 上にも固定点を持つので，$f(x) = Kx + a$ である．$n = 2, 3$ の場合，$K = 1$ でなければやはり固定点を持ってしまうので，f は平行移動となる．

1.3　双曲三角形の比較定理

あとで用いる双曲幾何の基本的事項を述べておく．その多くは球面幾何に対応する結論があるが，これらについては演習問題とする．リーマン多様体上の相異なる 3 点を結ぶ 3 つの線分またはそれらが囲む領域を**測地三角形**という．

$\mathbb{H}^n$ の正規測地線 γ と γ 上にない $p \in \mathbb{H}^n$ を考える．p, γ を含む 2 次元双曲部分空間を考えれば $n = 2$ と仮定してもかまわない．このとき，距離関数 $\rho(t) = \rho_{\mathbb{H}^2}(t) = \rho_{\mathbb{H}^2}(p, \gamma(t))$ の挙動を調べる．双曲測地線は両端で無限遠方に向かうので，p から最も近い γ 上の点 q が存在するが，$q = \gamma(0)$ となるように弧長パラメータ t を選ぶ．$p\gamma(t)$ と γ のなす角を θ とするとリーマン幾何の第一変分公式により微分は $\dot{\rho} = \cos\theta$ と計算される．とくに pq は γ と直交し，演習 1.17 により，$\cosh \rho(t) = \cosh(\rho(p,q)) \cosh t$ と書けるから，その二階微分は

$$\frac{1}{2}\frac{d^2}{dt^2}\rho_{\mathbb{H}^2}^2(t) = \rho \coth \rho (1 - \dot{\rho}^2) + \dot{\rho}^2 = (\rho \coth \rho - 1)(1 - \dot{\rho}^2) + 1 \geq 1$$

と計算される．一方，同様に $\mathbb{R}^2$ の点 $\overline{p}$ から直線 $\overline{\gamma}$ への距離関数 $\rho_{\mathbb{R}^2}(t)$ を考えて，

$$f(t) = \frac{1}{2}(\rho_{\mathbb{H}^2}(t)^2 - \rho_{\mathbb{R}^2}(t)^2)$$

とすると，上の計算から $\ddot{f} \geq 0$ であり，f は凸関数となる．

一般にリーマン多様体 M の測地三角形 $\triangle pqr$ が与えられたとき，同じ辺の長さを持つリーマン多様体 X の測地三角形 $\triangle \overline{pqr}$ を X における**比較三角形**と

いう．（あまり普通でないが）ここでは $M = \mathbb{H}^2$, $X = \mathbb{R}^2$ として議論をする．γ 上に $q = \gamma(t_0), r = \gamma(t_1)$ をとり，対応する比較三角形 $\triangle \overline{pqr}$ の辺 $\overline{qr}$ を含む直線 $\overline{\gamma}$ には $\overline{q} = \overline{\gamma}(t_0), \overline{r} = \overline{\gamma}(t_1)$ となるようにパラメータを与える．f の凸性から閉区間 $[t_0, t_1]$ 上の f の最大値は端点で実現するので，$[t_0, t_1]$ 上で

$$\rho_{\mathbb{H}^2}(t) \leq \rho_{\mathbb{R}^2}(t)$$

が成り立つ．このことから，

補題 1.28 $\triangle pqr$ を $\mathbb{H}^2$ の測地三角形，$\triangle \overline{pqr}$ を $\mathbb{R}^2$ における比較三角形とする．線分 qr 上の点 x と線分 $\overline{qr}$ 上の点 $\overline{x}$ を $\rho_{\mathbb{H}^2}(q, x) = \rho_{\mathbb{R}^2}(\overline{q}, \overline{x})$ となるようにとると，$\rho_{\mathbb{H}^2}(p, x) \leq \rho_{\mathbb{R}^2}(\overline{p}, \overline{x})$ が成り立つ．

補題 1.28 は三角形の内角の比較に言い換えることもできる．比較三角形 $\triangle \overline{pqr}$ の内角 $\angle \overline{pqr}$ を比較角度といい，$\tilde{\angle} pqr$ と書く．ユークリッド余弦定理により 2 つの三角形が同じ長さの二辺を持つとき，二辺に挟まれた内角の大小関係とその対辺の大小関係は同値である．このことと補題 1.28 から

補題 1.29 補題 1.28 の状況で，比較角度 $\tilde{\angle} pqx$ は $\rho(q, x)$ の単調増加関数である．とくに，双曲角度 $\angle pqr$ は $\tilde{\angle} pqr$ を超えない．

証明 最後の主張は辺 pq 上にも点 y にとり，$x, y \to q$ とするときの $\tilde{\angle} yqx$ の極限と $\angle pqr$ が一致することから従う．たとえば q を中心とする正規座標上で考えれば一般にこのことは確認できる．∎

【演習 1.30】 S^2 の大円 γ 上にない点 p からの距離関数 $\rho_{S^2}(t)$ について $2f(t) = \rho_{S^2}^2(t) - \rho_{\mathbb{R}^2}^2(t)$ が $\ddot{f} \leq 0$ を満たすことを確かめよ．S^2 の測地三角形について補題 1.28，補題 1.29 に対応する結論を述べよ．

一般にリーマン多様体 M の任意の測地三角形とその $\mathbb{R}^2$ における比較三角形が対辺への距離に関して補題 1.28 の大小関係を満たしているとき，M は（トポノゴフの意味で）**非正曲率**を持つという．逆の大小関係を満たしていれば非負曲率を持つという．補題 1.28 から補題 1.29 を導く議論は一般的なので，そのような M について（非負曲率の場合も）比較角度の単調性も同様に従う．補題 1.28 や補題 1.29 のような結論を比較定理という．（比較定理の議論の中で二

点を結ぶ線分の存在を仮定する場合があるが，M の完備性を仮定するか，考えている三角形が十分小さければ問題がない．この点については精密な議論をする場合に必要に応じて注意することにする）．

区間 $[a,b]$ 上の関数 f が任意の $s \in [0,1], t_1, t_2 \in [a,b]$ に対して，

$$f(st_1 + (1-s)t_2) \leq sf(t_1) + (1-s)f(t_2) \tag{1.3}$$

を満たすとき，f を凸関数というのであった．一般に F がリーマン多様体 M 上の関数であるとき，任意の線分 $\gamma(t)$（したがって測地線）に関して，$f(t) = F(\gamma(t))$ が凸関数であるとき，F を M 上の**凸関数**という．三角不等式からユークリッド距離関数 $\rho_{\mathbb{R}^2}(\bar{p}, \cdot)$ は凸関数であることに注意すると，比較定理（補題 1.28）から非正曲率リーマン多様体についても距離関数 $\rho_p(x) = \rho_M(p, x)$ は凸である．もっと一般に距離を直積 $M \times M$ 上の関数 $(x, y) \mapsto \rho_M(x, y)$ とみなしても凸関数である．一般に直積リーマン多様体 $M \times N$ の線分は M の線分 γ_1 と N の線分 γ_2 の直積 $\gamma(t) = (\gamma_1(t), \gamma_2(t))$ で書けることを思い出しておこう．

補題 1.31 M を上の意味で非正曲率を持つリーマン多様体とする．距離関数 $\rho_M(x, y)$ は直積 $M \times M$ 上の凸関数である．

証明 $M \times M$ 上の線分 $\gamma(t) = (\gamma_1(t), \gamma_2(t))$ $t \in [a, b]$ に対して，

$$f(t) = \rho_M(\gamma_1(t), \gamma_2(t))$$

とする．γ_i の端点を $p_i = \gamma_i(a), q_i = \gamma_i(b)$，辺 $p_i q_i$ を $1-s : s$ に内分する点を $m_i = \gamma_i(sa + (1-s)b)$ とするとき，$\rho_M(m_1, m_2) \leq s\rho_M(p_1, p_2) + (1-s)\rho_M(q_1, q_2)$ を示せばよい．p_2 から q_1 へ結ぶ線分 c 上にも内分点 $m = c(sa + (1-s)b)$ をとっておく．測地三角形 $\triangle p_1 q_1 p_2, \triangle q_1 p_2 q_2$ の $\mathbb{R}^2$ における比較三角形 $\triangle \overline{p_1 q_1 p_2}, \triangle \overline{q_1 p_2 q_2}$ を辺 $\overline{q_1 p_2}$ の両側に配置して，辺 $\overline{p_1 q_1}, \overline{p_2 q_1}, \overline{p_2 q_2}$ をそれぞれ $1-s : s$ に内分する点 $\overline{m_1}, \overline{m}, \overline{m_2}$ をとる．比較角度 $\tilde{\angle} p_1 q_1 p_2, \tilde{\angle} q_1 p_2 q_2$ の単調性から

$$\rho_M(m_1, m) \leq \rho_{\mathbb{R}^2}(\overline{m_1}, \overline{m}) = s\rho_M(p_1, p_2), \ \rho_M(m_2, m) \leq (1-s)\rho_M(q_1, q_2)$$

が成り立つから，三角不等式により結論が従う． ■

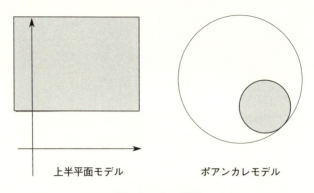

図 1.1 ホロ球面

リーマン多様体 M 上の $t \in [0, \infty)$ で定義された正規半直線 $\gamma(t)$ に対して $b_\gamma^t(x) = \rho_M(x, \gamma(t)) - t$ で M 上の関数 b_γ^t を定める. 三角不等式から $0 \leq t_1 \leq t_2$ に対して, $-\rho_M(p, \gamma(0)) \leq b_\gamma^{t_2}(p) \leq b_\gamma^{t_1}(p)$ であるから, b_γ^t は t について下に有界で単調非増加である. $b_\gamma(p) = \lim_{t \to \infty} b_\gamma^t(p)$ で定められる M 上の関数を**ブーズマン関数**という. b_γ^t は p についてのリプシッツ定数 1 の関数だから b_γ もそうである. M 上で補題 1.28 が成り立つとすると, 凸関数 b_γ^t の極限 b_γ も凸関数であり, $H = b_\gamma^{-1}((-\infty, a])$ の形の部分集合は M の閉凸集合となる. H を**ホロ球体**, ∂H を**ホロ球面**という. 双曲空間のホロ球体を具体的に記述することは容易である. 半直線の無限遠端点を上半平面モデル U^n の ∞ とすると, ホロ球体は $\{(x_1, \ldots, x_n) \in U^n \mid x_n \geq \alpha\}$ の形に書ける. これをメビウス変換するとポアンカレモデルにおけるホロ球体が無限遠球面に接する球体となることもすぐに分かる.

【演習 1.32】
1. b_γ をリーマン多様体 M のブーズマン関数とする. $g \in \mathrm{Isom}(M)$ に対して $b_\gamma(x) = b_{g\gamma}(gx)$ であることと 2 つの正規半直線 γ_1, γ_2 が $t \to \infty$ のとき, $\rho_M(\gamma_1(t), \gamma_2(t)) \to 0$ を満たすならば $b_{\gamma_1} = b_{\gamma_2}$ であることを確かめよ.
2. 上に述べた双曲空間のホロ球面の記述を確かめよ.

双曲空間 $\mathbb{H}^n$ 上の幾何に戻って, もう少し具体的な公式を導こう. $\mathbb{H}^2$ の直線 l は両端で無限遠球面 PC^+ に漸近する. 交わらない 2 つの直線 $l_1 \neq l_2$ が一つの無限遠端点を共有するとき, l_1 と l_2 は**平行**であるという. 互いに平行な 3

1.3 双曲三角形の比較定理

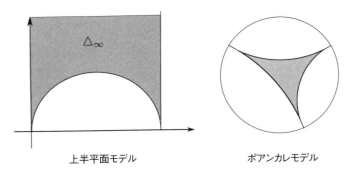

　　　　上半平面モデル　　　　　　ポアンカレモデル

図 1.2　理想三角形

つの直線 (あるいはそれで囲まれる $\mathbb{H}^2$ の領域) を**理想三角形**という．これは (通常の測地三角形の「極限」として) PC^+ 上に頂点を持つ三角形とみなすことができる．ポアンカレモデル上では理想三角形は $PC^+ = \partial \mathbb{D}^2$ 上の 3 点とそれらを結ぶ PC^+ に直交する 3 つの円周で与えられる (図 1.2)．$\mathrm{Mob}(\mathbb{D}^2)$ は複素一次分数変換で $\mathbb{D}^2$ を保つものかその複素共役であった．PC^+ 上の 3 点はメビウス変換で任意の 3 点に写すことができるので，全ての理想三角形は合同である．上半平面モデルでも同様に理想三角形を記述できる．例えば，上半平面の部分集合 $\triangle_\infty = \{(x,y) \in U^2 \mid x \in [0,1],\ x^2 - x + y^2 \geq 0\}$ は $0, 1, \infty$ を頂点とする理想三角形であるが，U^2 の双曲面積要素は (1.2) により定まり，積分を

$$\int_{\triangle_\infty} \frac{dxdy}{y^2} = \int_0^1 dx \int_{\sqrt{x-x^2}}^\infty \frac{dy}{y^2} = B\left(\frac{1}{2}, \frac{1}{2}\right) = \pi$$

と計算して理想三角形の面積は π であることが分かる．

補題 1.33　$\mathbb{H}^2$ の測地三角形 $\triangle$ の双曲面積を A とするとき，$\triangle$ の 3 つの内角の和は $\pi - A$ に等しい．

注意 1.34　逆に $\alpha + \beta + \gamma < \pi$ ならば α, β, γ を内角とする双曲測地三角形が存在することは内角が辺の長さに連続に依存することから分かる．このような三角形はすべて合同である．

証明　まず無限遠に二頂点を持ち，残りのもう一つの頂点 $x \in \mathbb{H}^2$ における内角が $\pi - \theta$ であるような測地三角形 $\triangle(\theta)$ を考える．頂点で角 $\pi - \theta$ をなす 2 つ

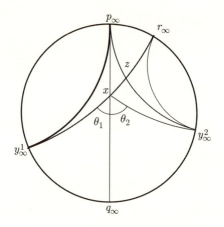

図 1.3 双曲三角形の面積公式

の半直線の組は双曲空間の等長変換で移りあうので，このような測地三角形はすべて合同である．2 つの無限遠点 p_∞, q_∞ に両端で漸近する直線 γ の両側に一辺 $p_\infty x$ を共有するように $\triangle(\theta_1), \triangle(\theta_2)$ を配置する（図 1.3）．$\triangle(\theta_1), \triangle(\theta_2)$ の残りのもう一つの無限遠頂点を y_∞^1, y_∞^2 とする．半直線 $y_\infty^1 x$ を反対側にも延長して直線 $y_\infty^1 r_\infty$ とすると，$\triangle r_\infty x y_\infty^2$ は $\triangle(\theta_1 + \theta_2)$ と合同である．このとき，$\triangle(\theta_2)$ の辺 $p_\infty y_\infty^2$ と $\triangle(\theta_1 + \theta_2)$ の辺 $x r_\infty$ の交点を z とするとき，一点 z のみを固定する鏡映変換により，$\triangle y_\infty^1 z p_\infty$ と $\triangle y_\infty^2 z r_\infty$ は合同である．このことから，$\triangle(\theta)$ の面積 $A(\theta)$ について，加法性

$$A(\theta_1 + \theta_2) = A(\theta_1) + A(\theta_2)$$

が成り立つ．A が $\theta \in [0, \pi]$ の連続関数であり，$A(0) = 0$, $A(\pi) = \pi$ であることは上半平面上で $\triangle_\infty$ のように $\triangle(\theta)$ を配置してみればすぐに確認できる．このことから，$A(\theta) = \theta$ であることが従う．

$\mathbb{H}^2$ の測地三角形 $\triangle pqr$ の p, q, r における内角を α, β, γ とする．辺 pq, qr, rp をそれぞれ p, q, r を始点とする半直線に延長して，これらの半直線の無限遠頂点を $a_\infty, b_\infty, c_\infty$ とする．三角形 $\triangle c_\infty pq, \triangle a_\infty qr, \triangle b_\infty rp$ はそれぞれ $\triangle(\alpha), \triangle(\beta), \triangle(\gamma)$ と合同であり，理想三角形 $\triangle a_\infty b_\infty c_\infty$ の面積は π であるから，$\triangle pqr$ の面積は $\pi - \alpha - \beta - \gamma$ となる． ■

【演習 1.35】 S^2 の測地三角形 $\triangle$ の面積を A とするとき, $\triangle$ の内角の和は $A + \pi$ で与えられることを示せ.

1.4 多面体による構成

定曲率空間 $X = \mathbb{R}^n, S^n, \mathbb{H}^n$ はそれぞれの等長変換群 G の作用に関して, 等方幾何をなすことを見た. X における多角形を用いて, 組み合わせ的に (G, X)-多様体を構成する方法を与える. この節では $X^n = \mathbb{R}^n, S^n, \mathbb{H}^n$ のいずれかとし, G^n をその等長変換群とする. X^n の超平面は X^n を 2 つの連結成分に分離する. これらの連結成分の閉包を半空間と呼ぶ. 多面体は幾つかの半空間の交わりとして与えられる. 例えば X^2 の測地三角形は多面体である. 多面体 P の二点を結ぶ線分が P に含まれるという意味で我々が考える多面体は凸集合である. この節の命題は例を見るためのもので, 直感的に明らかなものばかりだから証明は与えないが, 興味のある読者は証明を試みて欲しい. 詳細な証明は [Rat94] にある.

内点を含む X^n の閉凸集合 P の境界 ∂P の極大凸集合 (したがって閉集合) のことを P の**側面**という. 側面 S は X^n の超平面 $\langle S \rangle$ を張り, $S = \langle S \rangle \cap P$ を満たす. $\langle S \rangle$ における S の内点の集合を S の内部 $\mathring{S}$ という. P の側面全体 $\mathcal{S}$ が (局所) 有限族をなすとき, P を X^n-**多面体**という (我々は有限個の面を持つ多面体しか考えない). P は S の定める半空間のうちのどちらか一方 H_S に含まれ, 有限個の半空間の交わり $P = \bigcap_{S \in \mathcal{S}} H_S$ として書ける. S は $\langle S \rangle (\simeq X^{n-1})$ の多面体となり, S の側面 R (つまり P の側面の側面) を P の $(n-2)$-面あるいは**脈**と呼ぶ. 脈は 2 つの P の側面 S, S' の共通部分である. 以下帰納的に P の $(n-k)$-面が定まる. $(n-k)$ を面の次元といい, 側面の内部に準じて面の内部も定義される. 1-面を**辺**, 0-面は**頂点**と呼ぶ. P を唯一の n-面とみなし, $\mathcal{F}_P$ を P の全ての面の集合とすると, 相異なる面の内部は交わらず, $P = \coprod_{F \in \mathcal{F}_P} \mathring{F}$ と P を分割する.

P には面の次元と包含関係が定まるから, P の面を単体として「多面体複体」が定義できる. このように P の組み合わせ的性質 (とその弱位相) のみを考

えるときは X^n-組み合わせ多面体 $\mathcal{P}$, 幾何構造も考えるときは $\mathcal{P}$ の実現 P と呼んで区別する. 例えば有界性は組み合わせ多面体の性質として定義できる. $\mathcal{P}, \mathcal{Q}$ の面の包含関係と次元を保つ全単射 $\varphi : \mathcal{F}_P \to \mathcal{F}_Q$ を組み合わせ同型と呼ぶ. $\mathcal{P}, \mathcal{Q}$ の実現 P, Q に対して P から Q への合同変換 $\phi \in G^n$ が導く面の対応が φ と一致しているならば ϕ を φ の実現という. 有界な $\mathcal{P}, \mathcal{Q}$ について ϕ は存在すれば一意に決まる.

定義 1.36 X^n-組み合わせ多面体族 $\mathcal{P} = \{\mathcal{P}_1, \ldots, \mathcal{P}_m\}$ に対して, それらの側面全てのなす集合 $\mathscr{S}$ が $\mathscr{S} = \{\mathcal{S}_1, \mathcal{S}'_1, \ldots, \mathcal{S}_l, \mathcal{S}'_l\}$ といくつかの対 $\{(\mathcal{S}_i, \mathcal{S}'_i)\}_i$ に分けられて, その間に組み合わせ同型 $\varphi^i : \mathcal{S}_i \to \mathcal{S}'_i$ が与えられているとき, $\varphi = \{\varphi^i\}_i$ を $\mathcal{P}$ の**貼りあわせパターン**という. $\mathcal{P}_1, \ldots, \mathcal{P}_m$ が全て有界であるとき, $\mathcal{P}$ も有界という.

定義 1.36 の記号をそのまま用いる. $\mathcal{P}_{i_1}$ の $(n-2)$-面 $\mathcal{A} = \mathcal{A}_1$ が $\mathcal{P}_{i_1}$ の 2 つの面 $\mathcal{S}_1^+, \mathcal{S}_1^-$ の交わりであるとする. $\mathcal{S}_1^-$ と対になっている多面体 P_{i_2} の側面を $\mathcal{S}_2^+$, その間の貼りあわせ同型を $\varphi_{2,1}$, $\mathcal{A}_2 = \varphi_{2,1}(\mathcal{A}_1)$ とする. 以降同様に $(n-2)$-面の列 $\mathcal{A}_1, \mathcal{A}_2, \ldots$ を構成していくと, 有限性からいずれ $\mathcal{A}_1$ に戻る. この循環列を $\mathcal{A}$ のサイクルといい, 循環列の項の数を $k_\varphi(\mathcal{A})$ で表す. 任意の $\mathcal{A}$ に対して貼りあわせ同型の合成 $\varphi_\mathcal{A} = \varphi_{1,k_\varphi(\mathcal{A})} \circ \cdots \circ \varphi_{2,1}$ の導く $\mathcal{A}$ の自己組み合わせ同型 $\varphi_\mathcal{A}|_\mathcal{A}$ が恒等写像であるとき, φ は**整合的**という.

各多面体 $\mathcal{P}_i$ の実現 P_i を与えると側面も多面体として実現する. さらに各 φ_i の実現 ϕ_i が与えられたとき, $\phi = \{\phi_i\}_i$ を φ の実現という. このときサイクルに現れる P_{i_α} の側面の実現 S_α^+, S_α^- のなす角 θ_α の和を $\theta_\mathcal{A} = \theta_1 + \cdots + \theta_l$ とおく. 任意のサイクルに関して $\varphi_\mathcal{A}$ の実現 $\phi_\mathcal{A} = \phi_{1,k_\varphi(\mathcal{A})} \circ \cdots \circ \phi_{2,1} \in G^n$ が $\phi_\mathcal{A}|_A = 1$ を満たすとき, ϕ は整合的という. $\mathcal{P}$ が有界ならば φ の整合性は自動的に ϕ の整合性を導く.

パターン φ は $\mathcal{P}$ の多面体の面の同値関係を生成し, その同値類を単体とする複体と弱位相を持つ複体空間 M_φ を定める (M_φ は複体の「実現」と普通呼ぶが, 今の文脈では紛らわしいのでこう呼ぶ). この複体の k 次元単体を $(\mathcal{P}, \varphi)$ の k-単体と呼び, 複体の $(n-k-1)$-切片の補集合を U_k とおく. 以降

M_φ が連結となるパターン φ のみ考える．$(\mathcal{P},\varphi)$ の実現 (P,ϕ) は多面体族の非交和 $\coprod_{i=1}^m P_i$ 上に同値関係を生成する．その射影を $\Pi: \coprod_{i=1}^m P_i \to M_\varphi$ とし，$x \in \coprod_{i=1}^m P_i$ の同値類 $[x]$ を x のサイクルと呼ぶ．多面体の内点のサイクルは一点から成るので，$\Pi(\coprod \overset{\circ}{P}_i) = U_0$ の上には自明な (G^n, X^n)-構造が定まる．さらに多面体の側面の内点のサイクルは側面のペア上の二点からなり，対応する2つの多面体（同じ多面体かもしれない）を超平面の両側の半空間に配置して (G^n, X^n)-座標を定めれば U_1 上に (G^n, X^n)-構造が拡張する．U_1 上のこの (G^n, X^n)-構造が M_φ 上の (G^n, X^n)-構造の制限となっているとき，(P, φ) を (G^n, X^n)-**パターン**という．$U_1 \subset M_\varphi$ は稠密で，包含写像は局所的に連結成分を保つので (G^n, X^n)-構造の M_φ への拡張は一意的である．

上に述べた U_1 上の (G^n, X^n)-構造を U_2 上に拡張するための条件を考えよう．x を脈 A の内点とすると，x のサイクル $[x]$ は漸化式 $x_{i+1} = \phi_{i+1,i}(x_i)$ で定められる点列 $\{x_i\}$ からなる（ただし i は $\mod k_\varphi(A)$ で読むことにする）．一般には $[x]$ は無限集合かもしれないが，x_i の両側の側面のなす内角 θ_i の和を $\theta_x = \sum_{x_i \in [x]} \theta_i$ とする．次の結論は直感的には明らかだろう．

補題 1.37 (P, ϕ) を φ の実現とする．次の条件は同値である．
1. U_1 上の (G^n, X^n)-構造が U_2 上に拡張する．
2. 任意の脈 A の内点 x について，$\theta_x = 2\pi$.
3. ϕ が整合的で，任意の脈 A について，$\theta_A = 2\pi$.

● **例 1.38** $n = 2$ の場合，多角形族 $\mathcal{P}$ のパターン φ の整合性は自動的に満たされ，$U_2 = M_\varphi$ である．全ての有界な辺の対の長さが等しくなるように $\mathcal{P}$ を実現すれば φ も実現する．補題1.37によりそのような実現 (P, ϕ) で，全てのサイクルの角が 2π となるものが (G^2, X^2)-パターンである．凸多角形の内角は π 未満であるから $k_\varphi(v) \geq 3$ であること（3辺条件）が (G^2, X^2)-パターンの必要条件となる．

$\mathcal{P}$ が有界ならば P によって ϕ は一意に決まり，φ の幾何化 M_φ はコンパクト (G^2, X^2)-曲面となる．$X^2 = \mathbb{H}^2$ のとき，補題1.33から双曲 k 角形の内角の総和を θ とすれば面積が $(k-2)\pi - \theta$ であることに注意する．$(\mathcal{P}, \varphi)$ の0-単

体の数を V, 1-単体の数を S, 2-単体の数を T とすると, 面の面積の総和は $(2S-2T)\pi - 2\pi V$ となる. とくに $\chi(M_\varphi) = T - S + V < 0$ が従う. 同様に $X^2 = S^2$ の場合はオイラー数が正, $X^2 = \mathbb{R}^2$ の場合はオイラー数が 0 であることが分かる.

逆に閉曲面が適当な (G^2, X^2)-パターンで与えられることも分かる. 例えば, 3-単体 Δ の境界 $\partial\Delta = S^2$ のなす貼りあわせパターンは S^2 の内角 $\frac{2\pi}{3}$ の正三角形により (G^2, X^2)-パターンとして実現する. 種数 g の向きづけ可能曲面 Σ の基本群の表示

$$\{a_1, b_1, \ldots, a_g, b_g \mid [a_1, b_1] \ldots [a_g, b_g]\}$$

に対応する $4g$ 角形の貼りあわせパターンは Σ を位相的に実現する. この場合サイクルに対応する頂点が一つだけ現れる. $g = 1$ のときは $X^2 = \mathbb{R}^2$ の平行四辺形をとれば辺のペアの長さ, サイクルの角の和の条件が満たされ, (G^2, X^2)-パターンとなる. $g > 1$ の場合, $X^2 = \mathbb{H}^2$ の正 $4g$ 角形 P を考えれば辺のペアの条件は自動的に満たされる. この場合サイクルの内角の和は P の大きさによって変わるが, 小さな P についてはほとんどユークリッドの場合の内角の和 $(4g-2)\pi$ に近く, 理想 $4g$ 角形に近い大きな P については 0 に近いから, 連続性によりサイクルの角の和が 2π となる正 $4g$ 角形が存在することが分かる.

【演習 1.39】 向きづけ不能な閉曲面を与える (G^2, X^2)-パターンの具体例を記述せよ.

【演習 1.40】 φ を 3 辺条件を満たす有界三角形族 $\mathcal{P}$ の貼りあわせパターンとする. $(\mathcal{P}, \varphi)$ のオイラー数に応じて (G^2, X^2) を選ぶと $\mathcal{P}$ の適当な実現が (G^2, X^2)-パターンとなることを示せ.

単体複体の単体 s を含む単体全ての (像の) 和集合を星状近傍 $\mathrm{star}(s)$ という. 2 次元の有限単体複体 C の複体空間 $|C|$ が位相多様体ならば, 1-単体 s について $\mathrm{star}(s)$ の位相的制約から s はちょうど 2 つの 2-単体に共有される. さらに頂点 v の連結近傍から v を除いても連結だから, $\mathrm{star}(v)$ は一つのサイクルに対応する錐であり, C は有界三角形の貼りあわせパターンの複体となる. 必要ならば重心細分を施せば 3 辺条件も満たされるので次の系を得る.

系 1.41　コンパクト 2 次元 PL-多様体は等方幾何構造を持つ.

U_1 上の (G^n, X^n)-構造を U_k $(k \geq 2)$ 上に拡張するために一般的な考察を行う. X^n の閉凸集合 P 上の点 p に対して, 単位接球面 $U_p X^n$ の部分集合を

$$\mathrm{lk}(p, P) = \overline{\{v \in U_p X^n \mid \text{適当な } t_0 > 0 \text{ に対して } \exp_p t_0 v \in P\}}$$

で定義し, $\mathrm{lk}(p, P)$ を P の p におけるリンクという. 凸性から $v \in \mathrm{lk}(p, P)$ は $t \in [0, t_0]$ においても $\exp tv \in P$ を満たすことに注意すると ∂P_i が局所有限であるような閉凸集合族 P_i について $\mathrm{lk}(p, \bigcap_i P_i) = \bigcap_i \mathrm{lk}(p, P_i)$ である. とくに, P が組み合わせ多面体 $\mathcal{P}$ の実現であるとき, $\mathrm{lk}(p, P)$ は p を含む側面 S に対応する $U_p X^n \simeq S^{n-1}$ の半空間 U_S^+ の交わり $\bigcap_{p \in S} U_S^+$ となり, $U_p X^n$ の多面体となる. $\mathrm{lk}(p, P)$ の側面は $p \in S$ となる側面 S に対応して, そのリンク $\mathrm{lk}(p, S) \subset \mathrm{lk}(p, P)$ で与えられる. 帰納的に $\mathrm{lk}(p, P)$ の面の包含関係は p を含む P の面の包含関係で記述され, 面の次元は P におけるそれより一つ減る. とくに組み合わせ多面体 $\mathcal{P}$ は組み合わせリンクを決定する. $\mathcal{P}$ の面 F に対して組み合わせリンクは $p \in \mathring{F}$ のとり方によらないから $\mathrm{lk}(\mathcal{F}, \mathcal{P})$ と書く.

組み合わせ多面体族 $\mathcal{P}$ のパターン φ は $(\mathcal{P}, \varphi)$ の単体, つまり $\mathcal{P}$ の面の同値類 $\mathscr{F} = \{\mathcal{F}_\alpha\}_\alpha$ の組み合わせリンクがなす S^{n-1}-組み合わせ多面体族 $\mathrm{lk}(\mathscr{F}, \mathcal{P}) = \{\mathrm{lk}(\mathcal{F}_\alpha, \mathcal{P}_i)\}_{\mathcal{F}_\alpha \subset \mathcal{P}_i}$ のパターン $\mathrm{lk}(\mathscr{F}, \varphi)$ を導く. また $(\mathcal{P}, \varphi)$ の実現 (P, ϕ) は $(\mathrm{lk}(\mathscr{F}, \mathcal{P}), \mathrm{lk}(\mathscr{F}, \varphi))$ の実現 $(\mathrm{lk}(p, P), \mathrm{lk}(p, \phi))$ を導く.

命題 1.42　X^n-組み合わせ多面体族 $\mathcal{P}$ のパターン φ の実現 (P, ϕ) が定める U_1 上の (G^n, X^n)-構造が U_k 上に拡張するための必要十分条件は $(\mathcal{P}, \varphi)$ の任意の $(n-i)$-単体 $(i \leq k)$ の内点 p に対して (P, ϕ) が導くリンクの貼りあわせの実現 $(\mathrm{lk}(p, P), \mathrm{lk}(p, \phi))$ が $(\mathrm{Isom}(S^{n-1}), S^{n-1})$-パターンでその貼りあわせが標準的球面 S^{n-1} と等長的であることである.

注意 1.43　$k = 2$ の場合, これは補題 1.37 の条件の言い換えである.

● **例 1.44**　X^3-組み合わせ多面体族 $\mathcal{P}$ の貼りあわせパターン φ の実現 (P, ϕ) が与えられているとする. 補題 1.37 の条件が満たされれば U_2 まで (G^3, X^3)-構造が拡張し, 任意の 0-単体 v におけるリンク $\mathrm{lk}(v)$ に関して, 命題 1.42

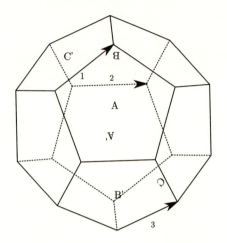

図 1.4 ポアンカレの十二面体空間

の条件が満たされれば (G^3, X^3)-パターンとなる．$\mathrm{lk}(v)$ は有界 S^2-多角形族 $\{\mathrm{lk}(v_\alpha, P_i)\}_{\Pi(v_\alpha)=v,\ v_\alpha\in P_i}$ の貼りあわせとして得られる．v_α を含む P_i の側面 S と $\mathrm{lk}(v_\alpha, P_i)$ の辺 γ_S は対応していて，v_α を含む P_i の辺と $\mathrm{lk}(v_\alpha, P_i)$ の頂点が対応している．P_i の辺が 2 つの側面 S_1, S_2 の交わりであるとき，対応する $\mathrm{lk}(v_i, P_i)$ の頂点において 2 つの辺 $\gamma_{S_1}, \gamma_{S_2}$ がなす内角は S_1, S_2 のなす内角に等しい．とくに，(P, ϕ) のサイクルの角が 2π であることから，リンクのパターンの実現 $(\mathrm{lk}(v, P), \mathrm{lk}(v, \phi))$ は $(\mathrm{Isom}(S^2), S^2)$-パターンである．対応するコンパクト $(\mathrm{Isom}(S^2), S^2)$-多様体 $\mathrm{lk}(v)$ は系 1.13 により標準的 S^2 の商空間であるから，S^2 か $\mathbb{R}P^2$ である．とくに側面の貼りあわせ ϕ が P_i の向きから導かれる側面の向きを反転するならば $\mathrm{lk}(v)$ は向きづけ可能となるから命題 1.42 の条件が満たされる．

一つの（正）十二面体の対面を貼り合わせるパターンを考えよう．面を時計回りに $\frac{\pi}{5}$ 回転して対面と貼りあわせるパターン φ_1 の辺のサイクルは 3 つの内角からなる．（図 1.4）したがって，面のなす角が $\frac{2\pi}{3}$ となる X^3-正十二面体に実現すれば (G^3, X^3)-多様体を構成できる．$X^3 = S^3$ の正十二面体を次第に大きくして半球に近づけていくと面のなす角はユークリッド正十二面体の内角（約 117 度）から π まで連続に増加していく．したがって，φ_1 は $(S^3, \mathrm{Isom}(S^3))$-パターンとして実現する．このパターンで得られる $(S^3, \mathrm{Isom}(S^3))$-多様体をポア

1.4 多面体による構成

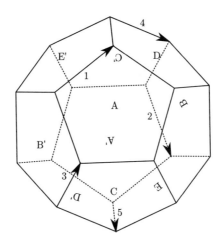

図 1.5　ザイフェルト・ウェーバー空間

ンカレの正十二面体空間という．

　面を $\frac{3\pi}{5}$ 回転して対面と貼りあわせるパターン φ_2 を考えると辺のサイクルは 5 つの内角からなる（図 1.5）．この場合面のなす角が $\frac{2\pi}{5}$ の X^3-正十二面体を実現しなければならない．$X^3 = \mathbb{H}^3$ の理想正十二面体のなす角は $\mathbb{H}^3$ の一つの無限遠点 p_∞ を通る 3 つの直交球面が p_∞ において互いになす角（ポアンカレモデルで考えよ）であるが，これは $\frac{\pi}{3}$ である．したがって，小さな双曲正十二面体を次第に大きくして理想正十二面体に近づけるとき連続性の議論を行えば，φ_2 は $(\mathbb{H}^3, \mathrm{Isom}(\mathbb{H}^3))$-パターンとして実現することが分かる．このパターンで得られる双曲多様体をザイフェルト・ウェーバー空間という．

● **例 1.45**　$X^n = \mathbb{H}^n$ の場合は理想三角形のように頂点が無限遠点である場合にも同様の貼りあわせの議論ができる（無限遠頂点についてはリンクの条件を課さない）．この場合無限遠頂点における完備性が問題になる．$n = 2$ として，2 つの理想三角形の対応する辺をペアにする貼りあわせパターンを考える．この場合辺の長さは無限大なので貼りあわせの実現の仕方は 3 次元の任意性がある．このうち，得られる双曲曲面が完備となるのはひと通りしかない．$n = 3$ の場合，理想四面体は 2 次元の変形空間を持つ．実際上半平面モデルで考えて一つの頂点を ∞ にとると他の 3 つの頂点がなすユークリッド三角形 $\triangle$ の相似

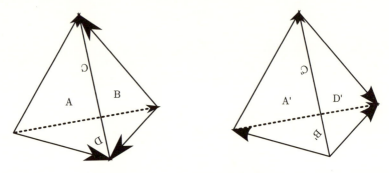

図 1.6 8の字結び目の補空間

類で理想三角形の合同類が決まる．とくに△が正三角形となるとき，正理想四面体ということにする．正理想四面体の側面のなす角は全て $\frac{\pi}{3}$ であり，双曲変換が4つの頂点の置換を全て実現する．

理想四面体の側面，理想三角形，は全て合同なので理想四面体の貼りあわせパターンは一意に実現する．サーストンによる2つの四面体の有名な貼りあわせパターン（図1.6）の複体空間は8の字結び目の S^3 における補集合となる．2つの四面体が正理想四面体の場合にパターンは $(\mathbb{H}^3, \mathrm{Isom}(\mathbb{H}^3))$-パターンとして実現し，得られる双曲多様体は完備体積有限となる．他にも理想四面体を変形して得られる $(\mathbb{H}^3, \mathrm{Isom}(\mathbb{H}^3))$-パターンはあるが，完備双曲多様体が得られるのは正理想四面体の場合だけである．

1.5 体積有限双曲多様体の構造

最初にリー群の離散部分群に関する有名なマルグリスの補題を述べよう．群 Γ の2つの部分群 $A, B \subset \Gamma$ に対して，A, B の元 a, b の交換子 $[a, b] = aba^{-1}b^{-1}$ 全体の生成する部分群を $[A, B]$ と書く．とくに，A, B が正規部分群であるとき，$[A, B]$ もそうである．$\Gamma_0 = \Gamma, \Gamma_{i+1} = [\Gamma, \Gamma_i]$ とすると，Γ の正規部分群の減少列 $\{\Gamma_i\}_i$ を得る．ある自然数 m について，$\Gamma_m = \{1\}$ が成り立つとき，Γ を $(m$ 階$)$ 冪零群というのであった．一般に，Γ の $m+1$ 個の元 $\gamma_1, \ldots, \gamma_{m+1}$ に対して，

$$[\gamma_1,[\gamma_2,[\gamma_3,\ldots,[\gamma_m,\gamma_{m+1}]]\ldots]$$

を m 階交換子と呼ぶことにする．$[g,hk]=[g,h][h,[g,k]][g,k]$ は直接計算から従うので，Γ の生成系 A（生成系は常に $A=A^{-1}$ を満たすものとする）が与えられているとき，Γ_i は A の元の i 階以上の交換子により生成される．とくに，A の m 階交換子が全て単位元であることは Γ が m 階冪零群であるための必要十分条件である．

リー群 G 上の任意の計量 m に対して G の演算 $i:g\mapsto g^{-1}$ に対して，i^*m+m は i-不変計量となる．リー環 $\mathfrak{g}$ 上の内積は G 上の（左あるいは右）不変計量を定める．さらに $\mathfrak{g}$ 上の内積が共役 $\xi\mapsto g\xi g^{-1}$ で不変であれば両側不変計量を与える．例えば G がコンパクトならば，そのような計量が存在する．i は左右の不変計量を入れ替えるが，両側不変計量が存在すれば，i-不変な両側不変計量をとることができる．

<u>補題 1.46</u>（マルグリスの補題） G をリー群とする．G の単位元 1 の近傍 U で，U の元で生成される G の任意の離散部分群 Γ が冪零群となるようなものが存在する．

証明 G 上の i-不変計量が定める G 上の距離を ρ とする．このとき，$1\in G$ の r-近傍 $B(1,r)$ は $B(1,r)^{-1}=B(1,r)$ を満たすことを注意しておく．写像 $f:G\times G\ni(g,h)\mapsto[g,h]\in G$ の $(1,1)$ における微分 $df_{(1,1)}$ は 0 であり，$f(g,1)=f(1,h)\equiv 1$ であるから，二階微分までのテイラー展開を考えることにより，十分小さな $r_0>0$ をとれば，適当な定数 c が存在して，$r_1,r_2<r_0$ に対して，$f(B(1,r_1)\times B(1,r_2))\subset B(1,cr_1r_2)$ を満たすものとしてよい．とくに $2cr\leq 1$ となるように，$r<r_0$ を選ぶと $g,h\in B(1,r)$ に対して，$[g,h]\in B(1,\frac{r}{2})$，もっと一般に，$B(1,r)$ の元の m 階交換子は $B(1,\frac{r}{2^m})$ に属するものとしてよい．$U=B(1,r)$ とし，離散部分群 Γ に対して $\inf_{\gamma\neq 1\in\Gamma}\rho(1,\gamma)=\rho_0>0$ とおく．このとき，$\frac{r}{2^m}<\rho_0$ となるように m を十分大きくとると，生成系 $\Gamma\cap U$ の m 階交換子は $B(1,\rho_0)\cap\Gamma=\{1\}$ に属するので Γ は m 階冪零群となる． ■

• **例 1.47** G がユニタリ群 $U(n)$ の場合を考える．まず簡単な線形代数の結論を導いておく．$g\in U(n)$ の固有値 λ の固有空間を $E_\lambda(g)$ とすると，g は

$\mathbb{C}^n$ を $\mathbb{C}^n = \oplus_\lambda E_\lambda(g)$ と直交分解する. $h \in U(n)$ と g の可換性 $[g,h] = 1$ と $hE_\lambda(g) = E_\lambda(g)$ は同値であることに注意しよう. 単位元の十分小さな近傍 U をとり, $[g, hgh^{-1}] = 1, h \in U$ であるとすると, g は $E_\lambda(hgh^{-1}) = hE_\lambda(g)$ を保ち, $hE_\lambda(g) = \bigoplus_\mu E_\mu(g) \cap hE_\lambda(g)$ と固有分解する. $h \in U$ だから, $hE_\lambda(g)$ は $E_\lambda(g)$ と直交する元を持たないので $hE_\lambda(g) = E_\lambda(g)$ が従う. つまり $h \in U$ について $[g, hgh^{-1}] = 1$ と $[g, h] = 1$ は同値である.

離散部分群(したがって有限群) $\Gamma \subset U(n)$ が単位元の十分小さな近傍 V の元で生成されているとき, Γ がアーベル群であることを示そう. 両側不変計量を用いてマルグリスの補題 1.46 のように U を選び, $V^2 \subset U, V = V^{-1}, gVg^{-1} = V \ (g \in U(n))$ となる V をとる. $g, h \in V \cap \Gamma$ が $[g, h] \neq 1$ を満たすとする. このとき, 漸化式

$$g_{i+1} = g_i g g_i^{-1}, \ g_0 = h \tag{1.4}$$

で点列 $g_i \in V$ を定めると, 上の結論から帰納的に $[g, g_i] \neq 1$, とくに $g \neq g_i$ である. $x_i = g_i g^{-1}$ とおくと, $x_{i+1} = [x_i, g]$ が従うが, $g, g_i \in V, x_i \in U$ であることから, マルグリスの補題 1.46 の議論より $g_i \to g$ と収束し Γ の離散性に反する. もちろん閉リー部分群 $O(n) \subset G$ についても同じ結論が成り立つ.

今度は $G = \mathrm{Isom}(\mathbb{R}^n)$ の場合を考えよう. $g \in G$ を $g(x) = K_g x + v_g \ (K_g \in O(n), v_g \in \mathbb{R}^n)$ と書くとき, 射影 $\pi_{O(n)} : G \ni g \mapsto K_g \in O(n)$ は準同型となるから, G は平行移動のなす正規部分群 $\mathbb{R}^n$ と直交変換 $O(n)$ の半直積 $G = \mathbb{R}^n \cdot O(n)$ である. 平行移動で生成される G の離散部分群 Γ は $\mathbb{R}^n$ の離散部分群だから, 階数 n 以下の自由アーベル群をなす.

【演習 1.48】 V を例 1.47 のようにとり, $g, h \in \mathbb{R}^n \cdot V \subset \mathrm{Isom}(\mathbb{R}^n)$ について漸化式 (1.4) で点列 g_i を定義する. このとき, g_i が $\mathrm{Isom}(\mathbb{R}^n)$ の収束列であることを示せ.

マルグリスの補題 1.46 の近傍 U は $O(n), \mathbb{R}^n$ の単位元の近傍 V, W により $U = W \cdot V$ と書けるが, 例 1.47 の議論を少し一般化して次の結論が従う.

命題 1.49 $O(n)$ の単位元の適当な近傍 V について, $U = \mathbb{R}^n \cdot V$ の元で生成される $\mathrm{Isom}(\mathbb{R}^n)$ の離散部分群 Γ はアーベル群である.

証明 $g, h \in U \cap \Gamma$として，演習 1.48 の点列 $\{g_i\}_i$ を考える．K_g, K_h が可換でなければ，g_i は全て g と異なり，Γ の離散性に反するので，$\pi_{O(n)}(\Gamma)$ はアーベル群となる．さらに，$[K_h, K_g] = 1$ の下で交換子を具体的に計算すると

$$h_1(x) := [h, g](x) = hgh^{-1}g^{-1}(x) = x + (K_h - 1)v_g - (K_g - 1)v_h$$

となるから，$m+1$ 階交換子 $h_{m+1} = [h, h_m]$ の $\mathbb{R}^n$ 成分を $v_{m+1} = v_{h_{m+1}}$ とおくと，$v_{m+1} = (K_h - 1)^m v_1$ である．$K_h - 1$ は固有空間 $E_1(K_h)$ の直交空間に正則変換を導くので，$v_1 \notin E_1(K_h)$ ならば，$v_m \neq 0$ であり，$K_h \in V$ について $\|K_h - 1\| \leq r < 1$ とすると，$|v_{m+1}| \leq r^m |v_1|$ から $v_m \to 0$ が従い，Γ の離散性に反する．g, h の立場を入れ替えて $v_1 \in E := E_1(K_h) \cap E_1(K_g)$ が従う．一方 $v_1 = (K_h - 1)v_g - (K_g - 1)v_h \in E^\perp$ だから，$v_1 = 0$ が従う．■

系 1.50 $X^n = S^n$ または $\mathbb{R}^n$ とする．n のみに依存する自然数 m が存在して，$G = \mathrm{Isom}(X^n)$ の離散部分群 Γ は指数 m 以下のアーベル群 A を含む．

証明 例 1.47 の V に対して，$W^2 \subset V, W = W^{-1}$ となるように $O(n)$ の単位元の近傍をとる．$X^n = S^n, \mathbb{R}^n$ に応じて，$R = V, S = W$ または $R = \mathbb{R}^n \cdot V, S = \mathbb{R}^n \cdot W$ とおき，$g_1 S, \ldots, g_m S$ が G を被覆するものとする．R で生成される Γ の部分群 Γ_R はアーベル群であるが，$\gamma_1, \gamma_2 \in g_i S \cap \Gamma$ ならば，$\gamma_1^{-1} \gamma_2 \in \Gamma \cap R$ なので，Γ/Γ_R の指数は m を超えない．■

一般にリー群 G の離散部分群 Γ による商空間 G/Γ が（右不変測度に関して）測度有限となるとき，Γ を**格子**といい，さらに G/Γ がコンパクトであるとき，Γ は**余コンパクト**または**一様**であるという．平行移動の生成する階数 n の自由アーベル群のなすユークリッド格子 Λ は余コンパクトであるが，この場合ユークリッド多様体 $\mathbb{R}^n/\Lambda$ をユークリッドトーラスと呼ぶ．また $\mathrm{Isom}(\mathbb{H}^n)$ の離散部分群は $n = 2$ のとき**フックス群**，$n = 3$ のとき**クライン群**という名前が付いていて，これらが格子であるときフックス格子，クライン格子などという．

系 1.51（ビーベルバッハの定理） $\mathrm{Isom}(\mathbb{R}^n)$ の離散アーベル部分群 A は階数 n 以下の有限生成アーベル群であり，階数 n の場合は平行移動で生成される自由アーベル群である．とくに，ユークリッド格子は余コンパクトであり，完備

ユークリッド多様体が体積有限であるための必要十分条件はユークリッドトーラスで被覆されることである．

証明 $E_1 = \{x \in \mathbb{R}^n \mid$ 任意の $a \in A$ に対して $K_a x = x\}$ とする．$a \in A, x + x^\perp \in E_1 \oplus E_1^\perp$ について $a(x+x^\perp) = (x+v_a^T) + (K_a x^\perp + v_a^\perp) \in E_1 \oplus E_1^\perp$ と書くと，$a, b \in A$ の可換性から $(1-K_a)v_b^\perp = (1-K_b)v_a^\perp$ が導かれる．K_a ($a \in A$) の（複素）同時固有分解の成分ごとにこの等式を見ると適当な $v_0^\perp \in E_1^\perp$ が存在して，a によらず $v_a^\perp = (1-K_a)v_0^\perp$ と書けることが分かる．つまり，$a \in A$ は E_1 に v_a^T による平行移動，$E_1^\perp$ に $v_0^\perp$ を中心とする K_a による直交変換を導く．したがって $k = \dim E_1$ とすると，A は $\mathbb{R}^k \times O(n-k)$ の離散部分群と見なすことができる．$O(n-k)$ はコンパクトなので，A の $\mathbb{R}^k$ 成分への射影の像もまた離散的で，その核は有限群であるから，A は階数 k 以下の有限生成アーベル群となる．残りの主張はこの考察と系1.50から従う． ∎

次の系を示すために初等的な考察を行っておく．離散群 Γ が離散空間 S に作用しているものとする．Γ の生成系 A と $s \in S$ を固定して，s に i 個の生成元を作用させて得られる S の元 $a_1 a_2 \ldots a_i s$ 全体を $A^i s$ とおくと，s の軌道 Γs は $\Gamma s = \bigcup_{i=0}^\infty A^i s$ と書ける．単調増大列 $O_m = \bigcup_{i=0}^m A^i s$ がある m で $O_m = O_{m+1}$ と停留すれば，$\Gamma s = O_m$ となるし，停留しなければ O_i は i について狭義単調増大である．このことから軌道 Γs が $m+1$ 個の元を含んでいれば，O_m も $m+1$ 個の元を含む．

系1.52 G をリー群，$K \subset G$ をコンパクト部分リー群とする．K の近傍 V と自然数 m で，V の元で生成される G の任意の離散部分群は指数 m 以下の冪零部分群を含むようなものが存在する．

証明 K のコンパクト近傍 C をとる．マルグリスの補題1.46における U に対して，近傍 W を $W^2 \subset U, W = W^{-1}$ となるように小さくとり，C は有限個の開集合 $g_1 W, \ldots, g_m W$ ($g_1, \ldots, g_m \in G$) で被覆されているものとする．このとき，K の近傍 V をさらに小さく取り，$V^m \subset C, V = V^{-1}$ を満たすように選ぶ．V で生成される離散部分群 Γ に対して，$\Gamma \cap U$ で生成される部分群 Γ_U はマルグリスの補題により冪零である．$S = \Gamma/\Gamma_U$ が $m+1$ 個以上の

元を含んでいると仮定して矛盾を導けばよい.このとき,ΓのSへの左作用を考え,生成系$A = \Gamma \cap V$と$s = \Gamma_U \in S$に対して上の考察を適用すると,$O_m = \bigcup_{i=0}^m A^i \Gamma_U \subset S$は$m+1$個の剰余類を含むが,それぞれの剰余類の代表元$\gamma_1, \ldots, \gamma_{m+1} \in \bigcup_{i=0}^m A^i$を選んでおく.$V^m \subset C$だから,$i \leq m$に対して$A^i \subset C$であり,$C$は$m$個の開集合$g_\alpha W$で被覆されているから,いずれかの代表元の組$\gamma_i, \gamma_j$が同じ開集合$g_\alpha W$に属することになる.しかしこれは$\gamma_i \Gamma_U = \gamma_j \Gamma_U$を導き,$\gamma_i$の選び方に反する. ∎

リーマン多様体Xにリー群Gが等長変換として推移的に作用していて$x \in X$の固定化群G_xがコンパクトであるとしよう.このとき,$K = G_x$として系1.52を適用しよう.Gの作用は推移的なので,軌道写像$\pi : G \ni g \mapsto gx \in X$は$X$と等質空間$G/K$との微分同相を与え,$G$に$X$上の主$K$束の構造を定める.とくに$K$の十分小さな近傍として$V = \pi^{-1}(B(x, r))$をとることができる.$x$を$y = hx$にとりかえても,$K$は$hKh^{-1}$,$V$は$hVh^{-1}$と共役に取りかわるだけだから,$r$を十分小さくとれば,$x$によらず系1.52の結論が$V$に対して成り立つ.まとめると

命題 1.53 リー群Gが連結リーマン多様体Xに等長変換として推移的に作用し,一点の固定化群がコンパクトであるとする.このとき,$r > 0$とmが存在して,Gの離散部分群Γと$x \in X$に対して,$\{\gamma \in \Gamma \mid \rho_X(\gamma x, x) < r\}$で生成される$\Gamma$の部分群$\Gamma_{x,r}$は指数$m$以下の冪零部分群$N_{x,r}$を含む.

一般に群Gの部分群Hに対して,中心化群$C_G(H)$と正規化群$N_G(H)$を
$$C_G(H) = \{g \in G \mid 任意の h \in H に対して hg = gh\},$$
$$N_G(H) = \left\{g \in G \,\middle|\, gHg^{-1} = H\right\}$$
で定義する.Hがhで生成される巡回群であるとき,$C_G(h), N_G(h)$などとも書く.離散双曲変換群Γが$\mathbb{H}^n$に自由に作用しているとき,命題1.53の$\Gamma_{x,r}$をかなり具体的に記述することができる.

補題 1.54 $G = \mathrm{Isom}(\mathbb{H}^n)$の離散部分群$\Gamma \neq \{1\}$が楕円型変換を含まず,指数有限の冪零群$N \subset \Gamma$を含むとき,次のいずれかが成り立つ.

1. Γ は双曲型変換で生成される巡回群である.
2. Γ の元は全て放物型でその固定点を共有し,その固定点を上半平面モデルの ∞ にとると,ポアンカレ拡張の下で $\Gamma \subset \mathrm{Isom}(\mathbb{R}^{n-1})$ となる.とくに $n=3$ で Γ が向きを保つならば Γ は平行移動で生成される.

注意 1.55 無限遠固定集合を共有する双曲型(放物型)変換のなす離散群を双曲型(放物型)といい,とくに放物型離散群が平行移動で生成されるとき平行移動群と呼ぶことにする.

証明 必要ならば N を $\bigcap_{\gamma \in \Gamma} \gamma N \gamma^{-1}$ にとりかえて N は正規部分群であると仮定してよい.冪零部分群 N の中心 $Z(N)$ は非自明で,中心元 $g \neq 1 \in N$ を持つ.とくに $N = C_N(g), \Gamma = N_\Gamma(Z(N))$.

g が双曲型であるとき,g の軸 γ は $h \in N_G(g)$ について $g(h\gamma) = h\gamma$ を満たすから,軸の一意性から $h\gamma = \gamma$ となる.γ を保つ双曲変換は γ を軸とする双曲型変換,γ の点を全て固定する楕円型変換,γ の無限遠の端点を入れ替えて γ 上の一点を固定する楕円型変換,のいずれかで,このうち g と可換なものは最初の 2 つであり,$C_G(g)$ は $\mathbb{R} \times O(n-1)$ の部分群である.$C_N(g)$ はその離散部分群で楕円型の元を含まないから,$\mathbb{R}$ の離散部分群と同型で,巡回群となることが分かる.したがって,$C_N(g)$ は γ を軸とする双曲型変換で生成される巡回群である.とくに $Z(N)$ もその巡回部分群で,$x \in N_\Gamma(Z(N))$ は γ を保つ.$N_\Gamma(Z(N))$ は楕円型の元を含まないからやはり $\mathbb{R} \times O(n-1)$ の離散部分群で巡回群となり,Γ は 1. の巡回群となる.

g が放物型であるとき,g の固定点を上半平面モデルの ∞ にとり,以下 $\mathbb{R}^{n-1}$ の相似変換とそのポアンカレ拡張を同一視する.非自明アーベル部分群 $A \subset \Gamma$ の全ての元の共通固定点が ∞ のみで $A \subset \mathrm{Isom}(\mathbb{R}^{n-1})$ ならば,$N_\Gamma(A)$ もそうであることを示せば放物型のケースの主張が従う.実際まず A を $g \in Z(N)$ の生成する巡回群にとり,$N \subset C_\Gamma(g) \subset \mathrm{Isom}(\mathbb{R}^{n-1})$ を示し,次に $A = Z(N) \subset N$ とすると,$\Gamma = N_\Gamma(Z(N)) \subset \mathrm{Isom}(\mathbb{R}^{n-1})$ が従い,Γ の元は楕円型でないので放物型である.$n=3$ の場合は向きを保ち固定点を持たない平面の合同変換は平行移動しかないことに注意すれば最後の主張が従う.

$N_\Gamma(A)$ に関する上の主張を示す.ビーベルバッハの定理 1.51 の議論から A

1.5 体積有限双曲多様体の構造

は $E_1 \subset \mathbb{R}^{n-1}$ 上に平行移動,$E_1^\perp$ には直交変換を導くものとしてよい.しかも Γ は楕円型の元を含まないので,E_1 への作用で A の元は決まり,とくに E_1 へ非自明な平行移動を導く $g \in A$ が存在する.$h \in N_\Gamma(A)$ とすると,h も ∞ を固定し,$h(x) = e^t K_h x + v_h$ と書ける.さらに K_h は $E_1, E_1^\perp$ を保ち,h は $E_1, E_1^\perp$ の相似変換の直和である.$h^m g h^{-m} \in A$ の E_1 への作用は $e^{mt} K_h^m v_g$ の E_1 成分による平行移動となるが,$t \neq 0$ ならば A の離散性に反する. ∎

一般にリーマン多様体 M の点 x の単射半径を $\iota_x(M)$ と書くとき,$\iota_x(M) < \varepsilon$ を満たす点 $x \in M$ 全体の集合を ε-**狭部**という.系 1.52 を用いて,完備双曲多様体 M の ε-狭部の構造を調べよう.系 1.13 によれば,完備双曲多様体 M は楕円型の元を含まない離散群 $\Gamma \subset G = \mathrm{Isom}(\mathbb{H}^n)$ による商空間 $\Gamma \backslash \mathbb{H}^n$ と等長的であるから,$M = \Gamma \backslash \mathbb{H}^n$ と同一視し,$\pi : \mathbb{H}^n \to M$ をその普遍被覆写像とする.$x \in M$ の単射半径が $< \varepsilon$ であれば,x を基点とする M の測地閉曲線 γ で長さが $< 2\varepsilon$ となるものが存在する(これはクリンゲンバーグの定理 3.58 の帰結だが直接見ることもできる).γ は $\pi_1(M, x)$ の自明でない元を定めるから,$\tilde{x}_0, \tilde{x}_1 \in \pi^{-1}(x)$ で $\tilde{x}_1 = g\tilde{x}_0$,$\rho_{\mathbb{H}^n}(\tilde{x}_0, \tilde{x}_1) < 2\varepsilon$ となるような $g \neq 1 \in \Gamma$ が存在する.$g \in \Gamma$ に対して,

$$\tilde{\Omega}_g^\varepsilon = \{x \in \mathbb{H}^n \mid \rho_{\mathbb{H}^n}(x, gx) < 2\varepsilon\}$$

とおくと,上の考察から ε-狭部は $\pi(\bigcup_{g \in \Gamma} \tilde{\Omega}_g^\varepsilon)$ と一致する.補題 1.31 により $\tilde{\Omega}_g^\varepsilon$ は $C_G(g)$-不変な凸集合である.$\tilde{\Omega}_g^\varepsilon \neq \emptyset$ であるとして,g が双曲型ならば $\tilde{\Omega}_g^\varepsilon$ は g の軸 γ の近傍であり,γ の 100ε-近傍 $C_{100\varepsilon}(\gamma)$ に含まれるとしてよい.g が放物型平行移動ならば,$\tilde{\Omega}_g^\varepsilon$ がホロ開球体となることは見やすい.命題 1.53 の r に対して,$2\varepsilon < r$ となるように ε を十分小さくとる.このとき,$x \in \tilde{\Omega}_g^\varepsilon \cap \tilde{\Omega}_h^\varepsilon$ が存在したとすると,g, h はともに命題 1.53 の $\Gamma_{x,r}$ に含まれる.補題 1.54 によれば,g が放物型(双曲型)であれば h もそうであり,無限遠境界での固定点を共有することになる.

無限遠の固定点を共有する元のなす Γ の部分群を A とし,$\tilde{\Omega}_A^\varepsilon = \bigcup_{a \in A} \tilde{\Omega}_a^\varepsilon$ とおく.系 1.50 と補題 1.54 の議論から A は補題 1.54 の 1. か 2. のいずれかの部分群となる.A が双曲型ならば,$\tilde{\Omega}_A^\varepsilon \subset C_{100\varepsilon}(\gamma)$ は軸 γ の「星状近傍」である(つ

まり，$x \in \tilde{\Omega}_A^\varepsilon$ ならば，x から x に最も近い γ の点 y へ結んだ線分上の点も $\tilde{\Omega}_A^\varepsilon$ に含まれる)．A が平行移動群であれば $\tilde{\Omega}_A^\varepsilon$ は A の固定点に接するホロ球体である．具体的に固定点を上半平面モデルの ∞ におき，$A \subset \mathbb{R}^{n-1}$ とするとこのホロ開球体は $\{(x_1, \ldots, x_n) \in U^n \mid 2\sinh(\frac{\varepsilon}{2})x_n > \inf_{a \neq 0 \in A} |a|\}$ と具体的に書ける．$\Gamma \subset \mathrm{Isom}_0(\mathbb{H}^3)$ の場合は $\tilde{\Omega}_A^\varepsilon$ は完全に書き下せる．この場合，A が双曲型ならば $\tilde{\Omega}_A^\varepsilon$ は γ の適当な δ-近傍 $C_\delta(\gamma)$ となり，A が放物型ならば自動的に放物型平行移動のなす群となるので $\tilde{\Omega}_A^\varepsilon$ はホロ開球体である．一般の放物型の $\tilde{\Omega}_A^\varepsilon$ の記述は演習問題としておく．

【演習 1.56】 A を命題 1.53 の 2. の離散群とし，$\mathrm{Isom}(\mathbb{R}^{n-1})$ の離散部分群とみなす．
1. $\mathbb{R}^{n-1}$ 上の正値 A-不変連続関数 f により
$$\tilde{\Omega}_A^\varepsilon = \{(x_1, \ldots, x_n) \in U^n \mid x_n > f(x_1, \ldots, x_{n-1})\}$$
と書けることを示せ．
2. A がアーベル群のとき $A \backslash \mathbb{R}^{n-1}$ はトーラス上のベクトル束の構造を持つことを示せ．このとき，1. の関数 f の遠方での増大度を上から評価せよ．
3. $A \backslash \tilde{\Omega}_A^\varepsilon$ が体積有限となることと A がユークリッド格子であることは同値であることを示せ．

$\Gamma_{x,r}$ と固定点集合を共有する Γ の元全体のなす部分群を A とし，以下 ε を省略して $\tilde{\Omega}_A$ などと書く．$\tilde{\Omega}_A \cap \tilde{\Omega}_B \neq \emptyset$ ならば A, B の無限遠固定点が一致するから $\tilde{\Omega}_A = \tilde{\Omega}_B$ である．とくに $\Omega_A = \pi(\tilde{\Omega}_A)$ とおくと $\Omega_A \cap \Omega_B = \emptyset$ であるか，$\Omega_A = \Omega_B$ であるかのいずれかである．また，$\tilde{\Omega}_A$ に A は作用するから π は射影 $A \backslash \tilde{\Omega}_A \to \pi(\tilde{\Omega}_A)$ を導くが，この射影は単射となる．実際，$x, y \in \tilde{\Omega}_A$ に対して，$\Gamma_{x,r}$ と $\Gamma_{y,r}$ の無限遠固定点は等しいから，$x = gy$ となるような $g \in \Gamma$ が存在すれば，$\Gamma_{y,r} = g^{-1}\Gamma_{x,r}g$ により g も同じ無限遠固定点をもつことが分かり，$g \in A$ が従う．つまり，ε-狭部は連結成分 $\Omega_A \simeq A \backslash \tilde{\Omega}_A$ で被覆される．A が双曲型（放物型）であるとき，Ω_A も双曲型（放物型）狭部と呼ぶことにする．$C = \overline{\Omega_A}$ が双曲型ならば $D^{n-1} \times S^1$ と位相同型であり，M の閉測地線の管状近傍となる．A が平行移動群ならば C は $(n-1)$ 次元ユークリッド多様体 T と $[0, \infty)$ の直積 $T \times [0, \infty)$ と微分同相な境界付き部分多様体となる．一般の放物型狭部についても演習 1.56 により位相的には同じ状況となる．とくに，T が

コンパクトであるとき Ω_A を**カスプ領域**という.

命題 1.57　n 次元完備双曲多様体の狭部の連結成分の閉包 C について
1. C が双曲型ならば $D^{n-1} \times S^1$ と, 放物型ならばユークリッド多様体 E と半直線の直積 $E \times [0, \infty)$ と, 位相同型である.
2. $n \leq 3$ で向きづけ可能ならば, C は境界付き部分多様体である. また C が放物型ならば境界 ∂C はユークリッド多様体である.

この狭部の解析を用いれば本節の主目的である体積有限多様体に関する結論を述べることができる.

定理 1.58　(**体積有限双曲多様体の構造**)　体積有限完備双曲多様体 M の狭部は有限個の成分からなり, 放物型成分はカスプ領域である. とくに M からカスプ領域を除いた集合 M_ε の内部は M と微分同相である. また, $n \leq 3$ で M が向きづけ可能ならば M_ε はユークリッドトーラスを境界成分とするコンパクト境界付き部分多様体である.

証明　まず ε-狭部の補集合 Y はコンパクトであることを示そう. 全有界であることを示せば十分だが, Y の無限点列 x_i で, 互いに距離 $r(<\varepsilon)$ 以上離れたものが存在すれば, x_i の $\frac{r}{2}$-近傍 $\mathrm{Int}\, B(x_i, \frac{r}{2}) \subset Y$ は互いに交わらない. x_i の単射半径は ε 以上なので, $\mathrm{Int}\, B(x_i, \frac{r}{2})$ は $\mathbb{H}^n$ の同じ半径の測地球と同じ体積 V_r を持つが, これは M の体積有限性に反する. とくにこのことから, A が放物型ならば, Ω_A はカスプ領域であることが従う. 実際 $\tilde{\Omega}_A$ の境界 $\partial \tilde{\Omega}_A$ は被覆写像 π によりコンパクト空間 Y の閉集合に射影される. したがって $\partial \Omega_A$ はコンパクトとなるが, 演習 1.56 から A がユークリッド格子であることが分かる. ε を小さくとりなおせば, それぞれのカスプ領域の境界 $\partial \Omega_A$ は互いに一定の距離だけ離れていることも分かるので, 再び Y のコンパクト性からカスプ領域が有限個しかないことが分かる. あとは狭部の双曲型成分 Ω_A が有限個しかないことを示せばよい. Y はコンパクトだから, $p \in M$ に対して, 十分大きな $R > 0$ をとると, $M \setminus \mathrm{Int}\, B(p, R)$ は全て狭部の点である. また, 双曲型狭部の点の 1-近傍は狭部に含まれないので双曲型成分は全てコンパクト集合 $B(p, R)$

に含まれるとしてよい．双曲型狭部の成分 Ω_A は長さ $< 2\varepsilon$ の閉測地線の近傍であるが，コンパクト集合上そのような閉測地線は有限個しかない． ∎

種数 $g \geq 2$ の向きづけ可能閉曲面 Σ に双曲計量を与えるとそれをケーラー計量とする複素構造が定まる．この対応は Σ 上の双曲計量と複素構造の間の一対一対応を与える．よく知られているように Σ の複素構造は $6g-6$ 次元の変形空間を持つから双曲計量も変形される．例えば前節の双曲多角形による構成を具体的に行うことで Σ 上の双曲計量が連続的に変形可能であることを見ることも難しくない．一方 3 次元以上の双曲格子は次のような剛性を持つ．

定理 1.59（モストウの剛性定理 [Mos73]） $n \geq 3$ とする．$\mathrm{Isom}(\mathbb{H}^n)$ の格子 Γ_1, Γ_2 が群として同型であれば，Γ_1, Γ_2 は共役，つまり $\Gamma_2 = g\Gamma_1 g^{-1}$ を満たす $g \in \mathrm{Isom}(\mathbb{H}^n)$ が存在する．

次の系はリッチフローの長時間挙動をみる際に用いられる．

系 1.60 H^1, H^2 を体積有限完備 3 次元双曲多様体，g_1, g_2 をこれらの双曲計量とする．H^1 のカスプの数は H^2 のそれを超えないとき，中への微分同相 $f: H_\varepsilon^1 \to H^2$ で g_1 と f^*g_2 が C^∞ 級位相で十分近いものが存在すれば H^1, H^2 は等長的である．

証明 f は ∂H_ε^1 のカスプトーラス T を H^2 の 2ε-狭部に写す．T が双曲型狭部に写されるとカスプの数に関する仮定に反するので，やはり $f(T)$ もカスプトーラスである．したがって，H^1, H^2 はホモトピー同値となりモストウの剛性定理 1.59 により結論が従う． ∎

1.6 ファイバー束の幾何構造

ファイバー束 $\pi: M \to B$ の構造を持つ特殊な 3 次元多様体 M の位相を調べよう．ファイバー $F = S^1$ か $B = S^1$ の場合を考えるが，まずは $F = S^1$ である場合を考える．S^1-束の多くは等方幾何構造を持たない．

1.6 ファイバー束の幾何構造

命題 1.61 曲面 B 上の S^1 束は体積有限完備双曲多様体の構造を持たない.

証明 M を完備双曲多様体とし,その基本群を $G = \text{Isom}(\mathbb{H}^3)$ の離散部分群とみなす.ファイバー束のホモトピー完全列

$$1 \to \pi_2(M) \to \pi_2(B) \to \pi_1(F) \xrightarrow{i_\sharp} \pi_1(M) \to \pi_1(B) \to 1 \tag{1.5}$$

を考えると $H = i_\sharp \pi_1(F)$ は $\pi_1(M)$ の正規部分群となることが分かる.$F = S^1$ だから H は巡回群である.H が有限群ならば $\pi_2(B)$ は自明でないから $B = S^2, \mathbb{R}P^2$ であり,$\pi_1(M)$ は有限群となり仮定に反する.したがって $H = \mathbb{Z}$ である.$g \in \pi_1(M) \subset G$ が H を生成しているものとすると $\pi_1(M) \subset N_G(g)$ である.g が双曲型ならば $N_G(g)$ は g の軸を保ち,g が放物型ならば,$N_G(g)$ は g の無限遠固定点を固定する.このことから $N_G(g)$ の離散部分群 $\pi_1(M)$ は補題 1.54 のいずれかの離散部分群となるから,M は体積有限ではない. ∎

【演習 1.62】 曲面 B 上の S^1 束 M が完備ユークリッド多様体の構造を持つとき,B はユークリッド曲面であることを示せ.また M が完備球面多様体の構造を持つとき,B は S^2 または $\mathbb{R}P^2$ であることを示せ.

● 例 1.63(レンズ空間) M が S^2 上の S^1 束 $\pi : M \to S^2$ であるとする.S^2 を北半球 D_0,南半球 D_1 を赤道 $D_0 \cap D_1 = \partial D_0 = \partial D_1$ で貼りあわせて得られる空間と考える.D_0, D_1(の近傍)上での M の局所自明化により M は 2 つのトーラス体 $V_0 = D_0 \times S^1, V_1 = D_1 \times S^1$ を境界つき多様体として含み,これらのトーラス境界 $\partial V_0, \partial V_1$ を貼りあわせて得られる多様体である.一般に 2 つのトーラス体 V_0, V_1 をそのトーラス境界で貼りあわせて得られる 3 次元多様体をレンズ空間という.

一般に境界付き多様体(レンズ空間の場合は $V_0 \sqcup V_1$)の境界成分 Σ_0, Σ_1 を微分同相 $\sigma : \Sigma_1 \to \Sigma_0$ で貼りあわせて得られる多様体の微分同相類は σ のアイソトピー類のみによって決まる.境界成分がトーラスの場合,σ のアイソトピー類は基本群に導く同型 $\sigma_\sharp$ によって決定するからこれを調べよう.トーラス体 V の境界の基本群は $\pi_1(\partial V) = \mathbb{Z}^2$ である.包含写像 $i_\sharp : \pi_1(\partial V) \to \pi_1(V)$ を考えると $\ker i_\sharp$ は V 内に円板を張る ∂V 上の単純閉曲線 m で生成される巡回群となり,m と一点で横断的に交わる ∂V 上の単純閉曲線 l をとると,m, l は自由

加群 $\pi_1(\partial V)$ の基底をなす（閉曲線とそれが定める基本群の元を同じ記号で表す）．トーラス体上のこのような閉曲線 m をメリディアン，l をロンジチュードと呼ぶことがある．D, S^1 を $\mathbb{C}$ の単位円板，単位円周とし，V の自己微分同相 $D \times S^1 \ni (z_0, z_1) \mapsto (z_1^k z_0, z_1) \in D \times S^1$ や $D \times S^1 \ni (z_0, z_1) \mapsto (z_1^k \overline{z_0}, z_1) \in D \times S^1$ を考えると，$m \mapsto \pm m, l \mapsto \pm l + km$ なる作用が $\pi_1(\partial V)$ に導かれる．

∂V_α ($\alpha = 0, 1$) 上に m_α, l_α をとり，これらが交点で定める接ベクトルが ∂V_α の向きと適合するように m_α, l_α に向きを与える．$\sigma_\sharp : \pi_1(\partial V_1) \to \pi_1(\partial V_0)$ をこの基底に関して表示すると，行列式 ± 1 の整数係数の行列 $A_\sigma \in \mathrm{SL}_2^\pm(\mathbb{Z})$ で表れる．このとき，m_1 の像は互いに素な整数 p, q により $\sigma_\sharp(m_1) = qm_0 + pl_0$ と書けるが，p, q でレンズ空間の位相は決定する（このレンズ空間を $L_{p,q}$ と書く）．これを見るには A_σ, A_τ の列ベクトルが等しいとき，$N = A_\tau^{-1} A_\sigma$ は V_1 の適当な自己微分同相 f が $\pi_1(\partial V_1)$ に導く作用であることに注意すればよい．もっと直感的に m_1 の張る V_1 の円板（の近傍）D を ∂V_0 に貼りあわせて得られる S^2-境界付き多様体 $V_0 \cup D$ が決まれば，L_σ は $V_1 \cup D$ と 3 次元球体 $V_1 \setminus D$ の（向きを保つ）貼りあわせとして得られ，S^2 の自己微分同相のアイソトピー類が向きのみにより決まるから位相が決定すると考えてもよい．$L_{0,1} = S^2 \times S^1$ であることは自明だろう．また冒頭の S^2 上の主 U_1 束については，ファイバーを l にとることにより $L_{p,1}$ となることが分かる．一般のレンズ空間はファイバー束を一般化した構造を持つ．これについては次節で述べる．レンズ空間の位相について次は演習問題としよう．

【演習 1.64】
1. V_0 の自己微分同相を考えることにより，$q \equiv \pm q' \bmod p$ ならば $L_{p,q} = L_{p,q'}$ であることを示せ．
2. V_0, V_1 の立場を入れ替えることにより，$qq' \equiv \pm 1 \bmod p$ ならば $L_{p,q} = L_{p,q'}$ であることを示せ．
3. ホップファイバー束を考えることにより $L_{1,1} = S^3$ を導け．
4. $p \neq 0$ のとき，$L_{p,q}$ は $L_{1,q} = S^3$ で p 重被覆されることを見よ．またこのとき，$\pi_1(L_{p,q}) = \mathbb{Z}_p$ であることを示せ．

少し形式的なことを注意しておこう．F が向きづけ可能で，向きを保つ自己微分同相のなす部分群 $\mathrm{Diff}_0 F$ に簡約可能ならば，F-束は向きづけ可能である

1.6 ファイバー束の幾何構造

という. S^1 の回転のなす部分群を $U_1 \subset \text{Diff}_0 S^1$ と同一視するとき, 向きづけ可能 S^1-束の構造群は U_1 に簡約可能である. つまり向きづけ可能 S^1-束は主 U_1 束の構造を持つ. 主 U_1 束の同型類は例 A.6 の第一チャーン類 $c_1 \in H^2(B)$ で決定する.

【演習 1.65】
1. 向きづけ可能 S^1-束は主 U_1 束に簡約可能であることを示せ.
2. S^1 束 $M \to B$ が向きづけ可能であることとそのファイバーが定める $\pi_1(M)$ の元が中心元であることは同値であることを示せ.

B が閉リーマン面であるとき, $H^2(B) = \mathbb{Z}$ であり, 向きはその生成元を指定するから c_1 は整数に値をとるものとしてよい. この値を**チャーン数**と呼ぶ. ファイバーの向きづけを反転するとチャーン数の符号は反転するが, もちろん M の位相には影響しない. $B = S^2$ の場合はチャーン数 p の S^1-束はレンズ空間 $L_{p,1}$ である. 一般の閉リーマン面 B の場合にもチャーン数を同様に記述できる. 円板 $D \subset B$ をとると, $H^2(B \setminus D) = 0$ であるから $B \setminus D$ 上の主 U_1 束は自明であり, B 上の S^1 束 M は $V_0 = D \times S^1$, $V_1 = (B \setminus D) \times S^1$ の貼りあわせとして得られる. 例 1.63 と同様に ∂V_1 上の単純閉曲線 m_1 で $H_1(V_1)$ への包含写像の像が 0 であるものを選んで, $\sigma_\sharp(m_1) = pl_0 + m_0 \in \pi_1(\partial V_0)$ とするとき, M のチャーン数は $c_1 = p \in \mathbb{Z} = H^2(B)$ である (例 A.6 の定義と比較せよ). とくに閉リーマン面 B 上の主 U_1 束 M を U_1 の位数 p の巡回部分群 Z_p による右作用で割った商空間 M/Z_p もまた B 上の主 U_1 束であり, そのチャーン数は M のチャーン数の p 倍になる. したがって B 上の非自明主 U_1 束は全てチャーン数 1 の主 U_1 束で有限被覆される.

【演習 1.66】 向きづけ不能な閉曲面 Σ が閉リーマン面 $\tilde\Sigma$ により 2 重被覆されているものとする. このとき, Σ 上の主 U_1 束 $M \to \Sigma$ を被覆写像 $\tilde\Sigma \to \Sigma$ で引き戻すと $\tilde\Sigma$ の自明束となることを示せ.

● **例 1.67** トーラス T 上の非自明主 U_1 束 $\pi: M \to T$ を考えよう. まず, 上の構成を用いて $\pi_1(M)$ を調べる. T の適当な単純閉曲線 γ_0, γ_1 で $\pi_1(T)$ を生成するものをとる. $D \subset T$ を $T \setminus (\gamma_0 \cup \gamma_1)$ に含まれる円板とすると, γ_0, γ_1 は $T \setminus D$ 上の自明束 $V_1 = M \setminus \pi^{-1}(D)$ 上の曲線 a, b にリフトして, $[a, b] = c^p$ を満たす.

ここで, c はファイバーの定める $\pi_1(M)$ の元であり, $c_1 = p$ である. ホモトピー完全列 (1.5) によれば, a, b, c は $\pi_1(M)$ を生成し, ファイバー $F = U_1$ の基本群 $\pi_1(U_1)$ は c で生成される正規巡回部分群となる. 演習 1.65 により $\pi_1(U_1)$ は $\pi_1(M)$ の中心に含まれるから, $\pi_1(M)$ は 2 階冪零群となる.

チャーン数 1 のトーラス上の主 U_1 束を具体的に構成しよう. 次のように定義されるリー群 H を**ハイゼンベルグ群**という.

$$H = \left\{ \begin{pmatrix} 1 & x & z \\ & 1 & y \\ & & 1 \end{pmatrix} \in \mathrm{GL}_3(\mathbb{R}) \,\middle|\, x, y, z \in \mathbb{R} \right\},$$

このとき, H の中心 Z は行列成分 $x = y = 0$ であるような H の元全体であることとリー群の同型 $Z = \mathbb{R}, H/Z = \mathbb{R}^2$ は直接分かる.

$$a = \begin{pmatrix} 1 & 1 & 0 \\ & 1 & 0 \\ & & 1 \end{pmatrix} \in H,\ b = \begin{pmatrix} 1 & 0 & 0 \\ & 1 & 1 \\ & & 1 \end{pmatrix} \in H,\ c = \begin{pmatrix} 1 & 0 & 1 \\ & 1 & 0 \\ & & 1 \end{pmatrix} \in Z$$

とおくと, $[a, b] = c$ であるから, とくに離散部分群 $\Gamma = \mathrm{GL}_3(\mathbb{Z}) \cap H$ は a, b に生成されることが確かめられる. $M = \Gamma \backslash H$ とすると, Γ は $H/Z = \mathbb{R}^2$ に整数ベクトルによる平行移動で作用するから, $T = \Gamma \backslash H/Z$ はトーラスである. $Z/(\Gamma \cap Z) = U_1$ の右作用による商 $M \to T$ は T 上の主 U_1 束となり, 関係式 $[a, b] = c$ はこの主 U_1 束のチャーン数が 1 であることを示している.

【演習 1.68】
1. トーラス上の非自明主 U_1 束 $M \to T$ について, $\pi_1(M)$ の指数有限部分群 A の交換子群 $[A, A] \subset \pi_1(U_1)$ は非自明であることを確かめ, M がユークリッド多様体の構造を持たないことを示せ.
2. H の離散部分群 Γ で $\Gamma \backslash H \to \Gamma \backslash H/Z$ がチャーン数 p の主 U_1 束となるようなものを具体的に与えよ.

• **例 1.69** $M \to B$ を双曲閉リーマン面 $B = \Gamma \backslash \mathbb{H}^2$ 上のチャーン数 $k \neq 0$ の主 U_1 束とする. B 上には計量と向きづけから複素構造が定まっていて, 対応するケーラー形式 ω は体積要素で与えられる. このとき, M のチャーン類 c_1 は

1.6 ファイバー束の幾何構造

$F/2\pi\sqrt{-1} = k\omega/|\chi(B)|$ で代表される．$q = |\chi(B)|/k$ とおく．補題 A.8 によりこのような曲率形式を持つ接続を持った B 上の主 U_1 束に適当な (G, X)-構造を与えることで M 上に (G, X)-構造を定めることができる．

$\mathbb{H}^2$ の単位接束 $Q = U\mathbb{H}^2$ にはレヴィ・チヴィタ接続形式 θ_L が与えられていて，その曲率形式は $-2\pi\sqrt{-1}\omega$ である．写像の微分により $H_0 = \text{Isom}_0(\mathbb{H}^2)$ は Q にゲージ変換として作用し，θ_L を保つ（このゲージ作用 ρ_Q は自由推移的で H_0 と Q の微分同相を与える）．H_0 の等長変換を被覆し θ_L を保つゲージ変換全体を $G(Q, \theta_L)$ とすると ρ_Q はその分裂 $G(Q, \theta_L) = H_0 \times U_1$ を与える．

位相的には $\mathbb{H}^2$ の可縮性から単位接束 Q は自明で普遍被覆 $\tilde{Q}$ への被覆変換群 $\pi_1(Q) = \pi_1(U_1) = \mathbb{Z}$ は $\mathbb{R}$-ファイバーの平行移動として作用し，$Q = \tilde{Q}/\mathbb{Z}$ と書ける．また θ_L が U_1-不変だから θ_L の $\tilde{Q}$ への持ち上げ $\tilde{\theta}_L$ の $\frac{1}{q}$ 倍は U_1 束 $P = \tilde{Q}/q\mathbb{Z}$ 上に接続形式 θ を定め，その曲率は F に等しい．ρ_Q を普遍被覆群 $\tilde{H}_0$ の $\tilde{Q}$ への作用 $\tilde{\rho}_Q$ に持ち上げると $Z = \ker(\pi : \tilde{H}_0 \to H_0) = \mathbb{Z}$ も $\mathbb{R}$-ファイバーの平行移動として作用するから，$\tilde{Q}$ のゲージ変換群 $G_0 = G(\tilde{Q}, \tilde{\theta}_L)$ について ρ_Q は $\mathbb{Z}$-同変分裂 $G_0 = \tilde{H}_0 \times_\mathbb{Z} \mathbb{R}$ を与え次の短完全列が得られる．

$$1 \to \mathbb{R} \to G_0 \to H_0 \to 1$$

B の基本群の表現 $\rho_Q : \Gamma \to G(Q, \theta_L)$ の G_0 への持ち上げを考えよう．B の基本群が生成元 a_i, b_i と関係 $\prod_{i=1}^g [a_i, b_i] = 1$ で与えられているとする．生成元 $a_i, b_i \in H_0$ の持ち上げ $\tilde{a}_i, \tilde{b}_i \in \tilde{H}_0$ を選んでおく．基本群の関係式は B 上の円板を囲む閉曲線を表していて，$\tilde{H}_0 \simeq \tilde{Q}$ であるから $z \in Z$ を生成元とするとオイラー数の定義により $\prod_{i=1}^g [\tilde{a}_i, \tilde{b}_i] = z^{\chi(B)}$ となることが分かる．したがって，持ち上げ $\tilde{\rho}_Q(\tilde{a}_i), \tilde{\rho}_Q(\tilde{b}_i)$ は $P = \tilde{Q}/q\mathbb{Z}$ の θ を保つゲージ変換 $G(P, \theta)$ による作用 $\rho : \Gamma \to G(P, \theta)$ を導き，結局 $M = \rho(\Gamma) \backslash P$ として M が回復することが分かる．あるいは $\tilde{\rho}(\tilde{a}_i), \tilde{\rho}(\tilde{b}_i), q\mathbb{Z}$ で生成される G の離散部分群 $\tilde{\Gamma}$ を用いて $M = \tilde{\Gamma} \backslash \tilde{Q}$ と書くこともできるから，M は $(G_0, \tilde{Q})$-構造を持つことも分かる．

B が閉曲面でなければ主 U_1 束 M 自体が自明束となり，Γ の持ち上げがオイラー数の制約を受けないのでもっと簡単に $(G_0, \tilde{Q})$-構造が定まる．B が面積有限な完備双曲面であれば，M も G-不変計量に関して体積有限になる．また，$H = \text{Isom}(\mathbb{H}^2)$ に対しても同様の構成で B が向きづけ不能の場合も扱うことが

できるが，このとき $H \setminus H_0$ の持ち上げは U_1-ファイバーを反転するので，接続に $g\tilde{\theta}_L = \pm\tilde{\theta}_L$ と作用する変換群 $G = G^{\pm}(\tilde{Q}, \tilde{\theta}_L)$ を考える必要がある．曲率が非退化であることから G は G_0 を指数2の部分群として含む（ファイバーの向きだけ反転する変換は固定点集合が平行な切断となってしまう）．

補題 A.8 に基づくこの方法は一般的である．リーマン面の普遍被覆 $\tilde{B}$ 上に定曲率計量を与えておいてケーラー形式を曲率とする接続 θ と複素構造を保つ主 U_1 束 Q （あるいはその普遍被覆の主 $\mathbb{R}$ 束 $\tilde{Q}$ への持ち上げ）のゲージ変換群 $G = G(Q, \theta)$ を用いて (G, X)-構造が与えることができる．$B = S^2$ の場合 $G = U_2, X = S^3$ で G はホップファイバー束 $S^3 \to S^2$ の自己同型として作用する．例 1.67 の場合も主 $\mathbb{R}$ 束 $H_0 \to H_0/Z = \mathbb{R}^2$ のゲージ変換群を G として (G, X)-構造を与えることができる．この (G, X)-構造を $\mathcal{N}il$-構造という．

こんどは曲面をファイバーとし S^1 上のファイバー束の構造を持つ3次元多様体を考えよう．一般に F をファイバーとする S^1 上のファイバー束 $M \to S^1$ の全空間 M は $F \times [0, 1]$ の両端 $F \times \{0\}, F \times \{1\}$ を F の自己微分同相 σ で貼りあわせて得られる多様体である．これを F の**写像トーラス**という．この場合も M の位相は σ のアイソトピー類のみにより決まる．また，$B = S^1$ の k 重被覆写像 $S^1 \to S^1$ による引き戻し束は σ^k による写像トーラスである．

F がリーマン面で σ が F の向きを保つならば，M も向きを持つ．球面 S^2 の自己微分同相のアイソトピー類は向きづけのみで決まるから S^1 上の S^2-束は2つしかない．とくに向きづけ可能なものは自明束 $S^2 \times S^1$ に限る．$F = \mathbb{R}^2/\mathbb{Z}^2$ の場合，自己微分同相 σ のアイソトピー類は $\pi_1(F)$ への作用 $\sigma_\sharp$ で決まる．基底を与えて $\pi_1(F) = \mathbb{Z}^2$ と同一視すると，$A \in \mathrm{SL}_2^{\pm}(\mathbb{Z})$ の定める $\mathbb{R}^2$ の線形変換がトーラス $\mathbb{R}^2/\mathbb{Z}^2$ に導く自己微分同相 σ_A で $A : \pi_1(F) \to \pi_1(F)$ の表すアイソトピー類が代表される．σ_A が向きを保つのは $\det A = 1$ の場合である．次の補題は自明だろう．

補題 1.70 $A \in \mathrm{SL}_2(\mathbb{Z})$ は次のいずれかの条件を満たす．
1. A は位数有限である．
2. A は固有値 ± 1 を持つ．
3. A は相異なる実固有値を持つ．

A の分類に応じて S^1 上の向きづけ可能なトーラス束 M を分類しよう.
$A \in \mathrm{SL}_2(\mathbb{Z})$ として, M が σ_A による $\mathbb{R}^2/\mathbb{Z}^2$ の写像トーラスであるとする. A が位数有限の場合, M は 3 次元トーラスで有限被覆され, ユークリッド多様体の構造を持つ. $A \neq 1$ が固有値 1 を持つならば, M は例 1.67 で見たトーラス上の主 U_1-束となる. これを見るにはまず σ_A がアーベルリー群 $\mathbb{R}^2/\mathbb{Z}^2$ の同型を導くことから, $M \to S^1$ のファイバーは群の構造を持つことに注意しよう. A の固有空間 E の射影 $\mathbb{R}^2 \to \mathbb{R}^2/\mathbb{Z}^2$ による像は U_1 と同型な部分リー群 S となる. σ_A は S の各点を固定するので, $M \to S^1$ は自明束 $S \times S^1$ を部分束として含む. したがって, $M \to S^1$ のファイバーごとに $S = U_1$ による自由な作用が定まり, M は主 U_1 束の構造を持つことが分かる. $A \neq 1$ ならばこの主 U_1 束は非自明であるから $\mathcal{N}il$-構造を持つ. $A \neq -1$ が固有値 -1 を持つ場合も固有値 1 のケースで二重被覆され, やはり $\mathcal{N}il$-構造を持つ.

最後に A が相異なる実固有値 e^t, e^{-t} を持つ場合を考えよう. 例 1.67 の場合と同様にリー群を用いて M を記述してみる. A の 2 つの固有値 e^t, e^{-t} それぞれの固有ベクトルを v_1, v_2 とし, $\mathbb{R}^2$ の線形同型 f で v_1, v_2 を $(1,0), (0,1)$ に写すものを考えると $\mathbb{R}^2$ の格子 $\mathbb{Z}^2$ は格子 $L = f(\mathbb{Z}^2)$ に写る. f で格子を同一視すると $t \in \mathbb{Z}$, $(\xi, \eta) \in L$ に対応する $G = \mathbb{R} \times \mathbb{R}^2$ の自己微分同相

$$(s, x, y) \mapsto (t+s, e^t x, e^{-t} y), \quad (s, x, y) \mapsto (s, x+\xi, y+\eta)$$

で生成される離散群を Γ とすると, M は $\Gamma \backslash G$ と記述される. ここで G に

$$(t, a, b)(s, x, y) = (t+s, e^t(x+a), e^{-t}(y+b))$$

によって積を定めると, G 上にリー群の構造が定まる. $\mathbb{R}^2 \subset G$ は正規部分群, $\mathbb{R} \subset G$ は部分群であるが, $[G, G] = [G, [G, G]] = \mathbb{R}^2$ だから, G は冪零群ではないが, 可解群ではある. G と自身への左作用により定まる幾何構造を $\mathcal{S}ol$ という. つまり, M は $\mathcal{S}ol$-多様体である.

【演習 1.71】 $A \in \mathrm{SL}_2(\mathbb{Z})$ とし, σ_A による写像トーラスを M とする.
1. ファイバー束 $M \to S^1$ のホモトピー完全列 (1.5) において, $\pi_1(B) = \mathbb{Z}$ の生成元による共役は A による $\mathbb{Z}^2 = \pi_1(F)$ 上の自己同型を導くことを示せ.

2. $A \neq 1$ が固有値 1 を持つとき, A は $\begin{pmatrix} 1 & k \\ 0 & 1 \end{pmatrix}$ の形の $\mathrm{SL}_2(\mathbb{Z})$ の元と共役で, M はトーラス上のチャーン数 k の主 U_1 束であることを確かめよ.
3. A が相異なる実固有値を持つとき, M は等方幾何構造を持たず, 閉曲面上の S^1 束の構造も持たないことを示せ.

種数 2 以上の閉曲面 Σ をファイバーとする S^1 上のファイバー束の扱いは本書の範疇を超えるから [Thu98b] の結論のみ述べることにするが, トーラスをファイバーとする場合と似たような分類ができる. 例 1.70 で $\mathrm{Diff}_0(\mathbb{R}^2/\mathbb{Z}^2)$ のアイソトピー類は

1. σ が有限位数.
2. 自明でない $\pi_1(\mathbb{R}^2/\mathbb{Z}^2)$ の元を代表する単純閉曲線 C で, $\sigma(C) = C$ を満たすものが存在する.
3. それ以外の場合.

となる $\sigma \in \mathrm{Diff}_0(\mathbb{R}^2/\mathbb{Z}^2)$ を含む 3 つのケースに分類された. 2 番目の条件で C を互いに交わらないいくつかの単純閉曲線の和集合とすれば, $\mathrm{Diff}_0(\Sigma)$ のアイソトピー類も同様に分類される. 最初のケースは自明束 $\Sigma \times S^1$ で有限被覆される. 二番目のケースは写像トーラス M には埋め込まれた互いに交わらない幾つかのトーラス $T \subset M$ でファイバーとの交わりが C となるようなものがとれる. それ以外のケースには M に双曲多様体の構造が与えられる. この分類は Σ が面積有限完備双曲曲面の場合に一般化される. ファイバー束の構造を少し一般化した構造について考えておこう.

定義 1.72 (葉層構造) $\mathbb{R}^n = \mathbb{R}^k \times \mathbb{R}^{n-k}$ の $\mathbb{R}^k$ 方向を保つ $\mathbb{R}^n$ の開集合の間の微分同相 ϕ, つまり局所的に $\phi(x,y) = (\phi_1(x,y), \phi_2(y))$ の形で書ける微分同相, 全体がなす亜群を $\mathcal{F}_{n,k}$ と書く. $\mathcal{F}_{n,k}$-構造を**葉層構造**という. $n-k$ を葉層構造の余次元という. $\mathbb{R}^{n-k}$ への射影のファイバー方向 ($\mathbb{R}^k$ の方向) は $\mathcal{F}_{n,k}$-多様体上に可積分な分布 $\mathcal{F}$ を定める. この分布の極大連結積分多様体を葉層構造の葉という. この分布を用いて葉層構造 $\mathcal{F}$ などということにする.

1.6 ファイバー束の幾何構造

注意 1.73 境界付き多様体についても上半平面 $\overline{U^{n-k}}$ との直積 $\mathbb{R}^k \times \overline{U^{n-k}}$ の $\mathbb{R}^k$ 方向を保つ微分同相を用いて葉層構造を定義することができる．この場合，境界にも葉層構造が導かれることになる．

注意 1.74 葉層構造 $\mathcal{F}$ を持つ多様体 M の二点が同じ葉に含まれる関係は同値関係であるから，これで M を割って得られる商空間を $M/\mathcal{F}$ と書き，葉空間という．一般には葉空間はハウスドルフ空間ですらない．

多様体 M は葉層構造 $\mathcal{F}$ を持つものとする．M の葉が単射はめ込み $L: \Sigma \to M$ で与えられているとき，法束 $N\Sigma$ へはめ込みを拡張して $\tilde{L}: N\Sigma \to M$ を考える．このとき $\mathcal{F}$ の引き戻し $\tilde{\mathcal{F}}$ は $N\Sigma$ のファイバーと横断的な分布を定めると仮定してよい．$\pi: N\Sigma \to \Sigma$ を法束の射影とするとき，L の $p \in \Sigma$ を始点とする閉曲線 γ に対して，$N_p\Sigma = \pi^{-1}(p)$ の点 $\tilde{p}$ を始点とする閉曲線 $\tilde{\gamma}$ で $\pi\tilde{\gamma} = \gamma$ で，$\dot{\tilde{\gamma}} \in \tilde{\mathcal{F}}$ を満たすものを考えよう．$\tilde{\gamma}$ は常微分方程式の初期値問題の解として与えられることになるが，保証されるのは時間局所的な解の存在のみである．ファイバー $N_p\Sigma$ のゼロベクトル p を初期値とする場合は明らかに $\tilde{\gamma} = \gamma$ が解を与えるので，初期値 $\tilde{p}$ がその近傍 U にある場合は解の存在が保証される．このとき，$\tilde{\gamma}$ の終点を $\tilde{q} \in N_p\Sigma$ とすると，$\sigma_\gamma: \tilde{p} \mapsto \tilde{q}$ はゼロベクトル p のまわりで定義される $N_p\Sigma$ の局所微分同相を定める．σ_γ をホロノミー変換という．一般に $N_p\Sigma$ の p の近傍で定義され，p を固定する 2 つの局所微分同相 σ, τ がある p の近傍で一致している場合は $\sigma \sim \tau$ とする同値関係を考えて，その同値類を局所微分同相の芽という．$\mathrm{Diff}(N_p\Sigma, p)$ で局所微分同相の芽全体のなす群を表す．σ_γ が定める局所微分同相の芽は分布の可積分性から γ のホモトピーによらないことが分かるから，準同型 $\pi_1(M, p) \to \mathrm{Diff}(N_p\Sigma, p)$ が定まる．これを葉 L のホロノミー準同型という．どの葉のホロノミー変換も向きづけを保つとき，$\mathcal{F}$ は横断的に向きづけ可能であるという．

一般に葉は単射はめ込みの像であって，正則部分多様体とは限らないが，しかし例えば葉がコンパクトならば，上の $\tilde{L}$ は埋め込みにとれて，L の近傍の葉層の様子が $\tilde{\mathcal{F}}$ から直接分かることになる．ファイバー束の構造はファイバーを葉とするような葉層構造を定める．この場合は葉は正則部分多様体で，ホロノミー変換そのものが恒等写像となり，自明なホロノミーを持つ．逆に自明なホロノミーを持つコンパクトな葉については葉の近傍に局所自明化を与えるこ

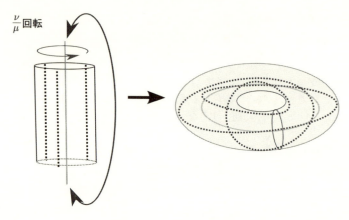

図 1.7 (μ, ν)-トーラス体

とができる．この結論を（局所）レーブ安定性 [Ree52] という．

● **例 1.75（ザイフェルト構造）** 葉の次元 1 の横断的に向きづけ可能な葉層構造 $\mathcal{F}$ が（境界付き）3 次元多様体 M 上に与えられているとする．その葉 L が S^1 と微分同相であるとき，L のホロノミーは $\pi_1(L)$ の生成元 γ に沿ったホロノミー変換 σ_γ で決まる．L の法束のファイバーを適当な微分同相で $\mathbb{C}$ と同一視するとき，ホロノミー変換が有理回転 $\sigma_\gamma(z) = e^{2\pi\nu\sqrt{-1}/\mu}z$ （μ, ν は互いに素な整数）で与えられていれば L の管状近傍 NL に含まれる葉は全て閉じて円周となり，L のホロノミー準同型の像は位数 μ の巡回群 $\mathbb{Z}_\mu$ となる．この葉層構造が与えられたトーラス体を (μ, ν)-トーラス体 $T(\mu, \nu)$ と呼ぶことにする．全ての葉 L がこの状況にあるとき $\mathcal{F}$ を**ザイフェルト構造**といい，$(M, \mathcal{F})$ を**ザイフェルト多様体**という．M がコンパクトなら [Eps72] により $\mathcal{F}$ の全ての葉が閉じることだけ仮定すれば $\mathcal{F}$ がザイフェルト構造であることが従う．

ザイフェルト多様体 $(M, \mathcal{F})$ の葉 L の管状近傍 NL の L 以外の葉のホロノミーは全て自明である．ホロノミーが自明な葉を**正則ファイバー**，そうでない葉を**特異**ファイバーと呼ぶ．NL は (μ, ν)-トーラス体であるが，μ は ∂NL 上の正則ファイバーと NL のメリディアンの ∂NL 上での交差数である．また NL の自己同相により ν は μ の整数倍だけ変えてしまうことができるから ν の方は mod μ で意味を持つ．ザイフェルト多様体の境界は正則ファイバーからなるの

でトーラス，クラインの壺，$S^1 \times \mathbb{R}$ のいずれかと微分同相となる．また $NL/\mathcal{F}$ はファイバー N_xL を巡回群 Z_μ で割った空間となる．$M \to M/\mathcal{F}$ は通常の意味ではファイバー束ではないがザイフェルト束と呼び，$M/\mathcal{F}$ を底空間という．底空間は位相的には曲面であるが，特異ファイバーの像は孤立した「分岐特異点」である．ザイフェルト束の構造については2.5節で詳しく調べる．例えば例1.63のレンズ空間 $L_{p,q}$ はザイフェルト多様体である．V_1 には $(1,0)$-トーラス体として葉層構造を与えておいて，トーラス体 V_1 を V_0 に貼りあわせるとき，∂V_0 に導かれる葉層構造を V_0 内に延長して (μ, ν)-トーラス体の葉層構造が定まる．ここで (p,q) は ∂V_0 上で V_1 のメリディアンを表していて，正則ファイバー (μ, ν) はロンジチュードを表すので，これらのパラメータは $p\nu - q\mu = \pm 1$ という関係にある．

- **例1.76** （境界付き）多様体 M 上の余次元1の横断的に向きづけ可能な葉層構造 $\mathcal{F}$ を考えよう．$\mathcal{F}$ の葉が全てコンパクトであるとする．この場合，葉 Σ の法束のファイバー $N_p\Sigma$ は $\mathbb{R}$ と同一視され，向きづけ可能性から $\gamma \in \pi_1(\Sigma)$ のホロノミーは $\mathbb{R}$ の符号を保つから半開区間の間の微分同相 $\sigma_\gamma : [0, a) \to [0, b)$ $(a, b > 0)$ が定まる．必要ならば γ^{-1} を考えて，$b \leq a$ であるとしてよい．このとき，$[0, b)$ 上で σ_γ^k $(k > 0)$ が定義される．$x \in [0, b)$ に対して $\sigma_\gamma(x) = x$ でなければ，$O_x = \{\sigma_\gamma^k(x)\}_{k>0} \subset [0, b)$ は無限集合である（σ_γ は実数の大小関係を保って O_x に作用するが，O_x が有限集合ならば，そのような作用は恒等写像しかない）．一方葉のコンパクト性から O_x は有限集合でなければならないから，σ_γ が恒等写像となる．したがって，ホロノミーが自明となり，レーブ安定性から M は一次元多様体上のファイバー束の構造を持つ．とくに閉曲面束の構造を葉層構造に一般化しても新しい例は現れないことが分かる．

1.7 幾何モデルの分類

系1.12の仮定を満たしているようなリー群 G の X への作用による (G, X)-構造を説明の都合上，完備幾何構造 (G, X) と呼ぶ．完備幾何構造 $(G, X), (G', X')$

の間に，微分同相 $\sigma : X \to X'$ とリー群の同型 $\tau : G \to G'$ が存在して，$\tau(g)\sigma(x) = \sigma(gx)$ $g \in G, x \in X$ が成り立つとき，2つの幾何構造を同値とみなす．τ が単射準同型であるとき，両者は包含関係にあるとみなし，この包含関係に関して極大な完備幾何構造を**幾何モデル**という．2次元の場合は曲率がスカラーであるから2次元幾何モデル (G, X) については X 上の G-不変計量 Q に関して，(X, Q) は定曲率完備リーマン曲面であり，適当に計量を定数倍すれば，$\mathbb{R}^2, \mathbb{H}^2, S^2$ のいずれかに等長的である．したがって，

命題 1.77　2次元幾何モデルはつぎの3つである．

$$(\text{Isom}(\mathbb{R}^2), \mathbb{R}^2),\ (\text{Isom}(S^2), S^2),\ (\text{Isom}(\mathbb{H}^2), \mathbb{H}^2).$$

3次元幾何モデルの分類上もう一つ条件を付加する．一般にリー群 G は正の定数倍を除いて一意に定まる左不変測度（ハール測度）を持つ．具体的には G 上に左不変な $\dim G$ 次微分形式 vol_G を選んで，その積分により与えられる．$g \in G$ の右作用 R_g はハール測度 μ をハール測度 $(R_g)_*\mu$ に写すから，準同型 $\lambda : G \to \mathbb{R}$ で $(R_g)_*\mu = \exp\lambda(g)\mu$ を満たすものが存在する．λ が自明であるようなリー群，つまり，ハール測度が両側不変であるようなリー群を**ユニモジュラー**という．このとき幾何モデル (G, X) もユニモジュラーということにする．次の結論からこの条件は自然な制約であるが，なるべくこの条件が関係する部分が明確になるように議論を進めていくことにしよう．

補題 1.78　幾何モデル (G, X) に対して，コンパクト (G, X)-多様体 M が存在すれば，G はユニモジュラーである．

証明　X はコンパクトな固定化群 K により G/K と同一視される．M は離散部分群 $\Gamma \subset G$ による商 $M = \Gamma\backslash G/K$ として書ける．一方 G のハール測度 μ は $\Gamma\backslash G$ 上に測度 μ_Γ を定め，G の右作用に関して，$R_{g*}\mu_\Gamma = \exp\lambda(g)\mu_\Gamma$ を満たす．M がコンパクトだから $\Gamma\backslash G$ もそうであり，とくに $\mu_\Gamma(\Gamma\backslash G) < \infty$ であるから，$\mu_\Gamma(\Gamma\backslash G) = R_{g*}\mu_\Gamma(\Gamma\backslash G) = \exp\lambda(g)\mu_\Gamma(\Gamma\backslash G)$ から，λ は自明となり G はユニモジュラーとなる．　■

1.7 幾何モデルの分類

3次元の幾何モデル (G,X) に対して，Q を X 上の G-不変計量，G_0 を G の連結成分，コンパクト部分リー群 $K \subset G$ を一点 $p \in X$ の固定化群とする．このとき $K_0 = G_0 \cap K$ は連結である．実際，X の連結性から G_0 は X に推移的に作用するが，K_0 の連結成分を K_1 とすると $G_0/K_1 \to G_0/K_0 = G/K = X$ は離散空間 K_0/K_1 をファイバーとするファイバー空間，つまり被覆となるので，X の単連結性から $K_0 = K_1$ が従う．K_0 は Q に関する特殊直交群 $\mathrm{SO}(T_pX) \simeq \mathrm{SO}(3)$ の連結閉リー部分群と同型となる．リー群の連結リー部分群とリー環の部分リー環は一対一に対応するが，$\mathfrak{so}(3)$ の非自明部分リー環は一次元のものしかないので，K_0 は $\mathrm{SO}(T_pX), \{1\}, U_1$ のいずれかと同型である．$K_0 = \mathrm{SO}(T_pX)$ の場合は等方的で (X,Q) の断面曲率は全て一定となるから，2次元の場合と同様に定曲率空間が3つ現れる．

$K_0 = U_1$ の場合を考える．このとき，固定化群 K_0 は T_pX のある単位ベクトル $V(p)$ を固定する回転として作用する．$V(gp) = gV(p)$ で定まる X 上のベクトル場 V は G_0-不変であるから，V の生成する1パラメータ変換群 σ_t は G_0 の作用と可換である．V の直交空間 $V_x^\perp \subset T_xX$ は x の固定化群 $K_x = U_1$ による回転で不変な2次元線形部分空間であるが，これは K_x の作用のみで決まり，Q のとり方によらない．とくに任意の G_0-不変計量は $V, V^\perp$ の直交関係を保ち，$Q|_V, Q|_{V^\perp}$ をそれぞれ定数倍して得られる．さらに σ_t の作用はベクトル場 V を不変にし，G_0-不変計量を G_0-不変計量に写すから分布 $V^\perp$ も保つ．

$V^\perp$ は K_x の $\frac{\pi}{2}$ 回転により定まる複素構造を持つベクトル束であるが，$\phi_{t,g}(x) = \sigma_t(gx)$ により定まる $\mathbb{R} \times G_0$ の X への作用 ϕ は $V^\perp$ に複素ベクトル束としての同型を導く．また $\theta_x(\xi) = Q_x(V(x), \xi)$ で X 上の1-形式を定めると，ϕ は θ も保つ．とくに $d\theta$ が $V^\perp$ 上で0でないならば，$d\theta|_{V^\perp}$ は $V^\perp$ 上の $\phi_{t,g}$-不変なシンプレクティック形式となり，ϕ の $V^\perp$ への作用は計量も保つ．とくに σ_t は等長変換である．$X \to X/\sigma$ が主束であれば，θ は $X \to X/\sigma$ は接続形式，$d\theta|_{V^\perp}$ はその曲率となる．σ_t が等長変換であれば実際この状況となることを確かめよう．

補題 1.79

1. 任意の $x \in X$ に対して，$\gamma: \mathbb{R} \ni t \mapsto \sigma_t(x) \in X$ は (X,Q) の正規測地線で，

その像と x の正規座標近傍の交わりは線分と一致する．とくに σ_t の軌道は閉集合である．

2. σ_t が等長変換として X に作用するならば，$X \to X/\sigma$ は主 $\mathbb{R}$ 束または主 U_1 束の構造を持ち，θ はその接続形式を定める．このとき，G_0 は θ を保つ主束の同型として作用し，G_0 の導く作用により $(G_0, X/\sigma)$ は 2 次元幾何モデルとなる．

証明 1. σ_t と G_0 の作用の可換性から x の固定化群 K_x の固定点集合 F_x は σ_t で保たれる．$y \in F_x$ とし，c を x, y を結ぶ線分とすると $\{kc\}_{k \in K_x}$ は x, y を結ぶ線分の族を定める．x における接ベクトル $\dot{c}(0)$ が $V(x)$ と平行でなければ，この線分の族は自明でないから，2 点 x, y は単射半径 $\iota(X)$（単射半径は点によらない）より距離が離れている．とくに x の正規座標内では $\gamma([-i(X), i(X)])$ が固定点集合と一致するから結論が従う．

2. σ_t が等長変換ならば，最初の主張と距離 ρ_Q の σ-不変性から σ_t の 2 つの軌道 O_1, O_2 の間の距離 $\rho(O_1, O_2) = \min_{x \in O_1, y \in O_2} \rho_Q(x, y)$ により，X/σ に距離空間の構造が定まる．このとき，$D_x = \{\xi \in V_x^\perp \mid |\xi|_Q \leq \iota(X)/2\}$ とすると，$D_x \times \mathbb{R} \ni (\xi, t) \mapsto \sigma_t(\exp_x \xi)$ は x の軌道のまわりの管状近傍を定め，D_x により X/σ に多様体の座標が与えられる．G の作用の推移性から，σ_t の定める $\mathbb{R}$ の作用は自由であるか，どの軌道も同じ周期 T を持ち自由な $\mathbb{R}/T\mathbb{Z}$ 作用の持ち上げとなるか，いずれかである．それぞれの場合に対応して $X \to X/\sigma$ が主 $\mathbb{R}$ 束か主 U_1 束となる．θ に関する主張は $\phi_{t,g}$ 不変性から自明だろう．仮定により $Q|_{V^\perp}$ は σ, G で不変なので，X/σ には自然に Q から G-不変計量 Q_1 が定まる．ファイバー空間のホモトピー完全列から X/σ は単連結であり，X/σ への G_0 の作用により $(G_0, X/\sigma)$ は 2 次元の幾何モデルとなる． ∎

$d\theta$ が $V^\perp$ 上 0 となる場合を考えよう．つねに $d\theta(V, V^\perp) = 0$ であることに注意すると，θ は閉形式となり，X の単連結性から $df = \theta$ となる関数 f が存在する．また θ の不変性から適当な定数 $\lambda_{t,g}$ により $f \circ \phi_{t,g} = f + \lambda_{t,g}$ となり，明らかに $\lambda_{t,1} = t$ である．簡単なモース理論の議論と X の連結性から $\Sigma_a = f^{-1}(a)$

は分布 $V^\perp$ の連結積分多様体であり,リーマン面の構造を持ち,$Q|_{\Sigma_a}$ は複素構造で不変な計量である.さらに $\sigma_t : \Sigma_a \to \Sigma_{a+t}$ はリーマン面の正則同型で,$\sigma_t^* Q|_{\Sigma_{a+t}}$ と $Q|_{\Sigma_a}$ は定数倍の関係にある.とくに X は $\Sigma_0 \times \mathbb{R}$ と微分同相となり,Σ_0 が単連結であることも従うから,リーマンの写像定理によりリーマン面として Σ_0 は $S^2, \mathbb{C}, \mathbb{H}^2$ のいずれかに同型である.

$$H = \{g \in G_0 \mid \lambda_{0,g} = 0\}, \quad \tilde{H} = \{(t,g) \in \mathbb{R} \times G_0 \mid \lambda_{t,g} = 0\}$$

とおくと,(H, Σ_0) は 2 次元幾何モデル(の制限)であり,$Q|_{\Sigma_0}$ はその不変(定曲率)計量である.$\tilde{H}$ も Σ_0 に正則同型として作用し,$Q|_{\Sigma_0}$ を定数倍する.$\Sigma_0 = S^2$ の場合は体積有限性から,$\Sigma_0 = \mathbb{H}^2$ の場合は正則変換が全て等長的であることから,それぞれ $\tilde{H}$ も不変計量 $Q|_{\Sigma_0}$ を保ち,σ_t は等長変換となる.したがって,σ_t が等長変換として作用しないのは $X = \mathbb{C} \times \mathbb{R}$ で,$\tilde{H}$ が $\mathbb{C}$ の正則変換群(向きを保つ相似変換群)として Σ_0 に作用する場合である.このとき G_0 は $\tilde{H}$ と同型なので,これはユニモジュラーでない.

命題 1.80 $K_0 = U_1$ となる 3 次元ユニモジュラー幾何モデルの同値類は 2 次元幾何モデル (H, Y) から得られる次の 4 つである.
1. (H, Y) と $\mathbb{R}$ の直積.これは $Y = S^2, \mathbb{H}^2$ の場合に一つずつある.
2. 例 1.69 の仕方で 2 次元極大幾何モデル (H, Y) 上の主 $\mathbb{R}$ 束 $X \to Y$ 上に定められる幾何モデル $(G(X, \theta), X)$.これは $Y = \mathbb{R}^2, \mathbb{H}^2$ それぞれの場合に一つずつある.$Y = \mathbb{R}^2$ の場合の幾何モデルを $\mathcal{N}il$ と呼ぶ.

証明 最初のケースは $d\theta = 0$ の場合である.このとき,$\Sigma_0 = \mathbb{R}^2, S^2, \mathbb{H}^2$ と 3 種類のケースがありうるが,$\Sigma_0 = \mathbb{R}^2$ の場合の幾何構造は $(\mathrm{Isom}(\mathbb{R}^3), \mathbb{R}^3)$ の制限であるから極大でない.他の場合はどの不変計量についても $(\mathrm{Isom}(Y \times \mathbb{R}), Y \times \mathbb{R})$ と書けるので極大性は直接分かる.二番目の $d\theta \neq 0$ の場合は例 1.69 によって与えられる (G, X)-構造が幾何モデルを与える.$Y = S^2$ の場合の幾何構造は $(\mathrm{Isom}(S^3), S^3)$ の制限なので極大でない.他の場合,例 1.67,例 1.69 でコンパクト (G, X)-多様体が与えられているのでユニモジュラーであり,$K_0 = \mathrm{SO}(3)$ となるモデルの制限とはならないことは命題 1.61 やビーベルバッハの定理 1.51 に注意すればよい.∎

【演習 1.81】 命題 1.80 の 4 つのモデルについて K/K_0 を決定せよ.

最後に固定化群 K_0 が自明な場合を考えよう. この場合は $G_0 = X$ で単連結リー群の分類に帰着する. 一般にそのようなリー群とリー環は一対一に対応するから, 3 次元リー環の分類を行えばよい. リー群, リー環に関する基本事項を思い出しておく. リー群 G のリー環 $\mathfrak{g}$ を左不変ベクトル場の空間と考える. $g \in G$ の右作用 R_g は左不変ベクトル場 V を左不変ベクトル場 $\mathrm{Ad}_g(V) = R_{g*}V$ へ写すので, Ad が G の $\mathfrak{g}$ への左線形作用を定める. 定義から Ad はリーカッコ積を保つからリー環の自己同型を導き, Ad の微分はリーカッコ積 $\mathrm{ad}_U(V) = [U, V]$ で与えられる. $B(U,V) = \mathrm{Tr}\,\mathrm{ad}_U\,\mathrm{ad}_V$ で定められる $\mathfrak{g}$ 上の対称形式を**キリング形式**という. 定義から B はリー環 $\mathfrak{g}$ の自己同型で不変であり, とくに G は Ad によりリー環 $\mathfrak{g}$ に B を保つ線形自己同型群 $O(B)$ として作用する. Ad の微分を考えることにより

$$B([U,V],W) = B([W,U],V) \tag{1.6}$$

が従う. キリング形式が非退化であるとき, $\mathfrak{g}$ は**半単純**と呼ばれる.

3 次元半単純リー環 $\mathfrak{g}$ のキリング形式は（符号を除けば）$(3,0)$ 型か $(1,2)$ 型の二次形式であるから, G_0 の像 $\mathrm{Ad}(G_0)$ は $\mathrm{SO}(3), \mathrm{SO}_0(1,2) = \mathrm{Isom}(\mathbb{H}^2)$ のリー部分群である. 一方, リー部分群 $\ker \mathrm{Ad} \subset G_0$ のリー環は $\mathfrak{g}$ の中心だが, 半単純性から中心はゼロなので, $\ker \mathrm{Ad}$ は G_0 の離散部分群となる. したがって, 次元の比較をして G_0 は $\mathrm{SO}(3), \mathrm{SO}_0(1,2)$ の普遍被覆のなすリー群となる. 対応する幾何モデルは, 前者の場合 $X = S^3$ に対する $G = SU(2)$ の自然な作用, 後者の場合は $\mathbb{H}^2$ の単位接ベクトル空間の普遍被覆に対する $\mathrm{Isom}_0\,\mathbb{H}^2$ の普遍被覆 $\widetilde{SL_2(\mathbb{R})}$ の自然な作用となり, いずれも極大でない幾何構造となる.

キリング形式の零空間 $\mathfrak{n}$ は (1.6) により $\mathrm{ad}\,\mathfrak{g}$ で閉じている. つまり, $\mathfrak{n}$ は $\mathfrak{g}$ のイデアルとなる. とくに $\mathfrak{g}$ が半単純でなければ, 自明でないイデアル $\mathfrak{f}$ を含む. 3 次元リー環のイデアルを調べて半単純でない場合の分類を行う. 2 次元の非可換リー環 $\mathfrak{h}$ の同型類は一つに決まることを注意しておこう. この場合 $\mathfrak{h}$ は $[\mathfrak{h},\mathfrak{h}]$ を一次元イデアルとして含む.

補題 1.82 3 次元リー環 $\mathfrak{g}$ が半単純でなければ可換な 2 次元イデアルを含む.

証明 $\mathfrak{n}$ が 1 次元イデアルであるか，非可換 2 次元イデアルとなる場合のみ考えればよい．$\mathfrak{g}$ が 1 次元イデアル $\mathfrak{f}$ を含むとすると，2 次元イデアルも含む．実際，2 次元リー環は常に 1 次元イデアルを含むので，2 次元リー環 $\mathfrak{g}/\mathfrak{f}$ の 1 次元イデアル $\mathfrak{k}$ により 2 次元イデアル $\mathfrak{k} + \mathfrak{f} \subset \mathfrak{g}$ が得られる．$\mathfrak{f}$ が非可換 2 次元イデアルならばヤコビ恒等式から $[\mathfrak{f},\mathfrak{f}]$ は $\mathfrak{g}$ のイデアルでもあり，$[\mathfrak{f},\mathfrak{f}]$ と可換な元全体はイデアル $\mathfrak{k}$ をなす．$\mathfrak{k}$ は $\mathrm{ad}: \mathfrak{g} \to \mathrm{End}([\mathfrak{f},\mathfrak{f}])$ の核だから 2 次元以上で $\mathfrak{f} \not\subset \mathfrak{k}$ に注意すると $\dim \mathfrak{k} = 2$ が従う．生成元が可換なので $\mathfrak{k}$ は可換である． ■

G のユニモジュラー性と Ad, ad の関係を調べておく．G の左不変測度は $V_1, \ldots, V_n \in \mathfrak{g}$ に対して $\Omega(V_1, \ldots, V_n)$ が G 上の定数関数となるような n-形式の積分で与えられる．ここで $n = \dim G$ である．このとき，G の右作用 R_g は $R_g^* \Omega(V_1, \ldots, V_n) = \Omega(\mathrm{Ad}_g V_1, \ldots, \mathrm{Ad}_g V_n)$ と作用するので，$\det \mathrm{Ad}_g = 1 \ (g \in G)$ が G がユニモジュラーであるための必要十分条件となる．微分をとれば，$\mathrm{Tr} \, \mathrm{ad}_V = 0 \ (V \in \mathfrak{g})$ が G （の連結成分）がユニモジュラーであるための必要十分条件となる．

命題 1.83 3 次元単連結リー群 G はユニモジュラーであるとする．G は $\mathbb{R}^3$, $SU(2)$, $\widetilde{SL_2(\mathbb{R})}$, $\widetilde{\mathrm{Isom}_0(\mathbb{R}^2)}$，例 1.67 のハイゼンベルグ群および例 1.70 の可解群のいずれかに同型である．

証明 G のリー環を $\mathfrak{g}$ とする．半単純でない場合を考えればよいから，補題 1.82 の可換な 2 次元イデアルを $\mathfrak{f}$ とする．$a \in \mathfrak{g} \setminus \mathfrak{f}$ をとると，ad_a は $\mathfrak{f}$ の線形変換を引き起こす．G のユニモジュラー性から $\mathrm{Tr} \, \mathrm{ad}_a = 0$ である．このとき，適当に a を定数倍し，$\mathfrak{f}$ の適当な基底を選べば ad_a は次のいずれかの行列で表されるとしてよい．

$$A = \begin{pmatrix} 1 & 0 \\ 0 & -1 \end{pmatrix}, B = \begin{pmatrix} 0 & 1 \\ 0 & 0 \end{pmatrix}, J = \begin{pmatrix} 0 & 1 \\ -1 & 0 \end{pmatrix}, O = \begin{pmatrix} 0 & 0 \\ 0 & 0 \end{pmatrix}.$$

A は例 1.70 の可解群，B はハイゼンベルグ群，J は $\mathrm{Isom}_0(\mathbb{R}^2)$，$O$ はアーベルリー群 $\mathbb{R}^3$ のリー環を与える． ■

【演習 1.84】 ユニモジュラー性を仮定しないで分類を試みるとどのようになるか？

【演習 1.85】
1. $(\widetilde{\mathrm{Isom}_0(\mathbb{R}^2)}, \widetilde{\mathrm{Isom}_0(\mathbb{R}^2)})$-構造は極大でないことを確かめよ．
2. 例 1.70 の可解群 S に関して，(S,S)-構造の極大性を確かめよ．

まとめると次の有名な結論が得られる．

定理 1.86　3 次元ユニモジュラー幾何モデルは次の 8 つである．
1. 等方的幾何：$(\mathrm{Isom}(\mathbb{R}^3), \mathbb{R}^3)$, $(\mathrm{Isom}(S^3), S^3)$, $(\mathrm{Isom}(\mathbb{H}^3), \mathbb{H}^3)$.
2. 1 次元のファイバー構造を持つもの：
   (a) 曲率 0 の主 $\mathbb{R}$ 束．$(\mathrm{Isom}(S^2 \times \mathbb{R}), S^2 \times \mathbb{R})$, $(\mathrm{Isom}(\mathbb{H}^2 \times \mathbb{R}), \mathbb{H}^2 \times \mathbb{R})$.
   (b) 曲率 0 でない主 $\mathbb{R}$ 束．$(G(\widetilde{\mathrm{SL}_2(\mathbb{R})}, \theta), \widetilde{\mathrm{SL}_2(\mathbb{R})})$, $\mathcal{N}il$.
3. 2 次元のファイバー構造を持つもの：$\mathcal{S}ol$.

注意 1.87　今後は変換群を略して $S^2 \times \mathbb{R}$-構造，$\widetilde{\mathrm{SL}_2(\mathbb{R})}$-構造などと呼ぶ．

第2章 ◇ 3次元多様体の分解

　　この章では3次元多様体 M の標準的分解について述べる．標準的分解は素因子分解，JSJ-分解 の二段階に分けて行われる．前者は M に埋め込まれた幾つかの2次元球面で M を連結成分に分解し，後者はさらにその連結成分を幾つかのトーラスで連結成分に分解するが，いずれにしても，3次元多様体に埋め込まれた曲面が問題になる．「切り貼り」を中心とする曲面の取り扱いは古典的な3次元多様体論の主題といってもよいが，多くの場合「切り貼り」自体は局所的に行われ，大域的な状況は M の PL-構造を用いて組み合わせ的に制御される．本章ではまず3次元多様体の PL-構造について述べ，切り貼りの技法と組み合わせ的議論を駆使しながら標準分解に至る様子を見ていく．

2.1　PL-構造と微分構造

　位相空間 X に対して，単体複体 K とその実現 $|K|$ からの位相同型写像 $h : |K| \to X$ が与えられているとき，h を単体分割といい，$h : K \to X$ と書く．単体分割を持つ空間 X を**多面体**といい，X の単体分割に関する部分複体の実現（の像）を**部分多面体**という．この章では断りがない限り，単体複体は有限単体複体，多様体はコンパクト境界付きのものとする．

命題 2.1　PL-多様体 M は単体分割を持つ．

証明　M の有限 PL-局所座標系 $\{(U_i, \phi_i)\}_{i=1}^{k}$ を $\phi_i(U_i)$ が凸となるようにとる．さらに U_i の相対コンパクト部分集合 V_i で $\{V_i\}_{i=1}^{k}$ も開被覆となるようなものを選んでおく．PL-座標を用いて有限単体複体 K_1 からの中への PL-位相同型 $h_1 : |K_1| \to M$ で $V_1 \subset h(K_1) \subset U_1$ を満たすものが構成できる．帰納的に有限単体複体 K_j と中への PL-位相同型 $h_j : |K_j| \to M$ を次の条件を満たすように拡張していく．

1. $\bigcup_{i=1}^{j} V_j \subset h_j(|K_j|)$ を満たす.
2. K_j の各単体 Δ が適当な $1 \leq i \leq j$ に対して, $h_j(\Delta) \subset U_i$ を満たす.
3. K_j は K_{j-1} の細分を部分複体として含み, $h_j|_{|K_{j-1}|} = h_{j-1}$ である.

以下 h_j を h_{j+1} に拡張する手続きを述べる.必要ならば K_j を細分して,K_j の単体 Δ について $h_j(\Delta) \cap \overline{V_{j+1}} \neq \emptyset$ ならば $h_j(\Delta) \subset U_{j+1}$ としてよい.そのような単体 Δ を全て含む最小の部分複体を S_j とする.$\Delta \in S_j$ に対して 2. の U_i をとり,座標変換 $\phi_{j+1} \circ \phi_i^{-1}$ が Δ 上でアファイン写像であるとしてよい.このとき,局所座標 ϕ_{j+1} を用いて S_j を部分複体として含む有限単体複体 K'_j による単体分割 $h'_j : |K'_j| \to U_{j+1}$ で,$h_j|_{S_j} = h'_j|_{S_j}, V_{j+1} \subset h'_j(K'_j)$ を満たすものが構成できる.また $h'_j(K'_j)$ は $h_j(K_j \setminus S_j)$ とは交わらないようにとれる.(詳しくは [Mun61, §7] を参照) $K_{j+1} = K_j \cup K'_j, h_{j+1} = h_j \cup h'_j$ として, h_{j+1} が構成できる. ∎

単体複体に関する用語を思い出しておこう.K の単体 σ に対して, σ を含む単体全体の生成する部分複体を**星状近傍** $\mathrm{star}\,\sigma$ といい,その実現 $|\mathrm{star}\,\sigma|$ は $\mathrm{Int}\,|\sigma|$ の近傍をなす(以下ではしばしば単体複体とその実現は区別しない).$\mathrm{star}\,\sigma$ に含まれる単体で,σ と交わらないもの全体のなす単体複体を σ のリンク $\mathrm{lk}(\sigma)$ というのであった.また,$\max_{\sigma \in K} \dim \sigma$ を K の次元,$\tau \in K$ に対して,$\max_{\sigma \in \mathrm{star}\,\tau} \dim \sigma$ を τ における K の局所次元という.

n-単体と PL-同相な PL-多様体を n-胞体,その境界と PL-同相な PL-多様体を単に $(n-1)$-球面と呼ぶことにする.一般に,n 次元位相多様体 M の単体分割の任意の 0-単体(頂点)v のリンク $|\mathrm{lk}(v)|$ が $v \in \partial M$ のとき $(n-1)$-胞体,そうでないとき $(n-1)$-球面であるとき,単体分割は**組み合わせ的**であるという.組み合わせ的単体分割が与えられた位相多様体を組み合わせ多様体という.このとき,k-単体 σ のリンク $\mathrm{lk}(\sigma)$ についても,$\sigma \subset \partial M$ のときは $(n-k-1)$-胞体,そうでなければ $\mathrm{lk}(\sigma)$ は $(n-k-1)$-球面となることが従う.いずれの場合も単体の星状近傍は n-胞体となるが,$\sigma \subset \partial M$ の場合 $\partial_0 \mathrm{star}\,\sigma = \partial M \cap \mathrm{star}\,\sigma$ は $(n-1)$-胞体となる.

命題 2.1 で PL-多様体 M に与えた単体分割の単体 σ に対して, $\mathrm{star}\,\sigma$ は局所

座標によって $\mathbb{R}^n_+$ の内点を含む星状多面体に埋め込まれているから，n-胞体である．とくに σ が頂点の場合 lk(σ) は組み合わせ的単体分割の条件を満たすことが分かる．逆に PL-構造を組み合わせ多様体の PL-同値類として定義することもできる．実際，位相多様体の組み合わせ的単体分割 $h: K \to M$ に対して，K の単体 σ の星状近傍 starσ を $\mathbb{R}^n$（または $\mathbb{R}^n_+$）へ線形に埋め込むと，$\overset{\circ}{\sigma}$ の近傍に PL-局所座標が定まる．ここで単体複体から $\mathbb{R}^n$ への写像が線形という意味は各単体上でアフィンという意味である．単体 σ の頂点の順序により単体の向きを定め，K の各単体に向きを整合的に与えられるとき，M を向きづけ可能ということにする．K の細分は向きを引き継ぐので向きづけ可能性は K のとり方によらない．

しばらくの間，とくに 3 次元の場合に，微分構造と PL-構造の関係を明らかにすることを目標としたいのだが，$\mathbb{R}^n$ の開集合の間の微分同相と PL-同相の間に単純な包含関係がないから，微分構造と PL-構造を直接比較することはできない．そこで例 1.2 でも少し述べたように，PS-写像を用いて微分構造と PL-構造の比較を行う．単体複体 K の実現の点 $x \in |K|$ に対して，$x \in \overset{\circ}{\sigma}$ なる単体 σ をとり starσ を x を中心に相似拡大したときの極限に現れる錐を T_xK とする．T_xK は位相的境界 ∂starσ の単体複体の構造を引き継ぎ，∂starσ 上の錐である．とくに K が n 次元組み合わせ多様体ならば，$(n-1)$-球面上の錐（$x \in \partial M$ の場合は $(n-1)$-胞体上の錐）となる．可微分多様体 M への写像 $f: |K| \to M$ が K の各単体上で C^∞ 級であるとき PS-写像という．PS-写像に対してその微分として，PL-写像 $df_x: T_xK \to T_{f(x)}M$ が定まる．df が各点で PL-埋め込みであるとき，f を PS-はめ込みであるといい，さらに f が中への位相同型であるとき，f を PS-埋め込みという．n 次元可微分多様体 M の組み合わせ的単体分割 $h: K \to M$ の場合は n-単体上で h が微分同相ならば，PS-埋め込みとなる．このとき，h を PS-単体分割といい，h の定める PL-構造と M の微分構造は**整合的**であるという．次の定理は [Mun61, Theorem 10.5, 10.6] に詳細な証明があるから主張を述べるに留める．

定理 2.2 与えられた微分構造と整合的な PL-構造がただ一つ存在する．

今度は組み合わせ多様体上の微分構造の存在について考えよう．PL-局所座標の線形埋め込みを局所的に変形しながら可微分座標系を構成することを試みる（変形しないで座標系が得られればアファイン多様体である）．まず PL-局所座標の空間を記述しておこう．σ が境界 ∂M に含まれないときは $\operatorname{star}\sigma \to \mathbb{R}^n$ の線形埋め込み，そうでなければ $(\operatorname{star}\sigma, \partial_0 \operatorname{star}\sigma) \to (\mathbb{R}_+^n, \mathbb{R}^{n-1})$ の線形埋め込みによって $\operatorname{star}\sigma$ の PL-局所座標を与えることができる．このような埋め込み全体を $\mathrm{LE}(\sigma)$ と書くことにする．$\operatorname{star}\sigma \setminus \operatorname{lk}\sigma$ の l-単体 τ の $\mathbb{R}^l \subset \mathbb{R}^n$ への埋め込みを固定して τ をその像と同一視する．$\mathrm{LE}(\sigma)$ の埋め込みで τ 上恒等写像となるもの全体を $\mathrm{LE}_\tau(\sigma)$ と書く．$\mathrm{LE}_\tau(\sigma)$ は $\operatorname{star}\sigma$ の頂点の $\mathbb{R}^n$ における配置の空間と見なせるので，ユークリッド空間の開集合であり，とくに可微分多様体の構造を持つ．τ として n-単体を選ぶと，$\mathrm{LE}_\tau(\sigma)$ は $\mathrm{LE}(\sigma)$ をアファイン変換群 $\mathrm{Aff}(\mathbb{R}^n)$（あるいは $\mathrm{Aff}(\mathbb{R}_+^n)$）の作用で割った空間 $\mathcal{LE}(\sigma)$ と同一視される．$\mathbb{R}^n$ から $\mathbb{R}^l \subset \mathbb{R}^n$ への線形射影全体の空間を $\mathrm{Proj}_{n,l}$ とする．

命題 2.3 σ を n 次元組み合わせ的単体分割 $h : K \to M$ の k-単体とする．リプシッツ連続写像 $\rho : \sigma \to \mathrm{LE}_\sigma(\sigma)$ と $\mathrm{pr} : \sigma \to \mathrm{Proj}_{n,k}$ が与えられたとき，$\operatorname{star}\sigma$ における $\overset{\circ}{\sigma}$ の近傍 U と $\mathbb{R}^n$ における $\overset{\circ}{\sigma}$ の近傍 V が存在して，リプシッツ射影 $\pi : U \to \sigma$ とリプシッツ同相写像 $f : U \to V$ で

$$\pi(\xi) = \mathrm{pr}(\pi(\xi))(\rho(\pi(\xi))\xi), \quad f(\xi) = \rho(\pi(\xi))\xi$$

を満たすものが存在する．また，pr が C^∞ 級写像であれば，$g = \pi \circ f^{-1}$ は V 上で C^∞ 級である．

注意 2.4 π, f のリプシッツ性は $\operatorname{star}\sigma$ の適当な線形埋め込みによりユークリッド距離から導かれる距離に対するものである．線形埋め込みをとりかえても導かれる距離は同値であるから，そのような距離を一つ固定して d とする．

注意 2.5 $x \in \overset{\circ}{\sigma}$ で $\nu_x = \rho(x)^{-1} \ker \mathrm{pr}(x) \subset T_x K$ をファイバーとする $TK|_{\overset{\circ}{\sigma}}$ の部分束は接ベクトル束 $T\overset{\circ}{\sigma}$ の法ベクトル束と見なすことができて，π はその射影を与える．f は $\mathbb{R}^n$ の $\exp$ 写像で構成した法ベクトル束と管状近傍の間の同相写像である．

証明 $\xi \in \operatorname{star}\sigma$ を含む n-単体を τ とすると，σ の点 x_0 と σ と交わらない τ に含まれる $(n-k-1)$-単体 $\check{\sigma}$ の点 ξ_0 を用いて，$\xi = (1-\varepsilon)x_0 + \varepsilon\xi_0$ と書ける．こ

のとき，$x \in \sigma$ に対して，$F_\xi(x) = \mathrm{pr}(x)\rho(x)\xi$ とおき，$\rho(x)x_0 = \mathrm{pr}(x)x_0 = x_0$ に注意して，ρ, pr のリプシッツ定数 L による評価

$$|F_\xi(x) - F_\xi(y)| \leq \varepsilon |\mathrm{pr}(x)(\rho(x)\xi_0 - \rho(y)\xi_0)|$$
$$+ \varepsilon |(\mathrm{pr}(x) - \mathrm{pr}(y))\rho(y)\xi_0| \leq L\varepsilon |x - y| \tag{2.1}$$

を得る．また $F_\xi(x_0) = (1 - \varepsilon)x_0 + \varepsilon \mathrm{pr}(x_0)\rho(x_0)\xi_0$ であるから，ρ のみによる定数 C を用いて $|F_\xi(x_0) - x_0| \leq C\varepsilon$ なる評価を得る．x_0 が内点で $\partial\sigma$ との距離を $r > 0$ とするとき，$\varepsilon \leq \min(\frac{r}{2C}, \frac{1}{4L})$ ならば，縮小写像の原理により点列 x_i を $x_{i+1} = F_\xi(x_i)$ で定義することができて (x_i は $\overset{\circ}{\sigma}$ のコンパクト集合に留まる)，この点列は $x_i \to x_\infty \in \overset{\circ}{\sigma}$ と収束して F_ξ の固定点となる．(2.1) から，$\varepsilon \leq \frac{1}{2L}$ の範囲で固定点の一意性も分かる．したがって，$\overset{\circ}{\sigma}$ の近傍 U で定義された $\pi(\xi) = x_\infty$ が定まる．$\pi(\xi) = \mathrm{pr}(\pi(\xi))\rho(\pi(\xi))\xi$ であるから，

$$|\pi(\xi) - \pi(\eta)| \leq |(\mathrm{pr}(\pi(\xi)) - \mathrm{pr}(\pi(\eta)))\rho(\pi(\xi))\xi|$$
$$+ |\mathrm{pr}(\pi(\eta))(\rho(\pi(\xi))\xi - \rho(\pi(\eta))\xi)| + |\mathrm{pr}(\pi(\eta))(\rho(\pi(\eta))\xi - \rho(\pi(\eta))\eta)|$$
$$\leq L\varepsilon |\pi(\xi) - \pi(\eta)| + Cd(\xi, \eta)$$

を得るので，ε のとり方から π も距離 d に対してリプシッツである．$f(\xi) = \rho(\pi(\xi))\xi$ とおくと，f はリプシッツ写像である．同様に $G_a(x) = \mathrm{pr}(x)a$ の固定点 $g(a)$ は $\overset{\circ}{\sigma}$ の近傍で定義されるリプシッツ写像であることが確かめられ，定義により $f^{-1}(a) = \rho(g(a))^{-1}a, g(a) = \pi(f^{-1}(a))$ であることが分かる．とくに pr が C^∞ 級写像ならば $x - G_a(x)$ に陰関数定理が適用できるので最後の主張が従う． ■

$\sigma_1^{k_1} \subset \sigma_2^{k_2} \subset \tau$ を満たす K の単体 σ_1, σ_2, τ に対して，$\mathrm{star}\,\sigma_2 \subset \mathrm{star}\,\sigma_1$ であるから埋め込みの制限 $\mathrm{LE}_\tau(\sigma_1) \to \mathrm{LE}_\tau(\sigma_2)$ が定まる．

補題 2.6　σ_1, σ_2, τ を上の通りとする．リプシッツ写像 $\mathrm{pr}_1 : \sigma_1 \to \mathrm{Proj}_{n,k_1}$ と $\rho_1 : \sigma_1 \to \mathrm{LE}_\tau(\sigma_1)$ に命題 2.3 に適用して得られる $\overset{\circ}{\sigma}_1$ の近傍 U_1 上のリプシッツ同相と射影を f_1, π_1 とする．リプシッツ写像 $\rho_2 : \sigma_2 \to \mathrm{LE}_\tau(\sigma_2)$ が $U_1 \cap \sigma_2$ 上で $\rho_1 \circ \pi_1$ の制限であるとすると，適当なリプシッツ写像 $\mathrm{pr}_2 : \sigma_2 \to \mathrm{Proj}_{n,k_2}$ に対

して ρ_2, pr_2 に命題 2.3 を適用して得られるリプシッツ同相は $\overset{\circ}{\sigma}_1$ の近傍で f_1 と一致する. また, pr_1 が C^∞ 級ならば pr_2 もそのようにとれる.

証明 $a \in U_1 \cap \sigma_2$ に対して, $f_1(a) = a$ であることに注意して

$$\text{pr}_1(\pi_1(a)) = \text{pr}_1(\pi_1(a)) \circ \text{pr}_2(a) \tag{2.2}$$

を満たすように $\text{pr}_2 : \sigma_2 \to \text{Proj}_{n,k_2}$ をとればよい. ∎

定理 2.7 n 次元組み合わせ的単体分割 $h : K \to M$ の任意の k-単体 σ ($1 \le k \le n$) について, ホモトピー群 $\pi_{k-1}(\mathcal{LE}(\sigma))$ が自明であれば, h を PS-単体分割とするような M 上の可微分構造が存在する.

証明 実際に座標系を構成する際 $\mathcal{LE}(\sigma)$ の代わりに σ を含む適当な n-単体 τ の埋め込みを正規化して $\text{LE}_\tau(\sigma)$ を考える. 具体的には C^∞ 級写像 $\rho : \sigma \to \text{LE}_\tau(\sigma)$ と $\text{pr} : \sigma \to \text{Proj}_{n,k}$ に対して命題 2.3 を適用するのであるが, ρ を C^∞ 級にとれば正規化する n-単体 τ をとりかえても, 構成される座標は可微分同値となる. 実際, 正規化する単体をとりかえると, C^∞ 級に $x \in \sigma$ に依存する $\mathbb{R}^n$ の線形変換 $A(x)$ で σ を固定するものが存在して, $\rho(x)$ は $A(x)\rho(x)$ にとりかわるが, $\text{pr}(x)$ も $A(x)\text{pr}(x)A(x)^{-1}$ にとりかえることにする. このとき, もとの座標関数 a と新しい座標関数 b の変換は $b = A(\pi \circ f^{-1}(a))a$ で与えられるから, 命題 2.3 の最後の主張によりこれらは C^∞ 級同値である.

実際に座標系を構成しよう. まず, 頂点 v の近傍には $\text{star}\, v$ の線形埋め込み $f_v = \rho_v$ により座標を定める. 2 つの頂点 v_1, v_2 を結ぶ 1-単体 σ に対しては, ホモトピーの仮定により $\mathcal{LE}(\sigma) = \text{LE}_\tau(\sigma)$ 内の C^∞ 級曲線で ρ_{v_1}, ρ_{v_2} を結ぶことができる. C^∞ 級曲線 $\text{pr}_\sigma : \sigma \to \text{Proj}_{n,1}$ を任意にとり, 補題 2.6 を適用して, σ の近傍に局所座標 f_σ を構成できる. 帰納的に K の k-切片の近傍に命題 2.3 を用いて座標系を構成していく. τ の各 k-切片の単体 σ に対して補題 2.6 の仮定を満たすように C^∞ 級写像 $\rho_\sigma, \text{pr}_\sigma$ を構成されているとするとき, $(k+1)$-単体 $\sigma' \subset \tau$ 上に $\rho_{\sigma'}, \text{pr}_{\sigma'}$ を拡張しよう. このとき冒頭の注意により σ' を含む n-単体 τ を固定して, σ' に含まれる単体に関する ρ, pr が構成されているものとして

よい．k-切片までの構成でk-切片の単体の射影 pr_σ 同士も (2.2) を満たしていることを用いると，$\sigma_2 = \sigma'$ に含まれる全ての単体 σ_1 について補題 2.6 の仮定を満たすように ρ' を境界 $\partial\sigma'$ の近傍に C^∞ 級に構成することができる．同様に (2.2) の条件を満たすように σ' 全体に $\mathrm{pr}_{\sigma'}$ も C^∞ 級に拡張できる（$\mathrm{Proj}_{n,k+1}$ は可縮なので拡張に関するホモトピーの障害はない）．さらにホモトピーの仮定を用いて $\rho_{\sigma'}$ も σ' 全体に C^∞ 級に拡張する．したがって，命題 2.3，補題 2.6 により，K の $(k+1)$-切片の近傍に可微分な局所座標系が定まる．命題 2.3 で構成される座標は単体 σ を線形に埋め込んでいるので，$h : K \to M$ がこの微分構造に関して PS-単体分割となるのは明らか．∎

簡単な場合に $\mathcal{LE}(\sigma)$ を記述しておこう．$\mathrm{star}\,\sigma$ の一つの n-単体 τ の埋め込みを正規化して $\mathrm{LE}_\tau(\sigma)$ を考えればよい．σ が $(n-1)$-単体である場合，$\sigma \subset \partial M$ ならば，$\mathrm{star}\,\sigma$ は一つの n-単体からなるので，$\mathcal{LE}(\sigma)$ は一点である．そうでなければ，σ はちょうど 2 つの n-単体 τ_1, τ_2 の共通の側面となっていて，(τ_2, σ) の埋め込みを下半空間 $(\mathbb{R}^{n-1} \times \mathbb{R}_-, \mathbb{R}^{n-1})$ への埋め込みに正規化すれば，$\mathcal{LE}(\sigma^{n-1})$ は $\mathbb{R}^{n-1} \times \mathbb{R}_+$ の内部 U^n と同一視される．σ が $(n-2)$-単体である場合，$\mathrm{star}\,\sigma$ の様子は 1.4 節における脈のサイクルと同様である．σ を含む n-単体を $\tau_1, \ldots, \tau_N$ とする．τ_i の側面で σ を含むものはちょうど 2 つで，これら $S_i^\pm$ は境界に含まれるか，別の τ_j の側面でなければならない．さらに単体分割が組み合わせ的であることから $\tau_1, \ldots, \tau_N$ を適当に並び替えると，$S_i^+ = S_{i+1}^-$ $(1 \le i \le N-1)$ であり，$\sigma \subset \partial M$ の場合は $S_1^-, S_N^+ \subset \partial M$ で，そうでなければ $S_1^- = S_N^+$ となる．$S_0 := S_1^-, S_i := S_i^+$ $(i = 1, \ldots, N)$ とおく．

Δ_l を標準的 l-単体とする．

命題 2.8 n 次元組み合わせ的単体分割の $(n-2)$-単体 σ の星状近傍が N 個の n-単体が含むものとする．$N \ge 3$ ならば

$$\mathcal{LE}(\sigma) = \begin{cases} \mathring{\Delta}_{N-2} \times (U^{n-1})^{N-1} & \text{if } \sigma \subset \partial M \\ \mathring{\Delta}_{N-2} \times (U^{n-1})^{N-2} & \text{otherwise} \end{cases}$$

証明 $\mathbb{R}^n = \mathbb{R}^{n-2} \times \mathbb{R}^2$ と分解しておいて，σ が $\mathbb{R}^{n-2} \times \{0\}$ の固定した $(n-2)$-

単体に埋め込まれるように正規化できる．このとき側面 S_i の像を含む超平面を H^i とすると，S_i は $\mathbb{R}^{n-2} \times \{0\}$ を境界とする H^i の半空間 H^i_+ 内に埋め込まれる．この状況で，H^i_+ の配置が決まれば，埋め込みは σ 上にない S_i の頂点の位置を $\mathring{H}^i_+ \simeq U^{n-1}$ の一点 v_i で指定すれば決定する．$\mathbb{R}^2$ への射影を π とおくと $\pi(H^i_+)$ は原点を始点とする半直線 r_i に写され，H^i_+ の配置はこれで指定できる．n-単体 τ_1 の像を正規化すると r_0, r_1 はそれぞれ $\mathbb{R}^2$ の x 軸，y 軸の正の向きを向く半直線としてよく，v_0, v_1 も H^0_+, H^1_+ 上の固定した一点としてよい．$\sigma \subset \partial M$ の場合 $r_2, \ldots, r_N$ は $\mathbb{R}^2$ の第 2 象限に半時計回りに配置され，r_N は x 軸の負の向きを向く半直線に配置されなければならない．$\sigma \subset \partial M$ でない場合は $r_2, \ldots, r_N = r_0$ は第 2-4 象限に半時計回りに配置される．$\sigma \subset \partial M$ のとき $a = 0$，そうでなければ $a = 1$ とすると，r_i と r_0 のなす角 θ_i を用いて H^i_+ の配置は

$$\mathring{\Delta}_{N-2} = \left\{ (\theta_2, \ldots, \theta_{N-1}) \in \mathbb{R}^{N-2} \,\bigg|\, \frac{\pi}{2} < \theta_2 < \cdots < \theta_{N-1} < (1+a)\pi \right\}$$

でパラメトライズされる．あとは v_i ($2 \leq i \leq N - a$) の指定も考慮に入れると結論を得る．∎

とくに $n \leq 3$ のとき，$\mathcal{LE}(\sigma)$ は全て可縮だから定理 2.7 から次が従う．

系 2.9 $n \leq 3$ のとき，n 次元 PL-多様体は整合的な微分構造を持つ．

与えられた PL-構造と整合的な微分構造が一意的かどうかも簡単に述べておく．一般的にはこの問題は微分同相の拡張の問題になるが，拡張の障害は境界への制限写像が連結成分に導く $i_k : \pi_0(\operatorname{Diff} D^k) \to \pi_0(\operatorname{Diff} \partial D^k)$ の全射性と関連する．

定理 2.10 $k \leq n$ に対して，制限写像 i_k が全射であるとする．このとき，n 次元可微分多様体 M_1, M_2 が単体複体 K による PS-単体分割 $h_\alpha : K \to M_\alpha$ ($\alpha = 1, 2$) を持つとき，M_1 と M_2 は微分同相である．

証明 一般的な考察は [Mun60] に詳しく述べられているから，ここではその概

2.1 PL-構造と微分構造

略を述べておこう. K の i-切片を $K^{(i)}$ とし, M から $K^{(n-i)}$ の適当な閉近傍を除いた開集合を U_i とする. 開集合の列

$$h_\alpha(U_1) \subset h_\alpha(U_2) \subset \cdots \subset h_\alpha(U_n) \subset M_\alpha$$

を考え,微分同相 $\phi_k : h_1(U_k) \to h_2(U_k)$ を順次拡張して微分同相 $M_1 \to M_2$ を構成していくときの障害を考える. U_1 は n-単体の内部に含まれる幾つかの n-胞体の和集合であるから,単に $\phi_1 = h_2 \circ h_1^{-1}$ とすれば ϕ_1 は構成できる. $\phi_k : h_1(U_k) \to h_2(U_k)$ が与えられているとき, ϕ_k を ϕ_{k+1} に拡張するには $(n-k)$-単体 σ の内部の像の管状近傍 $V_\sigma^\alpha \subset M_\alpha$ の間の微分同相へ拡張する. σ が境界に含まれない場合は V_σ^α は $D^{n-k} \times D^k$ と微分同相であるが, $D^{n-k} \times \partial D^k$ の部分は $h_\alpha(U_k)$ に含まれるからすでに微分同相 ϕ_{k+1} が定義されている. 仮定を用いて ∂D^k の自己微分同相を D^k の自己微分同相に拡張すれば, $\phi_{k+1} : V_\sigma^1 \to V_\sigma^2$ が構成できる. $\sigma \subset \partial X$ の場合, V_σ^α は $D^{n-k} \times (D^k \cap \mathbb{R}_+^k)$ と微分同相となり, $\mathbb{R}_+^k \cap \partial D^k$ の微分同相は障害なく $\mathbb{R}_+^k \cap D^k$ へ拡張できるから, $\phi_{k+1} : V_\sigma^1 \to V_\sigma^2$ は常に構成できる. ■

$k = 1, 2$ について i_k の全射性は簡単に分かる. $k = 3$ の場合は [Sma59], $k = 4$ の場合は [Hat83] により i_k の全射性が知られている. したがって 4 次元以下の場合は与えられた PL-構造と整合的な微分構造は一意的に決まる. 結局, 定理 2.2, 系 2.9 と合わせて, 3 次元多様体について, PL-構造と微分構造は完全に一対一に対応していることが分かった. 実は 3 次元多様体上の PL-構造と位相も一対一に対応している ([Moi52], [Bin59]).

[RS82] に沿って正規近傍について述べてこの節を終わることにしよう. PL-多様体 M の組み合わせ的単体分割 K に関する部分複体 L がまた組み合わせ的であるとき, $|L| \subset M$ を PL-部分多様体という. 可微分多様体における部分多様体の管状近傍の役割をするのが正規近傍であるが, 正規近傍はもっと一般的で必ずしも部分多様体でない部分多面体に対して定義される. 以降この章ではとくに断りがない限り, 写像, 同相, 部分多様体などは PL 構造に関するものを考えることにする.

L を単体複体 K の部分複体とする. K の単体 σ の全ての頂点が L に属せ

ば，σ も L に属するとき L は K の**充満部分複体**という．この条件は L に含まれる頂点を 1-単体 $I = [0,1]$ の 0 に，そうでない頂点を 1 に写す K の線形写像 $\pi_{K,L} \colon K \to I$ に対して $\pi_{K,L}^{-1}(0) = L$ であることと同値である．また，$C_K(L) = \pi_{K,L}^{-1}(1)$ は L に含まれない頂点の生成する充満部分複体であることに注意しよう．K の部分複体 L に全ての頂点が含まれる単体 $\sigma \in K \setminus L$ 毎にその内部に頂点を一つずつ加えて得られる細分 K' を考えれば，L を K' の充満部分複体とすることができる．K, L をもっと細かく細分しても同様である．

$L \subset K$ を充満部分複体とする．L の近傍を $N(L, K) = \bigcup_{\sigma \in L} \mathrm{star}\,\sigma$ で定める．これは L と交わる K の単体 σ の生成する複体であるが，そのような単体 σ で L に含まれないものの内部に頂点 v_σ を一つずつ加えて得られる K の細分を K' とする．L の近傍 $N(L, K')$ は $C_K(L)$ から $L(= \pi_{K,L}^{-1}(0))$ を分離する．内点 v_σ のとり方を変えた細分 K_0' を考えても，K' の頂点を対応する K_0' の頂点へ写す単体複体の同型 $h \colon K' \to K_0'$ を考えれば

$$h(N(L, K')) = N(L, K_0'), \ h(x) = x \ (x \in L) \tag{2.3}$$

を満たし，$|K|$ の自己同相 h は $|L|$ を固定するアイソトピーで $\mathrm{id}_{|K|}$ と結ばれる．一方，例えば，付け加える頂点 v_σ を全て $\pi_{K,L}^{-1}(\varepsilon)$ 上に選べば，実現 $|N(L, K')|$ は「ε-近傍」$N_K(L, \varepsilon) = \pi_{K,L}^{-1}([0, \varepsilon])$ にとることができる．L, K の細分 L_1, K_1 についても，K_1' を構成する際に十分小さな $\varepsilon > 0$ に対して，$\pi_{K,L}^{-1}(\varepsilon)$ 上に K_1' の新しい頂点をとることにすれば

$$|N(L_1, K_1')| = N_K(L, \varepsilon) \tag{2.4}$$

とできる．アイソトピー $f \colon X \times [0,1] \ni (x, t) \mapsto f_t(x) \in X$ を簡単にアイソトピー f_t などと書き，とくに $f_0 = \mathrm{id}_X$ であるとき X のアイソトピーと呼ぶことにする．(2.3), (2.4) から $N(L, K')$ は次のような不変性を持つ．

命題 2.11（**アイソトピー不変性**）多面体 X の部分多面体 Y が X の単体分割 K_1, K_2 と充満部分複体 $L_1 \subset K_1, L_2 \subset K_2$ により $Y = |L_1| = |L_2|$ と表されているとき，Y の点を固定する X のアイソトピー h_t で $h_1(N(L_1, K_1')) = N(L_2, K_2')$ となるものが存在する．このような Y の近傍 $|N(L, K')|$ を $Y \subset X$ の**正規近傍**という．

n 次元多様体 M の境界 $\partial M \subset M$ の近傍 U で，$h(x,0) = x$ となる同相 $h : Y \times [0,1] \to U$ を持つものが存在する．U をカラー近傍という．M の部分空間の正規近傍については次が成り立つ．

命題 2.12
1. M の部分多面体の正規近傍は n 次元部分多様体である．
2. M の一点の正規近傍は n-胞体である．逆に n-胞体 $B \subset M$ の内点 $x \in \mathring{B}$ に対して，B は x の正規近傍となる（つまり $B = |N(x,K)|$ となるような M の単体分割 K が存在する）．
3. 境界 ∂M の正規近傍は ∂M のカラー近傍である．

$p \in M$ の任意の近傍 U で $f_t \neq \mathrm{id}_U$ となる $t \in [0,1]$ が存在するとき，$p \in \mathrm{supp}\, f_t$ として，アイソトピーの台 $\mathrm{supp}\, f_t$ を定義する．アイソトピーに関する結論をまとめておく．

補題 2.13
多様体 M の境界 ∂M のアイソトピー f_t は M のアイソトピー $\tilde{f}_t$ に拡張する．

証明 $f_t : \partial M \to \partial M$ を ∂M のアイソトピーとする．このとき，$h : \partial M \times [0,1] \to U$ で与えられる ∂M のカラー近傍 U を考えて，U 上で

$$\tilde{f}_t(h(x,s)) = \begin{cases} h(f_{t-s}(x), s) & \text{if } t > s \\ h(x, s) & \text{otherwise} \end{cases}$$

で，$M \setminus U$ 上で $\tilde{f}_t \equiv \mathrm{id}$ と定めると目的のアイソトピーを得る． ∎

【演習 2.14】 B, C を n-胞体とする．
1. 境界の同相写像 $\partial B \to \partial C$ は同相写像 $B \to C$ に拡張することを示せ．
2. 同相写像 $f, g : B \to C$ が $f|_{\partial B} = g|_{\partial B}$ を満たすとき，f, g はこの境界値を固定してアイソトピックであることを示せ．

系 2.15
n-球面の向きを保つ自己同相 f は id_{S^n} とアイソトピックである．

証明 $B^n \subset S^n$ を球面に標準的に埋め込まれた n-胞体とする．n に関する帰納法による．$n = 1$ のときは自明である．一般の n の場合，演習 2.17 1. により

自己同相 $f: S^n \to S^n$ は一点 $p \in \operatorname{Int} B^n$ を固定するとしてよい．さらにアイソトピー不変性 2.11 により，$f(B^n) = B^n$ と仮定してもよい．このとき，「赤道」∂B^n への制限 $f|_{\partial B^n}: \partial B^n \to \partial B^n$ は向きを保つ（そうでなければ，$S^n \setminus \partial B^n$ の連結成分が入れ替わってしまう）．帰納法の仮定から，$f|_{\partial B^n}$ は恒等写像とアイソトピックであるから，「北半球」B^n，「南半球」$S^n \setminus \operatorname{Int} B^n$ にそれぞれ補題 2.13 を適用して拡張したアイソトピーを合成すれば，$f|_{\partial B^n} = \operatorname{id}_{\partial B^n}$ と仮定してよい．最後に両半球に演習 2.14 2. を適用すれば結論を得る． ∎

系 2.16

1. n-胞体 $B \subset S^n$ の補集合の閉包は n-胞体である．
2. n 次元多様体 M と n-胞体 B をそれぞれの境界に埋め込まれた $(n-1)$-胞体 C で貼りあわせた空間 $M \bigcup_C B$ は M と同相である．

証明 最初の主張を示すには，S^n に標準的に埋め込まれた n-胞体を B^n とするとき，アイソトピー不変性 2.11 と命題 2.12 2. から空間対の間の同相 $(S^n, B) \to (S^n, B^n)$ が得られることに注意すればよい．二番目の主張を示そう．まず M も n-胞体の場合を考える．このとき，1. から空間対 $(\partial M, C), (\partial B, C)$ と (S^{n-1}, B^{n-1}) の間に同相 h_1, h_2 が存在するが，B^{n-1} の自己同相は演習 2.14 1. により $(S^{n-1}, B^{n-1}) \to (S^{n-1}, B^{n-1})$ に拡張するから，$h_1|_C = h_2|_C$ と仮定してよい．演習 2.14 1. をもう一度使って h_1, h_2 を M, B の内部まで拡張して $h_1: M \to B^n, h_2: B \to B^n$ を構成することにより $M \bigcup_C B$ と $B^n \bigcup_{B^{n-1}} B^n$ の間の同相が得られる．一般の M の場合は ∂M のカラー近傍 $\partial M \times [0,1]$ をとり，n-胞体 $C \times [0,1] \subset \partial M \times [0,1]$ と 2 つの n-胞体を貼りあわせた n-胞体 $B \bigcup_C C \times [0,1]$ の間の同相を $\partial C \times [0,1] \cup C \times \{1\}$ 上で恒等写像となるようにとることができる．これを M と $B \bigcup_C M$ の間の同相に拡張すればよい． ∎

【演習 2.17】 M を n 次元連結多様体とする．

1. $p, q \in \operatorname{Int} M$ に対して，$f_1(p) = q$ を満たす M のアイソトピー f_t が存在することを示せ．
2. n-胞体 $B, C \subset \operatorname{Int} M$ に対して，$f_1(B) = C$ を満たす M のアイソトピー f_t が存在することを示せ．
3. $\{X_1, \ldots, X_k\}$ と $\{Y_1, \ldots, Y_k\}$ を M の相異なる点または互いに交わらない n-胞体の族とする．$n > 1$ のとき，$f_1(X_i) = Y_i$ $(1 \leq i \leq k)$ を満たす M のアイソト

ピー f_t が存在することを示せ.

k-単体 τ が単体複体 K の $(k-1)$-単体 σ を真に含むただ一つの単体であるとき,両者を除いた $K_1 = K \setminus \{\sigma, \tau\}$ もまた単体複体となる（系 2.16 から K_1 が k 次元多様体であれば K もそうである）.このとき K は K_1 に初等的につぶれるという.K を何回か初等的につぶして K_2 が得られるとき,K は K_2 につぶれるといい,$K \searrow K_2$ と書く.このとき,K と K_2 のホモトピー形は等しい.また $|K| = |K_2| \bigcup_{B^{k-1}} B^k$ ならば,$K \searrow K_2$ である.多様体 M における正則近傍は次のように特徴づけられる.

定理 2.18　N を多様体 M の部分多面体 Y の近傍とする.N が Y の正則近傍であることと N が $N \searrow Y$ を満たす部分多様体であることは同値である.

注意 2.19　[Whi39] に従えば,N が Y の位相的近傍であることすら放棄して,開部分多様体 N で $N \searrow Y$ を満たすものを正則近傍と呼ぶ.この場合でもアイソトピー不変性 2.11 が成り立つが,アイソトピーが Y を固定するとは限らない.

系 2.20　多様体の部分多面体 Y_1, Y_2 が $Y_1 \searrow Y_2$ を満たすとき,Y_1 の正則近傍は Y_2 の正則近傍である.

2.2　3次元多様体内の曲面

3次元多様体論では2次元の多面体（とくに曲面）から3次元多様体への PL-写像を考察する場面が多い.この際写像を少し動かして,なるべく「自己交差」の単純な写像に対して「切り貼り」を行うのがよく用いられるテクニックである.最初に「自己交差」を記述するための定義をしておこう.T を多面体とする.PL-多様体への PL-写像 $f: |T| \to M$ について $x \in T$ の近傍 U で $y \in U$ ならば $f^{-1}(f(y)) = \{y\}$ となるものが存在するとき,x を f の正則点,そうでないとき**特異点**といい,特異点の集合を $\mathcal{S}(f)$ で表す.$x \in \mathcal{S}(f)$ に対して $f^{-1}(f(x))$ が i 個の点からなるとき,x を i 重点といい,i 重点の集合を $\mathcal{S}_i(f)$ で表す.とくに $\mathcal{S}_1(f)$ の点を**分岐点**という.また,m 次元有限単体複体 T の点 x が m-胞

体と同相な近傍 C を持つとき, x で T は正則であるといい, $x \in \partial C$ であるときはとくに x を**境界点**という.

多面体 T の次元を $m < n$ とし, 線形写像 $f: T \to \mathbb{R}^n$ を考えよう. 線形写像の像は T の頂点 $\{v_1, \ldots, v_N\}$ の像で決まるから, $(\mathbb{R}^n)^N$ と線形写像全体の空間 $L(T, \mathbb{R}^n)$ は同一視される. k-単体 $\sigma \in T$ に対して $\langle f(\sigma) \rangle$ で像 $f(\sigma)$ の張るアファイン部分空間を表す. T の任意の単体 σ について $\dim \langle f(\sigma) \rangle = \dim \sigma$ であるような線形写像全体 $L^*(T, \mathbb{R}^n)$ は $L(T, \mathbb{R}^n)$ の稠密開集合である. T の単体の有限集合 Σ に対して $q = \sharp \Sigma$ とするとき,

$$V(f, \Sigma) = \bigcap_{\sigma \in \Sigma} \langle f(\sigma) \rangle, \ t(\Sigma) = \sum_{\sigma \in \Sigma} \dim \sigma - (q-1)n$$

とおく. (空集合の次元は適当な負の値として,) $L^*(T, \mathbb{R}^n)$ の稠密開集合 Ω_Σ 上で $V(f, \Sigma)$ の次元が一定であるとき, その次元を $d(\Sigma)$ と書くことにする. 例えば Σ の単体が互いに頂点を共有せず全く独立に f の像を与えることができれば, $d(\Sigma) = t(\Sigma)$ である. $f \in L^*(T, \mathbb{R}^n)$ が全ての Σ について $f \in \Omega_\Sigma$ を満たすとき, **一般の位置**にある線形写像ということにする.

- **例 2.21** 1次元多面体をグラフという. 有限グラフ Γ からの線形写像 $f: \Gamma \to \mathbb{R}^n$ が一般の位置にあるとき, $n > 2$ ならば $\mathcal{S}(f) = \emptyset$, $n = 2$ の場合, $\mathcal{S}(f) = \mathcal{S}_2(f)$ は有限個の辺 (1-単体) の内点からなる.

- **例 2.22** $n = 3, m = 2$ のとき, 一般の位置にある線形写像 f の特異点集合を調べよう. 1-単体を σ_*, 2-単体を τ_* と表すことにすると, $\sharp \Sigma = 2$ の場合 (図 2.1)

1. $\Sigma = \{\sigma, \tau\}$ で $\tau \cap \sigma = \emptyset$ の場合. $f(\sigma), f(\tau)$ は両者の内部の一点で交わる.
2. $\Sigma = \{\tau_1, \tau_2\}$ で $\tau_1 \cap \tau_2 = \emptyset$ の場合. $f(\tau_1) \cap f(\tau_2)$ は $f(\tau_1)$ または $f(\tau_2)$ の内点を結ぶ線分となる.
3. $\Sigma = \{\tau_1, \tau_2\}$ で $\tau_1 \cap \tau_2$ が一つの頂点 v の場合. $f(\tau_1) \cap f(\tau_2)$ は $f(v)$ と例えば $f(\tau_1)$ の内点 w を結ぶ線分となる (このとき, w は τ_2 における v の対辺の内点の像でもある).

の3つのケースで特異点が現れる (もちろんどの場合も交わりが空になる場

2.2 3次元多様体内の曲面

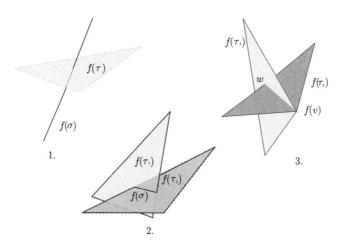

図 2.1 ♯Σ = 2 の場合

合もある).したがって $\mathcal{S}(f)$ は 1. の場合の交点に対応する頂点と 2., 3. の交差の線分に対応する辺からなる一次元単体,つまりグラフ Γ であることが分かる.とくに T の 1-切片 $T^{(1)}$ に制限すると f は埋め込みである.任意の T の頂点 v_0 において埋め込み $f|_{\mathrm{lk}\, v_0}$ を線形に拡張することで $f|_{\mathrm{star}\, v_0}$ が構成されるから,頂点 v_0 が 3. の頂点 v であれば $\mathcal{S}_1(f)$ の点の像であり,他に $\mathcal{S}_1(f)$ の点が現れないことも分かる.そうでなければ $f|_{\mathrm{star}\, v_0}$ は埋め込みとなり,この意味で f は $T \setminus \mathcal{S}_1(f)$ 上ではめ込みとなる.3重点は $\Sigma = \{\tau_1, \tau_2, \tau_3\}$ で,$\bigcap_{i=1}^{3} \tau_i = \emptyset$,$\dim \tau_i \cap \tau_j < 1$ $(i \neq j)$ の場合にそれぞれの 2-単体の内部の一点に現れうるが,4重点,あるいはそれ以上の重複度をもつ特異点は現れない.

f ではなく T 自身の特異性に起因してグラフ Γ が分岐するケースを記述しておこう.1-単体 σ を含む 2-単体が $\tau_1, \ldots, \tau_q$ で,別の 2 単体 τ_0 と σ が 1. の交差をする場合に $\Sigma = \{\tau_0, \tau_1, \ldots, \tau_q\}$ のケースを考える.τ_0 と τ_i $(1 \leq i \leq q)$ は 2. または 3. の交差を持つ.$f^{-1}(f(\sigma) \cap f(\tau_0))$ に含まれる σ の点 v は Γ の頂点で q 個の辺の端点となる.$q = 0$ ならば v は Γ の孤立点で,v における局所次元は 1 となる.$q = 1$ ならば $f^{-1}(f(v))$ の 2 点は Γ の端点となり,v は境界点である.$q = 2$ ならば $f^{-1}(f(v))$ の 2 点で T は正則である.$q \geq 3$ の場合にグラフ Γ が分岐する(図 2.2).

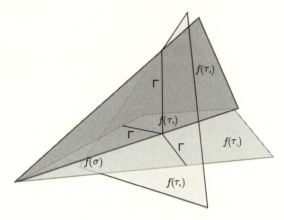

図 2.2 グラフの分岐

　グラフ Γ の頂点が二重点でそこから出る辺が 2 つしかないもの（上の $q=2$ のケース）は取り除いてしまうことにする（このようにすると頂点を一つも含まないループが現れうるので正確には Γ はグラフでないかもしれないが，用語を乱用する．このようなループを**単純二重点ループ**と呼ぶことにする）．さらに三重点を新しく頂点として付け加えることにする．これにより $f(\Gamma)$ も対応する辺と頂点によりグラフの構造を持つことになる．この場合の特異点集合の状況を命題にまとめておく．

命題 2.23　$|T|$ を 2 次元多面体とする．$f: T \to \mathbb{R}^3$ を一般の位置にある線形写像とするとき，次が成り立つ．
1. $\mathcal{S}_1(f), \mathcal{S}_3(f)$ は有限集合で $\mathcal{S}(f) = \mathcal{S}_1(f) \cup \mathcal{S}_2(f) \cup \mathcal{S}_3(f)$ である．
2. $\mathcal{S}_1(f)$ は $f|_{\mathrm{star}\,v}$ が埋め込みでない T の頂点 v 全体と一致する．
3. $\mathcal{S}(f)$ は T に埋め込まれたグラフで次の性質を持つ．
    (a) グラフ $\mathcal{S}(f)$ の頂点の集合 $\mathcal{V}$ は $\mathcal{S}_1(f) \cup \mathcal{S}_3(f)$ を含む．
    (b) 孤立点 $v \in \mathcal{V}$ は 2 重点で $f^{-1}(f(v))$ のいずれか一方で T の局所次元は 2 未満である．
    (c) 端点 v が分岐点でなければ $f^{-1}(f(v))$ の一方の点は T の境界点である．
    (d) 孤立点でも端点でもない頂点 v が 2 重点ならば $f^{-1}(f(v))$ のいずれか一方の点で T は正則でない．

(e) グラフ $\mathcal{S}(f)$ の辺の内点または3重点 x に対して $f^{-1}(f(x))$ のどの点も境界点でなく，そこで T は正則である．このとき $f^{-1}(f(x))$ の近傍の PL-局所座標 ϕ と $f(x)$ の近傍の PL-局所座標 ψ を適当にとると，$\psi \circ f \circ \phi^{-1}$ は2つまたは3つの2-胞体を $\mathbb{R}^3$ で横断的に交わる平面に写す線形写像となる．

とくに $|T|$ が曲面であれば，(b) と (d) は起こらない．

- **例 2.24** 命題 2.23 の特異点集合を持つ写像は直接的に構成することもできる．T の頂点 $v_1, \ldots, v_N$ について，$f(v_i)$ の近傍に $g(v_i)$ を順次選んで命題 2.23 の結論を満たす線形写像 $g \in L^*(T, \mathbb{R}^3)$ を構成する．$v_1, \ldots, v_i$ で生成される T の充満部分複体 T_i 上に命題 2.23 の結論を満たす $g_i \in L^*(T_i, \mathbb{R}^3)$ が構成されているとする．s_* を $\mathrm{lk}(v_{i+1}) \cap T_i$ の1-単体，σ_* を T_i の1-単体，τ_* を T_i の2-単体，$w, g_i(s_*)$ で張られる $\mathbb{R}^3$ の単体を $w * g_i(s_*)$ で表すと，次の5つの条件を満たす $w \in \mathbb{R}^3$ の集合 Ω が稠密であることは初等的に分かる（もちろん交わりが空になってもよい）．

1. w は T_i の単体 Δ に対して $w \notin \langle g_i(\Delta) \rangle$ を満たす．
2. $w * g_i(s_1)$ と $w * g_i(s_2)$ は例 2.22 の 3. のように交わる．
3. $w * g_i(s)$ と $g_i(\sigma)$ は例 2.22 の 1. のように交わる．
4. $w * g_i(s)$ と $g_i(\tau)$ は例 2.22 の 2. のように交わる．
5. $s_1 \cap \mathcal{S}(g_i) = \emptyset$ ならば，$w * g_i(s_1)$ とグラフ $\mathcal{S}(g_i)$ の交点は辺の内部の2重点であり，その辺と例 2.22 の 1. のように交わる．

$f(v_{i+1})$ の近傍に $w = g_{i+1}(v_{i+1}) \in \Omega$ をとって線形に拡張して得られる $g_{i+1} \in L^*(T_{i+1}, \mathbb{R}^3)$ は命題 2.23 の条件を満たす．この構成を繰り返して目的の $g = g_N \in L^*(T, \mathbb{R}^3)$ が得られる．この構成は3次元多様体 M への PL-写像 $T \to M$ にも通用する．命題 2.23 の条件を満たす特異点集合を持つ PL-写像を**一般の位置**にあるという．

命題 2.25 2次元多面体 $|T|$ から3次元多様体 M への一般の位置にある PL-写像全体は連続写像全体のなす集合の一様位相に関する稠密部分集合である．

証明 連続写像 $f \colon T \to M$ は PL-写像で一様近似できるから PL-写像 f を一様

近似する一般の位置にある g を構成すればよい．3-胞体 $B_\alpha \subset M$ と $\mathbb{R}^3$ の凸多面体への線形埋め込み ϕ_α を与えて，座標系 $\{(\overset{\circ}{B}_\alpha, \phi_\alpha)\}_{\alpha=1}^N$ を構成する．また少し小さくとった 3-胞体 $A_\alpha \subset \overset{\circ}{B}_\alpha$ で $\phi_\alpha(A_\alpha)$ が凸多面体となるようなものも用意しておく．T に細分を施すと $f(\sigma) \cap A_\alpha \neq \emptyset$ のとき，$f(\sigma) \subset \overset{\circ}{B}_\alpha$ であり，そのような単体上では $\phi_\alpha \circ f$ が線形であると仮定してよい．$f(\sigma) \subset \overset{\circ}{B}_\alpha$ であるときは $g(\sigma) \subset \overset{\circ}{B}_\alpha$, $f(\sigma) \cap A_\alpha = \emptyset$ のときは $g(\sigma) \cap A_\alpha = \emptyset$, である範囲で f を少し動かして，g を帰納的に構成する．

$f^{-1}(A_\alpha)$ に含まれる T の頂点全体を V_α で表し，$\bigcup_{i=1}^q V_i$ の生成する充満部分複体を T_q とおく．$\phi_1 \circ f|_{T_1}$ を一般の位置にとることにより，$g_1 = g|_{T_1}$ を構成する．T の適当な細分をとると，$T_1 \cap g_1^{-1}\phi_2^{-1}(B_2)$ に含まれる単体上で $\phi_2 \circ g_1$ は線形と仮定してよい．T_1 に T_2 の頂点を付け加えていって例 2.24 の構成を行うと T_2 上で一般の位置にある $g_2 = g|_{T_2}$ が得られる．$A_3, \ldots, A_N$ についても同様に構成して T 全体で定義された一般の位置にある g が得られる．∎

曲面 Σ から 3 次元多様体 M への境界を保つ写像 $f : (\Sigma, \partial\Sigma) \to (M, \partial M)$ を**固有写像**という．とくに f が埋め込みで $f^{-1}(\partial M) \subset \partial\Sigma$ であるとき f を**固有埋め込み**，その像を**固有曲面**などという（一般の次元でも同様の用語を用いる）．固有写像についてはまず境界上で $\partial\Sigma \to \partial M$ を一般の位置にとり，命題 2.25 の帰納的構成を適用すると，命題 2.23 の特異点集合を持ち，境界上では分岐点と 3 重点を持たない固有写像を得る．また，例 2.24 の構成において，f が埋め込みならば，$f(v_i)$ の十分小さい近傍内に $g(v_i)$ を選べば g も埋め込みとなる．次の場合が一番基本的な応用例である．

系 2.26 2 つの曲面 Σ_1, Σ_2 の 3 次元多様体 M への固有埋め込み h_1, h_2 が与えられたとき，一様位相について h_1 に充分近い固有埋め込み h_1' で h_1', h_2 が横断的に交わるものが存在する．このとき，$h_1'(\Sigma_1) \cap h_2(\Sigma_2)$ の連結成分は M の閉曲線か，∂M に両端点を持つ M の固有曲線である．

n 次元多様体 M の固有 k 次元部分多様体 Σ の局所的な様子はリンクの埋め込み $i : \mathrm{lk}_\Sigma(x) \to \mathrm{lk}_M(x)$ で記述される．i は $x \in \mathrm{Int}\, M$ のとき球面，$x \in \partial M$

のとき胞体の間の埋め込みだが, i が球面や胞体の標準的な埋め込みにアイソトピックならば Σ は局所平坦であるという.「任意の埋め込み $\iota: S^{m-1} \hookrightarrow S^m$ は球面の標準的埋め込みと自己同相の合成である」という予想は Schoenflies 予想として知られていて, $m \leq 3$ のとき肯定的に解決している. $m = 2$ の場合はジョルダンの曲線定理であり, $m = 3$ の場合は **Alexander の定理**として知られている. したがって $k = n - 1 \leq 3$ ならば Σ は局所平坦である. とくに, $n \leq 3$ の場合全ての k について Σ は局所平坦である.

$k = n - 1$ で Σ は局所平坦とする. このとき Σ は局所的には $D^{n-1} \times \{0\} \subset D^{n-1} \times [-1, 1] = A$ の形で埋め込まれていて, $D^{n-1} \times [-1, 1] \setminus D^{n-1} \times \{0\}$ は 2 つの連結成分 A_+, A_- に分かれる. Σ の連結成分 Σ_0 を十分小さな連結近傍 U から除いた集合 $U \setminus \Sigma_0$ が連結でないとき Σ を**二面的**であるという. このとき $U \setminus \Sigma_0$ の連結成分は局所的な連結成分 A_+, A_- と対応して 2 つに分かれ, $M \setminus \Sigma$ は Σ の「両面」を新しい境界成分とする n 次元多様体となる. これを M を Σ で切り開いた多様体などと呼ぶ. とくに命題 2.12 3. と定理 2.18 から Σ の正規近傍 N は $\Sigma \times [-1, 1]$ と同相で, Σ は $\Sigma \times \{0\}$ として埋め込まれている.

局所平坦ならば局所連結成分 A_+, A_- をファイバーとする主 $\mathbb{Z}_2$-束を構成することで単位法ベクトル束を構成できるから, その Stiefel-Whitney 類 (例 A.5) の自明性により二面性を定義することもできる. 具体的には Σ 上の閉曲線 γ に沿って一周した場合に A_+, A_- が入れ替わるかどうかを見るホロノミー $\pi_1(\Sigma) \to \mathbb{Z}_2$ の自明性である. とくに, Σ が単連結ならば常に二面的である.

【演習 2.27】 系 2.26 において h_1' は h_1 にアイソトピックにとれることを示せ.

二面的な Σ は局所的に U を 2 つの連結成分に分けるが, さらに Σ が M の連結成分を 2 つに分けるとき, Σ は M を**分離する**あるいは**分離的**という.

● **例 2.28**(連結和分解) M_1, M_2 を n 次元多様体とし, n-胞体 $B_i \subset \mathrm{Int}\, M_i$ ($i = 1, 2$) をとる. このとき, $X_i = M_i \setminus B_i$ も新たな S^{n-1}-境界成分 $S_i = \partial B_i$ を持つ多様体となるが, その境界成分 S_1, S_2 を適当な同相 ϕ で貼りあわせて得られる多様体 $M_1 \natural M_2 := X_1 \bigcup_\phi X_2$ を M_1, M_2 の**連結和**という. 演習 2.17 2. から $M_1 \natural M_2$ の同相類は B_1, B_2 の選び方によらず, ϕ のアイソトピー類のみに

よる．系2.15によればϕのアイソトピー類は向きを保つかどうかで決まるから，M_1, M_2の連結和は向きづけに依存して2種類ありうる．M_1, M_2の一方がB_1, B_2の向きを反転する自己同相を持てば，$M_1 \sharp M_2$の位相は一つに決まるからとくにM_1, M_2の一方が向きづけ不能ならば$M_1 \sharp M_2$の位相は決定する．M_1, M_2が向きづけられていて，向きに適合するS_iの向きを考えれば，ϕが向きを保たないときに連結和には自然な向きが定まる．これを**向きを保つ連結和**ということにする．向きを保つ連結和は「向きづけられた」多様体に関する操作である．向きづけられた多様体Mは向きを反転する自己同相を持たない限り，反対の向きを与えた$-M$と区別されることに注意せよ．

逆に（連結）n次元多様体Mの内部に埋め込まれた$(n-1)$-球面SがMを分離するとする．MをSで切り開いた多様体は2つの連結成分X_1, X_2を持つ．胞体は向きを反転する自己同相を持つから系2.15によりSに対応するX_iのS^{n-1}-境界成分にn-胞体を貼りあわせて得られる多様体$\hat{X}_i$（X_iの**キャップ**）の同相類は一つに決まる．したがって，Sは**連結和分解** $M = \hat{X}_1 \sharp \hat{X}_2$を導く．もちろん$M$が向きづけられていれば，$\hat{X}_1, \hat{X}_2$に導かれる自然な向きに関してこの連結和は向きを保つ．

【演習 2.29】 n-球面Sに互いに交わらないn-胞体C_i $(i = 0, \ldots, k)$が埋め込まれているとき$\Omega = S \setminus \bigcup_{i=0}^{k} \mathring{C}_i$とする．$M_0, \ldots, M_k$を向きづけられた$n$次元多様体とし，$n$-胞体$D_i \subset M_i$をとり，$M \setminus \mathring{D}_i$の境界成分$\partial D_i$を向きを反転するように$\Omega$の境界成分$\partial C_i$に貼りつけたものを$M_0 \sharp' \cdots \sharp' M_k$で表す．
1. $M_0 \sharp' M_1$は向きを保つ連結和と一致していることを確かめ，連結和の可換性$M_0 \sharp M_1 = M_1 \sharp M_0$を導け．
2. 向きを保つ連結和の結合性$(M_0 \sharp M_1) \sharp M_2 = M_0 \sharp (M_1 \sharp M_2)$を確かめ，$k+1$個の連結和は$M_0 \sharp' \cdots \sharp' M_k$と一致することを確かめよ．

$M = M \sharp S^n$を**自明な連結和分解**という．系2.16 1. によりSが自明な連結和分解を導くための必要十分条件はMに埋め込まれたn-胞体Cが存在して$S = \partial C$となることである．Sが非分離的なときは次の結論が得られる．

命題 2.30 n次元多様体Mの内部に二面的に埋め込まれた$(n-1)$-球面SがMを分離しないとする．このとき，適当なS^1上のS^{n-1}-束Yに対して

2.2 3次元多様体内の曲面

$M = X \sharp Y$ と連結和分解し，S は Y のファイバーの像と一致する．とくに M が向きづけ可能ならば，Y は自明束である．

証明 S の正規近傍 $N(S) \simeq S \times I$ ($I = [-1, 1]$) の両側の点 $(o, \pm 1)$ は $M \setminus N(S)$ の（単体分割に対して一般の位置にある）固有曲線 γ で結ばれるが，$N(S) \cup \gamma$ の正規近傍は $N(S)$ と γ の周りのチューブ状の領域 $T(\gamma) \simeq E \times J$ ($J = [-1, 1]$) の和集合 $N = N(S) \cup T(\gamma)$ である．（ただし E は o の正規近傍の $(n-1)$-胞体）$T(\gamma)$ の両端 $E \times \{\pm 1\}$ は $N(S)$ の両面に貼りあわされる．∂N は $N(S)$ の両側の $(n-1)$-胞体 $(S \setminus \overset{\circ}{E}) \times \{\pm 1\}$ を $\partial E \times J \simeq S^{n-2} \times [-1, 1]$ でつないだものであるから，$(n-1)$-球面となる．したがって，この場合も $M = \widehat{N} \sharp \widehat{M \setminus N}$ なる連結和分解を得ることになる．$S^{n-1} \times [-1, 1]$ の両端の $S^{n-1} \times \pm 1$ を向きを保たないように貼りつけて得られる非自明束を $S^{n-1} \tilde{\times} S^1$ で表す．例えば M が向きづけ可能ならば，N にも向きが定まり，$\widehat{N} = S^{n-1} \times S^1$ であることが分かる．N が向きづけ不能な場合，γ が M の向きを反転するかどうかにより $\widehat{N}$ が $S^{n-1} \times S^1$ になるか，$S^{n-1} \tilde{\times} S^1$ になるかが決まる．■

3次元多様体 M の固有曲面 Σ に対して，$\mathrm{Int}\, M$ に埋め込まれた円板 D で $D \cap \Sigma = \partial D$ となるものを Σ の**圧縮円板**といい，∂D が Σ の円板を囲まないとき D を**本質的圧縮円板**という．本質的圧縮円板を持たない固有曲面は**非圧縮的**という（とくに Σ が球面，円板の場合は常に非圧縮的となる）．固有曲面ではないが境界 ∂M に対しても同様の用語が用いられ，この場合 D を**境界圧縮円板**という．また，固有曲面 Σ が与えられたとき，埋め込まれた円板 $D \subset M$ が $\partial D = (D \cap \Sigma) \cup (D \cap \partial M)$ を満たし，円周 ∂D が2つの弧 $\alpha = D \cap \partial M$，$\beta = D \cap \Sigma$ からなるとき，D は Σ の**境界圧縮円板**という．β が Σ から円板を切り取らないとき，D は本質的であるといい，Σ が本質的境界圧縮円板を持たないとき，Σ は**境界非圧縮的**という．

- **例 2.31**（曲面の非圧縮化）Σ を M の固有曲面とする．固有曲面 Σ の圧縮円板 D が与えられたとき，Σ か M が向きづけ可能ならば，埋め込み $h: D \times [-1, 1] \to M$ で $h(x, 0) = x, h(\partial D \times [0, 1]) \subset \Sigma$ を満たすものが存在する．$h(D \times [-1, 1])$ を D の直積近傍と呼ぶことにする．本質的圧縮円板 D の直積

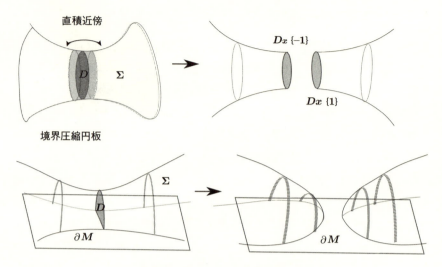

図 2.3　圧縮円板による連結和分解

近傍 $\tilde{D}$ をつぶして固有曲面を連結和分解していくことにより非圧縮的曲面を得ることを考えよう．$\Sigma \setminus \tilde{D}$ の「両側」の境界に 2 つの円板 $h(D \times \{\pm 1\})$ を貼りあわせて得られる曲面を Σ_1 とする（図 2.3）．この際，オイラー数は $\chi(\Sigma_1) = \chi(\Sigma) + 2$ となる．この際新たに連結成分を生じるかもしれないが，その成分は球面とは同相でない．したがって本質的圧縮円板が存在する限りこの構成を繰り返すと有限回の操作で $\partial \Sigma' = \partial \Sigma$ を満たす非圧縮的曲面 Σ' が得られる．Σ が境界非圧縮的でない場合も同様に Σ の本質的境界圧縮円板 D に対して，直積近傍 $\tilde{D}$ を考えることができて，$\tilde{D}$ をつぶす構成を繰り返し行って境界非圧縮的曲面 Σ' を得ることができる．この場合は $\tilde{D}$ をつぶすとオイラー数は一つ増えて，境界の円周は連結和分解されていく．具体的には $A = \tilde{D} \cap \partial M$ の境界 ∂A は $\partial \Sigma \cap A$ の 2 つの弧 α_1, α_2 とそれ以外の 2 つの弧 β_1, β_2 からなるが，$\partial \Sigma_1$ は $\partial \Sigma$ から α_1, α_2 を除いて，その端点を β_1, β_2 で結んだものである．

「切り貼り」の議論では 3 次元多様体 M 内の固有曲面 $\Sigma \subset M$ を M のアイソトピーで動かす操作を頻繁に行う．典型的な状況はまず演習 2.27 を利用して他の曲面 F と一般の位置にとり，Σ をアイソトピーで動かして交差 $F \cap \Sigma$ の

2.2 3次元多様体内の曲面

連結成分をできるだけ少なくしていく,というものである.よく使うアイソトピーの構成を一つ紹介しておく.

● **例 2.32**(胞体からの追い出し) M 内の 3-胞体 C で $\Sigma \cap C$ が ∂C の円板 D であるようなものが与えられているとする.このとき,反対側の円板 $E = \partial C \setminus \mathring{D}$ を考え,$\Sigma \setminus D$ を固定したまま,D を C 内で E にアイソトピーで動かして(演習 2.14),$\Sigma = \Sigma_0$ を $\Sigma_{1/2} = E \cup (\Sigma \setminus D)$ に変形し,最後に C の外側に $\Sigma_{1/2}$ を少しアイソトピーで動かして,$C \cap \Sigma_1 = \emptyset$ となるようにするアイソトピー Σ_t がとれる.これを「D をアイソトピーで C に沿って動かして E から C の外に追い出す」などという.Σ_t は C の近傍に台を持つ M のアイソトピー f_t により $\Sigma_t = f_t(\Sigma_0)$ の形で書ける.このようなアイソトピー Σ_t を**アンビエントアイソトピー**と呼ぶが,我々はアンビエントアイソトピーしか考えないので単にアイソトピーと呼ぶことにする.

● **例 2.33**(ハンドル体) 3次元多様体 H に互いに交わらない境界圧縮円板 $D_1, \ldots, D_k$ が与えられていて,$\bigsqcup_{i=1}^{k} D_i$ に沿って H を切り開いたとき,3-胞体 C が得られるならば H を**ハンドル体**という.またこのような圧縮円板の族 $\{D_i\}_{i=1}^{k}$ をハンドル体 H の**完全円板族**といい,k をハンドル体のハンドル数という.逆に言えば 3-胞体 C の境界上に $2k$-個の互いに交わらない円板 $D_i^{\pm}$ $(1 \leq i \leq k)$ が与えられていて,k 組の円板のペア D_i^+, D_i^- を同相 $\phi_i : D_i^+ \to D_i^-$ で貼りあわせて得られる空間 $\bigcup_{\phi_i} C$ が H である.ϕ_i が(境界 ∂C から導かれる)$D_i^{\pm}$ の向きを反転すれば,C の向きは D_i の近傍に整合的な向きづけを定める.とくに H の向きづけ可能性と全ての ϕ_i が円板の向きを保たないことは同値である.ハンドル体の同相類は次のように決まる.

命題 2.34 2 つのハンドル体 H, H' が同相であるための必要十分条件は H, H' が同じ向きづけ可能性と同じハンドル数を持つことである.

証明 H が向きづけ不能のとき向きを保つ ϕ_i の数は一定でないが,境界圧縮円板をとりかえれば,向きを保つ ϕ_i をただ一つにできる.実際 ϕ_i が向きを保つ i を $i = 1, \ldots, l$ とするとき,$D_1^+, \ldots, D_l^+$ と他の円板を分離する ∂C 上の円周を境界とする C の境界圧縮円板 D_0 をとり,H_k を $D_0, D_2, \ldots, D_k$ で切り開くこ

とにすると，C の向きは D_0 の近傍のみで整合的な向きを定めない（$D_2, \ldots, D_l$ においては D_1 での向きの反転とキャンセルして整合的になる）．

仮定と演習 2.14 により H, H' は同じ胞体対 $(C, \bigsqcup_i D_i^{\pm})$ の貼りあわせにより $H = \bigcup_{\phi_i} C$, $H' = \bigcup_{\phi'_i} C$ で書けていて，上の考察から D_i^+ の自己同相 $(\phi'_i)^{-1} \circ \phi_i$ は向きを保つものとしてよい．補題 2.13，系 2.15 から空間対 $(C, \bigsqcup_i D_i^{\pm})$ の自己同相写像 f を $f|_{D_i^+} = (\phi'_i)^{-1} \circ \phi_i, f|_{D_i^-} = \mathrm{id}_{D_i^-}$ となるようにとれる．f はそれぞれの貼りあわせと整合的だから同相写像 $f: H \to H'$ を導く． ■

2.3　Heegard 分解と素因子分解

命題 2.34 により 2 つのハンドル体 H_1, H_2 の境界が同相であることと H_1, H_2 が同相であることは同値である．同相なハンドル体 H_1, H_2 の境界を貼りあわせて閉 3 次元多様体を構成することができるが，逆に次が成り立つ．

命題 2.35（**Heegard 分解**）閉 3 次元多様体 M に対して，同相なハンドル体 H_1, H_2 と同相写像 $\phi: \partial H_1 \to \partial H_2$ で $H_1 \bigcup_\phi H_2$ が M と同相となるものが存在する．これを M の **Heegard 分解**という．

注意 2.36　可微分構造の下では Heegard 分解はモース理論と深い関連を持つ．連結閉 3 次元多様体 M のモース関数 f で指数 i の臨界点の集合 C_i が $f^{-1}(i)$ に含まれ，C_0, C_3 が一点からなるものが存在する．このとき，$f^{-1}((-\infty, \frac{3}{2})), f^{-1}([\frac{3}{2}, \infty))$ はともにハンドル体となり，微分同相による貼りあわせで Heegard 分解が得られる．

証明　K を M の組み合わせ的単体分割とし，その 1-切片を $K^{(1)}$ とする．K の重心細分を K' として，K' の頂点で $|K^{(1)}|$ 上にあるもの全体を V_0，それ以外の K' の頂点（つまり K の 2-単体か 3-単体の重心）の集合を V_1 とする．K' の 2-単体が V_0, V_1 両方の頂点を含むから，V_0, V_1 の生成する充満部分複体 K_0, K_1 はいずれも有限グラフで互いに交わらない．したがって，V_i 上で $f(v) = i$ となる線形写像 $f: K' \to [0,1]$ を考えると，$f^{-1}(i) = |K_i|$ であり，$N_0 = f^{-1}([0, \frac{1}{2}]), N_1 = f^{-1}([\frac{1}{2}, 1])$ はそれぞれ $|K_0|, |K_1|$ の正規近傍となる．N_0, N_1 がハンドル体となることを直接見よう（これはもっと一般的な事実演習 2.37 からも従う）．$v \in V_0 \cap K$ について $\mathrm{star}_{K'}(v) \cap N_0$ は v を含む K の辺の

数だけ突起物がある 3-胞体 $C(v)$ となる．突起物の上面は辺 $\sigma = vv' \in K$ の中点を含む 2-単体からなる 2-胞体 P_σ である．$\{P_\sigma\}_{v \in \sigma}$ は $\partial C(v)$ 上互いに交わらず，$C(v) \cap C(v') = P_\sigma$ なので系 2.16 2. とハンドル体の定義により N_0 はハンドル体となる．N_1 については $V_0 \cap K$ の代わりに 3-胞体の重心，辺 σ の中点の代わりに 2-胞体の重心をとって同様に議論すればよい． ∎

M に埋め込まれた曲面 $\partial H_1 = \partial H_2$ を **Heegard 曲面**といい，その種数を Heegard 分解の種数という．

【演習 2.37】 3 次元多様体に埋め込まれた有限グラフ Γ の正規近傍を N とする．
1. Γ がツリーのとき，N は 3-胞体であることを示せ．
2. 一般に N はハンドル体であることを示せ．

$\mathbb{R}^2$ に埋め込むことができるコンパクト曲面を**平面曲面**という．ハンドル数 k のハンドル体 H と境界 ∂H 上の互いに交わらない二面的な単純閉曲線の族 $\Gamma = \{\gamma_i\}_{i=1}^k$ で，境界を切り開いた曲面 $\partial H \setminus \bigsqcup_{i=1}^k \gamma_i$ が連結平面曲面となるものが与えられたとし，$\{D_i\}_{i=1}^k$ を k 枚の円板の族とする．$\{\gamma_i\}$ の正規近傍 $N \simeq \bigsqcup \gamma_i \times [-1, 1]$ に沿って $\bigsqcup_{i=1}^k D_i \times [-1, 1]$ の境界を貼りあわせて，S^2-境界を持つ 3 次元多様体 X が得られる．X のキャップ $\hat{X}$ は 2 つのハンドル体の貼りあわせとなる．アイソトピー不変性 2.11，演習 2.14 と補題 2.13 により，$\hat{X}$ の位相は Γ のアイソトピー類のみによって決まるから，$H_1 \bigcup_\phi H_2$ の位相は H_1 の完全円板族 $\{D_i\}$ の境界 $\{\partial D_i\}$ の像 $\Gamma = \{\phi(\partial D_i)\}$ のアイソトピー類だけで決まる．$\{\partial D_i\}$ を H_1 のメリディアンなどということがある．

Heegard 分解は一意でない．実際，ハンドル体 H の境界上にメリディアンの像 Γ が与えられたとき，$\partial H \setminus \Gamma$ の連結成分 Ω に 2 つの交わらない円板 $D^\pm$ をとって $\partial D^\pm$ の点 $p^\pm$ を Ω 内で結ぶ曲線 γ_{k+1} をとる．$p^\pm$ が同一視され，向きが保たれるように $D^\pm$ を貼りあわせると，ハンドルが一つ増えたハンドル体 H' が得られ，H' 上 γ_{k+1} の像は単純閉曲線となる．Γ, γ_{k+1} の像を合わせた $k+1$ 個の単純閉曲線の族を Γ' とすると，$(H, \Gamma), (H', \Gamma')$ から定まるハンドル体の貼りあわせはともに同相となることは明らかだろう（注意 2.36 の見方ではモース理論のハンドルのキャンセルである）．この操作を繰り返せば種数はいくらでも増やせるから，意味があるのは M の Heegard 分解の最小種数 $\mathrm{hg}(M)$ であ

る．$\mathrm{hg}(M)$ を **Heegard 種数**と呼ぶことにする．$\mathrm{hg}(M) = 0$ ならば $M = S^3$ である．M が向きづけ可能で $\mathrm{hg}(M) = 1$ の場合，M は（S^3 を除く）レンズ空間（例 1.63）である．

連結和分解と Heegard 種数の関係を調べよう．閉 3 次元多様体 M_1, M_2 に対して，$\mathrm{hg}(M_1 \sharp M_2) \leq \mathrm{hg}(M_1) + \mathrm{hg}(M_2)$ は簡単に分かる．実際，種数 $\mathrm{hg}(M_i)$ ($i = 1, 2$) の M_i の Heegard 分解の Heegard 曲面を Σ_i として，$p_i \in \Sigma_i$ の M_i における正規近傍 N_i で $N_i \cap \Sigma_i \subset N_i$ が 2-胞体の 3-胞体への固有埋め込みとなるものをとる．このとき，2-球面 $S_1 = \partial N_1, S_2 = \partial N_2$ の間の同相写像 f でそれぞれに埋め込まれた円周を $f(S_1 \cap \Sigma_1) = S_2 \cap \Sigma_2$ と写すものにより，$(M_1 \setminus N_1) \bigcup_f (M_2 \setminus N_2)$ で連結和 $M_1 \sharp M_2$ が構成できる．f はそれぞれの Heegard 分解のハンドル体同士を円板上ではりあわせるから，$M_1 \sharp M_2$ に種数 $\mathrm{hg}(M_1) + \mathrm{hg}(M_2)$ の Heegard 分解を導く．逆に M を分離する 2-球面 S が M の連結和分解 $M = M_1 \sharp M_2$ を導き，種数 $\mathrm{hg}(M)$ の Heegard 曲面 Σ と一般の位置にあり，交わり $\Sigma \cap S$ の（円周）成分が一つだけならば $M \setminus S$ の 2 つの連結成分をそれぞれ $(S, \Sigma \cap S)$ に $(\partial D^3, S^1)$ が貼りあうようにキャップして Heegard 分解を保つ連結和分解が構成できるので，逆の不等式 $\mathrm{hg}(M) \geq \mathrm{hg}(M_1) + \mathrm{hg}(M_2)$ が成り立つ．（必ずしも閉でない）3 次元多様体 M が非自明連結和分解を持たないとき，M は**素**であるという．実際，次が成り立つ．

補題 2.38（**Haken の補題**） M を素でない閉 3 次元多様体，Σ を M の種数 $\mathrm{hg}(M)$ の Heegard 曲面とする．Σ と一般の位置にある分離的 2-球面 $S \subset M$ で $S \cap \Sigma$ は連結であり，M に非自明な連結和分解 $M = M_1 \sharp M_2$ を導くものが存在する．とくに $\mathrm{hg}(M) = \mathrm{hg}(M_1) + \mathrm{hg}(M_2)$ である．

Haken の補題 2.38 により閉 3 次元多様体 M に繰り返し非自明連結和分解を施していくと $\mathrm{hg}(M)$ 回以内でこれ以上分解できない状態になる．つまり，$M = M_1 \sharp \cdots \sharp M_k$ ($k \leq \mathrm{hg}(M)$) なる連結和分解で成分 M_i が全て素となるものが存在する．これを閉 3 次元多様体の**素因子分解**という．

系 2.39（[Kne29]） 閉 3 次元多様体は素因子分解を持つ．

M が素であることは全ての分離的2-球面 $S \subset \text{Int } M$ が M の3-胞体を張ることと同値である. 全ての2-球面 $S \subset \text{Int } M$ が3胞体を張るとき, M は**既約**であるという. 命題2.30により素で既約でない閉3次元多様体は S^1 上の S^2-束に限る.

● **例 2.40** 3次元多様体 M の普遍被覆 $\tilde{M}$ が既約ならば M もそうであることを初等的に確かめておこう. 2-球面 $S \subset M$ の埋め込みは普遍被覆へ持ち上がり, $\tilde{S} \subset \tilde{M}$ の埋め込みを与えるが, $\tilde{M}$ の既約性から $\tilde{S}$ は3-胞体 $\tilde{C} \subset \tilde{M}$ を張る. このとき, 被覆写像 $\pi : \tilde{M} \to M$ による射影 $\pi|_{\tilde{C}}$ が埋め込みになれば結論が従う. M の単体分割 K を $\tilde{M}$ の単体分割 $\tilde{K}$ に持ち上げると被覆変換は $\tilde{K}$ に関する複体同型を与えることと K を十分細かく細分すれば $\tilde{C}$ は $\tilde{K}$ の部分複体の実現となることに注意しよう.

射影 $\pi|_{\tilde{C}}$ が埋め込みでなければある非自明被覆変換 σ で $\sigma\tilde{C} \cap \tilde{C} \neq \emptyset$ となるものが存在する. $\tilde{S}$ の射影は S の埋め込みなので, 必要ならば σ を σ^{-1} にとりかえて $\sigma\tilde{S} \subset \text{Int } \tilde{C}$ であるとしてよい. Alexanderの定理により $\sigma\tilde{S}$ は $\text{Int } \tilde{C}$ に3-胞体 $\tilde{C}_1$ を張る ($\tilde{M} \neq S^3$ ならば $\sigma\tilde{C} = \tilde{C}_1$ となりこの時点で矛盾). 上の注意から $\tilde{C}_1$ は $\tilde{K}$ の部分複体の実現で $\tilde{C}$ の内部に含まれる. $\tilde{C}_i$ の射影が埋め込みでない限り, この構成を続けて胞体の列 $\tilde{C}_{i+1} \subset \text{Int } \tilde{C}_i$ を構成すると $\tilde{C}_i$ に含まれる単体の数は単調に減少し, いずれ $\tilde{C}_i$ の射影は埋め込みになる. 定理1.86の幾何モデル (G, X) のうち, $X = S^2 \times \mathbb{R}$ 以外の X は3-球面か3-胞体と同相であり, そのような (G, X) に対して完備な (G, X)-多様体は既約となる. $X = S^2 \times \mathbb{R}$ の場合素だが既約でない S^1 上の S^2 束を (G, X)-多様体に持つ.

● **例 2.41** ハンドル体 H は既約であることを見よう. $\{D_i\}$ を H の完全円板族, S_0 を H の内部に埋め込まれた2-球面とする. S_0 とアイソトピックな球面 S を $\{D_i\}$ に対して一般の位置にとると $\bigcup_i S \cap D_i$ は S 上の互いに交わらない円周の族 $\Gamma = \{\gamma_j\}$ からなる. そのような S のうち最小の交差成分数 $\sharp\Gamma$ を持つものをとる. $\sharp\Gamma = 0$ ならば S は3-胞体 $C = H \setminus \bigsqcup_i D_i$ の内部の球面なのでAlexanderの定理により既約性が従う. そうでなければ Γ の「一番内側」の円周 (例えば γ_1) が S から切り取る円板のうち一方 (E とする) には Γ の円周が含まれない. γ_1 が, 例えば D_1 から切り取る円板を D_1' とすると, E が3-胞体

C から切り取る 3-胞体のうちの一方（C' とする）は $\partial C' = E \cup D'_1$ を満たす．E をアイソトピーで C' に沿って動かして，D'_1 を通って C' の外に追いだすと，S とアイソトピックで $\sharp \Gamma$ が少ない球面が得られるので矛盾．

[Jac80, Chapter II] に従って Haken の補題の証明を行おう．平面曲面に関する次の簡単な補題が重要である．

補題 2.42 Ω_0 を平面曲面，$\Gamma = \{\gamma_i\}_{i=1}^m$ を互いに交わらない，両端点を $\partial\Omega_0$ に持つ Ω_0 上の弧の族とする．平面曲面の列 $\Omega_0, \ldots, \Omega_{m'}$ を次のように定義する．

1. γ_{j+1} と $\partial\Omega_j$ の弧からなる円周が Ω_j の円板 D を切り取るとき，$\Omega_{j+1} = \Omega_j$ とし D に含まれる Γ の曲線は捨てる．
2. そうでなければ，$\Omega_{j+1} = \Omega_j \setminus \gamma_j$ とする．

このとき $\partial\Omega_j$ の成分の数を b_j，Ω_j の円板と同相でない連結成分の数を z_j とすると $b_j - z_j$ は j について単調非増加である．とくに $\Omega_{m'}$ の成分が全て円板と同相であるとき，その成分の数は $b_0 - z_0$ を超えない．

証明 2.の場合を考えればよい．γ_{j+1} の両端点が $\partial\Omega_j$ の同じ連結成分上にあれば，b_j, z_j ともに一つずつ増えて $b_{j+1} - z_{j+1} = b_j - z_j$．そうでなければ b_j は一つ減り，z_j は高々一つだけ減る． ∎

補題 2.38 の証明 補題の条件を満たす S で Σ との交わり $\Sigma \cap S$ の連結成分の数 b が最小のものを S_0 とする．例 2.41 から交わりが空ならば S の導く連結和は自明となってしまうので $\Sigma \cap S_0$ は空でない．Σ が M を 2 つのハンドル体 H_+, H_- に分離するとする．$S_0 \cap H_\pm$ は平面曲面 $\Omega_\pm$ の $H_\pm$ への固有埋め込みとなっているが，$\Omega_\pm$ の連結成分が全て円板と同相であることを示せばよい．$\Omega = \Omega_+, H = H_+$ についてこれを示す．まず $\Omega \subset H$ は非圧縮的であることを確かめておこう．Ω の圧縮円板 D の直積近傍 $D \times [-1, 1]$ をとり，S_0 との交わり $\partial D \times [-1, 1]$ によって S_0 から切り取られる 2 つの円板を $D^\pm$，これらと D を貼りあわせて得られる 2 つの球面を $S^\pm = D^\pm \cup D \times \{\pm 1\}$ とする．圧縮円板 D が本質的ならば，$S^\pm$ はともに Σ と空でない交わりを持ち，したがってどちらも Σ との交わりの成分の数は b より少なく，一方は M に非自明な連結和を導くので仮定に反する．

2.3 Heegard分解と素因子分解

ハンドル体 H の完全円板族 $\{D_i\}_{i=1}^k$ を Σ, S_0 に対して一般の位置にとる．このとき，$D_i \cap \Omega \subset D_i$ の連結成分は閉曲線か，∂D_i に端点を持つ弧となる．連結成分 γ が閉曲線であれば Ω の非圧縮性から γ は Ω, D_i の両方から円板 D^+, D^- を切り取る．D^- には他の連結成分が含まれないように γ を一番内側の閉曲線にとると，これらの円板を γ で貼りあわせた球面は例 2.41 から H の 3-胞体 C を張る．C に沿って D^- をアイソトピーで動かし，D^+ から C の外に出すと $D^- \subset D_i$ の近傍では Ω と交わらないように D_i を変形できる．したがって，$D_i \cap \Omega$ の連結成分は全て境界に端点を持つ弧と仮定してよい．これらの弧の全体（$\bigcup_{i=1}^k \Omega \cap D_i$ の連結成分）を Γ とすると $\Omega \setminus \bigcup_{\gamma \in \Gamma} \gamma$ の連結成分は 3-胞体 $C_0 = H \setminus \bigcup_{i=1}^k D_i$ の固有非圧縮的曲面となるので全て円板と同相である．以下で 2-球面の列 $S_0, S_1, \ldots, S_m$ を次の条件を満たす M のアイソトピー f_t^j の列を用いて $S_{j+1} = f_1^j(S_j)$ により構成していく．

1. $\gamma_j \cap \operatorname{supp} f_t^j \neq \emptyset$ となる $\gamma_j \in \Gamma$ がただ一つだけ存在する．
2. $\Omega_j = S_j \cap H$ とおくと，Ω_{j+1} は補題 2.42 の仕方で Ω_j と $\gamma_j \in \Gamma$ により構成される．

Ω が円板と同相でない成分を持てば，補題 2.42 から $\partial \Omega_m = S_m \cap \Sigma$ の連結成分は $b-1$ 以下となり S_0 の選び方に反するので結論が従う．

（**アイソトピー f_t^j の構成**）D_i に含まれる Γ の弧全体を Γ_i とする．$\gamma \in \Gamma_i$ で γ が D_i から切り取る円板 E の一方には他の Γ_i の弧が含まれないようなものがとれる（D_i の「最も外側」にある弧をとればよい）．このとき E は Ω の境界圧縮円板をなす．境界圧縮円板 E が本質的でなければ，γ は Ω の成分から円板 F を切り取る．E, F を γ でつなげて得られる円板は C_0 の固有円板であり，C_0 から 3-胞体 C_1 を切り取る．S_0 を Heegard 分解を保つアイソトピー f_t で動かして，F を C_1 に沿って E から C_1 の外に追い出せば，交差の成分 γ と F 上の交差の成分を消すことができる（補題 2.42 の 1.）．

境界圧縮円板 E が本質的であるときは例 2.31 における「E をつぶす操作」が Ω に施されるように S_0 をアイソトピーで動かす（図 2.4）．E の直積近傍 C は 3-胞体であり，$\gamma, \gamma' = E \cap \partial D_i$ の直積近傍 A, B はその境界上の 2-胞体である．

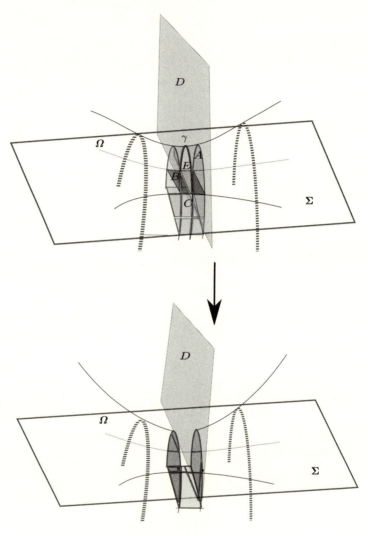

図 2.4 アイソトピー f_t^j

このとき A を C に沿ってアイソトピー f_t で動かして，B から C の外に追い出すと Ω の位相は $\Omega \setminus \gamma$ に変わり，Γ_i からは連結成分 γ が消える．$f_t^1 = f_t$ として，以降いずれかの D_i の最も外側にある Γ の弧をとってこの構成を繰り返せば目的のアイソトピーの列が得られる（補題 2.42 の 2.）． ∎

2.3 Heegaard分解と素因子分解

最後に素因子分解の一意性について述べておこう．次のような例があるので向きづけ可能でなければ単純な素因子分解の一意性は期待できない．

● **例 2.43** 閉3次元多様体 M が向きづけ不能とする．このとき，$M \sharp S^2 \times S^1$ と $M \sharp S^2 \tilde{\times} S^1$ は同相となる．実際両者は M から2つの互いに交わらない3-胞体 C_1, C_2 を除いて，$\partial C_1, \partial C_2$ を異なる向きづけで貼りあわせることで得られる．しかし M の向きを反転する閉曲線 γ に沿って C_2 を C_1 と交わらないように一周させ，C_1 を固定する M のアイソトピー f_t を考えれば同相写像 $f_1 : M \to M$ は C_1, C_2 を保ち，C_2 のみ向きを反転する．したがって $\partial C_1, \partial C_2$ の貼りあわせの向きによらず位相が決まってしまう．

【演習 2.44】 向きづけ不能な閉3次元多様体 M_1, M_2 に対して，$M_1 \sharp S^2 \tilde{\times} S^1$ と $M_2 \sharp S^2 \times S^1$ が同相ならば，M_1 と M_2 は同相であることを示せ．

補題 2.45 向きづけ可能な連結閉3次元多様体 M の非分離的球面 $S_1, S_2 \subset M$ に対して，向きを保つ自己同相 f で $f(S_1) = S_2$ を満たすものが存在する．

証明 S_2 をアイソトピーで動かして，S_1, S_2 は一般の位置にあるものとしてよい．$S_1 \cap S_2$ が空であれば，$X = M \setminus (S_1 \cup S_2)$ の境界は S_1, S_2 の両面 $S_1^\pm, S_2^\pm$ の4つの連結成分を持つ．X は1つか，2つの連結成分を持つが，$S_1^\pm$ と $S_2^\pm$ は同じ連結成分に含まれるものとしてよい．このとき，キャップ $\hat{X}$ に演習 2.17 3. を適用して $S_1^\pm$ を境界とする3-胞体 $C_1^\pm$ と $S_2^\pm$ を境界とする3-胞体 $C_2^\pm$ を入れ替える id_X とアイソトピックな同相写像 $h : X \to X$ が得られる．X の連結成分は M の向きから定まる向きを持っていて，h は向きづけを保つから系 2.15 により h は M の自己同相へ拡張する．

一般の場合は $S_1 \cap S_2$ の連結成分の数に関する帰納法を行う．$S_1 \cap S_2$ の連結成分 γ を S_1 から切り取る円板 D_1 が $S_1 \cap S_2$ の他の成分を含まないようにとる（一番内側の円周をとる）．γ が S_2 から切り取る円板のうちの一方 D_2 を選ぶと D_1, D_2 を γ でつないだ球面 S_3 が非分離的であるようにとれる．実際 $S_1, S_2, S_1 \cap S_2$ に対して一般の位置にある閉曲線 c で S_2 と一点で交わるものをとり，$\sharp D_1 \cap c$ の偶奇に応じて適当に D_2 を選ぶと，$\sharp c \cap S_3$ は奇数となるから，S_3 は非分離的となる．このとき，S_3 を少しアイソトピーで動かして，γ での交

わりを外すと，$S_1 \cap S_3, S_2 \cap S_3$ の成分の数がいずれも $S_1 \cap S_2$ の成分の数より少なくなるようにできる．帰納法の仮定から S_1 と S_3，S_2 と S_3 は互いに向きを保つ自己同相で写りあうので結論が従う． ■

補題 2.46　向きづけ可能な閉 3 次元多様体 M の互いに交わらない分離的球面の族 $\mathcal{S} = \{S_i\}_{i=1}^{k}$ が M の素因子分解 $M = M_0 \sharp \cdots \sharp M_k$ を導き，$M_0, \ldots, M_k$ は全て既約であるとする．このとき，M に埋め込まれた球面 S をアイソトピーで動かして，$S_1, \ldots, S_k$ のいずれとも交わらないようにできる．

証明　S を $S_1, \ldots, S_k$ に対して一般の位置にとる．$S \cap \bigcup_{i=1}^{k} S_i$ の連結成分 γ で，S から切り取る円板の一方 D が他の連結成分を含まないものをとる．γ は例えば S_1 からも円板 D' を切り取るが，D, D' を γ でつなげて得られる球面 S' は $M \setminus \bigcup_{i=1}^{k} S_i$ の連結成分の中に含まれる球面とアイソトピックである．したがって，M_i の既約性から S' は 3-胞体 C を張り，C に沿って D をアイソトピーで動かし，D' から C の外に追い出すことにより交わりの連結成分 γ を消すことができる．これを繰り返せば結論が従う． ■

定理 2.47（素因子分解の一意性 [Mil62]）　向きづけられた閉 3 次元多様体 M の 2 つの向きを保つ素因子分解

$$M = M_0 \sharp \cdots \sharp M_k = M_0' \sharp \cdots \sharp M_l'$$

が与えられたとき，向きづけられた閉 3 次元多様体の族 $\{M_i\}_{i=0}^{k}$ と $\{M_j'\}_{j=0}^{l}$ は重複も込めて一致する．

証明　$M = M_0 \sharp \cdots \sharp M_k$ は M の素因子分解のうち素因子の数 $k+1$ が最小のものとしてよい．k に関する帰納法で示す．$k = 0$ の場合は自明だから $k \geq 1$ とする．M が非分離的球面 S を含めば，M の素因子分解は全て $S^2 \times S^1$ をその素因子に含む．実際，そうでなければ全ての素因子が既約であるような M の素因子分解があるが，補題 2.46 により S はいずれかの素因子の非分離的球面にアイソトピックとなり，素因子が全て既約であることに反する．したがって，$M_k = S^2 \times S^1 = M_l'$ と仮定してよく，補題 2.45 により M_k の非分離的球面 S

は M_l' の非分離的球面でもあるとしてよい．このとき $M \setminus S$ の2つの境界成分をキャップした多様体 M' は $M' = M_0 \sharp \ldots \sharp M_{k-1} = M_0' \sharp \ldots \sharp M_{l-1}'$ なる素因子分解を引き継ぐから帰納法の仮定から結論が従う．

M が非分離的球面を含まなければ全ての素因子は既約である．補題 2.46 の表記をそのまま用いる．非自明連結和分解 $M = N \sharp M_l'$ を与える M の分離的球面 S をとり，補題 2.46 を適用すると S は $X = M \setminus \bigcup_{i=1}^{k} S_i$ に含まれるとしてよい．X の連結成分 Y は既約素因子 M_i から幾つか 3-胞体を除いたもので，S は Y から穴開き 3-胞体を切り取る．したがって素因子 M_l' はいずれかの素因子 M_α と一致し，N は $\{M_i\}_{i \neq \alpha}$ を素因子とする分解を持つから，N に帰納法の仮定を適用して結論を得る． ∎

2.4 ループ定理と球面定理

3次元多様体論の結論や予想の多くは3次元多様体のホモトピー，とくに基本群，に仮定をおいて，もっと強い結論を導くというものである．有名なポアンカレ予想もこのタイプの結論である．

予想 2.48（ポアンカレ予想） 単連結閉3次元多様体は3-球面に同相である．

ポアンカレ予想はのちに「n-球面とホモトピー同値な閉 n 次元多様体は n-球面と同相である」という形で高次元化されて，1960年代に入る前に $n \geq 5$ の場合，1980 年代に $n = 4$ の場合が解決した．元々の $n = 3$ の場合はペレルマンによる解決までおおよそ 100 年を要した．3次元多様体の基本群がホモトピーに非常に強い制約を与える例として次の結論を見ておこう．

補題 2.49 単連結閉3次元多様体 M は 3-球面にホモトピー同値である．

証明 M から3-胞体 C を除いた多様体 $X = M \setminus \mathrm{Int}\, C$ が可縮であることを示せば十分である．実際，S^3 から3-胞体 B_+ を除くと $B_- = S^3 \setminus \mathrm{Int}\, B_+$ も 3-胞体だが，X が可縮であれば同相 $f : B_+ \to C$ の ∂B_+ への制限は $B_- \to X$ へ延長し，$f_1 : S^3 \to M$ が得られる．また f^{-1} については明らかに $f_2 : M \to S^3$ へ延長す

る．構成の仕方から $f_1 \circ f_2 = \mathrm{id}_C$ であり，$f_1 \circ f_2|_X : X \to X$ も境界では $\mathrm{id}_{\partial X}$ である．X が可縮なので，$\partial(X \times [0,1])$ 上の写像 $h|_{X \times \{0\}} = \mathrm{id}_X, h|_{X \times \{1\}} = f_2 \circ f_1|_{B_-}, h|_{\partial X \times [0,1]} = \mathrm{id}_{\partial X}$ は境界を固定するホモトピー $h : X \times [0,1] \to X$ に延長するから $f_1 \circ f_2$ は id_M とホモトピックである．$f_2 \circ f_1$ の方も同様である．

X の可縮性を見るには弱可縮，つまりホモトピー群 $\pi_i(X)$ が全て自明であることを見ればよい．仮定とファンカンペンの定理から X は単連結なので，X の弱可縮性は $i = 1, 2$ について $H_i(X) = 0$ をいえばフレビッチ同型から従う．M, X の単連結性から $H_1(M) = H_1(X) = 0$ であり，ポアンカレ双対性（と普遍係数定理）から $H_2(M) = 0$ である．$H_2(X) = 0$ を示すにはホモロジー完全列 $H_*(X) \to H_*(M) \to H_*(M, X) = H_*(C, \partial C)$ において向きの制限 $H_3(M) \to H_3(M, X)$ が同型であることに注意すればよい．■

3次元多様体の基本群がホモトピー型を強く制約するならば，ポアンカレ予想の一般化として，基本群が閉3次元多様体の位相を決定する，という予想を立てたくなるが，よく知られている例外がある．

• **例 2.50** 例1.63でレンズ空間 $L_{p,q}$ の基本群は $\pi_1(L_{p,q}) = \mathbb{Z}_p$ であることを見た．$L = L_{p,q}$ と $L' = L_{p',q'}$ がホモトピー同値であるための必要条件 $p = p'$ を以下仮定しよう．演習1.64によれば，$q^{\pm 1} q' \equiv \pm 1$ であることは L と L' が同相であるための十分条件であった．この条件が必要条件でもあることは代数的トポロジーのかなり深い結果 [Rei35] である．一方，L と L' がホモトピー同値であるための必要十分条件は $q' \equiv \pm k^2 q \mod p$ を満たす k が存在することである．証明は [Hem76, Lemma 3.23] にあるが，十分性についてはほとんど説明がないので簡単にスケッチしておく．L, L' を複体 K, K' で単体分割するとき，基本群の同型 $\rho : \pi_1(L) \to \pi_1(L')$ は複体の2-切片の間の写像 $f : |K^{(2)}| \to |(K')^{(2)}|$ により実現する．$\pi_2(L') = 0$ なので f は L 全体に拡張し $f : L \to L'$ で $f_\sharp = \rho$ なるものが構成できる．$f : L \to L'$ は Heegard 分解の片方のソリッドトーラスを保つものとしてよく，そのロンジチュードを $\pi_1(L), \pi_1(L')$ の生成元 γ, γ' とする．$\rho(\gamma) = k\gamma'$ として上の構成を行うと必要性の証明から $(\deg f)q' \equiv \pm k^2 q \mod p$ が分かるから，$\deg f \equiv \pm 1 \mod p$ が従う．普遍被覆 $\pi : S^3 \to L'$ は p 重被覆だから，必要ならば自明な連結和に導かれる写像 $f \sharp \pi : L \to L'$ を

考えて $\deg f = \pm 1$ と仮定してよい．このとき L, L' の普遍被覆 S^3 への f の持ち上げ $\tilde{f}$ も $\deg \tilde{f} = \pm 1$ でホモトピー同値である．とくに $i \geq 2$ について $f_* : \pi_i(L) \to \pi_i(L')$ も同型となるので f も（弱）ホモトピー同値写像となる．

例えば $L_{7,1}$ と $L_{7,2}$ は同相ではないが，ホモトピー同値である．連結和もホモトピー型を保つから，このようなレンズ空間を素因子分解に含む3次元多様体を考えてもホモトピー同値で同相でない例が作れる．閉3次元多様体 M の連結和分解 $M = M_1 \sharp M_2$ の基本群はファンカンペンの定理により自由積 $\pi_1(M) = \pi_1(M_1) * \pi_1(M_2)$ で書ける．逆に $\pi_1(M) = G_1 * G_2$ と群の自由積に分解するとき，$\pi_1(M_i) = G_i$ となる M_1, M_2 で $M = M_1 \sharp M_2$ となるものが存在する．この主張を Kneser 予想といい，肯定的に解決されている（[Hem76, Chapter 7]）．したがって，例えば「基本群が位数有限の元を含まない閉3次元多様体の位相は基本群により決定する」は例 2.50 の例外を排除した予想となり，ポアンカレ予想を認めれば，素な多様体についてこの予想を示せば十分となる．この場合基本群でホモトピー型が決まることはすぐに系 2.57 で見る．

3次元多様体 M のホモトピーに関してもう一つ重要な結論はデーンの補題をルーツにもつ3次元多様体論の基本定理たちである．これらは単連結曲面から M へのホモトピー非自明性条件を満たす埋め込みの存在を主張する．基本群 $\pi_1(M)$ の作用に関するホモトピー群 $\pi_i(M)$ の不変部分群（$i=1$ のときは正規部分群と同じ意味である）は基点のとり方によらず定まることに注意してとりあえず主張を見よう．D を円板（2-胞体）とする．

補題 2.51（デーンの補題） 3次元多様体 M への写像 $f : D \to M$ が ∂D の近傍 U 上で埋め込みで，$f^{-1}(f(U)) = U$ であれば，$g|_{\partial D} = f|_{\partial D}$ を満たす埋め込み $g : D \to M$ が存在する．

定理 2.52（ループ定理） 3次元多様体 M の境界 ∂M に埋め込まれた（境界付き）曲面 F と $\pi_1(F)$ の正規部分群 H が与えられているものとする．包含写像 $\iota : F \hookrightarrow M$ に対して $\ker \iota_\sharp \not\subset H$ ならば，固有埋め込み $f : D \to M$ で $f(\partial D) \subset F$ と $f|_{\partial D} \notin H$ を満たすものが存在する．

定理 2.53 （球面定理） M を向きづけ可能な 3 次元多様体，$H \subsetneq \pi_2(M)$ を基本群の作用で不変な部分群とする．このとき，埋め込み $f: S^2 \to M$ で $f \notin H$ を満たすものが存在する．

ループ定理，球面定理の応用はたくさんあるが，自明な部分群 $H = \{1\}$ の場合にループ定理 2.52，球面定理 2.53 から従う系をいくつか挙げておこう．

系 2.54 3 次元多様体 M の 2 面的固有曲面 Σ が非圧縮的であることと包含写像 $\iota: \pi_1(\Sigma) \to \pi_1(M)$ が単射であることは同値である．

証明 逆は自明なので Σ が非圧縮的であるとき ι の単射性を示す．Σ で切り開いた $M \setminus \Sigma$ の Σ の両面に対応する境界に埋め込まれた曲面を $\Sigma_\pm$ とする．$\pi_1(\Sigma_\pm) \to \pi_1(M \setminus \Sigma)$ がともに単射ならばファンカンペンの定理から ι も単射となるから，例えば $\pi_1(\Sigma_+) \to \pi_1(M \setminus \Sigma)$ が単射でないとしよう．ループ定理 2.52 を $F = \Sigma_+$, $H = \{1\}$ に対して適用すれば Σ_+ の圧縮円板（したがって Σ の圧縮円板）を得るので仮定に反する． ■

系 2.55 向きづけ可能 3 次元多様体 M が既約ならば $\pi_2(M) = 0$ である．

【演習 2.56】 系 2.55 と系 2.39 から（閉多様体の場合の）球面定理 2.53 を導け．

系 2.57 向きづけ可能既約閉 3 次元多様体 M_1, M_2 の基本群が同型で無限群であれば両者のホモトピー型は一致する．

証明 系 2.55 から $\pi_1(M_1) = \pi_1(M_2), \pi_2(M_1) = \pi_2(M_2) = \{0\}$ だから例 2.50 と同様に $f_1: M_1 \to M_2$, $f_2: M_2 \to M_1$ で基本群に同型を導くものが構成できる．また基本群が無限なので普遍被覆 $\tilde{M}_1, \tilde{M}_2$ の 3 次以上のホモロジーは全て消えるからフレヴィッチ同型により $\pi_i(M_1) = \pi_i(M_2) = \{0\}$ $(i \geq 2)$ が従う．これから f_1, f_2 がホモトピー同値であることが導かれる． ■

円周の埋め込み $f: \partial D \to M$ のまわりの正規近傍 N を除いて $M \setminus \operatorname{Int} N$ を考え，その境界上のアニュラスを F とすればデーンの補題はループ定理から従うので，定理 2.52 と定理 2.53 について考えることにする．Σ を D または S^2 と

2.4 ループ定理と球面定理

する.埋め込まれた曲面の交差に対して行ったように存在が保証されている Σ からの固有写像 $f : \Sigma \to M$ を一般の位置にとって,交差を改変して少なくしていくというのが素直なアイデアであるが,分岐点や 3 重点が存在する場合これだけではうまくいかない.別の道具を使う方法もあるが,元々の証明は被覆の列への持ち上げを利用することで交差を解消していくというものである.

$f : \Sigma \to M$ が単体写像となるように Σ, M の適当な単体分割をとる.$f(\Sigma) = P_0$ の正規近傍 $N_0 \subset M$ は P_0 とホモトピー同値であるから,その(連結)被覆は P_0 の(連結)被覆と一対一に対応していることに注意しよう.N_0 の適当な非自明連結被覆 $\tilde{N}_0$ をとると,単連結曲面からの写像 $f_0 : \Sigma \to N_0 \subset M$ の持ち上げ $\tilde{f}_0 : \Sigma \to \tilde{N}_0$ がとれる.さらに $M = \tilde{N}_0$ として同じ構成を行う.つまり,$P_1 = \tilde{f}_0(\Sigma)$ の正規近傍 N_1 とその適当な被覆 $\tilde{N}_1$ をとり,$f_1 : \Sigma \to N_1 \subset \tilde{N}_0$ の持ち上げ $\tilde{f}_1 : \Sigma \to \tilde{N}_1$ を考える.この構成を繰り返して得られる写像 $f_i : \Sigma \to N_i (0 \le i \le k)$ と非自明連結被覆 $\pi_i : \tilde{N}_i \to N_i (0 \le i \le k-1)$ の列を**タワー**という.k をタワーの**階数**ということにする.

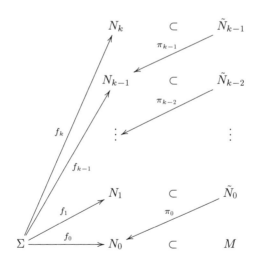

被覆 π_i は状況に応じていろいろなとり方をするが,我々の構成では二重被覆か普遍被覆かのいずれかである.$\iota : N_0 \to M$ を包含写像,$\tilde{F}_0 = \pi_0^{-1}(\partial N_0 \cap F)$ とおく.f を $\tilde{f}_0$ に持ち上げる際にはホモトピー非自明性条件 $f|_{\partial D} \notin H$(ループ定理)あるいは $f \notin H$(球面定理)は $\tilde{f}_0|_{\partial D} \notin \pi_0^{-1}\iota^{-1}(H) = H_1 \subset \pi_1(\tilde{F}_0)$ ま

たは $\tilde{f}_0 \not\in \pi_0^{-1}\iota^{-1}(H) = H_1$ とホモトピー非自明性条件も持ち上げることにして，帰納的に不変部分群 H_i とループ定理の場合は曲面 $\tilde{F}_i \subset \partial \tilde{N}_i$ を定める．また，$F_{i+1} = \tilde{F}_i \cap N_{i+1}$ とする．タワー構成を用いるとループ定理や球面定理は次の2つの問題に帰着する．

[A] ホモトピー非自明性条件を満たす $f: \Sigma \to M$ 上に適当なタワーを構成して，ホモトピー非自明性条件を満たす埋め込み $g_k: \Sigma \to N_k$ を見つける．

[B] 埋め込み $g_k: \Sigma \to N_k$ から帰納的に埋め込み $g_i: \Sigma \to N_i$ を構成していく．具体的には $h = \pi_{i-1} \circ \iota \circ g_i$ はホモトピー非自明性条件を満たすが，それを保ったまま h を手術して埋め込み g_{i-1} を構成する．

$P_i = f_i(\Sigma)$ の正規近傍 $N_i \subset \tilde{N}_{i-1}$ をとるとき，$\tilde{N}_{i-1}$ の細分をとる必要があるかもしれないが，$|P_i|$ に新しく頂点を導入する必要はないので，タワー構成の際 Σ の単体分割を固定して f_i は単体写像であると仮定してよい．$P_i \subset N_i$ はホモトピー同値なので，被覆 $\tilde{N}_i \to N_i$ に対応する P_i の被覆 $\tilde{P}_i \subset \tilde{N}_i$ も非自明連結である．したがって P_i の含む単体の数を l_i とおくと，$l_i < l_{i+1}$ であり，Σ が含む単体の数 l に対して，$l_i \leq l$ である．$l_i = l$ となるのは f_i が埋め込みの場合だが，Σ の単連結性から埋め込みはタワーの頂上となるから次が従う．

補題 2.58 $f: \Sigma \to M$ に対して定数 K が存在して，f 上のタワーの階数は K を超えない．

不等式 $l_i < l_{i+1}$ は f_i を f_{i+1} に持ち上げる際 f_i の自己交差の成分が減ることを意味している．もちろん被覆度が大きい方がこのような交差の解消が起こりやすいから，タワーの個々の被覆度がなるべく大きい方が f の持ち上げ f_k は少ない交差を持ち，問題 [A] の埋め込み g_k を探すのは容易になる．一方問題 [B] においては逆に被覆度が小さいほうが射影 h の交差を解消しやすくなる．二重被覆に関して問題 [B] は直接的に解決できる．

補題 2.59 $\pi: \tilde{N} \to N$ を二重被覆とする．埋め込み $\tilde{g}: \Sigma \to \tilde{N}$ の射影 $\pi \circ \tilde{g}$ がホモトピー非自明性条件を満たすとき，ホモトピー非自明性条件を満たす埋め込み $g: \Sigma \to N$ が存在する．

2.4 ループ定理と球面定理

証明 $\tilde{g}$ が埋め込みだから,$g = \pi \circ \tilde{g}$ ははめ込み,つまり局所的には埋め込みになっている.g を少し動かして一般の位置にとりなおしてもやはりはめ込みで,その持ち上げも埋め込みなので,特異点集合 $\mathcal{S}(g)$ は 2 重点だけからなるものとしてよい.ホモトピー非自明性を保ったまま g を改変して $\mathcal{S}(g)$ の成分を減らしていけることを見ればよい.$\mathcal{S}(g)$ が単純二重点ループを含むとき最も内側のループ γ_1 は特異点を内部に含まない円板 D_1 を Σ から切り取る.

1. $g|_{\gamma_1}$ が埋め込みである場合,$g(\gamma_1) = g(\gamma_2)$ となる別の単純二重点ループ γ_2 が存在する.γ_2 が Σ から切り取る円板を D_2 とし,球面定理 2.53 の場合は $D_1 \cap D_2 = \emptyset$ となるようにとる.埋め込まれた円板 $g(D_1)$ は ∂D_2 の近傍のアニュラス A の像 $g(A)$ に境界を持ち,$g(D_1)$ の直積近傍 $g(D_1) \times [0,1]$ で,$\partial g(D_1) \times [0,1] \subset g(A)$ となるものがある.$g|_{D_2}$ を $g|_{D_1}$ で置き換えて,直積近傍に沿って少し動かして得られる h は g より少ない特異点成分を持つ.球面定理 2.53 の場合はホモトピー非自明条件も考えなければならないが,$g|_{\Sigma \setminus D_1}$ を $g|_{D_2}$ で置き換えた h' を考えると適当な基点のとり方に対して,$[g] = [h] \pm [h'] \in \pi_2(N)$ なので h, h' のいずれか一方はホモトピー非自明性条件を満たし $\mathcal{S}(g)$ より少ない特異点集合の成分を持つ.

2. $g|_{\gamma_1}$ が円周 $g(\gamma_1)$ の二重被覆になる場合,$g(\gamma_1)$ の管状近傍 T は種数 1 のハンドル体であり,$g(\Sigma)$ と ∂T の交わりは ∂D_1 の内側と外側の円周 a, b の像で,∂T 上のメリディアンと 2 回交わる単純閉曲線となる.この状況は $g(\gamma_1)$ が向きを反転するループの場合しか起こらない(円板 $D \subset \mathbb{R}^2$ と x 軸,y 軸の交わりを I_1, I_2 とし,$D \times [0,1]$ の中で 2 つの直交する帯 $A_\alpha = I_\alpha \times [0,1] \subset D^2 \times [0,1]$ を考える.両端 $D^2 \times \{0\}, \{1\}$ を適当な位相同型 σ で貼りあわせて得られるハンドル体を $g(\gamma_1)$ の管状近傍 T,A_1, A_2 を Σ の「一周目」,「二周目」の像と考えれば,可能な σ が決まる).ループ定理の場合だけ考えればよい.このとき,a, b が Σ 上切り取るアニュラス A を $f(a), f(b)$ が ∂T 上に張るアニュラス上に写すように g を改変すれば,$\mathcal{S}(g)$ の成分 γ_1 を一つ減らすことができる.

ループ定理の場合は単純二重点ループが一つもなくて $\mathcal{S}(g)$ の成分が全て $\partial \Sigma$ に端点を持つ弧となる場合を考えなければならない.そのような弧のうち最も

外側にあるもの γ_1 をとると，γ_1 は Σ から円板 D_1 を切り取る．その境界の弧を $c_1 = D_1 \cap \partial\Sigma$ とする．$g(\gamma_1) = g(\gamma_2)$ となる別の弧 $\gamma_2 \subset \mathcal{S}(g)$ をとり，$\partial\Sigma$ の弧 c_2 で γ_2 と端点を共有し，$c_1 \cap c_2 = \emptyset$ となるものをとり，$c_2 \cup \gamma_2$ で囲まれる円板を $D_2 \subset \Sigma$ とする．この場合も 1. の場合と同様 $g|_{D_2}$ を $g|_{D_1}$ で置き換えた写像 h か，$g|_{\Sigma \setminus D_1}$ を $g|_{D_2}$ で置き換えた写像 h' のいずれか一方はホモトピー非自明性を満たし，直積近傍に沿って交差を解消することができる． ∎

定理 2.52 の証明 $f : \Sigma \to M$ 上二重被覆を可能な限り積み上げていくと補題 2.58 から有限階数 k の極大タワー，つまりタワーの頂上 $f_k : \Sigma \to N_k$ において，N_k が二重被覆を持たないものを得る．このタワーについて問題 [B] は補題 2.59 を適用すれば解決するから問題 [A] を考えればよい．二重被覆を持たない条件は $\mathrm{Hom}(\pi_1(N_k), \mathbb{Z}_2) = 0$ だが，とくに双対性と普遍係数定理により $H^1(N_k, \mathbb{Z}_2) = H_2(N_k, \partial N_k, \mathbb{Z}_2) = 0$ と $H_1(N_k, \mathbb{Z}_2) = 0$ が従う．このこととホモロジー完全列

$$H_2(N_k, \partial N_k, \mathbb{Z}_2) \to H_1(\partial N_k, \mathbb{Z}_2) \to H_1(N_k, \mathbb{Z}_2)$$

から $H_1(\partial N_k, \mathbb{Z}_2) = 0$ なので，∂N_k の連結成分は全て球面 S^2 と同相である．$F_k \subset \partial N_k$ はある連結成分に含まれる平面曲面だから，∂F_k の成分が生成する $\pi_1(F_k)$ の正規部分群は $\pi_1(F_k)$ 自身となり，とくに ∂F_k のいずれかの成分 γ はホモトピー非自明性条件を満たす．γ の張る ∂N_k の円板を内部に押しこんで g_k とすれば，問題 [A] が解決する． ∎

球面定理の場合，二重被覆のタワーだけを用いて問題 [A] を解決する方法はいまのところないようである．この場合は N_i が単連結でない限り，普遍被覆 $\tilde{N}_i \to N_i$ を積み重ねていって補題 2.58 により極大タワーを構成する．このときタワーの頂上 $f_k : \Sigma \to N_k$ において N_k は単連結となるが，ループ定理の証明と同様に ∂N_k の成分は全て S^2 と同相になるので，N_k はホモトピー球面から幾つかの 3-胞体を除いたものと同相であることが従う．とくにフレヴィッチ同型を用いて，$\pi_2(N_k) = H_2(N_k)$ は S^2-境界成分で生成されることが分かるから，いずれかの成分がホモトピー非自明性条件を満たすので，それを g_k にとれば問題 [A] は解決する．一方で問題 [B] の方は難しくなる．補題 2.59 の議論

2.4 ループ定理と球面定理

は射影に 3 重点が存在しないことに依存しているから,普遍被覆のタワーには通用しない.もう少しタワーの構成を複雑にして 3 重点の解消を直接行うのが古典的な証明であるが,ここでは極小曲面を用いた [MY80] の方法を簡単にスケッチしておこう.

M に実解析的リーマン計量 g_{ij} で,境界が全測地的となるものを与える.このとき,$f \notin H$ を満たす $f: S^2 \to M$ のうち面積 $A(f)$ が最小のものが存在する.f が孤立した分岐点を持つ極小曲面(の等角パラメータ)であることは簡単に従う.面積最小性からさらに分岐点がないことも分かるから f は極小はめ込みである.またリーマン計量が実解析的ならば,f もそうで,適当な単体分割に関して単体写像となることが知られているから,像の正規近傍は定義される.一般に極小はめ込み $h: \Sigma \to M$ が被覆写像 $\Sigma \to \Sigma_1$ と埋め込み $\Sigma_1 \to M$ の合成でなければ,交差 $h(S(h))$ は有限個の点を除いて横断的交差をする曲線からなることは分かる.ただし f は一般の位置にあるとは限らないから,交差曲線は二重点からなるとは限らない.[MY80] の場合,極小はめ込み f について上に述べた普遍被覆によるタワーの構成を行って,問題 [A],問題 [B] の考察は行うのだが,(手術された写像でなく)f 自身が埋め込みか,$\mathbb{R}P^2$ の埋め込みと二重被覆 $S^2 \to \mathbb{R}P^2$ の合成となることが結論である.後者のケースは向きづけ可能性から f の管状近傍の境界へ目的の埋め込みが得られる.

定理 2.53 の証明のスケッチ まず普遍被覆による極大タワーの頂上で f_k が埋め込みであることを示す.系 2.20 から正規近傍は $N_k \searrow f_k(S^2)$ とつぶれるが,この操作はとくに単体写像 $R: N_k \to f_k(S^2)$ によるレトラクションを与え,境界への制限 $R|_{\partial N_k}$ は 2-単体の内部では 2 : 1 写像となることが直接分かる.とくに $A(R|_{\partial N_k}) \leq 2A(f_k)$ である.また $\hat{N}_k$ がホモトピー球面であることから ∂N_k の S^2-境界成分 $S_1, \ldots, S_m$ は $[S_1] + \cdots + [S_m] = 0 \in \pi_2(N_k)$ を満たすから,とくに $[S_i] \notin H_k$ となるものは少なくとも 2 つ(S_1, S_2 とする)存在する.このとき不等式

$$A(R|_{S_1}) + A(R|_{S_2}) \leq A(R|_{\partial N_k}) \leq 2A(f_k)$$

が成り立つが,f(したがって f_k)の面積最小性から $A(R|_{S_1}) = A(R|_{S_2}) = A(f_k)$ が従う.とくに $m = 2$ で $h_1 = R|_{S_1}, h_2 = R|_{S_2}$ も面積最小である.f_k が埋め込

み（か，その二重被覆）でなければ，その横断的自己交差曲線の周りで正規近傍のレトラクション R は交差の「角」に射影されることになる．h_1, h_2 の少なくとも一方は「角」への射影を含むが，そこで「角」を丸めれば面積が小さくなるので，h_1, h_2 の面積最小性に反する．$m = 2$ なので結局 $\mathbb{R}P^2$ の埋め込みの被覆である可能性は否定されて，f_k は埋め込みとなる．

今度は問題 [B] を考察しよう．$k > 0$ と仮定する．普遍被覆 $\pi_{k-1} : \tilde{N}_{k-1} \to N_{k-1}$ の任意の被覆変換 $\sigma \neq 1$ に対して $\sigma \circ f_k(S^2) \cap f_k(S^2) = \emptyset$ ならば f_{k-1} は埋め込みでタワーの頂上となってしまい矛盾だから，$S_1 = f_k(S^2)$ と $S_2 = \sigma \circ f_k(S^2)$ が交わるような $\sigma \neq 1$ が存在する．S_1 と S_2 が非自明な交差 $(S_1 \neq S_2)$ を持つときは $A(g) < A(f_k)$ となるホモトピー非自明性条件を満たす $g : S^2 \to M$ が存在し，f_k の面積最小性に反することを導く．

g を構成しよう．S_1 と S_2 の横断的交差曲線上の点 p の近傍 U をとり，$f_k(x) = \sigma \circ f_k(y) = p$, $x \neq y$ となる点と $f_k^{-1}(U), f_k^{-1}\sigma^{-1}(U)$ の連結成分で x, y を含むものを V_x, V_y とする．V_x, V_y の上で $f_k, \sigma \circ f_k$ を変えないように少し動かして，f_k を一般の位置にある写像 $\hat{f}_k$ にとりなおすことができる．$\hat{f}_k$ の面積は f_k より少しだけ大きくなるが与えられた $\delta > 0$ に対して $A(\hat{f}_k) - A(f_k) \leq \delta$ としてよい．$f_k(V_x) \cap \sigma \circ f_k(V_y)$ を含む $\hat{f}_k(S^2) \cap \sigma \circ \hat{f}_k(S^2)$ の交差閉曲線 γ の逆像 $\hat{f}_k^{-1}(\gamma), (\sigma \circ \hat{f}_k)^{-1}(\gamma)$ はそれぞれ S^2 から2つの円板を切り取るが，これらを γ に沿って適当に貼りあわせると面積の不等式 $A(\hat{g}) \leq A(f_k) + \delta$ とホモトピー非自明性を満たす $\hat{g} : S^2 \to M$ を構成できる．$\hat{g}$ による x の近傍の像は交差 $f_k(V_x) \cap \sigma \circ f_k(V_y)$ に「角」を持つが，U 内でこの「角」を丸めると $\hat{g}$ の面積は一定の量 $\varepsilon > 0$ だけ減るから，あらかじめ $\delta < \varepsilon$ ととっておけば $A(g) < A(f_k)$ を満たす目的の g を得る．

自明な交差 $(S_1 = S_2)$ の場合は σ の自由な作用は S_1 の位数2の反正則変換に制限される．このときは f_{k-1} に上の議論が適用できて f が $\mathbb{R}P^2$ の埋め込みの二重被覆であることが従う． ∎

2.5　ザイフェルト多様体

ザイフェルト多様体 $(M, \mathcal{F})$ については例 1.75 に定義だけ述べたが，次節の準備として [Sco83] に近い観点でもう少し詳しく述べておく．まずザイフェルト束 $M \to B = M/\mathcal{F}$ の底空間 B について考える．

葉 L の $\mathcal{F}$ 不変な正規近傍 U_L で M を被覆しておけば，B は $V_L = U_L/\mathcal{F}$ で被覆される．$V_L \cap V_{L'} \neq \emptyset$ ならば V_L, V'_L の一方は特異ファイバーを含まないものとしてもよい．V_L は円板 D_L への巡回群 $\mathbb{Z}_\mu$ の回転作用による商空間 $V_L = D_L/\mathbb{Z}_\mu$ として書ける．L が特異ファイバーの場合，つまり $\mu > 1$ の場合，L の像を μ 次特異点と呼ぶ．V_L を B の「局所座標」と見れば変換 $V_L \to V_{L'}$ が定まる．例えば L が特異ファイバーであれば，変換は $\mathbb{Z}_p$-不変写像 $D_L \to V_{L'}$ の商として得られる．このようにハウスドルフ空間 M 上に有限群 F の作用付きの座標系 $\{(U, F)\}$（U/F が位相的な座標近傍）が与えられて，その座標変換が有限群の間の準同型およびそれに関する同変同相で定められているとき，M を**軌道多様体**という．ザイフェルト底空間は 2 次元軌道多様体で F の作用が向きを保つものであるが，これを軌道曲面と呼ぶことにする．多様体 M に有限群 F が作用しているとき，M/F は自然な軌道多様体の構造を持つ．実際，一点の $p \in M$ の固定化群 F_p で不変な p の座標近傍 U をとれば，M/F の軌道多様体としての座標 (U, F_p) を構成できる．

軌道多様体 O の被覆 $\pi : \tilde{O} \to O$ も自然に定義される．O の各点に十分小さな座標 (U, F) が存在して $\pi^{-1}(U/F)$ の各連結成分に $F_0 \subset F$ による $\tilde{O}$ の座標 (U_0, F_0) が与えられていて，F_0-同変同相 $\pi : U_0 \to U$ から $\pi : U_0/F_0 \to U/F$ が導かれているとき $\pi : \tilde{O} \to O$ を軌道多様体の被覆という．軌道曲面 B の基本群 $\hat{\pi}_1(B)$ を定義して通常の被覆の理論と同様に基本群の部分群と被覆の一対一対応を見よう（特異点を持たなければ $\pi_1(B) = \hat{\pi}_1(B)$ だが一般にはそうでない）．B の特異点の集合を $\mathcal{S}(B)$，$p \in \mathcal{S}(B)$ の次数を $\mu(p)$ と書く．B から各特異点 $p \in \mathcal{S}(B)$ の近傍の円板 $D(p)$ を除いた境界つき曲面 $\Omega = B \setminus \bigcup_{p \in \mathcal{S}(B)} D(p)$ の基本群は自由群となるが，それに $\partial D(p)$ を代表する閉曲線 c_p に関する $c_p^{\mu(p)} = 1$ なる関係式を加えて得られる群を $\hat{\pi}_1(B)$ とする．K を $c_p^{\mu(p)}$ で生成される正規部分群とすると $1 \to K \to \pi_1(\Omega) \to \hat{\pi}_1(B) \to 1$ である．$\hat{\pi}_1(B)$ の部分群 $\hat{H}$ には

K を含む $\pi_1(\Omega)$ の部分群 H が対応するが, H に対応する位相的被覆 $\tilde{\Omega} \to \Omega$ は B の軌道多様体としての被覆 $\tilde{B} \to B$ に拡張する. この対応で $\hat{H}$ と B の被覆が一対一に対応する. 普遍被覆が存在することや正規部分群に対応するガロア被覆の被覆変換群による商空間として B が得られることなどは通常の被覆の場合と同様である.

● 例 2.60　p, q, r を 1 でない自然数とする. 球面 S^2 上に次数 p, q, r の 3 つの特異点を持つ軌道曲面 $\Sigma_{p,q,r}$ の基本群は

$$T(p,q,r) = \langle x, y, z |\ x^p = y^q = z^r = 1,\ xyz = 1 \rangle$$

という表示を持つ. $T(p,q,r)$ は三角形群と呼ばれる. $\Sigma_{p,q,r}$ に自然な幾何構造に与えよう. $\frac{1}{p} + \frac{1}{q} + \frac{1}{r} \gtreqless 1$ に応じて $X = S^2, \mathbb{R}^2, \mathbb{H}^2$ のいずれかの空間形内に $\frac{\pi}{p}, \frac{\pi}{q}, \frac{\pi}{r}$ を内角とする測地三角形 $\triangle$ がとれる. 1.4 節の多角形貼りあわせパターンによる構成に従って, $\triangle$ の 2 つのコピー T_1, T_2 の対応する辺を同一視した空間を Σ とする.

$G = \mathrm{Isom}(X)$ とすると, 三角形の頂点の像 v_1, v_2, v_3 を除いた領域 Ω には (G, X)-構造が定まる. 頂点におけるサイクルの角は補題 1.37 の条件を満たさず, Σ 全体には (G, X)-構造は拡張しないが, Ω 上で多面体の配置による (G, X)-座標の構成を行うと X には v_1, v_2, v_3 にそれぞれ次数 p, q, r の特異点を持つ軌道曲面の構造が定まることが分かる. 例えば v_1 のまわりの小さなループに沿って, 三角形 T_1, T_2 を配置して展開写像を定めていくと, $\mathbb{Z}_p$ 作用を持つ X の $2p$ 角形が v_1 のまわりの軌道曲面としての局所座標を与える. 普遍被覆 $\tilde{\Omega}$ 全体で三角形の配置を行うと X 全体に三角形 T_1, T_2 のコピーの族 $\mathcal{T}$ が敷き詰められ, 展開写像 $\tilde{f} : \tilde{\Omega} \to X$ は $\mathcal{T}$ の三角形の頂点を除いた領域 $X' \subset X$ の包含写像 f の持ち上げであることが分かる. 射影 $X' \to \Omega$ を完備化すると軌道曲面としての被覆 $\pi : X \to \Sigma$ が得られる. $\pi_1(\Omega)$ は $\langle x, y, z | xyz = 1 \rangle$ で表示される自由群, $\pi_1(X')$ は x^p, y^q, z^r で生成される正規部分群に対応するから, $X' \to \Omega$ の被覆変換群は $T(p,q,r) = \pi_1(\Omega)/\pi_1(X') = \hat{\pi}_1(\Sigma)$ であり, x, y, z の定める被覆変換は X' の頂点のまわりの $\frac{2\pi}{p}, \frac{2\pi}{q}, \frac{2\pi}{r}$ 回転で $T(p,q,r)$ は G の部分群 Γ として表現される. Γ は $\mathcal{T}$ に自由に作用するので G の離散群であることも分かる.

2種類の例外を除いてコンパクト軌道曲面 B は（特異点を持たない）曲面による有限被覆を持つ．例外は球面に μ 次特異点を一つ持つもの $S(\mu)$ とそれぞれ μ, ν 次の2つの特異点を持つもの $S(\mu, \nu)$ $(\mu \neq \nu)$ である．これらに関しては（$\nu = 1$ も許容して）μ, ν が互いに素なとき $\hat{\pi}_1(B) = \{1\}$ で，そうでないときはそのような B で被覆されるから例外となることは分かる．例 2.60 により球面上 3 点の特異点を持つ軌道曲面 $\Sigma_{p,q,r}$ は 2 次元空間形 X の等長変換群 $\mathrm{Isom}(X)$ の離散部分群に表現されるのでセルバーグの補題（たとえば [Rat94] を見よ）により曲面による有限被覆を持ち，普遍被覆は X である．

補題 2.61 $S(\mu), S(\mu, \nu)$ $(\mu \neq \nu)$ 以外のコンパクト軌道曲面 B は曲面による有限被覆を持つ．とくに B の軌道曲面としての普遍被覆は特異点を持たない S^2 か $\mathbb{R}^2$ である．

証明 B が位相的に円板，球面でなければ非自明な位相的被覆をとって $n = \sharp \mathcal{S}(B)$ は 3 以上としてよい．B が円板で $n = 2$ の場合も特異点の次数が両方 2 の場合以外は 1 個の特異点を分岐被覆で解消して特異点が 3 個以上の被覆を持つ．また境界付きの場合は閉曲面の場合から従うので，B を閉曲面として $n \geq 3$ に関する帰納法で結論を導けばよい．$n = 3$ の場合 $\mathcal{S}(B) \subset D$ となる円板 D をとり，D を $\Sigma_{p,q,r}$ の部分曲面と考えると上に述べた注意から D は境界付き曲面 Ω による有限被覆を持つ．このとき Ω の境界成分は円板 $\Sigma_{p,q,r} \setminus D$ の持ち上げを張り，∂D 上自明な被覆となるので，Ω の境界に $B \setminus D$ のコピーを貼りつけて B の有限被覆が得られる．一般の場合は B の特異点 p を一つだけ含む円板 D をとり，特異点 p を取り除いた閉軌道曲面に帰納法の仮定を適用して得られる被覆を考える．この被覆を $B \setminus D$ に制限した被覆 Ω の境界に D のコピーを貼り付けると全ての特異点の次数 μ が等しい B の有限被覆 $\tilde{B}$ が得られる．

$\tilde{B}$ が位相的に球面でなければ位相的二重被覆をとり $\tilde{B}$ の特異点は偶数個としてよい．この場合，特異点を二個ずつ含む互いに交わらない円板 $D_1, \ldots, D_k$ で $\mathcal{S}(B)$ を被覆すると，D_i は μ 個の境界成分を持つ平面曲面 Ω_i で μ 重被覆される．$\tilde{B} \setminus \bigcup_i D_i$ の μ 個のコピーの境界成分を対応する Ω_i の境界に貼りつけて $\tilde{B}$ の μ 重被覆が得られる．$\tilde{B}$ が位相的に球面ならば k 個の特異点を赤道に等間

隔に配置し北極南極を通る軸に関して $\frac{2\pi}{k}$-回転する作用による商空間を考えると $\tilde{B}$ は球面上に次数 k, k, μ の3つの特異点を持つ軌道曲面 T を k 重被覆することが分かるから，被覆と基本群の部分群の対応を用いると $n = 3$ の場合に帰着する． ∎

曲面 F に単体分割が与えられればオイラー数 $\chi(F)$ は単体の個数の交代和で計算されるが，軌道曲面 B の場合，特異点を全て頂点とする単体分割を考え，頂点 p を分岐の重み付きで $\frac{1}{\mu(p)}$ 個と数えて $\hat{\chi}(B)$ を定義する．つまり

$$\hat{\chi}(B) = \chi(B) + \sum_{p \in \mathcal{S}(B)} \left(\frac{1}{\mu(p)} - 1 \right).$$

【演習 2.62】 軌道曲面の d 重被覆 $\tilde{B} \to B$ についても被覆公式 $\hat{\chi}(\tilde{B}) = d\hat{\chi}(B)$ が成り立つことを確かめよ．

これらを元に向きづけ可能コンパクトザイフェルト多様体 $(M, \mathcal{F})$ を調べていこう．$\tilde{M}$ を M の被覆とすると，自然に葉層構造の持ち上げ $\tilde{\mathcal{F}}$ も定まる．M の正則ファイバーのホモトピーは特異ファイバーの有限冪なので $\tilde{\mathcal{F}}$ の軌道は全て同時に $\mathbb{R}$ か S^1 のいずれかとなり，$\tilde{B} = \tilde{M}/\tilde{\mathcal{F}}$ はやはり軌道曲面となり，軌道曲面としての被覆 $\tilde{B} \to B$ を導く．$\tilde{\mathcal{F}}$ の軌道が $\mathbb{R}$ ならば，$\tilde{B}$ は特異点を持たない．逆に底空間 B の軌道曲面としての被覆を B_1 とすると，M の被覆 M_1 で $M_1 \to B_1$ が上の状況となるものが得られる．とくに $\tilde{M}$ が普遍被覆ならば $\tilde{B}$ は B の普遍被覆である．

命題 2.63 $(M, \mathcal{F})$ の普遍被覆は $S^2 \times \mathbb{R}, \mathbb{R}^3, S^3$ のいずれかである．とくに $S^2, \mathbb{R}P^2$ 上の S^1-束でなければ $(M, \mathcal{F})$ は既約である．

証明 普遍被覆 $\tilde{M}$ に対して $\tilde{B} = \tilde{M}/\tilde{\mathcal{F}}$ とする．$\tilde{B}$ は軌道曲面 B の普遍被覆だから B が補題 2.61 の例外でなければ，$\tilde{M} \to \tilde{B}$ は $F = \mathbb{R}$ か S^1 をファイバーとする通常のファイバー束となる．$F = \mathbb{R}$ ならば単連結面上の自明ベクトル束となる．ホモトピー完全列 $\pi_2(\tilde{B}) \to \pi_1(F) \to \pi_1(\tilde{M}) \to \pi_1(\tilde{B})$ に注意すると $F = S^1$ となるのは $\tilde{B} = S^2$ の場合だけでこのときは $\tilde{M} = S^3$ に決まる．$B = S(\mu), S(\mu, \nu)$ の場合 M はレンズ空間で $\tilde{M} = S^3, S^2 \times \mathbb{R}$ である． ∎

系 2.64 $(M, \mathcal{F})$ がトーラス体でなければ非圧縮的境界を持つ.

証明 $\partial M \neq \emptyset$ ならば $(M, \mathcal{F})$ は既約であるから境界圧縮円板で M を切り開くと 3-胞体となる. このとき M はトーラス体となる. ■

$\tilde{\pi}: \tilde{M} \to \tilde{B}$ をザイフェルト束 $\pi: M \to B$ の普遍被覆とする. $\pi_1(M)$ の $\tilde{M}$ への作用はファイバーを保つので $\tilde{B}$ の作用を導き,自然な準同型 $\pi_*: \pi_1(M) \to \hat{\pi}_1(B)$ が定まる. とくに $C = \ker \pi_*$ はファイバーに作用するので $\mathbb{R}$ の平行移動か, S^1 の回転として作用する. したがって $C = \mathbb{Z}$ か $\mathbb{Z}_m$ であり,後者は $\tilde{M} = S^3$ の場合のみに起こる. いずれの場合も巡回群 C の生成元 t は M の正則ファイバーで代表される. この基本群の構造はザイフェルト多様体を特徴付ける. 実際, [Gab92],[CJ94] により向きづけ可能既約 3 次元多様体 M の基本群が有限群でなく,巡回正規部分群を含むならば M はザイフェルト多様体であること(ザイフェルト予想)が示されている.

系 2.65 F を $\mathcal{F}$-不変な $(M, \mathcal{F})$ の二面的固有曲面とする. F の軌道が底空間 B から切り取る位相的円板が(あれば)全て 2 つ以上の特異点を含むとき F は境界非圧縮的,非圧縮的である.

注意 2.66 固有アニュラスの単なる非圧縮性はループ定理 2.52 からファイバーのホモトピー非自明性に過ぎないので命題 2.63 から常に成り立つ.

証明 仮定から $M \setminus F$ は M のザイフェルト構造を引き継ぐ. $M \setminus F$ の連結成分 N がいずれもトーラス体でなければ,その境界非圧縮性から結論が導かれる. $\pi_1(N) \to \hat{\pi}_1(B_N)$ の全射性に注意すると, N がトーラス体で $\pi_1(N) = \mathbb{Z}$ ならば $\hat{\pi}_1(B_N)$ は有限巡回群である. とくに B_N は位相的円板であるが, 2 つ以上の特異点を持てば $\hat{\pi}_1(B_N)$ は無限群となってしまう. ■

具体的に $\pi_1(M)$ を書き下すことも難しくない. B の種数を g, ∂B の成分の数を l, $\mathcal{S}(B) = \{p_1, \ldots, p_k\}$ とし, p_i の次数を μ_i とおく. $\mathcal{S}(B)$ の正規近傍 N は p_i を含む円板 N_i の和集合だが,これを除いた領域を $\Omega = B \setminus \text{Int } N$ とする. ただし, $l \geq 1$ とし, B が閉曲面ならば $l = 1$ として対応する円板で最後に閉じる. まず B が向きづけ可能な場合を考える. ∂N の成分に対応する生成元

$x_1, \ldots, x_k$, ∂B の成分に対応する生成元 $y_1, \ldots, y_l$ および生成元 $a_1, b_1, \ldots, a_g, b_g$ によって $\pi_1(B \setminus N)$ は関係

$$[a_1, b_1] \ldots [a_g, b_g] x_1 \ldots x_k y_1 \ldots y_l = 1 \tag{2.5}$$

で与えられる．したがって，これに関係 $x_i^{\mu_i} = 1$ を加えると $\hat{\pi}_1(B)$ の表示を得る．B が閉曲面ならば関係 $y_1 = 1$ をさらに加えればよい．

ザイフェルト束の Ω への制限 $E = \pi^{-1}(\Omega) \to \Omega$ は通常のファイバー束であり，Ω はブーケ $\bigvee^{k+l+2g-1} S^1$ にホモトピー同値だから $E \to \Omega$ の同型類は例 A.5 の第一 Stiefel-Whitney 類で決まり，この束は切断 s を持つ．この束のホモトピー完全列は

$$1 \to \pi_1(S^1) = \mathbb{Z} \to \pi_1(E) \to \pi_1(\Omega) \to 1$$

だが，$\pi_1(\Omega)$ は自由群なのでこの完全列は分裂し，$\pi_1(\Omega)$ の $\pi_1(S^1)$ への作用を決めれば $\pi_1(E)$ が決まる．具体的には $\pi_1(S^1)$ の生成元を t とすると，$x \in \pi_1(\Omega)$ がファイバーの向きを保つかどうかで，生成元への作用 $xtx^{-1} = t^{\pm 1}$ の符号が決まる．結局，切断 s による Ω の生成元の持ち上げ $\overline{a_i}, \overline{b_i}, \overline{x_i}, \overline{y_i}$ と t によって $\pi_1(E)$ は生成され，関係 (2.5) の持ち上げとファイバーの向きに関する関係で表現できる．M, B が向きづけ可能な場合，後者は次の可換関係となる．

$$[\overline{a_i}, t] = [\overline{b_i}, t] = [\overline{x_i}, t] = [\overline{y_i}, t] = 1 \tag{2.6}$$

あとは制限束 E を特異点の近傍 N にも拡張すれば M が回復する（閉曲面の場合は y_1 の囲む円板の上にも拡張する）．N_i 上のトーラス体 $S_i = \pi^{-1}(N_i)$ のメリディアン m_i が ∂E のトーラス成分 ∂S_i 上のどの閉曲線かを決定すれば $\pi_1(M)$ の表現が得られる（これは関係 $x_i^{\mu_i} = 1$ の持ち上げである）．$\pi_1(\partial S_i)$ は $t, \overline{x_i} \in \pi_1(E)$ で生成されるから，$m_i = \alpha_i \overline{x_i} + \beta_i t$ の係数 α_i, β_i で決まる．S_i のロンジチュード l_i を選んで S_i が (μ_i, ν_i)-トーラス体となれば $t = \mu_i l_i + \nu_i m_i$ と書ける．∂S_i 上の交差は

$$m_i \cdot t = \alpha_i = -\mu_i, \ l_i \cdot t = \nu_i, \ 1 = l_i \cdot m_i = -\mu_i (l_i \cdot \overline{x_i}) + \beta_i \nu_i$$

と計算されるから，$\alpha_i = -\mu_i$, $\beta_i \nu_i = 1 + \mu_i (l_i \cdot \overline{x_i})$ で係数が決まり，$\overline{x_i}^{\mu_i} = t^{\beta_i}$ が $x_i^{\mu_i} = 1$ の持ち上げとなる．β_i は切断 s（あるいは $\overline{x_i}$）のとり方によるがザ

イフェルト不変量と呼ばれる．$\beta_i \nu_i \equiv 1 \mod \mu_i$ は常に成り立つ．閉曲面の場合の y_1 の囲む円板上のトーラス体への拡張にも $\mu = 1$ として同じ議論を適用して関係 $y_1 = 1$ は $\overline{y_1} = t^\beta$ に持ち上がる．

ここで β は U_1-束のチャーン数と同じような働きをしているが，チャーン数のように自然な不変量ではない．この場合の自然性は U_1-束 $E \to B, E' \to B'$ に対して dd' 重被覆 $f: E' \to E$ が底空間の d 重被覆 $B' \to B$ とファイバーの d' 重被覆を導く場合の被覆公式 $d'c(E') = dc(E)$ である．ザイフェルト束 M のチャーン数を

$$c(M) = \beta + \sum_{p_i \in \mathcal{S}(B_i)} \frac{\beta_i}{\mu_i} \tag{2.7}$$

で定義するとザイフェルト束の被覆に関しても被覆公式が成り立ち，$c(M)$ は切断 s のとり方によらずに定まる．したがって M の位相は軌道曲面 B の位相と特異点の次数 μ_i，ザイフェルト不変量 β_i と $c(M)$ により決定することになる．M が向きづけ可能で B が向きづけ不能な場合もほぼ同様である．この場合 (2.5) を

$$a_1^2 \cdots a_g^2 x_1 \cdots x_k y_1 \cdots y_l = 1$$

ととり，a_i はファイバーの向きを反転するから (2.6) は a_i については $\overline{a_i} t \overline{a_i}^{-1} = t^{-1}$ になる．またこの場合も $c(M)$ は (2.7) で定義されるが mod 2 でしか決まらないので $\mathbb{Q}/2\mathbb{Z}$ の元とみなす．

<u>**命題 2.67**</u>　向きづけ可能コンパクトザイフェルト多様体 M の底空間を B とする．B が l 個の境界成分と k 個の特異点 $p_1, \ldots, p_k$ を持ち，p_i における分岐次数を μ_i とザイフェルト不変量を β_i とするとき，適当な $\beta \in \mathbb{Z}$ に対して $\pi_1(M)$ は次の表現を持つ．

B が向きづけ可能の場合

$(l > 0)$ $\left\langle t, \overline{a_1}, \ldots, \overline{a_g}, \overline{b_1}, \ldots, \overline{b_g}, \overline{x_1}, \ldots, \overline{x_k}, \overline{y_1}, \ldots, \overline{y_l} \;\right|$

$[\overline{a_1}, \overline{b_1}] \ldots [\overline{a_g}, \overline{b_g}] \, \overline{x_1} \ldots \overline{x_k} \, \overline{y_1} \ldots \overline{y_l} = 1, \; \overline{x_i}^{\mu_i} = t^{\beta_i},$

$$[\overline{a_i}, t] = [\overline{b_i}, t] = [\overline{x_i}, t] = [\overline{y_i}, t] = 1\rangle,$$

$(l=0)$ $\Big\langle t, \overline{a_1}, \ldots, \overline{a_g}, \overline{b_1}, \ldots, \overline{b_g}, \overline{x_1}, \ldots, \overline{x_k} \Big|$

$$[\overline{a_1}, \overline{b_1}] \ldots [\overline{a_g}, \overline{b_g}]\, \overline{x_1} \ldots \overline{x_k} = t^{-\beta},\ \overline{x_i}^{\mu_i} = t^{\beta_i},$$

$$[\overline{a_i}, t] = [\overline{b_i}, t] = [\overline{x_i}, t] = 1\Big\rangle,$$

B が向きづけ不能の場合

$(l>0)$ $\Big\langle t, \overline{a_1}, \ldots, \overline{a_g}, \overline{x_1}, \ldots, \overline{x_k}, \overline{y_1}, \ldots, \overline{y_l} \Big|$

$$\overline{a_1}^2 \ldots \overline{a_g}^2\, \overline{x_1} \ldots \overline{x_k}\, \overline{y_1} \ldots \overline{y_l} = 1,\ \overline{x_i}^{\mu_i} = t^{\beta_i},$$

$$\overline{a_i} t \overline{a_i}^{-1} = t^{-1},\ [\overline{x_i}, t] = [\overline{y_i}, t] = 1\Big\rangle,$$

$(l=0)$ $\Big\langle t, \overline{a_1}, \ldots, \overline{a_g}, \overline{x_1}, \ldots, \overline{x_k} \Big|\ \overline{a_1}^2 \ldots \overline{a_g}^2 \overline{x_1} \ldots \overline{x_k} = t^{-\beta},$

$$\overline{a_i} t \overline{a_i}^{-1} = t^{-1},\ [\overline{x_i}, t] = [\overline{y_i}, t] = 1,\ \overline{x_i}^{\mu_i} = t^{\beta_i}\Big\rangle.$$

ザイフェルト束 $M \to B$ の底空間を円周で切り開くと幾つかの円板 D, パンツ P（2-球面から3つの円板を除いたもの），メビウスの帯 T に分解される（特異ファイバーは円板上にあるものとする）．M が向きづけ可能ならば，ザイフェルト束の T への制限は非自明 S^1 束に決まる．これは次の例から円板上のザイフェルト束の構造も持つ．

- **例 2.68** アニュラス $A = \mathbb{R}/\mathbb{Z} \times [0,1]$ の位数2の向きを保つ自己微分同相 $\sigma : A \ni (x,t) \mapsto (-x, 1-t) \in A$ を考え，σ による写像トーラスを $M = A \times I/\sigma$ とする．このとき，A の境界に平行な円周を葉とするザイフェルト構造はメビウスの帯の上の向きづけ可能なザイフェルト束を定める．一方 I-方向の葉を持つザイフェルト構造を考えると，$\mathbb{R}/\mathbb{Z} \ni x \mapsto -x \in \mathbb{R}/\mathbb{Z}$ の固定点を p, q として，$(p, \frac{1}{2}), (q, \frac{1}{2}) \in A$ に対応するファイバーが特異ファイバーとなり，円板上2つの特異ファイバーを持つザイフェルト束が得られる．M は $\mathbb{R}/\mathbb{Z} \times \mathbb{R}/\mathbb{Z} \times [0,1]$ の位数2の自己微分同相 $(x, y, t) \mapsto (-x, y + \frac{1}{2}, 1-t)$ による商と見ることもできるからクラインの壺上の I-束の構造も持つ．

幾つかの向きづけ可能ザイフェルト多様体 $M_1, \ldots, M_k$ のトーラス境界を貼りあわせて得られる3次元多様体を**グラフ多様体**という．上の底空間の分解と例 2.68 からグラフ多様体を $P \times S^1$ とトーラス体を（ファイバーを必ずしも保たずに）幾つか貼りあわせて得られる多様体であると定義しても同じことである．各 $P \times S^1$ の境界に貼りあわされるトーラス体を全て貼りあわせたものを E とすると，（レンズ空間でなければ）グラフ多様体はそのような基本部品 E を幾つか貼りあわせて得られる．E がトーラス体であれば，他の基本部品に貼りあわせてしまえばよいので，E はトーラス体でないとしてよい．簡単のため向きづけ可能グラフ多様体のみ考えることにする．

命題 2.69

1. グラフ多様体 M は素なグラフ多様体の連結和である．
2. 既約グラフ多様体 M は互いに交わらない非圧縮的トーラスの族 $T_1, \ldots, T_k$ で $M \setminus \bigcup_i T_i$ の連結成分がザイフェルト多様体となるものを含む．

証明 M の基本部品 E を構成するとき，どのトーラス体のメリディアンも $P \times S^1$ のファイバー $* \times S^1$ に貼りあわされることがなければ，E はザイフェルト多様体となる．一方，一つのトーラス体のメリディアンをファイバーに貼りあわせると S^3 における自明な2成分の絡み目の補空間 C が得られる．このとき絡み目の成分を分離する2-球面 S をとると C は S により2つのトーラス体に連結和分解される．したがってこのような基本部品があれば M はグラフ多様体に連結和分解される（S が M を分離しない場合は $S^2 \times S^1$ が連結和の一方の成分である）．可能な限りこの連結和分解を繰り返すと全ての基本部品がトーラス体でないザイフェルト多様体となるから，埋め込まれた2-球面をアイソトピーで動かすと命題 2.63，系 2.64 により貼りあわせのトーラスとの交差は解消され，1. を得る．2. はこの考察からすぐに従う． ∎

2.6 JSJ-分解

トーラス（とアニュラス）による既約3次元多様体の分解は JSJ-分解と呼ば

れる．JSJ はこの分解の原型を証明した Jaco-Shalen[JS79], Johannson[Joh79] の頭文字である．この節では [Mat03] の方法に沿って JSJ-分解を記述する．このような分解の有限性を担保する正規曲面の理論についてまず述べる．3次元多様体 M の組み合わせ的単体分割 K を固定し，M に埋め込まれた（いくつかの成分を持つ）固有曲面を Σ とする．Σ を K の 2-切片 $K^{(2)}$ に対して一般の位置にとると Σ は K の頂点とは交わらず，K の各 3-単体 Δ が Σ から切り取る $\Sigma_\Delta = \Sigma \cap \Delta$ は Δ の固有曲面となる．全ての 3-単体 Δ について次の条件が成り立つとき，Σ は**正規曲面**であるという．

1. Σ_Δ の連結成分 D は全て円板と同相である．
2. 連結成分の境界 ∂D は $\partial \Delta$ のどの 2-単体の内部にも含まれず，どの 1-単体ともたかだか一点で交わる．

命題 2.70 M を非圧縮的境界を持つ既約 3 次元多様体とする．連結成分に球面，円板を含まない曲面の二面的固有埋め込み $\Sigma \subset M$ が非圧縮的，境界非圧縮的であるとき，Σ は正規曲面にアイソトピックである．

証明 以下に挙げる Σ を Σ' に写すアイソトピーを考える．Σ と 1-切片 $K^{(1)}$ の交点の数を $e(\Sigma)$，Δ を K の 3-単体とする．

(a) $\partial \Sigma_\Delta \subset \partial \Delta$ が $\partial \Delta$ のある 1-単体と 2 回以上交わるとき，一単体 σ の線分と $\Sigma \cap \partial \Delta$ の弧で囲まれる $\partial \Delta$ の一番内側の円板 D をとる．$\sigma \subset \partial M$ でなければ D の直積近傍に沿って Σ をアイソトピーで動かして，$e(\Sigma') < e(\Sigma)$ となる Σ' を構成する．

(b) (a) と同様だが，$\sigma \subset \partial M$ の場合は D は Σ の境界圧縮円板となる．Σ の境界非圧縮性から ∂D は Σ から円板 D_0 を切り取るが，D_0 を D で置き換えたものは ∂M の非圧縮性と M の既約性から Σ とアイソトピックだから，この場合も少し D の近傍を動かして $e(\Sigma') < e(\Sigma)$ となる Σ' を構成する．

(c) $\partial \Sigma_\Delta$ の成分が一つの 2-単体 $\tau \subset \Delta$ の内部に含まれるとする．そのような境界成分のうち一番内側のものを γ とすると，Σ の非圧縮性と系 2.54 から γ は Σ から円板 D_0 を切り取る（Σ が円板を成分に含まないので必然的に $\tau \not\subset \partial M$ となる）．M が既約なので，γ が τ から切り取る円板 D_1 と D_0 を

貼りあわせて得られる2-球面は M の3-胞体を囲み，D_0 を D_1 で置き換えた曲面は Σ とアイソトピックである．したがって，D_1 の近傍を少しアイソトピーで動かして交差 γ を解消したものを Σ' とする．

(d) Σ は球面成分を含まないので，Σ_Δ の成分は Σ の非圧縮性から境界を持つ．Σ_Δ の成分で円板と同相でないものがあれば，Δ の固有曲面として Σ_Δ の本質的圧縮円板 D をとり，$\gamma = \partial D$ に対して，(c) と同様に議論して，γ が Σ から切り取る円板を D で置き換えた曲面 Σ' は Σ とアイソトピックである．

どのアイソトピーについても $e(\Sigma') \leq e(\Sigma)$ であり (a),(b) については不等式は厳密である．また2単体の内部に含まれる $\partial \Sigma_\Delta$ の成分の数 $f(\Sigma)$ は (c) で減り，(d) では増えない．可能な限り上のアイソトピーを施し続けるといずれ $e(\Sigma), f(\Sigma)$ は一定になり，いずれ (d) のみが行われるようになるが，これは例 2.31 の議論から有限回で終了する．得られる曲面が正規曲面となることは明らかだろう． ∎

M に埋め込まれた同相な固有曲面 F_1, F_2 が互いに交わらないものとする．これらが M から $F_1 \times [0,1]$ を切り取るとき，F_1, F_2 を **平行** であるという（正確には，F_1, F_2 で切り開いた3次元多様体 $M \setminus F_1 \sqcup F_2$ が $F_1 \times [0,1]$ と位相同型な成分を含み，その境界成分が F_1, F_2 の片面となるとき平行という）．F_2 が境界 ∂M に含まれる曲面のときも同様に F_1 は **境界平行** であると定義する．

命題 2.71 M, Σ を命題 2.70 のとおりとする．K に含まれる 3-単体の数を t とするとき，Σ の連結成分の数が $10t$ より多ければ，Σ の連結成分で互いに平行なものが存在する．

証明 Σ は正規曲面と仮定してよい．Σ と 3 単体 $\Delta \in K$ との交わり Σ_Δ の連結成分を D とする．境界 ∂D を 2-球面 $\partial \Delta$ 上の閉曲線と見ると，1 切片のなすグラフ $\Gamma = \Delta^{(1)} \subset \partial \Delta$ の辺とは，たかだか一度しか交わらない．このとき D は Δ から一つの頂点を切り取る「三角形」の面であるか，一組の対辺を分離する「四角形」の面であるかのいずれかである．Σ_Δ の連結成分全体は Δ の頂点 v_i を切り取る互いに平行な面の族 T_i ($i = 0, 1, 2, 3$) と一組の対辺を分離する互い

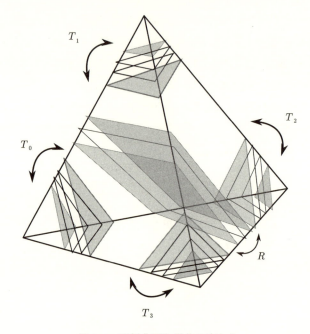

図 2.5 正規曲面と単体の交わり

に平行な面の族 R からなる（図 2.5）．Δ の平行な面の各族 T_0, T_1, T_2, T_3, R の両端に位置する 1 つか 2 つの面があり，これらたかだか 10 個の「端面」（図 2.5 の色のついた面）を除いて，面は両側を平行な面で挟まれている．3 単体 Δ も動かすと Σ は全部で $10t$ 個の「端面」を切り取るが，仮定から Σ の連結成分の一つ F は端面を含まない．このとき，F の二面性から F を挟む両側の面のなす連結成分は F と平行である． ∎

命題 2.71 は分解の存在を保証するには十分だが，適切にトーラスやアニュラスを選んで一意的に分解を行うためにはもう少し準備がいる．

定義 2.72 $\mathscr{F}_M$ を 3 次元多様体 M に埋め込まれた連結固有曲面のアイソトピー不変族とする．適当なアイソトピーにより固有曲面 $\Sigma \subset M$ と任意の $F \in \mathscr{F}_M$ との交差が解消出来るとき，Σ は $\mathscr{F}_M$-**分離可能**という．そうでなければ $\mathscr{F}_M$-分離不能であるという．$\mathscr{F}_M$-分離可能な固有曲面全体を $\mathscr{F}_M^*$ と書く．

2.6 JSJ-分解

また，互いに交わらない $\mathscr{F}_M$ の曲面の集合を $\mathscr{F}_M$-非交差系，互いに平行な曲面を含まない $\mathscr{F}_M$-非交差系を $\mathscr{F}_M$-独立系，さらに境界平行なものも含まなければ $\mathscr{F}_M$-**分解系**という．

$\mathscr{S} = \mathscr{S}_M$ で M の二面的非圧縮的トーラスおよび二面的，境界非圧縮的，非圧縮的な固有アニュラス全体を表す．$\mathscr{S}$ の曲面のアイソトピーについて調べる．まず次の一般的な結論を注意しておこう．

補題 2.73 M に二面的に埋め込まれた固有曲面 Σ_0, Σ_1 がアイソトピックであるとき，十分大きな自然数 m と固有曲面の列 $\Sigma_{i/m}$ $0 \leq i \leq m$ で $\Sigma_{i/m}$ と $\Sigma_{(i+1)/m}$ が平行なものが存在する．

証明 $t \mapsto F_t$ を $F_0 = \Sigma_0, F_1 = \Sigma_1$ を結ぶアイソトピーとする．十分大きな l に対して $F_{(i+1)/l}$ は $F_{i/l}$ の正規近傍 $N = \Sigma \times [-1, 1]$ の内部に含まれていて，射影 $N \to \Sigma$ は $F_{(i+1)/l}$ 上に同相写像を導く．$\Sigma_{i/l} = F_{i/l}, \Sigma_{(i+1)/l} = F_{(i+1)/l}, \Sigma_{(2i+1)/2l} = \Sigma \times \{1\} \subset N$ で $m = 2l$ とすればよい． ■

簡単のため M を向きづけ可能とし，S はトーラスかアニュラスを表すものとする．$\Sigma, F \in \mathscr{S}$ が一般の位置にあるとする．Σ をアイソトピー Σ_t ($\Sigma_0 = \Sigma$) で変形して，F との交差を解消することを考える．まず補題 2.73 の合成の最後の段階を考えよう．つまり直積近傍 $N = S \times [0, 1]$ 内での直積アイソトピー $\phi : t \mapsto S \times \{t\}$ によって Σ と F の交わりが解消しているとする．$\partial N \setminus \partial M$ の連結成分 $\Sigma_0 = S \times \{0\}$ は F に対して一般の位置にあると仮定してよいから，N は F から曲面 $N \cap F \subset F$ を切り取る．Σ, F の（境界）非圧縮性から $F \cap \Sigma_0$ の連結成分 γ が Σ_0 から円板 D_0 を切り取る場合，F からも円板 D_1 を切り取り，D_0, D_1 を γ で貼りあわせた曲面 X は球面か円板である．M の既約性と ∂M の非圧縮性から，X は 3-胞体 C を囲む．もっとも内側の γ から順に C に沿って，D_0 を D_1 にアイソトピーで変形すると交差は解消する．これを胞体型の交差解消と呼ぶ（図 2.6）．とくに $\partial M \cap C \neq \emptyset$ のとき境界胞体型と呼ぶ．$D_1 \subset M \setminus \mathrm{Int}\, N$ である場合もあるが，$C \cup \Sigma_0$ の正規近傍 $N' = S \times [0, 1]$ に関する直積アイソトピーを ϕ''，$N \cup N'$ に関する直積アイソトピーを ϕ' とすると，

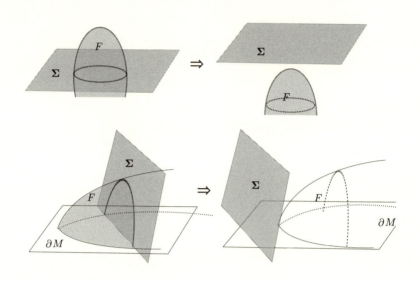

図 2.6 胞体型交差解消

ϕ は胞体型の交差解消 ϕ'' と交差 γ を解消した後の曲面の交差解消 ϕ' の合成で書ける.

　胞体型の交差解消を可能な限り行ったのちの直積アイソトピー ϕ' を考えよう. このとき $\Sigma_0 \cap F$ の成分は全て F, Σ_0 のホモトピー非自明な曲線となる. $\Sigma_0 \cap F \neq \emptyset$ ならば F の (境界) 非圧縮性から $N \cap F$ の連結成分 Ω は次のいずれかになる.

1. Ω はアニュラスでその 2 つの境界成分はいずれも Σ_0 上のホモトピー非自明な閉曲線となる.
2. Ω はアニュラスで一つの境界成分は Σ_0 上の, もう一方の連結成分は $\partial M \cap N$ 上の, それぞれホモトピー非自明な閉曲線となる.
3. Ω は帯 $[0,1] \times [0,1]$ で, $[0,1] \times \{0,1\}$ は $N \cap \partial M$ に含まれ, $\{0,1\} \times [0,1]$ は Σ_0 の 2 つの境界成分を結ぶ 2 つの弧である.

1. (2.) の Ω は Σ_0 上のアニュラス (および ∂M 上のアニュラス) とともにトーラス体 C を囲み (演習 2.74), C に沿って 2 つの交差閉曲線が内側のアニュラ

スから順に解消する．これをトーラス体型（境界トーラス体型）の交差解消と呼ぶ．3.の場合は Ω と $S \times \{0\}$ 上の帯および ∂M の2つの円板で囲まれる3-胞体 C に沿って内側の帯から順に2つの交差の弧が解消する．この交差の解消を帯型と呼ぶ．つまり直積アイソトピー ϕ は（境界）**胞体型**，（境界）**トーラス体型**，**帯型**の交差解消の合成で書けることが分かった．これら5つの型の交差解消を**単純交差解消**と呼び，それぞれ対応する C を交差解消領域という．

【演習 2.74】 1.または 2.の状況で $N = S \times [0,1]$ の固有曲面 $A = \gamma \times [0,1]$ を考える．ただし，γ は Σ_0 上の固有曲線で $F \cap \Sigma_0$ の交差曲線の成分と一点で横断的に交わるものとする．このとき，適当にアイソトピーで動かして F が A から円板を切り取るようにできることを示せ．

命題 2.75 $\Sigma, F \in \mathscr{S}$ は一般の位置にあるものとする．Σ をアイソトピー ϕ で変形して F と交わらないようにできるならば，ϕ は単純交差解消の合成にとることができる．

証明 アイソトピー ϕ が直積アイソトピーの場合は上で見たとおり結論が正しい．補題 2.73 により一般には ϕ は m 個の直積アイソトピー $\phi_1, \ldots, \phi_m$ の合成で書ける．途中の直積アイソトピー ϕ_k にも上と同様の考察が適用できるが，Σ_0 だけでなく ϕ_k による変形の結果の曲面 Σ_1 の方にも F との交差が生じるから，単純交差解消の合成で書けるアイソトピー c_0, c_1 を用いて ϕ_k は c_0 と c_1^{-1}（交差生成）の合成で書けている．したがって F に対して一般の位置にある Σ に単純交差生成 a^{-1} を行った後，単純交差解消の合成 $c = b_1 \ldots b_l$ で F との交差解消可能ならば，Σ 自身が単純交差解消の合成で交差が解消可能であることを見ればよい．

a^{-1} によって生じた交差曲線 γ の成分は c に含まれる単純交差解消 b で解消されるが，それ以前に行われる c の単純交差解消は a の交差解消領域に干渉しないことに注意しよう．a が（境界）胞体型の場合，γ は連結で a と同じ型の交差解消により解消せざるをえず $c = c'a$ と書ける．a が（境界）トーラス体型，帯型の場合は c の他の（境界）トーラス体型，帯型の交差解消により γ の成分が解消する場合があるが，となり合う交差解消領域をもつ同じ型の交差解消を

118 第2章 3次元多様体の分解

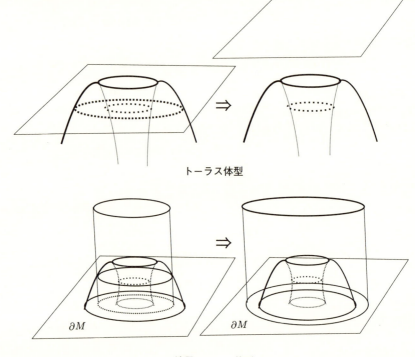

トーラス体型

境界トーラス体型

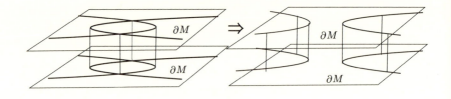

帯型

図 2.7 単純交差解消

適当に順序を入れ替えてやはり $c = c'a$ とすることができる. ∎

系 2.76 $\mathcal{F} = \{F_i\}_{i=1}^k$ を $\mathscr{S} \cap \mathscr{S}^*$-非交差系とする. 部分集合 $\mathcal{F}_0 \subset \mathcal{F}$ の曲面は $\Sigma \in \mathscr{S}$ と交わらないものとする. このとき $\mathcal{F}_0$ の曲面を固定するアイソトピーで Σ を動かして, $\mathcal{F}$ との交差を解消できる.

証明 $\mathcal{F}_0 = \{F_i\}_{i=1}^l$ ($l = 0$ のときは空集合) として $k - l$ に関する帰納法を行う. $k = l$ の場合は自明. 一般の場合帰納法の仮定から条件を満たすアイソトピーで動かして Σ は $F_1, \ldots, F_{k-1}$ とは交わらず, F_k と一般の位置にあるものとしてよい. Σ に単純交差解消の列を施して F_k との交わりを解消するとき, 交差解消領域 C は Σ, F_k (および ∂M) の部分曲面で囲まれた胞体かトーラス体であるが, F_i ($i < k$) の (境界) 非圧縮性から $F_i \cap C = \emptyset$ だから, 交差解消は $F_1, \ldots, F_{k-1}$ とは交わらない領域内で行うことができる. ∎

極大 $\mathscr{S} \cap \mathscr{S}^*$-分解系を **JSJ-系** という.

定理 2.77 (JSJ-分解の存在と一意性) 向きづけ可能な既約 3 次元多様体 M は非圧縮的境界を持つものとすると M の JSJ-系が存在し, 2 つの JSJ-系は M のアイソトピーで写り合う.

証明 命題 2.71 により極大 $\mathscr{S}^* \cap \mathscr{S}$-独立系は有限族である. そのうち, 境界平行な曲面を除いたものが JSJ-系であることは定義から明らかである. $\mathcal{F} = \{F_i\}_{i=1}^k, \mathcal{G} = \{G_j\}_{j=1}^l$ を JSJ-系として一意性を示す. 系 2.76 を $\Sigma = G_1$ に適用して G_1 と $\mathcal{F}$ の交差を解消できるが, 極大性から G_1 は例えば F_1 と平行であるので $F_1 = G_1$ としてよい. 以下同様に $\mathcal{F}_0 = \{F_1, \ldots, F_m\}$ に対して系 2.76 を帰納的に適用して一意性が従う. ∎

$\mathcal{F}$ を JSJ-系とするとき, M を $\mathcal{F}$ で切り開いた多様体 $M_\mathcal{F}$ の連結成分を **JSJ-成分** という. P を ∂M の連結成分の非圧縮的トーラスとするとき, アニュラス $A \in \mathscr{S}^*$ について $P \cap A \neq \emptyset$ ならば A は P の曲面と平行である. 実際 ∂A の成分の一方だけが P に含まれれば, P を少しカラー近傍の内側にずらした $\mathscr{S}$ の曲面 Σ と A の交差は解消できないから, 両方の境界成分が P に含まれるが, 非

交差性から A は P のカラー近傍内に変形され,境界平行になる.とくに M の境界成分が全て非圧縮的トーラスならば $\mathcal{F}$ はトーラスだけからなる.

簡単のため,以下 M の境界成分は全て非圧縮的トーラスと仮定する.JSJ-成分 X のトーラス $S \in \mathscr{S}_X \cap \mathscr{S}_X^*$ が X 内で境界平行であることを示し,X の JSJ-系が空であることを導く.実際系 2.76 を用いて $\Sigma \in \mathscr{S}_M$ と M の JSJ-系 $\mathcal{F}$ との交差を解消すれば $\Sigma \subset X$ か $\Sigma \cap X = \emptyset$ としてよいから,S は $\mathscr{S}_M$-分離可能でもある.したがって M の JSJ-系の極大性から S は境界平行である.

X に含まれる $\mathscr{S}_X^* \cap \mathscr{S}_X$ の曲面は全て境界平行だが,一般には境界平行でない $\mathscr{S}_X$ の曲面は存在する.$\mathscr{S}_X$ の曲面が全て境界平行であるとき,X は**単純**であるという.ザイフェルト構造を持つ JSJ-成分を**ザイフェルト成分**という.単純 JSJ-成分についてはサーストンによる有名な結論がある.

定理 2.78(双曲化定理 [**Thu98a, Thu98b, Thu98c**]) 境界が空でない単純非ザイフェルト JSJ-成分 X は体積有限完備双曲多様体の構造を持つ.

注意 2.79 一般に $S^2, \mathbb{R}P^2$ 以外の二面的,非圧縮的に埋め込まれた閉曲面を含む境界非圧縮的な既約 3 次元多様体を**ハーケン**という.X が閉多様体の場合でもハーケンでザイフェルト構造を持たなければ同じ結論が成り立つ.

本書の範疇を完全に超えているから定理 2.78 の(オリジナルの)証明は行わない(例えば [Kap01] を見よ).基本群が有限群となる場合(命題 2.63 から S^3 で被覆される)はもちろんそうだが,単純ザイフェルト JSJ-成分 Y は多くはない.2 つ以上の境界成分を持つザイフェルト成分は $\mathscr{S}_Y$ のアニュラスを含むから,Y の境界成分は高々一つである.また系 2.65 によると底空間は位相的に $B = D^2, S^2, \mathbb{R}P^2$ のいずれかで,それぞれ,特異ファイバーの数 k が $2, 3, 1$ 以下でなければならない.$S^3, S^2 \times S^1$ で有限被覆されるもの,トーラス体など自明な例を除くと $B = S^2, k = 3$(あるいは $B = D^2, k = 2$)の場合が残る.この場合実際に $\mathscr{S}_Y$ のトーラスを含まない条件はホモロジーの計算に帰着する([Wal67], [Jac80, IV. 12, 34]).この場合例 2.60 の底空間を持つから,自明な例外を除いて有限被覆が非圧縮的トーラスを含む.とくに $\mathbb{Z}^2$ と同型な基本群の部分群(で境界成分の基本群の部分群でないもの)を含む.このような成分を

トーラス的という．通常定理 2.78 において「非ザイフェルト」の代わりに「非トーラス的」という条件を課すことが多いが，例外の排除が面倒で，我々の目的のためには便利でないので「非ザイフェルト的」を用いることにする．トーラス的（単純）JSJ-成分がザイフェルトであることは知られているが [Sco80]，これはリッチフローによる解析の結果としても従う．非単純 JSJ-成分 X がザイフェルト成分であることを見るのがこの節の残りの目標である．

$F_1, F_2 \in \mathscr{S}_X$ が一般の位置にあるとして，$F_1 \cap F_2$ の成分のうち，円板を囲む閉曲線や境界成分から円板を切り取る弧については内側から順に（境界）胞体型の交差解消を行えば $F_1 \cap F_2$ は次のいずれかとなる．

1. $F_1 \cap F_2$ は F_1, F_2 上の平行な幾つかのホモトピー非自明閉曲線となり，F_1, F_2 をアニュラスに分割する．この場合を**平行閉曲線交差**と呼ぶ．
2. $F_1 \cap F_2$ はアニュラス F_1, F_2 上の異なる境界成分を結ぶ幾つかの弧となり，F_1, F_2 を帯に分割する．この場合を**放射状交差**と呼ぶ．

まず特別な場合を例として挙げておこう．

● **例 2.80** 非単純 JSJ-成分 X のアニュラス $A_1, A_2 \in \mathscr{S}_X$ の境界の少なくとも一方の成分 γ_1, γ_2 が同じトーラス境界成分 $T \subset \partial X$ に含まれるとし，さらに γ_1, γ_2 は平行でないとしよう．このとき A_1, A_2 は放射状に交差をするから，もう一方の境界成分 γ_1', γ_2' も同じ境界成分 $T' \subset \partial X$ に含まれる．まず $T \neq T'$ の場合を考えよう．γ_1, γ_2 は T を幾つかの四辺形に分ける．四辺形 $R \subset T$ の対辺は γ_1 (γ_2) の部分弧の組 a_1, a_2 (a_3, a_4) である．部分弧 a_i と放射状の交差および T' 上の部分弧 b_i は A_1 または A_2 上の帯 B_i を張る．b_i ($1 \leq i \leq 4$) は T' 上の四辺形 R' を囲み，R, R', B_i ($1 \leq i \leq 4$) は 2-球面をなすから X の既約性により，3-胞体 $C = R \times I$ ($I = [0,1]$) を張り，自然な同相写像 $\sigma: R \to R'$ を導く．各々の四辺形に対する σ を貼りあわせて同相写像 $\sigma: T \to T'$ が得られて，$X = T \times I$ であることが従う．$T = T'$ の場合も T の非圧縮性から γ_1 と γ_1', γ_2 と γ_2' は平行であるから同様な議論ができる．この場合 σ は T の位数 2 の固定点を持たない自己同相となり，X は T/σ 上の非自明な I-束となる．我々は X の向きづけ可能性を仮定しているので，T/σ はクラインの壺 K で，X は例 2.68

の I-束 $K\tilde{\times}I$ となることが分かる.

いずれの場合も X はいわゆる I-束であるが, ザイフェルト構造を持つ. しかも任意のアニュラス $A \in \mathscr{S}_X$ をファイバーの和集合とする X のザイフェルト構造が存在する. $X = K\tilde{\times}I$ についてこれを確かめよう. $A \in \mathscr{S}_X$ だから, A を二重被覆 $\pi : T \times I \to K\tilde{\times}I$ に持ち上げると非自明閉曲線 γ による $S^1 \times I \ni (s,t) \mapsto (\gamma(s),t) \in T \times I$ の形の埋め込みとアイソトピックでなければならない. π の被覆変換 τ が A の持ち上げ $\tilde{A}$ を不変にするか, $\tilde{A} \cap \tau\tilde{A} = \emptyset$ とするか, いずれかであるからとくに γ と $\sigma\gamma$ は平行でなければならない. このような γ は2つあるが, これらは例 2.68 に述べた2つのザイフェルト構造のファイバーに対応し, A がファイバーの和集合となることが従う.

また, $X = T \times I$ が3次元多様体 M の JSJ-成分として切り出されるのは X の両方の境界成分が JSJ-系のトーラスの両面である場合しかないので, M は S^1 上のトーラス束となる. さらに T が分離可能であることから, M は例 1.70 の Sol-構造を持つ.

例 2.80 の状況でない場合に非単純 JSJ-成分 X がザイフェルト構造を持つことを見ていこう. このとき $\mathscr{S}_X$-分離不能な $\Sigma \in \mathscr{S}_X$ の正規近傍から始めて, ザイフェルト構造を持つ連結領域 $Y \subset X$ を徐々に拡張していくことを考える. ただし, 必要に応じて拡張の際 Y のザイフェルト構造はとりかえる. Y の満たすべき条件と付随するデータ $\mathcal{F}, \mathcal{S}$ について述べておく.

(A) Y は互いに交わらない X のトーラスと固有アニュラスからなる有限族 $\mathcal{F}$ で切り出される連結成分で, $\overline{\partial Y \cap \mathrm{Int}\, X} = \bigcup_{F \in \mathcal{F}} F$ が成り立つ.
(B) Y はザイフェルト構造を持ち, Σ および $F \in \mathcal{F}$ はそのファイバーの和集合である. とくに命題 2.63 から (閉多様体でない限り) Y は既約である.
(C) $\mathcal{S}$ は Y の曲面からなる極大 $\mathscr{S}_X$-独立系で $\Sigma \in \mathcal{S}$ を満たすものとする.

$\pi_1(\Sigma) \hookrightarrow \pi_1(X)$ の単射性から $X \setminus \mathrm{Int}\, Y$ が既約であることが分かる. また同じ理由で Y のファイバーは X でホモトピー非自明であることにも注意しよう.

$\mathcal{F} = \emptyset$ となるまで Y を拡張していくのだが, 状況に応じて Y の圧縮的拡張と非圧縮的拡張を行う. $\mathcal{S}$ は拡張に関して単調非減少にとり拡張のステップの

有限性は最終的には命題 2.71 を適用することで確保することになる．

圧縮的拡張　$\mathcal{F}$ が境界平行か（境界）圧縮可能な曲面を含む場合は以下のいずれかの Y の拡張（圧縮的拡張と呼ぶ）を行うことができる．これらの拡張は $\sharp \mathcal{F}$ を減らすので，何回か繰り返すとそれ以上圧縮的拡張はできなくなる．また Y のファイバーはホモトピー非自明なので (B) により $\mathcal{F}$ のアニュラスは常に非圧縮的であることも注意しておこう．

1. トーラス $T \in \mathcal{F}$ が圧縮円板 $D \subset X \setminus \operatorname{Int} Y$ を持つ場合，$X \setminus \operatorname{Int} Y$ の既約性から T はトーラス体 $H \subset X \setminus \operatorname{Int} Y$ を囲む．Y のファイバーのホモトピー非自明性から ∂D はファイバーと平行でないのでザイフェルト構造も含めて Y を $Y \cup H$ に拡張できる．
2. アニュラス $A \in \mathcal{F}$ が境界圧縮円板 $D \subset X \setminus \operatorname{Int} Y$ を持つ（つまり境界平行）ならば，同様に A と ∂X 上のアニュラスはトーラス体 H を囲み，ザイフェルト構造も含めて Y を $Y \cup H$ に拡張できる．
3. トーラス $T \in \mathcal{F}$ が境界平行で，$X \setminus \operatorname{Int} Y$ の境界のカラー近傍 C を切り取る場合，Y は $Y \cup C$ に拡張できる．

トーラス $T \in \mathcal{F}$ が X で圧縮可能な場合は必ず 1. の状況となることを注意しておこう．実際 T の圧縮円板 D が Y に含まれるとすると系 2.64 から Y はトーラス体となり (C) に反する．2. の場合も同様である．

非圧縮的拡張　$\mathcal{F}$ の曲面が全て境界平行でなく，（境界）非圧縮的であるとき，$F_0 \in \mathcal{F}$ は $\mathscr{S}_X$-分離不能である．我々は例 2.80 の状況は仮定で排除しているので F_0 と平行閉曲線交差する $\hat{F}_0 \in \mathscr{S}_X$ で F_0 と交差解消できないものをとることができる．このとき，$\mathcal{F}$ は $\hat{F}_0$ からアニュラス $A_1, A_1', A_2, A_2', \ldots,$ をこの順に切り取り，隣り合うアニュラスは $A_1 \subset Y, A_1' \subset X \setminus \operatorname{Int} Y, \ldots$ などと交互に Y に出入りする．必要ならばトーラス体型交差解消を施して，Y に含まれるアニュラス A_i は Y で境界非圧縮的だと仮定してよい（可能な限り交差解消を行い $\hat{F}_0$ と交差解消できる $\mathcal{F}$ の曲面とは交わらないようにとる）．

このとき，∂A_i の 2 つの成分 γ_1, γ_2 が $F_1, F_2 \in \mathcal{F}$ に含まれるとして，γ_1 が Y

のファイバーと平行でないとする．ザイフェルト軌道空間（底空間）B への射影を $\pi: Y \to B$ とするとき，(C) の非圧縮曲面 Σ を用いると片方の端点を $\pi(F_1) \subset \partial B$ に持つ B 上の弧 c をアニュラス $\pi^{-1}c$ が境界非圧縮的となるようにとることができる．このとき 2 つのアニュラス $\pi^{-1}c$ と A_i は例 2.80 の状況になり，Y はトーラス上の I-束で，適当なザイフェルト構造に関して A_i はファイバーの和集合となる．結局いずれの場合でも全ての ∂A_i は同時に適当な Y のザイフェルト構造に関してファイバーと平行となり $Y' = Y \cup \bigcup_i A_i'$ の正規近傍にそのザイフェルト構造が拡張する．これを F_0 に関する非圧縮的拡張と呼ぶことにする．

定理 2.81 境界成分が全て非圧縮的トーラスであるような向きづけ可能既約 3 次元多様体の非単純 JSJ-成分 X はザイフェルト構造を持つ．

証明 $\mathscr{S}$-分離不能な $\Sigma \in \mathscr{S}_X$ の正規近傍 Y から始めて，拡張を繰り返して有限回で $\mathcal{F} = \emptyset$ となることを示す．具体的には圧縮的拡張を許す限り圧縮的拡張を行い，これ以上圧縮的拡張が不可能となった拡張 $(Y_0, \mathcal{F}_0, \mathcal{S}_0)$ に対して $F_0 \in \mathcal{F}_0$ について非圧縮的拡張を施す．さらに可能な限り圧縮的拡張を行ったものを $(Y_0', \mathcal{F}_0', \mathcal{S}_0')$ とする．この操作で触らなかった曲面 $F_0' \in \mathcal{F}_0 \cap \mathcal{F}_0'$ があれば，F_0' について同じ操作を繰り返す．これを $\mathcal{F}_0$ の全ての非圧縮的曲面に改変が施されるまで続けて得られる拡張を $(Y_1, \mathcal{F}_1, \mathcal{S}_1)$ とする．$\mathcal{F}_1 \neq \emptyset$ ならば $\mathcal{S}_0 \subsetneq \mathcal{S}_1$ であることを示せば命題 2.71 により結論が従う．

$\mathcal{S}_0 = \mathcal{S}_1$ ならば定義により $\mathcal{F}_1$ の非圧縮的曲面は全て $\mathcal{S}_0$ の曲面と平行である．$\mathcal{F}_1$ の曲面 $F_1 \in \mathcal{F}_1$ と平行な $\mathcal{S}_0$ の曲面を S_0 とすると，$F_1 \subset Y_1, S_0 \subset Y_0$ で切り取られる直積 $F \times I$ には Y_0 の境界曲面 $F_0 \in \mathcal{F}_0$ が含まれるから，F_0 において非圧縮的拡張をするために用いた交差曲面 $\hat{F_0}$ が $F \times I$ に沿って F_0 との交差が解消することになり，我々の構成に反する． ∎

2.7 幾何化予想

向きづけ可能閉3次元多様体は連結和分解とJSJ-分解（系2.39, 定理2.47, 定理2.77）によって一意にJSJ-成分に分解される．これを3次元多様体の標準分解という．サーストンはJSJ-成分が定理1.86のいずれかの幾何モデル(G,X)に対して(G,X)-構造を持つ（このとき**幾何化される**という）と予想した．ただし例2.80のS^1上のトーラス束のような例外的扱いは許すことにする．ザイフェルト成分の幾何化についてまず述べる．

補題2.61によりレンズ空間の底空間となる例外を除けば，コンパクト軌道曲面Bは（必要ならばガロア被覆にとりなおして）コンパクト曲面$\tilde{B}$上の有限群作用による商である．演習2.62により$\hat{\chi}(B)$の符号で$\tilde{B}$が円板でなければ，完備な有限体積双曲計量・ユークリッド計量・球面計量のいずれを持つかが決まる．ここで∂Bは双曲の場合はカスプ境界として実現され，アニュラスは$S^1 \times \mathbb{R}$にユークリッド計量を与えたものとして実現することにする．

有限群作用が$\tilde{B}$上に与えられたとき，その作用を複素正則作用とするような$\tilde{B}$上の複素構造の存在を問う問題をニールセンの実現問題といい，この問題は[Ker83]で最終的に解決されている．完備有限体積双曲計量と点つき複素構造とは一対一対応があるので例えば次が従う．

系 2.82 コンパクト軌道曲面Bのオイラー数が$\hat{\chi}(B) < 0$を満たすならば，その基本群$\hat{\pi}_1(B)$はフックス格子と同型である．

したがって$\tilde{B}$に命題1.80における2次元(H,Y)-構造が与えられているとき，ザイフェルト束$M \to B$の(G,X)-幾何化を考えればよい．このとき(G,X)-幾何化は変換群G, Hに関する短完全列$1 \to \mathbb{R} \to G \xrightarrow{f} H \to 1$において離散表現$\rho_H : \hat{\pi}_1(B) \to H$を$X$に自由に作用する離散表現$\rho_G : \pi_1(M) \to G$に持ち上げる問題に帰着される．命題2.67の基本群の表示を用いてこれは直接実行できる．Bを向きづけ可能とする．$M \to B$のチャーン数が$c(M) = 0$を満たしているならば，直積$G = H \times \mathbb{R}$へ持ち上げればよい（命題1.80の1.のケース）．$\partial B \neq \emptyset$の方が簡単なので，$\partial B = \emptyset$としよう．命題2.67の生成元の持ち上げを$\gamma_i \in \mathbb{R}$で指定して$\overline{a_i} = (a_i, 0), \overline{b_i} = (b_i, 0), \overline{x_i} = (x_i, \gamma_i) \in H \times \mathbb{R}$

で与えることにする．このとき，命題 2.67 の関係を満たすための方程式は $\mu_i \gamma_i = \beta_i$, $\sum_{i=1}^k \gamma_i = -\beta$ であるが，$c(M) = 0$ であれば $\gamma_i = \frac{\beta_i}{\mu_i}$ が解となる．このように持ち上げた ρ_G について $\ker f \circ \rho_G$ は t で生成される巡回群であるから ρ_G が離散的であることはすぐに従い，命題 2.67 の関係 $\overline{x_i}^{\mu_i} = t^{\beta_i}$ と $\beta_i \neq 0$ から ρ の X への作用が固定点を持たないことも分かる．

$c(M) \neq 0$ の場合は命題 1.80 の 2. の (G, X)-構造へ持ち上げることになるが，基本的に同じである．やはり $\partial B = \emptyset$ の場合を考える．暫定的に生成元の持ち上げ $f(\overline{a_i}) = a_i, f(\overline{b_i}) = b_i, f(\tilde{x}_i) = x_i$ を選んでおいて，関係を満たすように中心元 $\gamma_i \in \mathbb{R}$ で $\overline{x_i} = \tilde{x}_i \gamma_i$ と持ち上げをとりかえる．このとき，γ_i が満たすべき方程式は

$$\beta_i t = \mu_i \gamma_i + c_i, -\beta t = \sum_{i=1}^k \gamma_i + c, \tag{2.8}$$

ここで c_i, c は暫定的持ち上げで決まる定数

$$c_i := \tilde{x}_i^{\mu_i}, \ c := [\overline{a_1}, \overline{b_1}] \ldots [\overline{a_g}, \overline{b_g}] \tilde{x}_1 \ldots \tilde{x}_k \in \mathbb{R}$$

である．ファイバーの「一周の長さ」t も調節してよいので (2.8) を γ, t に関する線形方程式として見て，$c(M) \neq 0$ ならば解が具体的に得られる．B が向きづけ不能の場合も同様であるが，この場合は $c(M)$ は $\mathbb{Q}/2\mathbb{Z}$ に値を取るから $\beta + \sum_i \frac{\beta_i}{\mu_i} \equiv 0 \mod 2$ かどうかで直積に持ち上がるかどうかが決まる．

命題 2.83 M をトーラス体以外の向きづけ可能ザイフェルト多様体とし，B をそのザイフェルト束の底空間とする．
1. $\hat{\chi}(B) < 0$ の場合，$c(M) = 0$ ならば M は $\mathbb{H}^2 \times \mathbb{R}$-構造を持つ．そうでなければ，$\widetilde{SL_2(\mathbb{R})}$-構造を持つ．いずれの場合も M は不変計量に関して完備体積有限に幾何化される．
2. $\hat{\chi}(B) = 0$ の場合，$c(M) = 0$ ならば M はユークリッド構造を持つ．そうでなければ $\mathcal{N}il$-構造を持つ．
3. $\hat{\chi}(B) > 0$ の場合，$c(M) = 0$ ならば M は $S^2 \times \mathbb{R}$-構造を持ち，そうでなければ球面構造を持つ．

非単純JSJ-成分が体積有限に幾何化されないのは2.のトーラスまたはクラインの壺上のI-束のケースだが，トーラス上の自明I-束の場合は一つのトーラスによるJSJ-分解を実行しなければS^1上のトーラス束として$\mathcal{S}ol$-構造を用いて幾何化できる．クラインの壺上のI-束の場合はMの二重被覆を考えればそのようなJSJ-成分を消してしまうことができる．双曲化定理2.78も踏まえるとこのような例外的なケースを除けば，JSJ-成分は体積有限に幾何化されるはずで，幾何モデルにユニモジュラー性を要請するのは自然であることが分かる．結局サーストンの幾何化予想はポアンカレ予想を含む次の予想となる．

予想 2.84 Mを単純既約閉3次元多様体とする．

1. Mの基本群が有限群であるとき，Mは球面構造を持つ．
2. Mの基本群が有限群でないとき，Mはザイフェルト構造か双曲構造を持つ．

リッチフローを用いた幾何化予想へのアプローチは計量を変形する際に特異性も見ることで幾何化だけでなく分解も実行してしまうという構想である．簡単にステップを述べると次のようになる．

(HY1) 3次元多様体M上のリッチフローの有限時間内に起こる特異性は拡大スケーリングを除いて$S^2 \times \mathbb{R}$と近い計量を持つ「頸部」の領域を生じさせる形で起こる．特異性が生じた時点で「頸部」を$S^2 \times \{0\}$で切り離す手術を行うことで連結和分解を実行する．ただし，連結和分解は自明である可能性もある．

(HY2) 手術つきのリッチフローが時間大域的に構成される場合は時間大域極限を考える．リーマン多様体の崩壊の理論とリッチフローの収束を調べることにより極限でJSJ-分解が実行される．計量は適当に縮小すると時刻無限大の極限で計量が崩壊する領域のJSJ-成分にはザイフェルト構造が入り，崩壊しない領域では双曲計量に収束する．[Ham95b]で引用されていた計量の崩壊に関する結論は[CG90]で，縮小スケーリングの下で曲率は有界であることが期待されていた．

(HY3) 手術つきのリッチフローを構成する際，有限時間で解が全てつぶれて消滅してしまう場合もある．この場合は拡大して正曲率多様体のリーマン

幾何を用いて解析することで位相が決まる．この場合に現れるのは球面幾何や $S^2 \times \mathbb{R}$ の幾何である．

ハミルトンとヤウはこのような方法で幾何化予想を解決しようというプログラムを提唱していた．この壮大なプログラムを実装したのがペレルマンであった．トポロジーの対象としてはあまり面白くないが，**ハミルトン・ヤウプログラムにおいては $S^2 \times \mathbb{R}$ の幾何は重要であるからその分類を述べよう**．

● **例 2.85** $S^2 \times \mathbb{R}$-構造を持つ向きづけ可能 3 次元多様体は $S^2 \times \mathbb{R}$, $\mathbb{R}P^2$ 上の非自明 $\mathbb{R}$-束 $\mathbb{R}P^2 \tilde{\times} \mathbb{R}$, $S^2 \times S^1$, $\mathbb{R}P^3 \sharp \mathbb{R}P^3$ の 4 つであることを確かめよう．$G = \mathrm{Isom}(S^2) \times \mathrm{Isom}(\mathbb{R})$, $X = S^2 \times \mathbb{R}$ とおく．$\mathrm{Isom}_0(S^2)$ の変換は全て固定点を持つこと，さらに $\mathrm{Isom}(S^2)$ の対合で固定点を持たないのは対蹠写像 σ のみであることに注意しよう．

G の離散部分群 Γ は X に自由に作用するものとする．$\mathrm{Isom}(S^2)$ はコンパクトなので Γ の $\mathrm{Isom}(\mathbb{R})$ への射影 Z も離散的である．また射影の核が自明であることにも注意しよう．$Z \cap \mathrm{Isom}_0(\mathbb{R})$ が自明ならば Z は自明であるか，$\mathbb{R}$ の反転 r で生成される $Z = \mathbb{Z}_2$ である．Γ は X に自由に作用して，向きを保つので前者の場合は $\Gamma = \{1\}$, 後者の場合は Γ は対蹠写像 σ と r の直積 $\sigma \times r$ で生成されて $\Gamma = \mathbb{Z}_2$ となる．このとき $\Gamma \backslash X$ はそれぞれ $S^2 \times \mathbb{R}, \mathbb{R}P^2 \tilde{\times} \mathbb{R}$ となる．$Z \cap \mathrm{Isom}_0(\mathbb{R})$ が無限巡回群であれば，Z は平行移動 τ で生成されるか，反転 r と平行移動 τ で生成される．前者の場合は Γ は $g \in \mathrm{Isom}_0(S^2)$ との直積 $g \times \tau$ で生成されるから $\Gamma \backslash X = S^2 \times S^1$ となる．後者の場合は Γ は $\sigma \times r, g \times \tau$ で生成され，$\Gamma \backslash X$ は $\mathbb{R}P^3 \sharp \mathbb{R}P^3$ となる．

第3章 ◇ リッチフローの基本定理

　リッチフローはリーマン計量の発展方程式である．この章では 3 次元多様体の計量を変形してサーストンの幾何化を実行するための道具としてリッチフローを導入し，その解析を行うための基本的な道具を紹介する．初期値問題の解の存在，アプリオリ評価などリッチフローの基本的性質を調べ，とくに最大値原理による曲率条件の保存について詳説する．次元に関係のない議論が多いが最大値原理の帰結の一部，とりわけハミルトン・アイビーの定理 3.51 は 3 次元に固有の結論であり，次章で重要な役割を果たす．最後にアプリオリ評価に基づいて，リーマン幾何におけるコンパクト性定理の類似を導く．コンパクト性は次章でリッチフローの特異性を解析するための基礎となる性質であり，リッチフローを超越的に取り扱うことを可能にする．解析的評価を導く際に必要なリーマン幾何の局所的な結論は 3.5 節に簡単にまとめた．

3.1 方程式と特殊解

　M を n 次元多様体，$0 < T \leq \infty$ とする．時空の点 $(x,t) \in M \times [0,T)$ に C^∞ 級に依存する M 上の計量 $g(t)$ を単に**時間発展計量**，$(M, g(t))$ を**時間発展リーマン多様体**と呼ぶことにする．形式的には $g(t)$ は射影 $p: M \times [0,T) \to M$ による対称テンソル束の引き戻し p^*S^2TM 上の C^∞ 級切断である．$g(t)$ の局所座標成分 g_{ij} が

$$\frac{\partial}{\partial t} g_{ij}(x,t) = -2\operatorname{Rc}_{ij}(x,t) \tag{3.1}$$

を満たしているとき，$g(t)$ を時間 $[0,T)$ 上定義された**リッチフロー**の解といい，$(M, g(t))$ あるいは $M \times [0,T)$ を**リッチフローの時空**という．誤解がなければ $g(t)$ や $(M, g(t))$ をリッチフローと呼んでしまうことにする．また，時刻 $t=0$ における計量 $g(0)$ を**初期値**，**初期計量**などと呼ぶ．簡単のため多様体 M は向きづけ可能なものを考えることにする．あとで見るように方程式 (3.1) は偏微

分方程式としては熱方程式に代表される放物型偏微分方程式に近い.

各時刻におけるリーマン多様体 $(M, g(t))$ が完備であるとき, $(M, g(t))$ を**完備リッチフロー**であるという. $M \times [0, T)$ 上一様に $C_0 \leq \mathrm{Rc} \leq C_1$ が成り立っていれば, 方程式 (3.1) からただちに

$$\exp(-2C_1 t) g(0) \leq g(t) \leq \exp(-2C_0 t) g(0) \tag{3.2}$$

であるから, 初期計量 $(M, g(0))$ が完備で, 時空 $M \times [0, T)$ 上一様に $\mathrm{Rc} \leq C$ ならば, リッチフロー $(M, g(t))$ は完備である. $g(t)$ の定める距離を $\rho_{(M,g(t))}$ とし, その測地球体を

$$B(x, t, r) = \{ y \in M \mid \rho_{(M,g(t))}(x, y) \leq r \}$$

と書くことにすると, とくにこの場合 $(M, g(0))$ の完備性から任意の $r > 0$ に対して, $B(x, t, r)$ がコンパクトとなる. 我々が主に扱うのは完備で時空上で曲率一様有界性 $|\mathrm{Rm}| \leq C$ を満たすリッチフローである. 完備曲率一様有界な計量 g_0 が与えられたとき, ある $T > 0$ に対して, $[0, T)$ 上 g_0 を初期計量とする完備曲率一様有界なリッチフローが一意に存在することが知られている. 方程式 (3.1) の初期値問題の存在と一意性については後で論ずる.

計量のスケーリングに関するリッチフローの不変性を調べておこう. 一般に時間発展するリーマン多様体 $(M, g(t))$ に対して, $(M, \lambda^2 g(\lambda^{-2} t + t_0))$ を乗数 λ の $t = t_0$ における**放物型スケーリング**という. 計量 g のクリストッフェル記号 Γ_{ij}^k 及びリッチテンソル Rc は次のような局所表示を持つ.

$$\Gamma_{ij}^k = \frac{1}{2} g^{kh} \left(\frac{\partial g_{ih}}{\partial x_j} + \frac{\partial g_{jh}}{\partial x_i} - \frac{\partial g_{ij}}{\partial x_h} \right) \tag{3.3}$$

$$\mathrm{Rc}_{ij} = \frac{\partial \Gamma_{ij}^k}{\partial x_k} - \frac{\partial \Gamma_{kj}^k}{\partial x_i} + \Gamma_{ij}^h \Gamma_{kh}^k - \Gamma_{hj}^k \Gamma_{ik}^h \tag{3.4}$$

したがって, 計量 g のスケーリング $\lambda^2 g$ に対して, リッチテンソルの座標成分 Rc_{ij} は不変性 $\mathrm{Rc}_{ij}^g = \mathrm{Rc}_{ij}^{\lambda^2 g}$ を持つ. とくに, リッチフローの放物型スケーリングはまたリッチフローとなることが分かる.

●**例 3.1 (標準解)** (M, g_0) をアインシュタイン多様体, つまり, $\mathrm{Rc}^{g_0} = c g_0$ を満たしているとする. このとき, 方程式 (3.1) の解が時刻 t に関する正値関数 f

により $g(t) = f(t)g_0$ と書けているものとして,解を探してみよう.実際,リッチテンソルのスケーリング不変性に注意すると,関数 f が満たすべき方程式は $\partial_t f = -2c$ となるから,$g(t) = (1-2ct)g_0$ がリッチフローの解を与える.$c > 0$ のときは $t < \frac{1}{2c}$ まで縮小スケーリングで発展して,時刻 $t = \frac{1}{2c}$ で一点につぶれて解が消滅してしまう.$c = 0$,つまりリッチ平坦計量のときは初期計量のまま停留する自明な解である.$c < 0$ ならば解は $t < \infty$ で拡大スケーリングで発展しつづける.

とくに,断面曲率 $\frac{\lambda}{2(n-1)}$ の標準的球面 (S^n, g_{S^n}) を初期計量とする解は $t = \lambda^{-1}$ で消滅する.これを球面の標準解という.また,リッチフロー $(M, g(t))$, $(N, h(t))$ の直積 $(M \times N, g(t) \times h(t))$ もリッチフローとなることはすぐに分かるから,$(S^n \times \mathbb{R}^m, (1-\lambda t)g_{S^n} \times g_{\mathbb{R}^m})$ もリッチフローである.これも $S^n \times \mathbb{R}^m$ の標準解という.

コンパクト多様体 M 上のリッチフロー $(M, g(t))$ の体積を正規化すれば単なるスケールの違いは区別されなくなる.各時刻で $\mathrm{vol}(M, h(t)) \equiv 1$ となるように,$h(t) = \mathrm{vol}(M, g(t))^{-\frac{2}{n}} g(t)$ と計量にスケーリングを施す.時刻に依存する放物型スケーリングを行うため,

$$\frac{d\tau}{dt} = \mathrm{vol}(M, g(t))^{-\frac{2}{n}}$$

で定められる新しい時刻パラメータ τ を導入する.リッチテンソルのスケーリング不変性に注意して計算すると,

$$\frac{\partial h_{ij}}{\partial \tau} = \frac{\partial t}{\partial \tau}\frac{\partial h_{ij}}{\partial t} = -2\left(\mathrm{Rc}_{ij}^h + \frac{1}{n}\mathrm{vol}(M, g(t))^{\frac{2}{n}}\frac{d}{dt}[\ln \mathrm{vol}(M, g)]h_{ij}\right)$$

となるが,リッチフローの体積の時刻微分

$$\frac{d}{dt}\mathrm{vol}(M, g) = \int_M \frac{d}{dt}\sqrt{\det g_{ij}(t)}dx_1 \cdots dx_n$$
$$= \int_M \frac{1}{2}\mathrm{tr}_g \frac{\partial}{\partial t}g_{ij}\,\mathrm{dvol}_g = -\int_M R^g\,\mathrm{dvol}_g$$

とスケーリングのスカラー曲率の関係 $R^h = \mathrm{vol}(M, g)^{\frac{2}{n}}R^g$ を用いて,

$$\frac{\partial h_{ij}}{\partial \tau} = -2\left(\mathrm{Rc}_{ij}^h - \frac{1}{n}\left(\int_M R^h\,\mathrm{dvol}_h\right)h_{ij}\right)$$

を得る.これを**正規化された方程式**という.この発展方程式の停留点はアインシュタイン多様体である.

M 上の計量全体のなす空間を $\mathcal{M}$ とし,リッチフローをその上の「力学系」と考えると放物型スケーリングに関する不変性から,この「力学系」は計量のスケーリングによる作用で不変であり,商空間 $\mathcal{M}/\mathbb{R}_+$ 上に軌道を定める.$\mathcal{M}/\mathbb{R}_+$ 上の自明な軌道に対応する計量はアインシュタインである.一方,リッチテンソル Rc は計量に関する(局所)等長不変量だから,$(M_2, g(t))$ がリッチフローに従うとき,微分同相 $\phi: M_1 \to M_2$ による引き戻し $(M_1, \phi^* g(t))$ もそうである.したがって,スケーリング及び M の自己微分同相の作用で生成される $\mathcal{M}$ の変換群を $\mathcal{G}$ とすると,リッチフローは $\mathcal{G}$ で保たれ $\mathcal{M}/\mathcal{G}$ 上に軌道を定める.$\mathcal{M}/\mathcal{G}$ 上の自明な軌道について考えよう.

ϕ_t を時刻に依存する M の自己微分同相の 1 パラメータ族で $\phi_0 = \mathrm{id}_M$ を満たすものとする.このとき,

$$v(\phi_t(x), t) = \frac{\partial \phi_t}{\partial t}(x) \tag{3.5}$$

により M 上の(時刻に依存する)ベクトル場 v を定める.(3.5) は正規形常微分方程式だから,逆にベクトル場 v が与えられた時,積分曲線の存在時間が一様に保証されていれば,$\phi_0 = \mathrm{id}_M$ に対して初期値問題を解いて,ϕ_t が一意的に存在することも分かる.

補題 3.2 ϕ_t, v_t を上の通りとし,$h(t)$ を M 上の時間発展計量とする.このとき,$\overline{h}(t) := \phi_t^* h(t)$ の時刻微分は

$$\frac{\partial}{\partial t} \overline{h}_{ij} = \left(\phi_t^* \frac{\partial h}{\partial t} \right)_{ij} + (\phi_t^* L_v h)_{ij} = \phi_t^* (\partial_t h_{ij} + \nabla_i v_j + \nabla_j v_i)$$

で与えられる.ここで,L_v は v によるリー微分,∇ は h のレヴィ・チヴィタ接続である.

証明 $\phi_t^* h(t)$ の時刻微分を計算すると ϕ_t と $h(t)$ の t に関する微分が現れ,

$$\frac{\partial}{\partial t} \overline{h} = \frac{\partial}{\partial s}[\phi_t^* h(s+t)]_{s=0} + \frac{\partial}{\partial s}[\phi_{s+t}^* h(t)]_{s=0}.$$

となる.第1項は $\phi_t^* \partial_t h$ となり,第2項は定義から $L_{\phi_t^* v} \phi_t^* h = \phi_t^*(L_v h)$ だが リー微分は ∇ を用いると $(L_v h)_{ij} = \nabla_i v_j + \nabla_j v_i$ と計算される. ∎

$\mathcal{M}/\mathcal{G}$ に自明な軌道を与えるリッチフロー $(M, g(t))$ は M 上の計量 g_0 により $g(t) = \lambda(t)\phi_t^* g_0$ の形で与えられる.λ は時刻 t に関する滑らかな正値関数で $\lambda(0) = 1$ を満たすものとする.補題 3.2 により

$$\frac{\partial}{\partial t} g_{ij} = \frac{\dot{\lambda}}{\lambda} g_{ij} + \nabla_i \phi_t^* v_j + \nabla_j \phi_t^* v_i$$

だから,リッチフロー $(M, g(t))$ は $V = \phi_t^* v$ に対して,

$$2\operatorname{Rc}_{ij} + \frac{\dot{\lambda}}{\lambda} g_{ij} + \nabla_i V_j + \nabla_j V_i = 0 \tag{3.6}$$

なる方程式を満たす.この方程式を満たすリッチフローを**ソリトン**という.とくに $t = 0$ において,初期計量 g_0 は

$$2\operatorname{Rc}_{ij} + \Lambda g_{0ij} + \nabla_i v_j + \nabla_j v_i = 0, \quad \Lambda = \dot{\lambda}(0) \tag{3.7}$$

を満たさなければならない.逆に計量 g_0 がある定数 Λ と完備ベクトル場 $v = v_0$ に関して,(3.7) を満たせば,g_0 を初期計量とするソリトンが存在する.実際,$\lambda(t) = 1 + \Lambda t$,$v(t) = \lambda(t)^{-1} v_0$ とすると,v_0 の完備性から $\lambda(t) \neq 0$ である限り (3.5) を満たす微分同相の 1 パラメータ族 ϕ_t が存在する.$g(t) = \lambda(t)\phi_t^* g_0$ とおくと,補題 3.2 により

$$\frac{\partial}{\partial t} g_{ij} = \Lambda(\phi_t^* g_0)_{ij} + (\phi_t^*(\lambda(t) L_{v(t)} g_0))_{ij} = \phi_t^*(\Lambda g_0 + L_{v_0} g(0))_{ij} = -2\operatorname{Rc}_{ij}^g$$

となり,リッチフローの方程式を満たす.このとき,(3.6) は

$$2\operatorname{Rc}_{ij} + \frac{\Lambda}{1 + \Lambda t} g_{ij} + \nabla_i V_j + \nabla_j V_i = 0 \tag{3.8}$$

と書ける.スケーリング率 Λ の正負に応じて,$\Lambda > 0$ のとき**拡大ソリトン**,$\Lambda < 0$ のとき**縮小ソリトン**,$\Lambda = 0$ のとき**安定ソリトン**と呼ぶ.v が完備なベクトル場であれば,拡大ソリトンは時間 $(-\Lambda^{-1}, \infty)$ で,縮小ソリトンは時間 $(-\infty, -\Lambda^{-1})$ で,安定ソリトンは時間 $(-\infty, \infty)$ で定義される.縮小ソリト

ン，安定ソリトンのように無限の過去を含む定義時間 $(-\infty, T)$ を持つリッチフローを**古代解**という．古代解はリッチフローの特異性を調べる上で重要な役割を果たす．とくに定義時間が $(-\infty, \infty)$ である場合，**永遠解**という．拡大ソリトンや縮小ソリトンの場合 (3.8) において時刻パラメータ t を $t + \Lambda^{-1}$ にとりかえて消滅時刻を $t = 0$ に正規化する場合が多いが，この場合方程式は

$$2\mathrm{Rc}_{ij} + \nabla_i V_j + \nabla_j V_i + \frac{1}{t} g_{ij} = 0 \tag{3.9}$$

の形になる．

(3.7) において，ベクトル場 v の選び方は一意でないが，v を滑らかな関数 $f(x,t)$ の（空間方向の）勾配ベクトル $V = \nabla f$ にとれるとき，**勾配型ソリトン**という．このとき，(3.9) は

$$\mathrm{Rc}_{ij} + \nabla_i \nabla_j f + \frac{1}{2t} g_{ij} = 0 \tag{3.10}$$

となる．アインシュタイン計量を初期値とする例 3.1 のリッチフローは $c \gtreqless 0$ に応じて拡大ソリトン，安定ソリトン，縮小ソリトンとなり，$V = 0$ であるからいずれも勾配型ソリトンである．これを自明なソリトンという．

- **例3.3** $S^n \times \mathbb{R}$ の標準解は $g(t) = \lambda(t) g_{S^n} \times g_{\mathbb{R}}$ の形で書ける．適当にスケーリングして $t = 0$ において，$\mathrm{Rc}_{S^n} = g_{S^n}$ であるとしてよい．このとき，$\mathbb{R}$ の座標を s で表すと $\mathrm{Rc}_{S^n \times \mathbb{R}} - g_{S^n \times \mathbb{R}} = -ds^2$ である．ここで，$S^n \times \mathbb{R}$ 上の関数 $f(x,s) = \frac{s^2}{2}$ とすると，$\nabla^2 f = ds^2$ であるから，$\Lambda = -2, v = \nabla f$ に対して，(3.7) を満たす．v が完備ベクトル場であることは見やすい．したがって，$S^n \times \mathbb{R}$ の標準解は勾配型縮小ソリトンである．

- **例3.4（ガウスソリトン）** $\mathbb{R}^n$ の標準的平坦計量 $g_{\mathbb{R}^n}$ に対して，$f(x,t) = \frac{-|x|^2}{4t}$ とおくと，(3.10) を満たす勾配型ソリトンが得られる．これはガウスソリトンと呼ばれ，$t > 0$ に拡大ソリトン，$t < 0$ に縮小ソリトンを定める．縮小ソリトンについては $v = -\nabla f$ の定める 1 パラメータ変換群はガウス測度

$$\Omega = \frac{e^{-f}}{(-4\pi t)^{\frac{n}{2}}} \, \mathrm{dvol}_{\mathbb{R}^n} = G(x,t) \, \mathrm{dvol}_{\mathbb{R}^n}$$

を保つ．実際，発散 $\nabla_i v^i = \frac{n}{2t}$ により $\mathrm{dvol}_{\mathbb{R}^n}$ のリー微分は計算されるので

$$L_v \Omega = \left(\frac{d}{dt}(G(\sigma_t(x), t)) + \nabla_i v^i \right) \mathrm{dvol}_{\mathbb{R}^n} = 0$$

が従う．例 3.3 のソリトンは球面上の自明なソリトンと $\mathbb{R}$ 上のガウスソリトンの直積である．

● **例 3.5（葉巻型ソリトン）** $\mathbb{R}^2$ の原点を o とし，o に関して回転対称な計量

$$g_{\mathrm{cigar}} = \frac{dx^2 + dy^2}{x^2 + y^2 + 1} = \frac{dr^2 + r^2 d\theta^2}{r^2 + 1} \tag{3.11}$$

を考える．(r, θ) は $\mathbb{R}^2$ の極座標である．この計量が (3.7) を満たし，完備勾配型安定ソリトンを定めることを見よう．原点 o からの距離を

$$s(r) = \int_0^r \frac{dr}{\sqrt{r^2 + 1}}$$

とおく．s は r に滑らかに依存する単調増加な関数で，$\lim_{r \to \infty} s(r) = \infty$ である．とくにこのことから，$g = g_{\mathrm{cigar}}$ に関する閉測地球 $B^g(o, s_0)$ は $\mathbb{R}^2$ の標準計量に関する半径 r $(s(r) = s_0)$ の閉測地球と一致するから，コンパクトであり，g の完備性が従う．新しい座標 (s, θ) に対して，g を書き下すと

$$g = ds^2 + (\tanh s)^2 d\theta^2$$

であることが簡単な計算で分かる．一般に $g = ds^2 + \phi(s)^2 d\theta$ の形をした計量に関して，(3.3) によりクリストッフェル記号を計算するとゼロでない成分は

$$\Gamma_{01}^1 = \Gamma_{10}^1 = \frac{d}{ds} \ln \phi, \ \Gamma_{11}^0 = -\phi(s) \dot{\phi}(s)$$

だけである．ここで，s を添字 0，θ を添字 1 に対応させている．したがって (3.4) によりリッチテンソルは $\mathrm{Rc}_{ij} = -(\frac{\ddot{\phi}}{\phi}) g_{ij}$ と計算される．$\phi(s) = \tanh s$ のとき，$\Lambda = 0$, $f(s, \theta) = 2 \ln \cosh s$, $v = \nabla f$ に対して，原点 o 以外で (3.7) を満たすことは直接計算すれば確かめられる．s^2 がもとの $\mathbb{R}^2$ の座標 (x, y) に関して滑らかな関数であることに注意すると，f は o まで滑らかに拡張することが従

う．また，$|v| \leq 2$ であるから v は完備ベクトル場である．したがって，(3.11) の計量は完備勾配型安定ソリトンを定める．このソリトンを葉巻型ソリトンという．

あとの目的のため，葉巻型ソリトンの遠方での幾何を簡単に調べる．スカラー曲率は $R = 4/(\cosh s)^4$ であるから，どの点でも正曲率で，o からの距離 s に対して急減少する．また $s \to \infty$ のとき，$\phi(s) = \tanh s \to 1$ であるから，遠方では平坦なシリンダー $S^1 \times \mathbb{R}$ に近い幾何を持つことはほぼ明らかだろうが，とくに遠方の点での体積比を調べておこう．大きな正数 $A > 0$ を固定し，$\rho_g(o,p) = l > A$ なる点をとると，

$$\mathrm{vol}(B(p,A)) \leq \mathrm{vol}(B(o,l+A) \setminus B(o,l-A))$$
$$= \int_0^{2\pi} \int_{l-A}^{l+A} \tanh s \, ds d\theta = 2\pi \ln\left(\frac{\cosh(l+A)}{\cosh(l-A)}\right) \xrightarrow{l \to \infty} 4\pi A$$

となる．したがって任意の $\varepsilon > 0$ に対して，$\frac{4\pi}{A} < \varepsilon$ となるように A を大きくとれば，o から十分遠方の p について，ユークリッド体積比は $\mathrm{vol}(B(p,A))/A^2 < \varepsilon$ とすることができる．

リッチフローの曲率テンソルの時間発展方程式を求めておこう．$g(t)$ を方程式 (3.1) で時間発展する計量とし，$\partial_t g_{ij} = v_{ij}$ とおく．このとき，曲率テンソルの成分をクリストッフェル記号で

$$R_{ijk}{}^l = \partial_i \Gamma_{jk}^l - \partial_j \Gamma_{ik}^l + \Gamma_{jk}^m \Gamma_{im}^l - \Gamma_{ik}^m \Gamma_{jm}^l$$

と書いて時間発展を直接計算しよう．(3.3) の時刻微分は

$$\partial_t \Gamma_{jk}^l = \frac{1}{2}(\nabla_j v_k^l + \nabla_k v_j^l - \nabla^l v_{jk}) \tag{3.12}$$

と計算できるから一般に曲率の変分は

$$\partial_t R_{ijk}{}^l = \frac{1}{2}\nabla_i(\nabla_j v_k^l + \nabla_k v_j^l - \nabla^l v_{jk}) - \frac{1}{2}\nabla_j(\nabla_i v_k^l + \nabla_k v_i^l - \nabla^l v_{ik})$$
$$= \frac{1}{2}([\nabla_i, \nabla_j]v_k^l + \nabla_i(\nabla_k v_j^l - \nabla^l v_{jk}) - \nabla_j(\nabla_k v_i^l - \nabla^l v_{ik})) \tag{3.13}$$

と計算される．ここで，$v_{ij} = -2\mathrm{Rc}_{ij}$ のとき第二ビアンキ恒等式の縮約

$$\frac{1}{2}(\nabla_k v_j^l - \nabla^l v_{jk}) = -\nabla^m R_{jmk}{}^l = -\frac{1}{2}d^* R_{jk}{}^l$$

に注意しよう．最後の等式は曲率テンソル R を $\mathrm{End}(TM)$ に値を取る 2-形式と見て，外微分の随伴作用素 d^* を用いてテンソルを表している．このことから

$$\partial_t R_{ijk}{}^l = -dd^* R_{ijk}{}^l - \mathrm{Rc}_k^m R_{ijm}{}^l + \mathrm{Rc}_m^l R_{ijk}^m$$

と計算される．第二ビアンキ恒等式は曲率テンソルが閉形式 $dR = 0$ であることを意味するので，結局ホッジラプラシアン $\Box = dd^* + d^*d$ を用いて

$$\partial_t R_{ijk}{}^l = -\Box R_{ijk}{}^l - \mathrm{Rc}_k^m R_{ijm}{}^l + \mathrm{Rc}_m^l R_{ijk}{}^m \tag{3.14}$$

なる方程式を得る．接続が与えられたベクトル束 E に値を持つ 2-形式 ϕ_{ij} について

$$\Box \phi_{ij} = (\nabla_i \nabla^k \phi_{jk} - \nabla_j \nabla^k \phi_{ik}) + \nabla^k(\nabla_i \phi_{kj} + \nabla_k \phi_{ji} + \nabla_j \phi_{ik})$$
$$= -\Delta \phi_{ij} + R_{ijk}{}^m \phi^k{}_m - \mathrm{Rc}_i^m \phi_{jm} + \mathrm{Rc}_j^m \phi_{im} + F_{ik}(\phi_j{}^k) - F_{jk}(\phi_i{}^k)$$

と計算すると，$\Box$ と $\Delta = \nabla^m \nabla_m$ に関するワイツェンベック公式が得られる．ここで F はベクトル束 E の曲率である．あとは $E = \mathrm{End}(TM)$ の場合に (3.14) の項を書き下してビアンキ恒等式で項を書き換えると

$$\partial_t R_{ijk}{}^l = \Delta R_{ijk}{}^l - R_{ijm}{}^n R_k{}^{lm}{}_n + 2R_{ink}{}^m R_j{}^n{}_m{}^l - 2R_{inm}{}^l R_j{}^n{}_k{}^m$$
$$- \mathrm{Rc}_i^m R_{mjk}{}^l - \mathrm{Rc}_j^m R_{imk}{}^l - \mathrm{Rc}_k^m R_{ijm}{}^l + \mathrm{Rc}_m^l R_{ijk}{}^m \tag{3.15}$$

を得るから，曲率テンソルは自身の二次形式を非線形項に持つ熱方程式に従うことが分かる．非線形項はだいぶ煩雑に見えるが，最後の 4 項は局所枠の時刻依存に起因するいわば「見かけの項」である．実際，TM の局所枠 $\{e_1, \ldots, e_n\}$ の局所表示において係数 A_a^j の時刻発展を常微分方程式

$$\frac{d}{dt} A_a^j = A_a^i \mathrm{Rc}_i^j \quad \left(e_a = A_a^j(x, t) \frac{\partial}{\partial x^j} \right) \tag{3.16}$$

で定めると方程式 (3.1) により

$$\frac{\partial}{\partial t}g(e_a, e_b) = \frac{\partial}{\partial t}(A_a^i A_b^j g_{ij}) = 0$$

と計算され，内積は時刻によらない．このような正規直交枠 $\{e_1, \ldots, e_n\}$ をとって $R(e_a, e_b)e_c = R_{abcd}e_d$ とおくと，曲率の方程式は

$$\partial_t R_{abcd} = \Delta R_{abcd} - R_{abpq}R_{cdpq} + 2R_{aqcp}R_{bqpd} - 2R_{aqpd}R_{bqcp} \qquad (3.17)$$

となり，(3.15) から最後の4項が消えた形となる（例えば [Ham86] とは曲率の添字の規約が違う）．ここで，トレースをとり，ビアンキ恒等式を用いるとリッチ曲率 Rc とスカラー曲率 R の方程式

$$\partial_t \mathrm{Rc}_{ab} = \Delta \mathrm{Rc}_{ab} + 2\mathrm{Rc}_{cd} R_{acdb}, \ \partial_t R = \Delta R + 2|\mathrm{Rc}|^2 \qquad (3.18)$$

を得る．

発展方程式 (3.16) と曲率発展方程式 (3.17) の少し抽象的な解釈を与えておこう．各時刻で計量 $g(t)$ に関する正規直交枠のなす主 SO(n) 束を $Q_t \to M$ とする．正規直交枠の発展方程式 (3.16) は SO(n)-作用で不変なので異なる時刻の主束の間の同型 $Q_t \to Q_{t'}$ を与える．また $\mathscr{Q} = \bigcup_{t \in [0,T]} Q_t \to M \times [0, T]$ を時空上の主 SO(n) 束とすると，この同型は $\mathscr{Q}$ と $Q_0 \times [0, T]$ の同一視を与える．さらに発展方程式 (3.16) を $\mathscr{Q}$ における時刻方向の平行移動の方程式と思うと空間方向のレヴィ・チヴィタ接続と合わせて $\mathscr{Q}$ 上に接続が定まる．例 A.9 のように曲率テンソルの成分は $\mathscr{Q}$ 上の SO(n)-同変ベクトル値関数 $R: \mathscr{Q} \to \mathfrak{R}$ とみなすことができる．ここで $\mathfrak{R}$ は $\wedge^2 \mathbb{R}^n$ 上の対称作用素で第一ビアンキ恒等式を満たすもの全体である．簡単のため $\mathfrak{R}$ を**曲率テンソル空間**と呼ぶ．

テンソルの共変微分（例 A.9）は $Q_t, \mathscr{Q}$ 上の水平ベクトル場による成分関数の微分で計算される．D_p を Q_t の水平ベクトル場で M への射影が正規直交枠の単位ベクトル e_p と一致するものとしよう．D_p の積分曲線の射影は e_p 方向の測地線であることに注意すると M 上のテンソル T を Q_t 上のベクトル値関数と見なすとき，$\sum_p D_p D_p T$ は計量ラプラシアンを施したテンソル ΔT となることが分かる．$\mathscr{Q}$ には時間と空間方向への水平ベクトル場 D_t, D_p が定まっ

ているが，曲率発展方程式 (3.17) は水平ベクトル場による微分を用いて記述された曲率テンソルの成分関数 R に関する方程式

$$D_t R_{abcd} = \sum_p D_p D_p R_{abcd} - X(R) \tag{3.19}$$

と解釈することができる．ここで X は $\mathfrak{R}$ 上の二次形式である．

3.2 初期値問題

コンパクト多様体 M 上に計量 g_0 が与えられたとき，ある時間 $[0,T)$ で定義されたリッチフロー $(M,g(t))$ で初期条件 $g(0) = g_0$ を満たすものが一意に存在することを示そう．少し一般的に書くと我々が考えるのは

$$\frac{\partial}{\partial t} g_{ij}(x,t) + E(g)_{ij}(x,t) = 0, \ g_{ij}(x,0) = g_{0\,ij}(x) \tag{3.20}$$

なる発展方程式の初期値問題である．$E(g)$ は g に依存して定まる二次対称テンソルである．リッチフローの場合 $E(g) = 2\operatorname{Rc}$ であるが，このときは局所表示 (3.4) を見れば分かるように

$$\frac{\partial^2 g_{ij}}{\partial x_k \partial x_l}, \ \frac{\partial g_{ij}}{\partial x_k}, \ g^{ij}, \ g_{ij}$$

といった g の2階微分までの項で記述されている．我々はあとでリッチフローを改変したフローも考えるが，やはり2階微分までの項で記述されている．初期値問題 (3.20) の解の存在を示すための一つの方法は g をあるバナッハ空間 B_0 の開集合 U の元と考え，(3.20) の左辺を（別の）バナッハ空間 B_1 への写像 $U \ni g \mapsto \frac{\partial}{\partial t} g + E(g) \in B_1$ と考えた上で，関数空間の逆関数定理を用いて，実際に U に属する解が存在することを示すというものである．

有限次元の場合と同様に写像 $f : U \to B_1$ の連続微分可能性が定義できる．C^1 級写像の微分（ヤコビ行列）δf は B_0 から B_1 への有界線形作用素のなすバナッハ空間 $L(B_0, B_1)$ に値を取る連続写像である．実際の場面では δf は変分を計算して得られる．$U \ni x \mapsto \delta f(x) \in L(B_0, B_1)$ が C^1 級ならば，f を C^2 級

として，以降帰納的に C^r 級の写像を定める．逆関数定理も有限次元の場合とほとんど同じように示すことが出来る．詳しくは [Lan69] を見よ．

定理3.6（逆関数定理） $r \geq 1$ とする．$\Phi : U \to B_1$ を C^r 級写像とし，$x_0 \in U$ における微分 $\delta\Phi(x_0) \in L(B_0, B_1)$ の逆作用素 $T \in L(B_1, B_0)$ が存在すれば，Φ は x_0 の近傍で C^r 級局所微分同相を定める．つまり，$x_0, \Phi(x_0)$ それぞれの近傍 $V \subset B_0, W = \Phi(V) \subset B_1$ と C^r 級写像 $\Psi : W \to V$ が存在して，$\Psi \circ \Phi = \mathrm{id}_V, \Phi \circ \Psi = \mathrm{id}_W$ となる．

まずバナッハ空間の設定をしよう．放物型の方程式を扱う場合，放物型スケーリングに関して設定が保たれるように時刻パラメータに関する微分の階数は空間パラメータの2倍の重みを付けて数える．したがって時刻に依存する M 上の二次対称テンソル $h_{ij}(t)$ の微分係数

$$\frac{\partial^{k+|l|} h_{ij}}{\partial t^k \partial x_1^{l_1} \cdots \partial x_n^{l_n}}, \ (|l| = l_1 + \cdots + l_n, \ 2k + |l| \leq m)$$

が存在して連続であるとき $h_{ij}(t)$ を C^m 級と考える．コンパクト多様体 M 上で C^m 級のノルムを定義するには例えば M の相対コンパクトな局所座標近傍からなる有限開被覆 $\mathfrak{U} = \{U_\xi\}$ をとって固定し，

$$\|g\|_{C^m, \mathfrak{U}} := \sum_{2k+|l| \leq m, \xi} \sup_{(x,t) \in U_\xi \times [0,T]} \left| \frac{\partial^{k+|l|} h_{ij}}{\partial t^k \partial x_1^{l_1} \cdots \partial x_n^{l_n}} \right|$$

とすればよい．放物型方程式の評価を行うために我々が用いるのはヘルダー連続性も加味した $C^{m,\alpha}$ 級ノルムである（他の選択肢はソボレフ空間である）．$\alpha \in (0,1)$ とし，$2k + l \leq m$ なる偏微分係数が存在して，それらが指数 α に対してヘルダー連続であるような2次対称テンソル全体のなす空間を $C^{m,\alpha}(M \times [0,1], S^2T^*M)$ と表す．時刻に依存しないテンソルの場合も $C^{m,\alpha}(M, S^2T^*M)$ を同様に定める．ただし時刻に依存する場合はやはり時間方向に重みを付けて局所座標で時空の距離 $\rho((x_0, t_0), (x_1, t_1)) := \sqrt{|t_0 - t_1| + |x_0 - x_1|^2}$ に関するヘルダー連続性を考える．つまり上の被覆 $\mathfrak{U}$ に

について,

$$\|h\|_{k,l,\alpha}(U_\xi) := \max_{(x,t)\neq(y,s)\in U_\xi\times[0,T]} \frac{|\partial_t^k \partial_x^l h_{ij}(x,t) - \partial_t^k \partial_x^l h_{ij}(y,s)|}{\rho((x,t),(y,s))^\alpha}$$

$$\|h\|_{C^{m,\alpha}} = \|h\|_{C^m} + \sum_{\xi, k+2|l|\leq m} \|h_{ij}\|_{k,l,\alpha}(U_\xi)$$

で $C^{m,\alpha}$ ノルム $\|\cdot\|_{C^{m,\alpha}}$ を定める. $C^{m,\alpha}$ ノルムが有界であるテンソル全体 $C^{m,\alpha}(M\times[0,1], S^2T^*M)$ はバナッハ空間をなす. 関数空間の設定の詳細については [Fri64, Chap 3] を参照してほしい. 以降 [Fri64] からの引用は全て $\mathbb{R}^n$ の領域上のスカラー方程式の設定で書かれているものを多様体上の計量成分の方程式系に読みかえる必要がある.

逆関数定理 3.6 を用いて実際に初期値問題 (3.20) を解くために我々が考える設定は

$$B_0 = C^{2,\alpha}(M\times[0,1], S^2T^*M),$$
$$B_1 = C^{0,\alpha}(M\times[0,1], S^2T^*M) \times C^{2,\alpha}(M, S^2T^*M) = V\times W$$

である. 時刻に依存する正定値な対称テンソルのなす開集合を $U\subset B_0$ とおく. このとき, $E(g)$ が g_{ij} の二階までの偏微分係数で書けているという前提で

$$\Phi\colon U\ni g\mapsto \left(\frac{\partial}{\partial t}g + E(g), g(0)\right) \in B_1$$

により写像 Φ を定める.

逆関数定理 3.6 の適用方針 まず基点 $x_0 \in U$ として初期値問題 (3.20) の解を近似する計量 $h_{ij}(x,t)$ をとる. $C^{4,\alpha}$ 級の初期計量 g_0 ($C^{2,\alpha}$ ではない) をとり, $t=0$ の近傍では t に関する解の一次近似 $h(x,t) = g_0(x) - tE(g_0)$ で h を定める. g_0 にのみ依存する十分小さな定数 T が存在して, $[0,T]$ 上で h は正定値であるが, $[T,1]$ 上ではこれを正定値のまま

$$C^{2,\alpha}$$

級に拡張したものを $h \in U$ とする.このとき,$t = 0$ の近辺では $\Phi(h) = (E(h) - E(g_0), g_0)$ である.カットオフ関数 $\chi_\varepsilon(t)$ を $[0, \varepsilon]$ 上 $\chi_\varepsilon \equiv 0$, $[2\varepsilon, \infty)$ 上 $\chi_\varepsilon \equiv 1$, $|\chi'_\varepsilon| \leq 2\varepsilon^{-1}$ となるようにとり,$E(h) - E(g_0) = O(t)$ に注意すれば,$\varepsilon > 0$ を十分小さくとるとき $\Phi(h)$ の B_1 における任意の近傍に $(\chi_\varepsilon(t)(\partial_t h + E(h)), g_0)$ が含まれることが分かる.したがって,h において微分 $\delta\Phi$ の可逆性を示せば逆関数定理 3.6 により,ある $\varepsilon > 0$ に対して,$\Phi(g) = (\chi_\varepsilon(t)(\partial_t h + E(h)), g_0)$ なる $g \in B_0$ が存在する.とくに g は時間 $[0, \varepsilon]$ における初期値問題 (3.20) の解を与える.

上の方針によれば,初期値問題 (3.20) の解の存在は変分 $\delta\Phi$ の計算とその可逆性に帰着する.実際の適用場面では $L_g = \delta\Phi(g) : B_0 \to B_1$ は線形微分作用素となり,Φ の可逆性は(あらかじめ与えられた $g = h$ について)偏微分方程式に関する次の命題となる.L_g を $E(g)$ の g における**線形化作用素**という.

可逆性条件 任意の $(f, v_0) \in B_1$ に対して,半線形偏微分方程式の初期値問題

$$L_g v = f, \; v(x, 0) = v_0(x) \tag{3.21}$$

の解 v が一意的に存在して,線形対応 $(f, v_0) \mapsto v$ で

$$\|v\|_{B_0} \leq C(\|f\|_V + \|v_0\|_W)$$

を満たすものが定まる.

$E(g) = 2\operatorname{Rc}(g)$ の線形化作用素を求めよう.$v \in B_0$ 方向の変分を計算すればよいから (3.13) のトレースをとって

$$\begin{aligned}
2\delta_v \operatorname{Rc}_{ij} &= [\nabla_l, \nabla_i] v_j^l + \nabla_l(\nabla_j v_i^l - \nabla^l v_{ij}) - \nabla_i(\nabla_j v_l^l - \nabla^l v_{lj}) \\
&= -\Delta v_{ij} - 2R_{lij}{}^m v_m^l + \operatorname{Rc}_{im}{}^l v_j^m + \operatorname{Rc}_{jm} v_i^m \\
&\quad + \{\nabla_j \nabla_l v_i^l + \nabla_j \nabla_l v_i^l - \nabla_i \nabla_j v_l^l\}
\end{aligned} \tag{3.22}$$

を得る.$L_g v = 2\delta_v \operatorname{Rc}(g)$ は v に関する 2 階偏微分線形作用素で,その係数は g の幾何に依存して定まっている.最後の $\{\ \}$ の中の 3 項がなければ,線形化方程式 (3.21) は 2 階半線形放物型方程式である.ハミルトンによる最初の証

3.2 初期値問題

明 [Ham82] は L_g の可逆性を直接示すというものであったが，我々はデターク [DeT83] の方法に従い，対応する線形化方程式が 2 階放物型方程式になるようにリッチフローの方程式を変形して解の存在を示す．

まず，ベクトル場 Y をクリストッフェル記号の変分 $\delta_v \Gamma$ を用いて

$$Y^k := g^{pq} \delta_v \Gamma^k_{pq} = g^{kp} \left(\nabla_l v^l_p - \frac{1}{2} \nabla_p v^l_l \right)$$

で与えると，(3.22) の最後の 3 項は $\nabla_i Y_j + \nabla_j Y_i$ に等しいことを注意しておこう．そこで，C^∞ 級の計量 h_0 を固定し，そのレヴィ・チヴィタ接続を ∇^0 として，g に依存して定まるベクトル場を $X(g)^k = g^{pq} (\nabla^g - \nabla^0)^k_{pq}$ とおく．このときリッチフローの代わりに

$$E(g)_{ij} = 2\operatorname{Rc}(g)_{ij} - \nabla_i X(g)_j - \nabla_j X(g)_i \tag{3.23}$$

に対して初期値問題 (3.20) を考えることにしよう．この $E(g)$ に対する発展方程式を**デターク・リッチフロー**と呼ぶことにする．実際リッチフローの初期値問題の解の存在の問題はデターク・リッチフローのケースに帰着する．

補題 3.7 コンパクト多様体上のデターク・リッチフローの初期値問題の解 $g_{ij}(t)$ に対して，適当な微分同相の 1 パラメータ族 ϕ_t が存在して，$\phi^*_t g_{ij}(t)$ がリッチフローとなる．

証明 ベクトル場 $v = -X(g)$ に対して常微分方程式 (3.5) の初期値 $\phi_0 = \operatorname{id}_M$ に対する初期値問題を考えると，常微分方程式の一般論と M のコンパクト性から一意的な解 ϕ_t が存在し，微分同相の 1 パラメータ族を与える．$\phi^*_t g(t)$ がリッチフローとなることは補題 3.2 から確かめられる． ∎

命題 3.8 $k \geq 4, \alpha \in (0,1)$ とする．$C^{k,\alpha}$ 級の初期計量に対して，ある $T > 0$ が存在して，$[0,T)$ 上定義されたデターク・リッチフローの初期値問題の解 $g(t)$ で $g(t) \in C^{k,\alpha}(M \times [0,T), S^2 T^* M) \cap C^\infty(M \times (0,T), S^2 T^* M)$ を満たすものが存在する．

証明 線形化方程式が v_{ij} についての 2 階線形放物型方程式となることを見よう．$\eta^k_{pq} = (\nabla^g - \nabla^0)^k_{pq}$ とおくと，

$$\delta_v(\nabla_i X_j) = \nabla_i Y_j + \{v_{jk}\nabla_i X^k + g_{jk}(\delta_v \Gamma_{il}^k X^l - \nabla_i v^{pq}\eta_{pq}^k + v^{pq}\nabla_i \eta_{pq}^k)\}$$

最初の項以外は $v, \nabla v$ といった v の 1 階微分までの線形項である．したがって (3.22) と合わせると g, h_0 で決まる係数を持つ一階線形微分作用素 $D(g, h_0)$ によりデタルク・リッチフローの線形化作用素は

$$\delta_v E(g) = -\Delta v_{ij} + D(g, h_0)v_{ij}$$

と書ける．[Fri64, §3.3, §3.4] の初期値問題の解の存在定理からこの線形化作用素は可逆性条件を満たす（解の一意性はスカラーの最大値原理の代わりに 2 つの解 v_1, v_2 に対して $|v_1 - v_2|^2$ を考えて補題 3.9 と同様に最大値原理を適用する）．とくに逆関数定理 3.6 の適用方針により十分小さな $T > 0$ に対して，(3.23) の初期値問題の解 $g(t) \in C^{2,\alpha}(M \times [0, T), S^2T^*M)$ の存在が従う．さらに，(3.23) の右辺を成分計算すると $g, g^{-1}, \partial g, \nabla^0$ で書ける項 T_{ij} を用いて

$$E(g)_{ij} = -g^{pq}\frac{\partial^2 g_{ij}}{\partial x_p \partial x_q} + T_{ij}(\partial g, g, g^{-1}, \nabla^0) \tag{3.24}$$

と書け，T は $C^{1,\alpha}$ 級となる．この方程式（を微分したもの）の解は M のコンパクト性から [Fri64, §3.4] の内点評価を満たすから $t = 0$ を除いた $M \times (0, T)$ では g の微分可能性が一つあがって $C^{3,\alpha}$ 級であることが分かる．これを繰り返すと，$M \times (0, T)$ 上で g は C^∞ 級であることが従う．また初期計量が $C^{k,\alpha}$ 級であるとき，内点評価の代わりに境界評価を用いると解は $C^{k,\alpha}(M \times [0, T))$ に属することも分かる． ∎

こんどはリッチフローの初期値問題の解の一意性について考えよう．まず，デタルク・リッチフローの解の一意性について簡単に述べよう．

補題 3.9 デタルク・リッチフローの初期値問題の C^2 級の解は一意的である．

証明 (3.23) について，同じ初期計量を持つ時間 $[0, T]$ 上定義された 2 つの C^2 級の初期値問題の解 $\bar{g}, \bar{h}$ が存在したとする．計量 $\bar{g}$ を用いて計った 2 つの計量の差を $F(x, t) = |\bar{g}(x, t) - \bar{h}(x, t)|_{\bar{g}}^2$ とおく．(3.24) の中身を詳しく計算するこ

3.2 初期値問題

とより,

$$\frac{\partial F}{\partial t} - \Delta_{\overline{g}} F \leq -2|\nabla^{\overline{g}}(\overline{g} - \overline{h})|_{\overline{g}}^2 + C_1 F + C_2 F^{\frac{1}{2}} |\nabla^{\overline{g}}(\overline{g} - \overline{h})|_{\overline{g}} \leq CF$$

なる不等式を得る．ここで，定数 C は $M \times [0,T]$ のコンパクト性を用いて，$\nabla^2 \overline{h}, \nabla \overline{g}, \nabla \overline{h}, \overline{g}, \overline{g}^{-1}$ などを含む項を評価して得られる．$F(x,0) \equiv 0$ と後述する最大値原理（系 3.18）により $F(x,t) \equiv 0$ であることが従うから，$\overline{g} \equiv \overline{h}$ を得る． ∎

補題 3.9 からリッチフローの初期値問題の解の一意性を導こう．与えられた初期計量 g_0 に対して，$\overline{g}$ を (3.23) の初期値問題の一意的な解とする．補題 3.7 によれば $\phi_0 = \mathrm{id}_M$ で

$$\frac{\partial \phi_t^k(x)}{\partial t} = -X^k(\overline{g})(\phi_t(x),t) = -(\overline{g}^{pq}(\nabla^{\overline{g}} - \nabla^0)_{pq}^k)(\phi_t(x),t) \quad (3.25)$$

なる ϕ_t により同じ初期計量を持つリッチフロー $g = \phi_t^* \overline{g}$ を構成できる．逆に同じ初期計量を持つ**任意の**リッチフロー G に対して，常微分方程式 (3.25) の $\overline{g}$ を $(\phi_t)_* G$ に置き換えて得られる ϕ_t に関する偏微分方程式の初期値問題

$$\frac{\partial \phi_t^k}{\partial t} = -(\phi_t)_*(G^{pq}(\nabla^G - (\phi_t^* \nabla^0))_{pq}^k), \ \phi_0(x) = x \quad (3.26)$$

の（滑らかな）解が存在したとする．$T > 0$ が十分小さいとき，$[0,T]$ 上で ϕ_t は微分同相の 1 パラメータ族を与えるし，補題 3.2 を用いて計算すれば $\overline{G} = (\phi_t)_* G$ がデターク・リッチフローの解であることも確かめられる．つまり，g, G は初期値を共有するデターク・リッチフロー $\overline{g}, \overline{G}$ の引き戻しだが，補題 3.9 により $\overline{g} = \overline{G}$ であるから初期値問題 (3.26) の解は常微分方程式 (3.25) を満たし $g = G$ が従う．結局一意性の問題は初期値問題 (3.26) に帰着した．

実は (3.26) は ϕ_t に関する調和写像の熱方程式であることが分かる．簡単に調和写像の定義を思い出そう．$C^{k+2,\alpha}$ 級写像 $f : (M,g) \to (N,h)$ に対して，作用素 $\tau(f)$ を

$$\tau(f) := g^{pq} \nabla_p^{T^*M \otimes f^*TN} df\left(\frac{\partial}{\partial x^q}\right) \in C^{k,\alpha}(M, f^*TN)$$

で定める．$\tau(f)=0$ となる写像を調和写像という．x_* を M の局所座標，y_* を N の局所座標として，$\tau(f)$ を座標成分で書いてみると,

$$\tau(f)=g^{pq}\left(\frac{\partial^2 f^i}{\partial x^p \partial x^q}-\Gamma_{pq}^j(g)\frac{\partial f^i}{\partial x^j}+\Gamma_{jk}^i(h)\frac{\partial f^j}{\partial x^p}\frac{\partial f^k}{\partial x^q}\right)\frac{\partial}{\partial y^i} \tag{3.27}$$

となる．時刻に依存する計量 $g(t)$ に対して写像 $f:(M,g(t))\to(N,h)$ に関する調和写像の熱方程式の初期値問題

$$\partial_t f = \tau(f),\ f(x,0)=f_0(x) \tag{3.28}$$

についてもやはり逆関数定理 3.6 の適用方針に従って初期値問題の一意存在定理を示すことができる（f や $\tau(f)$ の属する関数空間の設定は少し工夫する必要がある．g が時間依存しない場合は例えば [Jos84] を見よ）．

適当な座標でみれば (3.26) が調和写像の熱方程式となることを確かめるのは簡単である．実際 $(N,h)=(M,h_0), f_0(x)=\mathrm{id}_M$ に対する初期値問題 (3.28) の滑らかな解 $f:M\times[0,T]\to M$ が十分小さな $T>0$ に対して存在するが，f は微分同相の 1 パラメータ族としてよい．初期値問題 (3.26) において (M,h_0) の座標 $y_1,\ldots,y_n$ と微分同相 $f(\cdot,t)$ により $y=f(x,t)$ で結ばれる $(M,g(t))$ の座標 $x_1,\ldots,x_n$ に関して (3.27) は

$$\tau(f)=g^{pq}(-\Gamma_{pq}^i(g)+\Gamma_{pq}^i(f^*h_0))\frac{\partial}{\partial y^i}$$

となる．これは (3.26) の右辺に等しいから $\phi_t(x)=f(x,t)$ は初期値問題 (3.26) の解を与え，リッチフローの初期値問題の解の一意性を得る．

この節における結論をまとめるまえに，パラメータ変換 ϕ_t の微分可能性について注意しておく．デターク・リッチフローの解 $\bar{g}$ を ϕ_t で引き戻す際，リッチフロー $g=\phi_t^*\bar{g}$ の微分可能性は ϕ_t の微分可能性にも依存する．初期値（したがって $\bar{g}$）を $C^{k,\alpha}$ 級とするとき，ϕ_t は $C^{k-1,\alpha}$ 級である．g は ϕ_t の一階微分を成分表示に含むから，$C^{k-2,\alpha}(M\times[0,T],S^2T^*M)$ に属するが，$t>0$ で C^∞ 級とはかぎらない．これは我々が時刻によらず $t=0$ の時点で固定した（C^∞ 級）局所座標系 $\mathcal{C}$ を用いて微分可能性を論じているせいである．$\bar{g}$ は $t>0$ で C^∞ 級なので，$t>0$ に対して，$\phi_t^*\mathcal{C}$ はすべて C^∞ 級同値な M 上の座標系を定

め，この C^∞ 級同値な座標系で g は C^∞ 級である．しかし，この座標系は元の $t=0$ の座標系とは一般に C^{k-1} 級同値でしかない（したがってこの座標系では初期計量は一般に C^{k-2} 級にしか見えない）．このへんの事情を考慮して結論を述べると次のようになる．

定理 3.10　$k \geq 4, \alpha \in (0,1)$ とする．コンパクト多様体 M 上の $C^{k,\alpha}$ 級計量 g_0 が与えられた時，$T > 0$ が存在して，g_0 を初期計量とするリッチフロー $g(t) \in C^{k-2,\alpha}(M \times [0,T], S^2 T^* M)$ が一意的に存在する．

とくに g_0 が C^∞ 級ならば g もそうである．さらに適当な座標系に対して $g(t) \in C^{k-2}(M \times [0,T], S^2 T^* M) \cap C^\infty(M \times (0,T), S^2 T^* M)$ である．

注意 3.11　とくに断りがない限りリッチフロー上に局所座標をとるときは $g(t)$ が C^∞ 級になるものを考える．

注意 3.12　もっと一般に完備，曲率一様有界なリッチフローについての一意存在定理が成り立つ．存在については [Shi89], 一意性については [CZ06], [Hsu07] を見よ．

g_0 を初期計量とする時間 $[0,T)$ 上で（一意的な）リッチフローが存在するような T の上限を最大存在時間 $T(g_0)$ と定める．定理 3.10 の証明から $C^{4,\alpha}$ 位相に関して $T(g)$ が下半連続性 $T(g_0) \leq \liminf_{g \to g_0} T(g)$ を持つことは明らかだろう．さらに解の一意性も考慮すると，次の系が成り立つ．

系 3.13　g_0 をコンパクト多様体 M 上の $C^{4,\alpha}$ 級計量とする．$g(t)$ が g_0 を初期計量とする時間 $[0,T)$ 上定義されたリッチフローであり，ある $C^{4,\alpha}$ 級計量 h に対して，$C^{4,\alpha}$ 位相で $\lim_{t \uparrow T} g(t) = h$ を満たしているならば，$T(g_0) > T$.

3.3　最大値原理の一般論

$(M, g(t))$ は $M \times [0,T]$ 上定義された時間発展計量とする．（連結）領域 $\Omega \subset M \times [0,T]$ 上の関数 $u \in C^2(\mathrm{Int}\,\Omega) \cap C(\overline{\Omega})$ が偏微分不等式

$$\partial_t u - \Delta u \leq 0$$

を満たすとき，u は熱方程式 $(\partial_t - \Delta)u = 0$ の**劣解**であるという．(p, t_0) の $M \times \mathbb{R}$ における近傍 U に対して $PU = \{(x, t) \in U \mid t \leq t_0\}$ を (p, t_0) の**放物近傍**という．とくに $p \in M$ の計量 $g(t_0)$ に関する r-近傍を $B(p, t_0, r)$ と書くとき，$P(p, t_0, r, \tau) = B(p, t_0, r) \times [t_0 - \tau, t_0], P(p, t_0, r) := P(p, t_0, r, r^2)$ とおく．点 $(p, t_0) \in \Omega$ の適当な放物近傍が $PU \subset \Omega$ を満たすとき，$(p, t_0) \in \Omega$ を Ω の**放物内点**，そうでない点を**放物境界点**という．Ω の放物境界点全体の集合を $\mathcal{P}\Omega$ と書く．時刻切片 $\Omega \cap M \times \{t\}$ を Ω_t と書き，Ω がコンパクトな場合，張る時間 I_Ω を

$$I_\Omega = [\underline{t}_\Omega, \bar{t}_\Omega], \ \underline{t}_\Omega = \min_{(x,t) \in \Omega} t, \ \bar{t}_\Omega = \max_{(x,t) \in \Omega} t$$

で定める．連結性から $t \in I_\Omega$ に対して，$\Omega_t \neq \emptyset$ である．

Ω 上の関数 u に対して $S_u(t) := \sup_{x \in \Omega_t} u(x, t)$ とおく．Ω がコンパクトであるとき $S_u(t)$ は $(x_0, t) \in \Omega$ で実現するはずであるが，(x_0, t) が放物内点であるとき，$S_u(t)$ の後方微分 $d_t^- S_u(t)$ が次のように計算できて

$$\begin{aligned} d_t^- S_u(t) &\leq \limsup_{s \downarrow 0} \frac{S_u(t) - S_u(t-s)}{s} \\ &\leq \limsup_{s \downarrow 0} \frac{u(x_0, t) - u(x_0, t-s)}{s} = \partial_t u(x_0, t) \leq \Delta u(x_0, t) \end{aligned} \quad (3.29)$$

と上から評価される．$S_u(t)$ を実現する点で $\nabla^2 u(x_0, t)$ が半負定値であることに注意すれば $d_t^- S_u(t) \leq 0$ が従う．とくに次が成り立つ．

命題 3.14 時空のコンパクト領域 $\Omega \subset M \times [0, T]$ 上で定義された熱方程式の劣解 u は放物境界点で最大値 $m = \max_{(x,t) \in \Omega} u(x, t)$ を実現する．

証明 結論が正しくないとすると放物内点 (x_0, t_0) で $u(x_0, t_0) = m$ であり，放物内点の放物近傍には放物境界点が含まれないことに注意すると連続性から

$$\limsup_{t_1 \uparrow t_0} \sup_{(x,t_1) \in \mathcal{P}\Omega} u(x, t_1) < m$$

が分かる．とくに十分小さな $\varepsilon > 0$ について $t \in [t_0 - \varepsilon, t_0]$ では $S_u(t)$ は放物内点で実現する．このとき $t \in [t_0 - \varepsilon, t_0]$ に対して $d_t^- S_u(t) \leq 0$ となり $S_u(t)$ は単

調減少するから $S_u(t) \equiv m$ である．さらに連結性から $[\underline{t}_\Omega, t_0]$ 上で同じ結論が成り立つが，$M \times \{\underline{t}_\Omega\} \cap \Omega$ の点は放物境界点なので仮定に反する．■

ラプラシアン Δ を次のような局所表示

$$E_{a,b}u(x,t) = Eu(x,t) = a^{ij}(x,t)\partial_i\partial_j u(x,t) + b^i(x,t)\partial_i u(x,t) \tag{3.30}$$

を持つ微分作用素に一般化しよう．リーマン多様体ならばレヴィ・チヴィタ接続 ∇ を用いて座標不変な形にも書けるが，リーマン多様体以外にも適用するから，M の代わりに Z を空間として計量によらない議論を行う．その場合でも最高階数微分の係数 a^{ij} は座標変換に対して対称テンソルの変換則に従うことは簡単に確かめられる（微分作用素の最高階数微分の係数を一般に主表象といい，これは主表象の一般的な性質である）．しかし b^i の方はベクトル場の変換則に従うわけではない．係数 a^{ij} が $Z \times [0, T]$ 上の半正定値対称テンソルであるとき，E を**楕円型作用素**，$\partial_t - E$ を**放物型作用素**，$(\partial_t - E)u = 0$ を放物型方程式，$(\partial_t - E)u \le 0$ を満たす u を劣解と呼ぶ．a^{ij} が正定値である場合は強楕円型，強放物型であるという．(3.29) の計算から $d_t^- S_u(t) \le 0$ を導くとき，ヘッシアン $\nabla^2 u(x_0, t)$ が半負定値，a^{ij} が半正定値であることを用いたが，さらに $S_u(t)$ を実現する点では $\nabla u(x_0, t) = 0$（したがってヘッシアンは計量によらない）であることに注意すると一般の放物型作用素についても同じように命題 3.14 の結論を導くことができる．

命題 3.15 命題 3.14 の結論は放物型方程式の劣解についても正しい．

今度は劣解 u の微分可能性に関する仮定を緩めることを考えよう．

定義 3.16 （バリア関数）　ε を実数，u を Ω における連続関数，$\mathcal{D}$ を時刻に依存する空間微分作用素とする．放物内点 (p, t_0) の放物近傍 P で定義された C^2 級関数 u_ε が $(x, t) \in P$ について

$$u_\varepsilon(p, t_0) = u(p, t_0),\ u(x, t) \ge u_\varepsilon(x, t),\ (\partial_t - \mathcal{D})u_\varepsilon(p, t_0) \le \varepsilon$$

を満たすとき，u_ε を点 (p, t_0) における u の（$\partial_t - \mathcal{D}$ に関する）ε-バリア関数という．(p, t_0) で u が任意の $\varepsilon > 0$ に対して ε-バリア関数を持つとき，u はバリア

の意味で $(\partial_t - \mathcal{D})u(p,t_0) \leq 0$ を満たすといい,任意の放物内点 (p,t_0) でこれが成り立つとき u をバリアの意味での劣解という.

定理 3.17（最大値原理） バリアの意味での劣解についても命題 3.15 の結論が成り立つ.

証明 (3.29) の計算はこの場合

$$d_t^- S_u(t_0) \leq \lim_{s\downarrow 0} \frac{u_\varepsilon(x_0,t_0) - u_\varepsilon(x_0,t_0-s)}{s}$$
$$= \partial_t u_\varepsilon(x_0,t_0) \leq E u_\varepsilon(x_0,t_0) + \varepsilon \leq \varepsilon \tag{3.31}$$

となるが,$\varepsilon > 0$ は任意であるから,やはり $d_t^- S_u(t_0) \leq 0$ を得る.あとは同様に結論が従う. ∎

応用上楕円型作用素 E に微分を含まない代数作用素 X（線形とは限らない）を加えて作用素 $E + X$ を考えることが多い.この状況で例えば次が成り立つ.

系 3.18 コンパクト領域 $\Omega \subset Z \times [0,T]$ 上 $(\partial_t - E)u \leq X(u)$ がバリアの意味で成り立つものとする.
1. Z が閉多様体であるとき,$\Omega = Z \times [0,T]$ ならば後方微分不等式 $d_t^- S_u(t) \leq \sup_{x \in Z} X(u(x,t))$ が成り立つ.
2. f を Ω 上の連続関数,X は線形作用素 $X(u) = fu$ とする.u が非負の値を取り,Ω 上 $f \leq C$ ならば $e^{-Ct}u$ は放物境界点で最大値を取る.

証明 $\Omega = Z \times [0,T]$ の場合 $t=0$ にしか放物境界はないので (3.31) の計算から 1. が従う.2. は $v = e^{-Ct}u$ に最大値原理 3.17 を適用すればよい. ∎

命題 3.15 は放物型方程式の劣解が放物境界点で必ず最大値を実現することを保証するが放物内点が最大値を実現することを排除しているわけではない（定数関数ならばそうである）.逆に強放物型方程式の場合は放物内点で最大値を実現する劣解は定数関数に限ることを主張するのが強最大値原理である.

定理 3.19（強最大値原理） Z を連結多様体，E を強楕円型作用素とする．$Z \times [0,T]$ 上の連続関数 u がバリアの意味で $(\partial_t - E)u \leq 0$ を満たし，(p,T) で最大値 $m = \max_{(x,t) \in Z \times [0,T]} u(x,t)$ を実現するとき，$Z \times [0,T]$ 上で $u \equiv m$ である．

注意 3.20 一般の時空の領域 Ω の場合は (p,T) を始点とする時間を減少させる連続曲線 $s \mapsto (x(s), t(s))$ で結ばれる点の集合上で $u \equiv m$ であることが従う．

注意 3.21 命題 3.15 とは異なり，この定理は Z のコンパクト性を必要としない．これは応用上重要である．

強最大値原理 3.19 を示すにはある $(x_0, t_0), t_0 < T$ で $u(x_0, t_0) < m$ であるならば $u(p, T) < m$ を示せば十分である．$t_0 = 0$ としても一般性は失わない．さらに Z は連結だから Z 上のコンパクト台を持つベクトル場 Y で，生成する 1 パラメータ変換群 ϕ_t が $\phi_T(x_0) = p$ となるものを選ぶことができる．このとき ϕ_t で定まる $Z \times [0,T]$ の変換を $\Phi : (x,t) \mapsto (\phi_t(x), t)$ とする．$Z \times [0,T]$ 上で $v(x,t) = \Phi^* u(x,t)$ を考えると，v はバリアの意味で

$$\partial_t v - (E - \nabla_{\Phi^* Y})v \leq 0$$

を満たす．変換を施した方程式も定理の仮定を満たし，$v(x_0, T) = u(p, T) < m$ であるから $x_0 = p$ としてよい．つまり，次の命題に帰着できる．

命題 3.22 強最大値原理 3.19 の状況で，一点 $(x_0, 0)$ に対して $u(x_0, 0) < m$ であるならば，$u(x_0, T) < m$．

証明 x_0 の適当なコンパクト近傍 U をとり $U \times \{0\}$ 上で $u < m$ が成り立つものとする．このとき $P = U \times [0,T]$ 上の C^∞ 級の補助関数 ψ で，$\{x_0\} \times [0,T]$ 上で $\psi > 0$, $\partial U \times [0,T]$ 上で $\psi < 0$ を満たし，しかも ψ^2 が劣解となるようなものが構成できる（演習 3.23．ここで強放物型であることを用いる）．この ψ に対して $\{(x,t) \in P \mid \psi(x,t) > 0\}$ の $\{x_0\} \times [0,T]$ を含む連結成分の閉包を $\Omega \subset P$ とおくと Ω の放物境界点 (x,t) は $t = 0$ か $\psi(x,t) = 0$ を満たす．このとき，$\varepsilon > 0$ を十分小さくとると Ω 上で $u + \varepsilon \psi^2$ はバリアの意味で劣解であり，$\mathcal{P}\Omega$ 上で $u + \varepsilon \psi^2 \leq m$ が成り立つ．したがって，最大値原理 3.17 により

$u(x_0, T) \leq m - \varepsilon \psi^2(x_0, T) < m$ が従う.

【演習 3.23】 $q, r > 0$ に対して $\mathbb{R}^n \times [0, T]$ 上の関数 ψ を

$$\psi = \psi_1 \psi_0^{-q}, \ \psi_0(t) = \left(1 + \frac{t}{T}\right) r^2, \ \psi_1(x, t) = \psi_0 - |x|^2$$

で定める. $B(0, 2r)$ を U の局所座標表示と見れば, 十分大きな q に対して, $U \times [0, T]$ 上で ψ は命題 3.22 の補助関数の満たすべき性質を持つことを確かめよ.

最大値原理をリッチフローのスカラー曲率の評価に適用してみよう. (3.18) から

$$\partial_t R - \Delta R = 2|\mathrm{Rc}|^2 = \frac{2R^2}{n} + 2|\mathring{\mathrm{Rc}}|^2 \geq \frac{2R^2}{n} \geq 0 \tag{3.32}$$

を得る. ただし, $\mathring{\mathrm{Rc}}$ は Rc のトレースレス部分 $\mathring{\mathrm{Rc}}_{ij} = \mathrm{Rc}_{ij} - \frac{1}{n} R g_{ij}$ である.

命題 3.24 コンパクト多様体 M 上のリッチフローのスカラー曲率 $R(x, t)$ の空間最小値を $\underline{R}(t) = \min_x R(x, t)$ とおく. 空間最大値 $\overline{R}(t)$ も同様に定める.

1. $\underline{R}(t)$ は単調非減少である.
2. $\underline{R}(0) \geq -n$ であるならば, $R(x, t) \geq \frac{-n}{(1+2t)}$.
3. $\underline{R}(0) \geq n$ であるならば, $R(x, t) \geq \frac{n}{(1-2t)}$. この場合有限時間内に曲率は発散する.

注意 3.25 条件 $\underline{R}(0) \geq \pm n$ は正規化して得られる条件である. 他の定数で下から評価されている場合はスケーリングを施して主張を読み直せばよい.

証明 $\underline{R}(t)$ に系 3.18 を適用すればよい. 1. は (3.32) の最右辺を用いればよい. (3.32) により, $d_t^- \underline{R} \geq \frac{2}{n} \underline{R}^2$ を得るから, $\underline{R} \neq 0$ であるかぎり,

$$d_t^- \left(\underline{R}^{-1} + \frac{2}{n} t\right) \leq 0$$

が成り立ち, $\underline{R}^{-1}(t) + \frac{2}{n} t$ の単調性を得る. 2. の場合 1. よりある時刻で $\underline{R}(t) \geq 0$ となれば, 以降結論が成り立つから $\underline{R} < 0$ としてよい. 3. の場合は 1. から $\underline{R} > 0$. いずれも $\underline{R}^{-1}(t) + \frac{2}{n} t \leq \underline{R}^{-1}(0)$ から結論が従う. ∎

3.3 最大値原理の一般論

命題 3.26 M を連結多様体とする(完備とかぎらない). $M \times [0, T]$ 上のリッチフローのスカラー曲率が $R \geq 0$ を満たしているとき,ある $p \in M$ で $R(p, T) = 0$ ならば $M \times [0, T]$ 上で $\mathrm{Rc} \equiv 0$.

証明 強最大値原理 3.19 から $R \equiv 0$ が従う.このとき,$2|\mathrm{Rc}|^2 = \partial_t R - \Delta R \equiv 0$ であるから $\mathrm{Rc} \equiv 0$. ∎

最大値原理を用いてリッチフローの曲率テンソルを制御することを考えよう.我々は $M \times [0, T]$ ではなくて 3.1 節の最後に述べた主枠束 $\mathscr{Q} = Q_0 \times [0, T]$ を時空として (3.19) に最大値原理を適用する.この際考える微分作用素は $E = \sum_p D_p D_p$ で,E が (3.30) の局所表示を持つことは直接分かる.E は強楕円型ではないが,$\mathrm{SO}(n)$-作用も考慮すると強最大値原理も適用できることも見ていく.

この目的のためにスカラー関数の最大値原理のベクトル値関数への応用を考える.V を計量付き有限次元ベクトル空間とする.時空の閉領域 $\Omega \subset Z \times [0, T]$ 上の V-値関数 $\phi : \Omega \to V$ に関する最大値原理を考えよう.(3.30) の楕円型作用素 E の係数 a^{ij}, b^i は V には id_V で作用するものとしてそのままベクトル値関数に作用させる.V 上のアフィン関数 $a \in \mathrm{AF}(V)$ が $l_a \in V^* = V$ と $v_a \in V$ により $a(\xi) = \langle l_a, \xi \rangle + v_a$ と書けるとき,関数 $v(x, t) = a(\phi(x, t))$ について $Ev = \langle l_a, E\phi \rangle$ であることを利用すると定数関数を含まないコンパクト集合 $\mathcal{A} \subset \mathrm{AF}(V)$ に対して,

$$f_\mathcal{A}(v) = \max_{a \in \mathcal{A}} a(v) \tag{3.33}$$

で定義される凸関数に関して $f_\mathcal{A}(\phi(x, t))$ の評価を行うことができる.

【演習 3.27】
1. 連続凸関数は局所リプシッツであることを示せ.
2. $a \neq 0 \in \mathrm{AF}(V)$ により $\{v \in V \mid a(v) \leq 0\}$ の形で書ける部分集合を半空間という.V の閉凸集合は半空間の交わりで書けることを示せ.
3. V 上の連続凸関数 f に対して,$\mathcal{A} = \{a \in \mathrm{AF}(V) \mid a(v) \leq f(v)\}$ で $\mathrm{AF}(V)$ の閉集合を定めると $f(x) = \sup_{a \in \mathcal{A}} a(x)$ が成り立ち,さらに任意の $x \in V$ に対して $f(x) = a(x)$ がある $a \in \mathcal{A}$ で実現することを示せ (f のグラフの上側 $\{(v, s) \in V \times \mathbb{R} \mid f(v) \leq s\}$ は凸集合であることに注意せよ).

演習 3.27 により連続凸関数 f は (3.33) の形で書ける．応用上は $\mathcal{A}$ がコンパクトであるものしか考えないが，$\max_{a \in \mathcal{A}} a(v)$ が実現することだけを用いて議論をする．また

$$C(f) = \{v \in V \mid f(v) \leq 0\}$$

は V の凸集合であるが，逆に閉凸集合が $C(f)$ の形で書けることも演習 3.27 から分かる．

$\Omega \subset Z \times [0,T]$ 上の C^∞ 級 V-値関数 ϕ が楕円型作用素 E と C^∞ 級写像 $X : V \to V$ に対して $(\partial_t - E)\phi = X(\phi)$ を満たしているとして，$u(z,t) = f_\mathcal{A}(\phi(z,t))$ とおく．放物内点 $(z_0, t_0) \in \Omega$ で $f_\mathcal{A}(\phi(z_0, t_0)) = a(\phi(z_0, t_0))$ を満たす $a \in \mathcal{A}$ をとると $u_0(z,t) = a(\phi(z,t))$ は

$$(\partial_t - E)u_0 = \langle l_a, X(\phi) \rangle$$

を満たし，$\varepsilon > 0$ に対して a を適当に選べば u_0 は (z_0, t_0) において次の放物型不等式の ε-バリア関数となる．

$$(\partial_t - E)u(z,t) \leq \inf\{\langle l_a, X(\phi(z,t)) \rangle \mid a \in \mathcal{A}, u(z,t) = a(\phi(z,t))\} \tag{3.34}$$

次の主張は背理法の議論の際によく用いる．

補題 3.28　f を $[a,b]$ 上の連続関数とする．適当な定数 C に対してあらかじめ $f(t) > e^{C(t-a)}f(a) \Longrightarrow d^-f(t) \leq Cf(t)$ が分かっているとき，$[a,b]$ 上で $f(t) \leq e^{C(t-a)}f(a)$ である．

証明　$f(t)$ の代わりに $e^{-Ct}f(t)$ を考えて $C = 0$ と仮定してよい．結論が正しくなければ $f(t_1) > f(a)$ となる $t_1 \in (a,b]$ が存在する．連続性から $f(t) = f(a)$ となる $t \in [a, t_1]$ のうち最大のもの t_0 を選べるが，$(t_0, t_1]$ 上では $f(t) > f(a)$ なので仮定から $f(t)$ は単調非増加である．したがって $f(t_0) \geq f(t_1) > f(a)$ となり矛盾．∎

閉凸集合 C の境界点 $p \in \partial C$ に対して，p を始点とし，p 以外の C の点を含む半直線の方向ベクトル全体のなす（V の原点を頂点とする）凸錐の閉包を $T_p C$ と書く．$T_p C$ の各ベクトルとなす角が $\frac{\pi}{2}$ 以上の p を始点とする半直線の方向

ベクトル全体のなす凸錐を N_pC と書く. π を閉凸集合 C への射影とする, つまり $\pi(v) \in C$ を $|v - \pi(v)| = \mathrm{dist}(v, C)$ を実現する点とする. 定義から $v \notin C$ ならば $\pi(v)$ から v へ向かう方向ベクトルは $N_{\pi(v)}C$ に属する. 逆に N_pC 方向の半直線上の点 v に対して $\pi(v) = p$ である.

$$\mathcal{A}(C) = \{a \in \mathrm{AF}(V) \mid a(v) = \langle l, v - p \rangle,\ p \in \partial C,\ l \in N_pC,\ |l| = 1\}$$

とおくとき, $\mathcal{A} = \mathcal{A}(C)$ として (3.33) で凸関数 d_C を定めると $v \notin C$ のとき $d_C(v) = \mathrm{dist}(v, C)$, $v \in C$ のとき $d_C(v) = -\mathrm{dist}(v, \partial C)$ であることが容易に確かめられる. とくに, $C(d_C) = C$ である.

【演習 3.29】 コンパクトな $\mathcal{A}$ に対して (3.33) で凸関数 f を定義する. $p \in \partial C(f)$ に対して $T_pC(f), N_pC(f)$ は次の表示を持つことを示せ.

$$T_pC(f) = \{\xi \in V \mid \langle l_a, \xi \rangle \leq 0,\ a \in \mathcal{A},\ a(p) = 0\},$$
$$N_pC(f) = \{\eta \in V \mid \langle \eta, \xi \rangle \leq 0,\ \xi \in T_pC(f)\}.$$

また, このとき

$$T_pC(f) = \{\xi \in V \mid \langle \eta, \xi \rangle \leq 0,\ \eta \in N_pC(f)\}$$

が成り立つことを確かめよ.

定理 3.30 Z が閉多様体で $Z \times [0, T]$ 上で定義された V-値 C^∞ 級関数 ϕ が楕円型作用素 E と C^∞ 級写像 $X: V \to V$ に対して $(\partial_t - E)\phi = X(\phi)$ を満たすとする. C を閉凸集合とし, 全ての $p \in \partial C, l \in N_pC$ に対して

$$\langle l, X(p) \rangle \leq 0 \tag{3.35}$$

が成り立つとき, $t = 0$ で $\phi(z, 0) \in C$ $(z \in Z)$ ならば, $Z \times [0, T]$ 上全体で $\phi(z, t) \in C$ が成り立つ. このとき**凸条件 C が保存される**という.

注意 3.31 演習 3.29 の状況で (3.35) は $X(p) \in T_pC(f)$ と同値である. つまり $a(p) = 0$ を満たす $a \in \mathcal{A}$ について $l = l_a$ として (3.35) が成り立つことと同値である.

証明 $u(z, t) = d_C(\phi(z, t))$ は (3.34) を満たす. $S_u(t) = \max_{z \in Z} u(z, t)$ とおく. 結論が $t = t_1$ で成り立たず, $S_u(t_1) > 0$ とするとき, $S_u(t_1)$ を実現する点 (z_1, t_1)

における放物型不等式から後方微分を評価し，$p = \pi\phi(z_1, t_1)$ において (3.35) を用いると p から $\phi(z_1, t_1)$ に向かう単位ベクトル $l \in N_pC$ に対して

$$d_t^- S_u(t_1) \leq \langle l, X(\phi(z_1, t_1)) \rangle \leq \langle l, X(\phi(z_1, t_1)) - X(\pi\phi(z_1, t_1)) \rangle$$

を得る．さらに X の（局所）リプシッツ性を用いて，

$$d_t^- S_u(t_1) \leq L|\phi(z_1, t_1) - \pi\phi(z_1, t_1)| = LS_u(t_1)$$

と評価すると補題 3.28 から $S_u(t_1) \leq 0$ が従うので矛盾． ∎

定理 3.30 の条件は幾何的な解釈もできる．V 上のベクトル場 X の生成する（局所）1 パラメータ変換群を σ_s とする．$s \geq 0, x \in C$ に対して $\sigma_s(x)$ が定義される限り $\sigma_s(x) \in C$ となるとき，X は凸条件 C を保つという．

系 3.32 (3.35) の条件は X が凸条件 C を保つための必要十分条件である．

証明 必要条件であることは明らかだろう．十分条件であることは定理 3.30 の証明の中で行った後方微分の議論を積分曲線上で行えばよい． ∎

注意 3.33 あとで凸条件が時刻に依存する状況（ハミルトン・アイビーの定理 3.51）も考えるが，特別な事情を用いて時間依存を消すことができるので，応用上は定理 3.30 と系 3.32 で十分である．(v, t) について滑らかな凸関数 $f_1(v, t)$ と時刻に依存しない凸関数 $f_2(v)$ の和 $f(v, t) = f_1(v, t) + f_2(v)$ で書ける凸関数で定義される凸条件については，自明な変更を加えればここで行った議論がそのまま通用する．これを用いてハミルトン・アイビーの定理 3.51 を示すこともできる．もっと一般的な時刻依存する凸条件の保存については [CCG$^+$08, Chap. 10] を見よ．

強最大値原理を適用するためにリー群 G が Z に作用していて，V にも線形作用している状況を考えよう．G のリー環 $\mathfrak{g}$ の無限小作用 $\mathfrak{g} \to T_xZ$ の像を $\mathcal{D}_z \subset T_zZ$, $\alpha(\mathcal{D}_z) = 0$ を満たす $\alpha \in T_z^*Z$ 全体のなす T_z^*Z の部分空間を $\mathcal{D}_*$ とする．楕円型作用素 E の表象 a^{ij} が $\mathcal{D}_*$ 上で正定値であるとき，E を G-強楕円型という．$\mathcal{D}_z \oplus T_zN = T_zZ$ となるような部分多様体 N をとり，無限小作用 $\mathfrak{f} \to \mathcal{D}_z$ が同型となるように部分空間 $\mathfrak{f} \subset \mathfrak{g}$ を選ぶ．このとき，$\psi : N \times \mathfrak{f} \ni (\xi, \eta) \mapsto (\exp\eta)\xi \in Z$ は $(z, 0) \in N \times \mathfrak{f}$ のまわりに局所微分同相を定める．N の座標 x と ψ から定まる z のまわりの局所座標 (x, y) をとると部分

多様体 $Y = \{(x,y) | x \equiv \text{const.}\}$ は $\mathcal{D}$ の軌道に含まれる．さらに G の固定化群の次元が $z \in Z$ によらないと仮定すれば Y は G の単位元の近傍の局所的な軌道と一致している．この座標に関する G-強楕円型作用素 E の局所表示

$$E = \tilde{a}^{ij}\frac{\partial^2}{\partial x^i \partial x^j} + a_1^{ik}\frac{\partial^2}{\partial x^i \partial y^k} + a_2^{kl}\frac{\partial^2}{\partial y^k \partial y^l} + b_1^i\frac{\partial}{\partial x^i} + b_2^j\frac{\partial}{\partial y^j}$$

において $\tilde{a}^{ij}$ は（z の近傍で）正定値である．D_ξ は $\xi \in \mathfrak{g}$ の無限小作用の定める Z 上のベクトル場として，$B = \{\xi_1, \ldots, \xi_N\} \subset \mathfrak{g}$ に対して

$$E_B = E + \sum_i D_{\xi_i} D_{\xi_i}$$

とすると，B の張る部分空間が $\mathfrak{f}$ を含むとき E_B は $z \in Z$ の近傍で強楕円型作用素となる．とくに B を $\mathfrak{g}$ の基底にとれば Z 全体で強楕円型作用素となる．

命題 3.34 定理 3.30 の状況でリー群 G が Z に作用し，V にも線形作用しているものとする．E が G-強楕円型，ϕ が G-同変，$\mathcal{A} \subset \text{AF}(V)$ が G-不変とするとき，適当な強楕円型作用素 E' に対して $u(z,t) = f_\mathcal{A}(\phi(z,t))$ はバリアの意味で

$$(\partial_t - E')u \leq \inf\{\langle l_a, X(\phi(z,t))\rangle \mid a \in \mathcal{A}, u(z,t) = a(\phi(z,t))\} \tag{3.36}$$

を満たす．

証明 放物内点 $(z_0, t_0) \in \Omega$ において $a \in \mathcal{A}$ が $f_\mathcal{A}(\phi(z_0, t_0)) = a(\phi(z_0, t_0))$ を満たすとする．上で構成した z_0 のまわりの局所微分同相 $(\xi, \eta) \mapsto \exp(\eta)\xi$ により，z_0 の近傍で u_0 を

$$u_0(\exp(\eta)\xi, t) = \langle l_a \exp(-\eta), \phi(\exp(\eta)\xi, t)\rangle + v_a = \langle l_a, \phi(\xi, t)\rangle + v_a$$

と定める（二番目の等式は ϕ の同変性による）．$\mathcal{A}$ の不変性から $u_0 \leq u$ であり，u_0 は η によらないので B を $\mathfrak{f}$ の基底に選べば $Eu_0 = E_B u_0$ である（G の固定化群の次元が一定であると仮定すれば B は $\mathfrak{g}$ の基底にとってもよい）．とくに $E' = E_B$ として u_0 は $(\partial_t - E')u_0 = \langle l_a, X(\phi)\rangle$ を満たし，強放物型不等式のバリア関数を与える．■

一般に，系3.35のE'はzに依存するがGの固定化群の次元が一定であると仮定すればE'は一定にとれる．この場合は強最大値原理3.19から直接次の結論が従う．一般の場合は強最大値原理3.19の証明を吟味して，E'がzに依存することが影響しないことを確かめる必要がある（一般の場合はあとで必要としない）．

系 3.35 命題3.34の状況でZが連結多様体で$\Omega = Z \times [0,T]$とする．(3.36)の右辺が常に≤ 0であるとき，(p,T)で最大値$m = \max\limits_{(z,t) \in Z \times [0,T]} u(z,t)$が実現すれば$Z \times [0,T]$上$u \equiv m$である．

主枠束$\mathscr{Q}$上の水平ベクトル場D_pによって$E = \sum_p D_p D_p$と表される作用素に本節の結果を適用していくが，これが主枠束の自由なSO(n)-作用に関してSO(n)-強楕円型であることは簡単に確かめられる．定理3.30，系3.35は通常M上で考えて「平行移動不変な凸条件」の保存として定式化される場合が多い．$\mathscr{Q}$上で考える方が一般的な上に設定すべきことも少ないのでここではこのような定式化をしたが，実用上は同じ事である．我々があとで用いるV上の凸関数f_Aの例も挙げておこう．

●**例 3.36** 計量付きベクトル空間W上の対称作用素の空間$V = \mathrm{Sym}\,W$を考える．$A \in V$は線形部分空間$U \subset W$への制限と直交分解でUの対称変換A_Uを定めるが，そのトレースを$\mathrm{Tr}_U A$と書く．V上の関数を

$$\mathrm{T}_k(A) = \inf\{\mathrm{Tr}_U A \mid U \subset W,\ \dim U = k\}$$

で定める．定義から$\mathrm{T}_k(A)$は$A \in V$の固有値$\lambda_1 \leq \lambda_2 \leq \cdots$を小さい方から$k$個足しあげたもの$\lambda_1 + \cdots + \lambda_k$に等しい．また，$k$次のグラスマン多様体でパラメータ付けられる$C_k = \{-\mathrm{Tr}_U\}_U \subset \mathrm{AF}(V)$は$\mathrm{AF}(V)$のコンパクト集合をなし，SO($V$)の作用で不変である．したがって，$-\mathrm{T}_k = f_{C_k}$はSO($V$)不変な連続凸関数である．$k=1$のときはもっと簡単に最小，最大の固有値を$\inf A = \mathrm{T}_1(A)$, $\sup A = -\mathrm{T}_1(-A)$などと書くことにしよう．

3.4　最大値原理の応用

前節の結論を実際にリッチフローの曲率テンソルに適用していこう．リーマン多様体の曲率テンソルはビアンキ恒等式により $\wedge^2 TM$ の対称 2 次形式と見ることができる．$\wedge^2 T^*M$ には

$$(\xi, \eta) = \xi_{ab} \eta_{ab} \tag{3.37}$$

で内積を定めることにして，$\wedge^2 T^*M$ の正規直交基底 $\{\xi^\alpha\}_\alpha$ に対して，TM の正規直交枠 $e_1, \ldots, e_n$ に対する曲率テンソルの成分 R_{abcd} を書きなおすと

$$R_{abcd} = -\operatorname{Rm}_{\alpha\beta} \xi^\alpha_{ab} \xi^\beta_{cd}$$

で定められる成分 $\operatorname{Rm}_{\alpha\beta}$ で書ける．Rm を $\wedge^2 T^*M$ 上の対称形式あるいは対称作用素と見るとき，Rm を曲率作用素と呼ぶ．$\wedge^2 T^*M$ を計量を用いて TM の反対称変換と同一視すれば，$\xi, \eta \in \wedge^2 T^*M$ のリー括弧積

$$[\xi, \eta]_{ab} = \xi_{ap} \eta_{bp} - \xi_{bp} \eta_{ap}$$

が定義される．これを用いて，曲率発展方程式 (3.17) の非線形部分を書くと

$$X(\operatorname{Rm})_{abcd} = R_{abpq} R_{cdpq} + 2(R_{apcq} R_{bpdq} - R_{apdq} R_{bpcq})$$
$$= \operatorname{Rm}_{\alpha\gamma} \operatorname{Rm}_{\gamma\beta} \xi^\alpha_{ab} \xi^\beta_{cd} + [\xi^\alpha, \xi^\gamma]_{ab} \operatorname{Rm}_{\alpha\beta} \operatorname{Rm}_{\gamma\delta} [\xi^\beta, \xi^\delta]_{cd}$$

となるので，構造定数 $(\xi^\alpha, [\xi^\beta, \xi^\gamma]) = C^{\alpha\beta\gamma}$ を用いて，符号に注意して曲率発展方程式 (3.17) を書きなおすと

$$(D_t - \Delta) \operatorname{Rm}_{\alpha\beta} = X(\operatorname{Rm}) := \operatorname{Rm}^2_{\alpha\beta} + \operatorname{Rm}^\sharp_{\alpha\beta} \tag{3.38}$$

$$\operatorname{Rm}^2_{\alpha\beta} := \operatorname{Rm}_{\alpha\gamma} \operatorname{Rm}_{\gamma\beta}, \quad \operatorname{Rm}^\sharp_{\alpha\beta} := C^{\alpha\gamma\delta} C^{\beta\mu\nu} \operatorname{Rm}_{\gamma\mu} \operatorname{Rm}_{\delta\nu}$$

となる．$\operatorname{Rm}^\sharp$ は少し複雑に見えるが，リー括弧積を

$$\operatorname{Lie} : (\wedge^2 T^*M) \wedge (\wedge^2 T^*M) \ni \xi \wedge \psi \mapsto [\xi, \psi] \in \wedge^2 T^*M$$

なる写像と見て，$\operatorname{Rm}, \operatorname{Rm}^\sharp$ を $\wedge^2 T^*M$ 上の対称変換と見ると，上の表示から Lie の随伴作用素 Lie^* を用いて $\operatorname{Rm}^\sharp = \operatorname{Lie} \circ (\operatorname{Rm} \wedge \operatorname{Rm}) \circ \operatorname{Lie}^*$ と書けることが分か

る．Rm の固有値を $\lambda_1,\ldots,\lambda_N$ とすると，$\mathrm{Rm}\wedge\mathrm{Rm}$ の固有値は $\lambda_i\lambda_j$ $(i\neq j)$ である．とくに，Rm が（半）正定値ならば $\mathrm{Rm}^\sharp$ は半正定値，Rm^2 は（半）正定値となる．正定値曲率作用素を持つリッチフローに最大値原理を応用しよう．

定理 3.37 ([**Ham86**])　コンパクト多様体 M 上時間 $[0,T]$ で定義されたリッチフロー $(M,g(t))$ が時刻 $t=0$ で $\mathrm{Rm}\geq 0$ を満たすとき，$t\in[0,T]$ でも $\mathrm{Rm}\geq 0$ を満たす．また，$\mathrm{Rm}(x,0)>0$ なる点が存在すれば，$t>0$ で $\mathrm{Rm}>0$．

証明　Rm は時空の主枠束 $\mathscr{Q}$ 上で曲率発展方程式 (3.17) に従う曲率テンソル空間 $\mathfrak{R}$ に値を持つ関数である．$W=\wedge^2\mathbb{R}^n$ に関する例 3.36 の（時刻によらない）凸関数 $f(\mathrm{Rm})=\sup(-\mathrm{Rm})$ に対して定理 3.30（と注意 3.31）を適用すればよい．実際，$\mathrm{Rm}\geq 0$ ならば $X(\mathrm{Rm})\geq 0$ だから (3.35) が満たされる．最後の主張はテンソル Rm が $\mathrm{SO}(n)$-同変な $\mathfrak{R}$-値関数であることと $\sum_p D_p D_p$ が $\mathscr{Q}$ の $\mathrm{SO}(n)$ 作用に関して $\mathrm{SO}(n)$-強楕円型であることに注意すれば前半の主張と系 3.35 から従う．　■

定理 3.38 ([**Ham86**])　$(M,g(t))$ を時間 $[0,T]$ 上で定義された（完備とかぎらない）連結多様体 M 上のリッチフローとし，$M\times[0,T]$ 全体で $\mathrm{Rm}\geq 0$ と仮定する．

1. ある $p\in M$ に対して $\mathrm{rank}\,\mathrm{Rm}(p,T)=n-k$ ならば全ての $(x,t)\in M\times[0,T]$ に対して $\mathrm{rank}\,\mathrm{Rm}(x,t)\leq n-k$ であり，ある $\delta>0$ が存在して $(x,t)\in M\times[T-\delta,T]$ に対して $\mathrm{rank}\,\mathrm{Rm}(x,t)\equiv n-k$．
2. $[T-\delta,T]$ 上で定義された部分ベクトル束 $\ker\mathrm{Rm},\mathrm{Im}\,\mathrm{Rm}\subset\wedge^2 TM$ は直交分解 $\wedge^2 TM=\ker\mathrm{Rm}\oplus\mathrm{Im}\,\mathrm{Rm}$ を与え，それぞれリッチフローの時空の平行移動に関して不変．
3. 上の部分ベクトル束 $\mathrm{Im}\,\mathrm{Rm}$ は各点 $(x,t)\in M\times[T-\delta,T]$ で $\wedge^2 T_p M=\mathfrak{so}(T_p M)$ の部分リー環 $\mathfrak{h}$ をなす．

注意 3.39　曲率作用素 Rm の像 $\mathfrak{h}\subset\mathfrak{so}(T_p M)$ はとくに局所ホロノミー群のリー環 $\mathfrak{g}$ の部分環であるが，ホロノミーが $\wedge^2 T_p M=\mathfrak{so}(T_p M)$ に随伴作用することに注意し

て平行移動不変性を考慮すると $\mathfrak{h}$ は $\mathfrak{g}$ のイデアルであることも従う.

証明 例 3.36 の T_k について定義から $A \geq 0$ のとき $T_k(A) = 0$ ならば $\dim \ker A \geq k$, つまり, $\operatorname{rank} A \leq n - k$ である. $\operatorname{Rm} \geq 0$ から $X(\operatorname{Rm}) \geq 0$ なので $f(\operatorname{Rm}) = -T_k(\operatorname{Rm})$ に対して系 3.35 を適用すれば $\operatorname{rank} \operatorname{Rm} \leq n - k$ を得る. 一方, $\{(x,t) \mid \operatorname{rank} \operatorname{Rm}(x,t) \geq n - k\}$ は開集合であるから, (p,T) の近傍で $\operatorname{rank} \operatorname{Rm} = n - k$. このことと最初の主張, 連結性により $[T - \delta, T]$ で $\operatorname{rank} \operatorname{Rm} \equiv n - k$ が従う.

部分ベクトル束の平行移動不変性を示そう. $[T - \delta, T]$ 上で $\ker \operatorname{Rm}$ の局所正規直交枠 $e_1, \ldots, e_k$ を選ぶ. このとき, $\nabla e_i, D_t e_i \subset \ker \operatorname{Rm}$ を示せば $\ker \operatorname{Rm}$ の平行移動に関する不変性を示したことになる. Rm は対称作用素なので $\operatorname{Im} \operatorname{Rm}$ は $\ker \operatorname{Rm}$ の直交空間となり, その平行移動不変性も従う. まず, $\operatorname{Rm}(e_i) \equiv 0$ から $\nabla \operatorname{Rm}(e_i) + \operatorname{Rm}(\nabla e_i) = 0$, $D_t \operatorname{Rm}(e_i) + \operatorname{Rm}(D_t e_i) = 0$ を得る. さらに, $\Delta(\operatorname{Rm}(e_i)) \equiv 0$ と曲率の方程式から

$$\begin{aligned}
0 &\equiv \Delta \operatorname{Rm}(e_i) + 2\nabla \operatorname{Rm}(\nabla e_i) + \operatorname{Rm}(\Delta e_i) \\
&= D_t \operatorname{Rm}(e_i) - \operatorname{Rm}^2(e_i) - \operatorname{Rm}^\sharp(e_i) + 2\nabla \operatorname{Rm}(\nabla e_i) + \operatorname{Rm}(\Delta e_i) \\
&= -\operatorname{Rm}(D_t e_i) - \operatorname{Rm}^\sharp(e_i) + 2\nabla \operatorname{Rm}(\nabla e_i) + \operatorname{Rm}(\Delta e_i) \quad (3.39)
\end{aligned}$$

$e_i \in \ker \operatorname{Rm}$ と内積をとると, $0 \equiv -\operatorname{Rm}^\sharp(e_i, e_i) - 2\operatorname{Rm}(\nabla e_i, \nabla e_i)$ を得て, $\operatorname{Rm}^\sharp, \operatorname{Rm} \geq 0$ から $\nabla e_i \in \ker \operatorname{Rm}, e_i \in \ker \operatorname{Rm}^\sharp$ が従う. このことから $\ker \operatorname{Rm}$ は空間方向の平行移動について不変. また, $\nabla e_i \in \ker \operatorname{Rm}$ から

$$\nabla \operatorname{Rm}(\nabla e_i) = \nabla \operatorname{Rm}(e_j)(e_j, \nabla e_i) = -\operatorname{Rm}(\nabla e_j)(e_j, \nabla e_i) = 0$$

と $\Delta e_i \in \ker \operatorname{Rm}$ が従い, (3.39) は最初の項を除いてゼロ. したがって $\operatorname{Rm}(D_t e_i) = 0$ を得るから $D_t e_i \in \ker \operatorname{Rm}$ も従う. これで時間軸に沿って平行移動で不変なことも示された.

最後の命題は $\operatorname{Im} \operatorname{Rm}$ がリー括弧積で保たれることを見ればよい. $\operatorname{Rm}^\sharp = \operatorname{Lie} \circ \wedge^2 \operatorname{Rm} \circ \operatorname{Lie}^*$ であるから, $e_i \in \ker \operatorname{Rm}^\sharp$ は $\operatorname{Lie}^* e_i \in \ker \wedge^2 \operatorname{Rm}$ を導く. $\ker \wedge^2 \operatorname{Rm}$ は $\wedge^2 \operatorname{Im} \operatorname{Rm}$ と直交するから, 任意の $w_1, w_2 \in \operatorname{Im} \operatorname{Rm}$ に対して

$$0 = (\operatorname{Lie}^* e_i, w_1 \wedge w_2) = (e_i, [w_1, w_2])$$

を得る．このことから，$[w_1, w_2] \in \ker \mathrm{Rm}^\perp = \mathrm{Im}\,\mathrm{Rm}$ を得る． ∎

$\mathrm{Rm} \geq 0$ の場合，一点で Rm の退化が起こると部分リー環 $\mathfrak{h}$ が強く制約されてリッチフローがかなり限定されてしまう．幾つか例を挙げる．

- **例 3.40（3次元の場合）** M が3次元である場合は $\mathfrak{so}(3)$ の非自明な部分リー環は一次元のものしかないので状況は簡単である．考えているリッチフローが平坦でなく，$\mathrm{Rm} \geq 0$ であるとする．ある一点 (p, t), $t > 0$ で $\mathrm{Rm}(p, t)$ が正定値でなければ，$\dim \mathrm{Im}\,\mathrm{Rm} = 1, \dim \ker \mathrm{Rm} = 2$ の2つの部分ベクトル束に分解し，$\mathrm{Im}\,\mathrm{Rm}$ は必要ならばホロノミーの定める二重被覆に移れば自明束となる．$\mathrm{Im}\,\mathrm{Rm}$ に平行な切断 ϕ をとると，そのホッジ双対は平行なベクトル場 Y を定める．このとき，ホッジ双対の定義から Y に直交する正規直交な2つのベクトル X_1, X_2 により $\phi = X_1 \wedge X_2$ と書けているから，$X_1 \wedge Y, X_2 \wedge Y \in \ker \mathrm{Rm}$ であることに注意しておこう．

必要ならば二重被覆をとればリッチフローの空間接束 $\mathcal{T}$ は平行移動不変な部分ベクトル束に $\mathcal{T} = \mathbb{R} \oplus E_1$ と分裂する．したがって，各時刻で局所的に計量は $M = \Sigma^2 \times \mathbb{R}$ に直積分解する．このベクトル束の分裂は時間軸方向にも平行だが，$X_i \wedge Y \in \ker \mathrm{Rm}$ から，$\mathrm{Rc}(Y) \equiv 0$ であり，D_t の定義から $D_t Y = \partial_t Y + \mathrm{Rc}(Y) = \partial_t Y$ なので，$Y(x, t)$ の張る自明束は t によらない．X_1, X_2 の張る直交空間についても同様に t によらないことが分かる．つまり，各時刻の直積分解 $\Sigma^2 \times \mathbb{R}$ も時刻によらない．したがって，リッチフローの方程式自身が分裂して，局所的には $(M, g(t)) = (\Sigma^2, h(t)) \times (\mathbb{R}, g_\mathbb{R})$ とリッチフローの直積となる．とくにある時刻で大域的に $\Sigma^2 \times \mathbb{R}$ と分解していることが分かれば大域的にリッチフローの直積で書ける．

- **例 3.41（一般次元での分裂）** 一般次元で計量が（局所的に）$M = N \times \mathbb{R}^k$ と分裂していて，$\mathrm{Rm}_N > 0$ であるならば，$TM = TN \oplus \mathbb{R}^k$ なる分裂のもとで $\ker \mathrm{Rm} = \mathbb{R}^k \wedge TM$ となる．逆に部分空間 $V^k \subset T_p M$ が与えられているとき，$\mathrm{Rm} \geq 0$ なるリッチフロー上一点 (p, T) で $\ker \mathrm{Rm} = V \wedge T_p M$ と書けていれば，$\ker \mathrm{Rm}$ が平行移動で不変であることから V は平行移動で不変になる．しかも V に接する成分は平坦となるから，局所的には $M = N \times \mathbb{R}^k$ と計量が分裂し，

3次元の場合と同じ理由でこの直積分解も時刻によらない.

● **例 3.42（計量錐）** 今度は非負曲率リッチフローが $t > 0$ で実現することのない計量について述べる．リーマン多様体 (N, g^N) が与えられたとき，多様体 $M = N \times \mathbb{R}_+$ 上に計量 $g = r^2 g^N + dr^2$ なる計量を与える．ここで r は $\mathbb{R}_+$ の座標である．これは頂点を除いて滑らかな計量錐の計量である．この計量のレヴィ・チヴィタ接続を計算しよう．$x_i, x_j, \ldots$ で N の座標を表すことにする．クリストッフェル記号と曲率を直接計算して

$$\nabla_i \frac{\partial}{\partial x_j} = \nabla_i^N \frac{\partial}{\partial x_j} - \frac{1}{r} g_{ij}^N \frac{\partial}{\partial r}, \ \nabla_{\frac{\partial}{\partial r}} \frac{\partial}{\partial r} = 0$$

$$\nabla_i \frac{\partial}{\partial r} = \nabla_{\frac{\partial}{\partial r}} \frac{\partial}{\partial x_i} = \frac{1}{r} \frac{\partial}{\partial x_i}, \tag{3.40}$$

$$\mathrm{Rm} \left(\frac{\partial}{\partial r} \wedge \frac{\partial}{\partial x_i} \right) = 0 \tag{3.41}$$

が従う．この計算から次の重要な結論を得る．

命題 3.43 $[0, T]$ で定義された $\mathrm{Rm} \geq 0$ なる連結多様体 M 上のリッチフローは $t > 0$ において平坦でない計量錐と局所等長にはなり得ない．

証明 時刻 $t > 0$ で計量錐と局所等長ならば (3.41) から $\frac{\partial}{\partial r} \wedge T_p M \subset \ker \mathrm{Rm}$ である．一方, (3.40) から

$$\omega_{ij} = \nabla_i \left(\frac{\partial}{\partial r} \wedge \frac{\partial}{\partial x_j} \right) = \frac{1}{r} \frac{\partial}{\partial x_i} \wedge \frac{\partial}{\partial x_j} + \frac{\partial}{\partial r} \wedge \nabla_i^N \frac{\partial}{\partial x_j}$$

だが，定理 3.38 により $\ker \mathrm{Rm}$ は平行移動に関して不変だから，$\omega_{ij} \in \ker \mathrm{Rm}$ が従う．これから $\ker \mathrm{Rm} = \wedge^2 TM$，つまり時刻 t で平坦計量錐となる．■

これ以降，この節では3次元のリッチフロー $(M^3, g(t))$ の最大値原理について考察する．2-形式 $\phi \neq 0 \in \wedge^2 T_p^* M$ に対してそのホッジ双対 $*\phi \in T_p^* M$ により定まる $T_p M$ の2次元部分空間 $\ker *\phi$ の正規直交基底 v_1, v_2 を選ぶことにより ϕ は $v_1 \wedge v_2 = v_1 \otimes v_2 - v_2 \otimes v_1$ の定数倍で書ける（これは3次元の特殊事情である）．このことから $\wedge^2 T_p M$ の任意の正規直交基底は $T_p M$ の正規直交基底

v_1, v_2, v_3 を用いて

$$\phi_1 = \frac{1}{\sqrt{2}} v_1 \wedge v_2, \phi_2 = \frac{1}{\sqrt{2}} v_2 \wedge v_3, \phi_3 = \frac{1}{\sqrt{2}} v_3 \wedge v_1$$

と書ける．$\sqrt{2}$ は (3.37) から決まる規約上の定数である．リッチ曲率は

$$\mathrm{Rm}(\phi_1, \phi_1) + \mathrm{Rm}(\phi_2, \phi_2) = 2 \mathrm{Rc}(v_2, v_2) \tag{3.42}$$

と計算される．非線形項 $X(\mathrm{Rm}) = \mathrm{Rm}^2 + \mathrm{Rm}^\sharp$ を具体的に計算しておこう．リー括弧積は

$$[\phi_1, \phi_2] = \frac{1}{\sqrt{2}} \phi_3, \ [\phi_2, \phi_3] = \frac{1}{\sqrt{2}} \phi_1, \ [\phi_3, \phi_1] = \frac{1}{\sqrt{2}} \phi_2,$$

と計算されるから，構造定数は $C^{123} = \frac{1}{\sqrt{2}}$ などと決まる．Rm の対称性と $C^{\alpha\beta\gamma}$ の反対称性に注意するとこの定数の規約の下で $\mathrm{Rm}^\sharp$ の成分は $\mathrm{Rm}_{\alpha\beta}$ の随伴行列 $(\det \mathrm{Rm}) \mathrm{Rm}^{-1}$ で与えられることが確かめられる．とくに Rm を固有値 $\lambda_1 \leq \lambda_2 \leq \lambda_3$ に関する固有ベクトルからなる正規直交枠で書けば，

$$X(\mathrm{Rm}) = \mathrm{Rm}^2 + \mathrm{Rm}^\sharp = \begin{pmatrix} \lambda_1^2 + \lambda_2 \lambda_3 & & \\ & \lambda_2^2 + \lambda_3 \lambda_1 & \\ & & \lambda_3^2 + \lambda_1 \lambda_2 \end{pmatrix}$$

の形で書けることが分かる．

リッチ曲率に関する凸条件の保存について考えよう．(3.42) から $\mathrm{Rc}_{ij} \geq \kappa g_{ij}$ は凸関数 $-\mathrm{T}_2$ を用いて凸条件

$$C_\kappa = \{A \in \mathfrak{R} \mid -\mathrm{T}_2 A \leq -2\kappa\}$$

として書ける．またリッチ曲率のピンチング条件 $\sup \mathrm{Rc} \leq K \inf \mathrm{Rc}$ も

$$D_K = \{A \in \mathfrak{R} \mid -\mathrm{T}_2(-A) - K \mathrm{T}_2 A \leq 0\}$$

なる凸条件として書ける．

<u>補題 3.44</u>　$\kappa \geq 0, K > 1$ に対して，3次元コンパクトリッチフローは凸条件 $C_\kappa, C_\kappa \cap D_K$ を保つ．

証明 定理 3.30 の条件を確かめればよい．$\mathrm{Tr}_U \mathrm{Rm} = \mathrm{T}_2 \mathrm{Rm}$ を実現する 2 次元部分空間 U について

$$\mathrm{Tr}_U(X(\mathrm{Rm})) = \lambda_1^2 + \lambda_2^2 + \lambda_2\lambda_3 + \lambda_3\lambda_1 = (\lambda_1 + \lambda_2)(\lambda_1 + \lambda_3) + (\lambda_2 - \lambda_1)\lambda_2$$

であり，$0 \leq \mathrm{T}_2 \mathrm{Rm}$ のとき $\mathrm{T}_2(X(\mathrm{Rm})) \geq 0$ が従うので凸条件 C_κ は保たれることが分かる．$C_\kappa \cap D_K$ についても同様に $\mathrm{T}_2(-\mathrm{Rm}), \mathrm{T}_2 \mathrm{Rm}$ を実現する 2 次元部分空間 U_1, U_2 をとり，次のように計算する．

$$\begin{aligned}&- \mathrm{Tr}_{U_1}(-X(\mathrm{Rm})) - K \mathrm{Tr}_{U_2}(X(\mathrm{Rm})) \\&= \lambda_3^2 + \lambda_1\lambda_2 - K(\lambda_1^2 + \lambda_2\lambda_3) + (1-K)(\lambda_2^2 + \lambda_1\lambda_3) \\&= (\lambda_3 + \lambda_2 - K(\lambda_1 + \lambda_2))(\lambda_3 + \lambda_1) - \lambda_2(\lambda_3 - \lambda_2) - K\lambda_2(\lambda_2 - \lambda_1).\end{aligned}$$

したがって $\lambda_3 + \lambda_2 = K(\lambda_1 + \lambda_2) \geq 0$ を満たす境界点において定理 3.30 の条件 $- \mathrm{Tr}_{U_1}(-X(\mathrm{Rm})) - K \mathrm{Tr}_{U_2}(X(\mathrm{Rm})) \leq 0$ が確かめられた．■

ここまでの最大値原理の適用では系 3.32 の幾何的判定条件は用いなかったが，次の結論に必要なので簡単に準備をする．系 3.32 の適用のため $\dot{A} = A^2 + A^\sharp$ という形の対称行列値関数 $A(t)$ に関する常微分方程式を考えることになるが，凸条件は $\mathrm{SO}(n)$ 不変なものしか考えないので，実際には時刻によらず対角化して考えれば十分で $\lambda(t) = (\lambda_1(t), \lambda_2(t), \lambda_3(t))$ に関する方程式

$$\dot{\lambda}_1 = \lambda_1^2 + \lambda_2\lambda_3, \ \dot{\lambda}_2 = \lambda_2^2 + \lambda_3\lambda_1, \ \dot{\lambda}_3 = \lambda_3^2 + \lambda_1\lambda_2, \tag{3.43}$$

を考えればよい．たとえば $\mu(t) = \lambda_2 - \lambda_1$ が

$$\dot{\mu}(t) = \dot{\lambda}_2 - \dot{\lambda}_1 = (\lambda_2 + \lambda_1 - \lambda_3)(\lambda_2 - \lambda_1) = f(t)\mu(t)$$

の形の方程式を満たすから大小関係 $\lambda_1(t) \leq \lambda_2(t) \leq \lambda_3(t)$ は常微分方程式 (3.43) に沿って保たれる．

定理 3.45 コンパクト 3 次元多様体 M 上のリッチフローが $t = 0$ で $K > 1, \kappa > 0$ に対して $\mathrm{Rc} > \kappa$，$\sup \mathrm{Rc} \leq K \inf \mathrm{Rc}$ を満たしているとする．このと

き，$t > 0$ でも同じ評価が満たされる．さらに K に依存する定数 $\theta(K) > 0$ が存在して

$$\Theta(t) := \sup_{x \in M} \frac{\sup \mathrm{Rm}(x,t) - \inf \mathrm{Rm}(x,t)}{R(x,t)^{1-\theta}}$$

とするとき，$\Theta(t)$ は単調非増加である．

注意 3.46 $\Theta(t)$ の評価は

$$\frac{\sup \mathrm{Rm} - \inf \mathrm{Rm}}{R} \leq \Theta(0) R^{-\theta}$$

と書けるが，$R \to \infty$ のとき，Rm の固有値の差は曲率をスケーリングで正規化すればゼロに収束していくことを示している．

証明 評価 $\mathrm{Rc} > \kappa$, $\sup \mathrm{Rc} \leq K \inf \mathrm{Rc}$ が保たれることはすでに補題 3.44 で見た．あとは $\Theta(t)$ の評価を示せばよい．$f(x) = x^{1-\theta}$ が凹関数であることに注意すると $\theta > 0, C > 0$ について

$$E = \left\{ A \in C_\kappa \cap D_K \;\middle|\; \sup A - \inf A - C(\mathrm{tr}\, A)^{1-\theta} \leq 0 \right\}$$

は凸条件である．系 3.32 の常微分方程式を用いた判定条件により (3.35) を確かめればリッチフローが E を保ち結論が従う．E に初期値を持つ常微分方程式 (3.43) の解に沿って

$$\Theta(t) = \frac{\lambda_3 - \lambda_1}{(\lambda_1 + \lambda_2 + \lambda_3)^{1-\theta}} = \frac{\lambda_3 - \lambda_1}{(\lambda_1 + \lambda_2 + \lambda_3)}(\lambda_1 + \lambda_2 + \lambda_3)^\theta$$

が単調非増加であることを見ればよい．Θ の第一因子を対数微分すると

$$\frac{d}{dt} \ln \frac{\lambda_3 - \lambda_1}{(\lambda_1 + \lambda_2 + \lambda_3)} = -\frac{2\lambda_2^2 + (\lambda_2 - \lambda_1)\lambda_3 + \lambda_1 \lambda_2}{\lambda_1 + \lambda_2 + \lambda_3}$$

$$\leq -\frac{\lambda_2(\lambda_1 + 2\lambda_2)}{\lambda_1 + \lambda_2 + \lambda_3} \tag{3.44}$$

が従う．解は D_K に留まるから $\lambda_2 + \lambda_3 \leq K(\lambda_1 + \lambda_2)$ である．このことから，K のみに依存する定数 K_1 が存在して

$$2\frac{d}{dt}(\lambda_1 + \lambda_2 + \lambda_3) = (\lambda_1 + \lambda_2)^2 + (\lambda_2 + \lambda_3)^2 + (\lambda_3 + \lambda_1)^2$$

$$\leq K_1(\lambda_1 + \lambda_2)^2 \leq 2K_1\lambda_2(\lambda_1 + 2\lambda_2)$$

を得るので，$\theta = \frac{1}{K_1}$ とすれば第二因子の対数微分と (3.44) と併せて Θ の単調性を得る． ∎

正リッチ曲率を持つ閉 3 次元多様体上のリッチフローは適当な正規化の下で定曲率計量に収束することも分かる．これについてはコンパクト性定理の項で述べる．応用上重要な正リッチ曲率を持つ古代解に関する結論を述べておく．

補題 3.47 $n > 2$ とする．連結リーマン多様体 (M^n, g) 上の関数 λ に対して，各点でリッチ曲率が $\mathrm{Rc} = \lambda g$ を満たしているならば，g はアインシュタイン計量．とくに $n = 3$ ならば定曲率計量となる．

証明 第二ビアンキ恒等式から，$\nabla_i R = 2g^{jk}\nabla_j \mathrm{Rc}_{ki}$ ゆえ，$\nabla_i R = 2\nabla_i \lambda$ を得る．一方，$R = n\lambda$ であるから，λ が定数であることが従う． ∎

命題 3.48 時間 $(-\infty, T]$ 上のコンパクト 3 次元リッチフロー $(M, g(t))$ は正リッチ曲率を持つものとする．さらに時刻の列 $t_j \to -\infty$ と j によらない十分大きな定数 K について次の条件が成り立つものとする．
1. $(M, g(t_j))$ が補題 3.44 の凸評価 D_K を満たす．
2. $\overline{R}(t_j) \leq K\underline{R}(t_j)$

このとき，$(M, g(t))$ の普遍被覆は S^3 上の標準解となる．

証明 時刻 $t = t_j$ を初期値と考えるときの最大存在時間は命題 3.24 から $\underline{R}(t_j)$ で評価されるので $\underline{R}(t_j) \to 0$ である．したがって仮定 2. から $\overline{R}(t_j) \to 0$ である．仮定 1. から $t = t_j$ を初期値として定理 3.45 を同じ θ, Θ に対して適用できる．$\sup \mathrm{Rm} - \inf \mathrm{Rm} = 2(\sup \mathrm{Rc} - \inf \mathrm{Rc}) \leq 2R$ に注意すると $\Theta(t_j) \leq 2\overline{R}(t_j)^\theta \to 0$ が従い，Θ の単調性から $\Theta(t) \equiv 0$ が分かる．したがって補題 3.47 に注意すれば結論を得る． ∎

系 3.49 3 次元のコンパクト正リッチ曲率縮小ソリトンは球面の標準解の商空間．

【演習 3.50】 2 次元の場合に定理 3.89，命題 3.48，系 3.49 に対応する命題を導け．

最後に一般の初期計量を持つコンパクト 3 次元多様体 $(M,g(t))$ 上のリッチフローの曲率の下からの評価を与える．もともとはアイビーにより有限時間内に特異性が生じて曲率が発散する場合の評価として得られたが，ハミルトンにより $(M,g(t))$ が長時間存続する場合も含めた評価に改良された．見かけ上時刻に依存する凸条件を考えることになるが時刻で正規化した計量 $\widetilde{g}_{ij} = (1+t)^{-1} g_{ij}$ を考えると時刻依存を取り除くことができる．$\widetilde{g}_{ij}$ に関して発展方程式 (3.16) と同様に標構の発展を考えると，その曲率成分 $\widetilde{\mathrm{Rm}}_{abcd}$ は $\widetilde{\mathrm{Rm}} = (1+t)\mathrm{Rm}$ と正規化される．このとき，時刻パラメータ $\widetilde{t} = \ln(1+t)$ を導入して放物型スケーリングを行うと (3.19) は

$$D_{\widetilde{t}}\widetilde{\mathrm{Rm}} = \widetilde{\Delta}\mathrm{Rm} + \widetilde{\mathrm{Rm}} + \widetilde{\mathrm{Rm}}^2 + \widetilde{\mathrm{Rm}}^\sharp$$

と正規化される．

定理 3.51 （ハミルトン・アイビーの定理 [**Ham99**]） 時間 $[0,T]$ 上で定義されたコンパクト 3 次元多様体 M 上のリッチフローが時刻 $t=0$ で $\mathrm{Rm} \geq -1$ を満たしているとする．このとき $\kappa(x,t) = \max(\sup(-\mathrm{Rm}(x,t)),0)$ とおくと

$$R \geq \kappa(\ln\kappa + \ln(1+t) - 3)$$

が成り立つ．

証明 g_{ij} の代わりに $\widetilde{g}_{ij}$ を考えると，示すべき不等式は $\widetilde{R} \geq \widetilde{\kappa}(\ln\widetilde{\kappa} - 3)$ となる．$A \notin \Lambda_+ := \{A \in \mathfrak{R} \mid A \geq 0\}$ のとき $-\lambda_1(A) = \sup(-A)$ と書いて

$$f(A) = -\lambda_1(A)(\ln(-\lambda_1(A)) - 3) - \mathrm{Tr}\, A$$

とおく．$x > 0$ 上の関数 $w(x) = x(\ln x - 3)$ が $w'' > 0$ を満たすので f は Λ_+ の点を含まない線分に制限すると凸関数である．$\mathfrak{R}$ 上の関数を

$$f_+(A) = \begin{cases} \max(f(A),0) & \text{if } A \notin \Lambda_+ \\ 0 & \text{if } A \in \Lambda_+ \end{cases}$$

で定義する．Λ_+ は凸集合なので $\mathfrak{R}$ の線分と Λ_+ の交わりも線分であることに注意すると f_+ の連続性から f_+ が凸関数であることが従う．初期値に関する仮定と $3\lambda_1(A) \leq \mathrm{Tr}(A)$ から初期値は凸条件 $C = \{A \in \mathfrak{R} \mid f_+(A) \leq 0\}$ を満たす．また C は SO(3)-不変なので常微分方程式 (3.43) を正規化した方程式

$$\dot{\lambda}_1 = \lambda_1 + \lambda_1^2 + \lambda_2\lambda_3, \ \dot{\lambda}_2 = \lambda_2 + \lambda_2^2 + \lambda_3\lambda_1, \ \dot{\lambda}_3 = \lambda_3 + \lambda_3^2 + \lambda_1\lambda_2 \qquad (3.45)$$

が C を保つことを確かめれば系 3.32 から結論が従う．

Λ_+ が (3.45) で保たれることはすぐに分かるから $\lambda(0) \in C \setminus \Lambda_+$ を満たす解 $\lambda(\widetilde{t})$ が $\lambda(\widetilde{t}) \notin \Lambda_+$ である限り $\lambda(\widetilde{t}) \in C$ であることを示せばよい．

$$W(\widetilde{t}) = \ln(-\lambda_1(\widetilde{t})) + 1 + \frac{\lambda_2(\widetilde{t}) + \lambda_3(\widetilde{t})}{\lambda_1(\widetilde{t})}$$

とおくとき，不等式 $W(\widetilde{t}) \leq 3$ が保たれることを示すのが目標である．$3\lambda_1(A) \leq \mathrm{Tr}(A)$ から

$$W(\widetilde{t}) \leq \ln(-\lambda_1) + 3 \qquad (3.46)$$

が成り立つことに注意しよう．直接計算して

$$\begin{aligned}
\frac{dW(\widetilde{t})}{d\widetilde{t}} &= 1 + \lambda_1^{-2} \left\{ (\lambda_1^2 + \lambda_2\lambda_3)(\lambda_1 - \lambda_2 - \lambda_3) + \lambda_1(\lambda_2^2 + \lambda_3^2 + \lambda_1(\lambda_3 + \lambda_2)) \right\} \\
&= 1 + \lambda_1 + \lambda_1^{-2} \left\{ (\lambda_1 - \lambda_2)(\lambda_3 + \lambda_2)\lambda_3 + \lambda_1\lambda_2^2 \right\} \\
&= 1 + \lambda_1 + \lambda_1^{-2} \left\{ (\lambda_1 - \lambda_2)(\lambda_2^2 + \lambda_3^2 + \lambda_2\lambda_3) + \lambda_2^3 \right\}
\end{aligned}$$

を得るが，λ_2 の正負に応じて 2 行目，3 行目を見ると $\dot{W} \leq \lambda_1 + 1$ が従う．(3.46) から C の補集合上で $\dot{W} \leq 0$ が成り立つことに注意すると補題 3.28 より結論が従う． ∎

3.5 ヤコビ場の評価

この節ではリッチフローの局所的解析に用いるヤコビ場の評価についてまとめて述べる．一応定義から述べるが，リーマン幾何の初歩は前提として議論す

るので,このあたりの議論に不慣れな読者は,まずはリーマン幾何の入門書を読むことを勧める.逆に一定の知識のある読者はこの節は飛ばして結果が引用されたときに本節に戻って目を通せばよい.

リーマン多様体 (M,g) 上の曲線 γ の長さを

$$L(\gamma) = \int_a^b |\dot{\gamma}|ds$$

で表す.測地線 γ の変分ベクトル Y に関する第二変分公式は測地パラメータ s に対して

$$\delta_Y^2 L(\gamma) = [(\nabla_Y Y, \dot{\gamma}) + (Y^N, \nabla_{\frac{d}{ds}} Y^N)]_0^L - \int_0^L (Y, \nabla_{\frac{d}{ds}}^2 Y^N + R(Y,\dot{\gamma})\dot{\gamma})ds$$

$$= [(\nabla_Y Y, \dot{\gamma})]_0^L + \int_0^L |\nabla_{\frac{d}{ds}} Y^N|^2 - (R(Y,\dot{\gamma})\dot{\gamma}, Y)ds \tag{3.47}$$

と計算される.ここで,Y^N は Y の $\dot{\gamma}$ に関する直交成分である.γ に沿ったベクトル場 Y が

$$\nabla_{\frac{d}{ds}}^2 Y + R(Y,\dot{\gamma})\dot{\gamma} = 0 \tag{3.48}$$

を満たすとき Y を**ヤコビ場**と呼ぶ.(3.48) の解は初期データ $Y(0), \nabla_{\frac{d}{ds}} Y(0)$ で決まる.また,ヤコビ場 Y を接ベクトル $\dot{\gamma}$ に接する成分 Y^T と直交する成分 Y^N に分解すると Y^N, Y^T もまたヤコビ場となる.(3.48) は測地線の方程式を変分して得られるから測地線の族の変分ベクトルはヤコビ場となる.とくに測地線の族 $\gamma_u(s) = \exp_p sV_u$ は $Y(0) = 0$ となるヤコビ場 $Y = \nabla_{\frac{d}{du}} \gamma_u$ を生成する.

測地線 γ の両端 $s = 0, L$ で $Y(0) = Y(L) = 0$ を満たす非自明ヤコビ場が存在するとき,$\gamma(0), \gamma(L)$ は γ 上**共役**であるという.指数写像で $\gamma(s) = \exp_p sv$ と書けているならば微分 $d\exp_p$ が Lv において退化することと γ の両端が共役であることは同値である.γ が p, q を結ぶ唯一の線分で γ 上 q が p と共役でないとき,q を p の正則点といい,そうでないとき q を p の**切点**という.とくに,x が p の正則点で γ が p, x を結ぶ線分ならば $Y(0) = 0$ なるヤコビ場 Y の端点での値 $\eta = Y(L)$ に対する距離関数 $\rho_p(x) := \rho(p, x)$ のヘッシアンが (3.47) によって

$$\nabla_\eta \nabla_\eta \rho_p(x) = (Y^N, \nabla_{\frac{d}{ds}} Y^N)(L) = \int_0^L |\nabla_{\frac{d}{ds}} Y^N|^2 - (R(Y,\dot\gamma)\dot\gamma, Y)ds \quad (3.49)$$

と計算される．γ に沿ったベクトル場 U, V に関する二次形式

$$I_\gamma(U,V) = \int_0^L (\nabla_{\frac{d}{ds}} U, \nabla_{\frac{d}{ds}} V) - (R(U,\dot\gamma)\dot\gamma, V)ds$$

を指数形式という．I_γ を両端点で $V(0) = V(L) = 0$ を満たす γ 上のベクトル場 V 全体の上の二次形式とみるとき，(3.47) から γ が線分ならば，I_γ は半正定値である．もっと一般に γ のどの2つの（内）点も共役でないことと I_γ が（半）正定値であることは同値である．

補題 3.52 測地線 γ 上の内部の二点は共役でないとする．γ に沿ったヤコビ場 Y とベクトル場 U が両端点で $Y(0) = U(0), Y(L) = U(L)$ を満たすとき，$I_\gamma(Y,Y) \leq I_\gamma(U,U)$ である．

証明 ヤコビ場 Y の方程式から両端点で消えるベクトル場 $U - Y$ について $I_\gamma(Y, U - Y) = 0$ であることに注意して

$$I_\gamma(U,U) - I_\gamma(Y,Y) = I_\gamma(U-Y, U+Y) = I_\gamma(U-Y, U-Y) \geq 0$$

に注意すればよい． ∎

● **例 3.53** 定曲率 λ を持つ k 次元の空間形を S_λ^k と書くことにする．定曲率空間 S_λ^k 上でのヤコビ場を計算しておこう．正規測地線 γ に沿って正規直交平行ベクトル場 $P_1 = \dot\gamma, P_2, \ldots, P_k$ を選んでおく．$i, j > 1$ に対して，$(R(P_i, \dot\gamma)\dot\gamma, P_j) = \lambda \delta_{ij}$ であるから，Y を $Y(s) = \mathcal{Y}^i(s) P_i(s)$ と書くと，$i > 1$ に対して成分 $\mathcal{Y}^i$ は方程式 $\ddot f + \lambda f = 0$ の解である．f は具体的に

$$f(s) = \begin{cases} f(0)\cos\sqrt\lambda s + \dot f(0)\frac{\sin\sqrt\lambda s}{\sqrt\lambda} & \text{if } \lambda > 0 \\ f(0)\cosh\sqrt{-\lambda}s + \dot f(0)\frac{\sinh\sqrt{-\lambda}s}{\sqrt{-\lambda}} & \text{if } \lambda < 0 \\ \dot f(0)s + f(0) & \text{if } \lambda = 0 \end{cases}$$

と解ける．$f(0) = 0, \dot f(0) = 1$ なる解を $\mathfrak{s}_\lambda$，$f(0) = 1, \dot f(0) = 0$ なる解を $\mathfrak{c}_\lambda$ と書くことにする．とくに，$Y(0) = 0$ なる直交ヤコビ場は平行ベクトル場 P に

より $Y(s) = \mathfrak{s}_\lambda(s)P$ と書けるから，$\lambda \leq 0$ のとき，共役な点は存在しないことが分かる．$\lambda > 0$ の場合は $s = \frac{\pi}{\sqrt{\lambda}}$ において最初の共役点が表れる．

γ を (M, g) 上の p を始点とする測地線，Y をその上のヤコビ場とする．このとき，γ に沿った平行移動 $T_s : T_{\gamma(s)}M \to T_pM$ により，Y を T_pM の曲線 $\mathcal{Y}(s) = T_s Y(s) \in T_pM$ に引き戻すと

$$\ddot{\mathcal{Y}} + \mathcal{R}(s)\mathcal{Y} = 0 \tag{3.50}$$

なる方程式を満たす．ここで，$\mathcal{R}(s) := T_s(R(T_s^{-1}\mathcal{Y}, \dot{\gamma})\dot{\gamma})$ なる T_pM の対称作用素である．逆に (3.50) を満たす $\mathcal{Y}$ に対して $Y = T_s^{-1}\mathcal{Y}$ はヤコビ場を与える．これを用いて異なるリーマン多様体のヤコビ場を比較できる．

$\boxed{\text{定理 3.54}}$ (ラウチの比較定理) リーマン多様体 $(M, g), (M_0, g_0)$ の次元が $\dim M_0 \leq \dim M$ を満たし，M, M_0 上の長さ l の正規測地線 γ, γ_0 はいずれもその上には共役な二点を含まないとする．$s \in [0, l]$ で曲率の大小関係

$$\sup_{Y_0 \perp \dot{\gamma}_0, |Y_0|=1} (R_{\gamma_0(s)}(Y_0, \dot{\gamma}_0)\dot{\gamma}_0, Y_0) \leq \inf_{Y \perp \dot{\gamma}, |Y|=1} (R_{\gamma(s)}(Y, \dot{\gamma})\dot{\gamma}, Y)$$

が成り立つとき，$Y(0) = Y_0(0) = 0$ を満たす γ, γ_0 上の非自明直交ヤコビ場 Y, Y_0 に対して

$$\frac{(Y(s), \nabla_{\dot{\gamma}} Y(s))}{|Y(s)|^2} \leq \frac{(Y_0(s), \nabla_{\dot{\gamma}_0} Y_0(s))}{|Y_0(s)|^2}$$

が $s \in [0, l]$ で成り立つ．したがって，$|Y(s)|/|Y_0(s)|$ は単調非増加で，

$$\frac{|Y(s)|}{|\nabla_{\dot{\gamma}} Y(0)|} \leq \frac{|Y_0(s)|}{|\nabla_{\dot{\gamma}_0} Y_0(0)|}$$

が成り立つ．

証明 端点で $|J(s_0)| = |J_0(s_0)| = 1$ となるように正規化した直交ヤコビ場を

$$J(s) = \frac{Y(s)}{|Y(s_0)|}, \ J_0(s) = \frac{Y_0(s)}{|Y_0(s_0)|}$$

とし，J, J_0 を平行移動して得られる $T_pM, T_{p_0}M_0$ の曲線を $\mathcal{Y}, \mathcal{Y}_0$ とする．$\iota(\dot{\gamma}_0(0)) = \dot{\gamma}(0)$ を満たす適当な等長埋め込み $\iota: T_{p_0}M_0 \to T_pM$ を選ぶと

$$\mathcal{Y}(0) = \iota(\mathcal{Y}_0(0)) = 0, \ \mathcal{Y}(s_0) = \iota(\mathcal{Y}_0(s_0))$$

とできる．そこで，$W_0(s) = T_s^{-1}(\iota(\mathcal{Y}_0(s)))$ とおくと，共役点に関する仮定から I_γ は正定値だから補題 3.52 から，

$$(J, \nabla_{\dot{\gamma}}J)(s_0) = I_\gamma(J, J) \leq I_\gamma(W_0, W_0) = \int_0^{s_0} \left\{ |\dot{\mathcal{Y}}_0|^2 - (\mathcal{R}\iota(\mathcal{Y}_0), \iota(\mathcal{Y}_0)) \right\} ds$$
$$= (J_0, \nabla_{\dot{\gamma}}J_0)(l) + \int_0^{s_0} \left\{ (\mathcal{R}_0\mathcal{Y}_0, \mathcal{Y}_0) - (\mathcal{R}\iota(\mathcal{Y}_0), \iota(\mathcal{Y}_0)) \right\} ds \quad (3.51)$$

を得る．断面曲率の大小関係から，結論の不等式

$$\frac{(Y, \nabla_{\dot{\gamma}}Y)}{|Y|^2}(s_0) = (J, \nabla_{\dot{\gamma}}J)(s_0) \leq (J_0, \nabla_{\dot{\gamma}}J_0)(s_0) = \frac{(Y_0, \nabla_{\dot{\gamma}}Y_0)}{|Y_0|^2}(s_0)$$

を得る．後半の結論は

$$\frac{1}{2}\frac{d}{ds}\ln\left(\frac{|Y|^2}{|Y_0|^2}\right) = \frac{(Y(s), \nabla_{\dot{\gamma}}Y(s))}{|Y(s)|^2} - \frac{(Y_0(s), \nabla_{\dot{\gamma}_0}Y_0(s))}{|Y_0(s)|^2} \leq 0$$

であることと $s = 0$ における漸近挙動 $\mathcal{Y}(s) = s\dot{\mathcal{Y}}(0) + o(s)$ から従う．∎

系 3.55 リーマン多様体 (M, g) 上の正規測地線 c と c 上にない点 $p \in M$ に対して，$\rho(u) = \rho_M(p, c(u))$ とおく．$p, c(u)$ を結ぶ線分上で断面曲率が $K_M \geq \lambda$ を満たしているとし，さらに $\lambda > 0$ のときは $\rho(u) < \frac{\pi}{\sqrt{\lambda}}$ と仮定する．$c(u)$ が p の正則点であるとき，u に関する微分を $\prime$ で表すと

$$\mathfrak{s}_\lambda(\rho)\rho'' \leq (1 - (\rho')^2)\mathfrak{c}_\lambda(\rho) \quad (3.52)$$

が成り立つ．とくに $f(u) = \mathfrak{c}_\lambda(\rho(u))$ とおくと，

$\lambda > 0$ のとき，$f'' + \lambda f \geq 0$，$\lambda < 0$ のとき，$f'' + \lambda f \leq 0$，

$\lambda = 0$ のとき，$(\rho^2)'' \leq 2$

が成り立ち，どの不等式も M が空間形 S_λ の場合等式となる．

証明 γ_u を $p, c(u)$ を結ぶただ一つの正規線分とする. γ_u 上のヤコビ場を $Y(s) = \partial_{\frac{\partial}{\partial u}} \gamma_u(s)$ で定めると $Y(\rho(u)) = c'(u)$ である. 距離関数の微分は $\rho'(u) = (Y, \frac{d\gamma_u}{ds})$ と計算されるから $|Y^N(\rho(u))|^2 = 1 - (\rho')^2$ である. 一方, 空間形で対応する直交ヤコビ場 Y_0 を考えれば, 例 3.53 から平行ベクトル場 P により, $Y_0(s) = \mathfrak{s}_\lambda(s)P(s)$ と書けるから, $(Y_0, \nabla_{\dot\gamma_0} Y_0)/|Y_0|^2 = \frac{\mathfrak{c}_\lambda(s)}{\mathfrak{s}_\lambda(s)}$ である. したがって, (3.49) とラウチの比較定理により,

$$\rho'' = (Y^N, \nabla_{\dot\gamma} Y^N)(\rho) \leq (1 - (\rho')^2)\frac{\mathfrak{c}_\lambda(\rho)}{\mathfrak{s}_\lambda(\rho)}$$

を得る. 仮定から $\mathfrak{s}_\lambda(\rho) > 0$ だから (3.52) が成り立ち, 空間形のときは等式が成り立つ. f に関する不等式は (3.52) から直接計算すれば従う. ∎

断面曲率の不等式を反転した場合は S_λ と (M, g) の立場を入れ替えてラウチの比較定理を適用すれば次を得る.

系 3.56 系 3.55 の状況で断面曲率の条件を $K_M \leq \lambda$ と反転すると (3.52) の不等式も反転する. とくに, このとき $\lambda > 0$ のときは $\rho(u) < \frac{\pi}{2\sqrt{\lambda}}$ と仮定すれば ρ^2 のヘッシアンは正定値である.

$B(p, \pi r)$ 上で断面曲率が $< r^{-2}$ であり, さらに $B(p, \frac{\pi r}{4})$ の点における単射半径は $> \frac{\pi r}{2}$ であるとする. $B(p, \frac{\pi r}{4})$ に台を持つ有限測度 μ に対して,

$$F(x) = \int \rho^2(x, y) d\mu(y)$$

とおくと, 系 3.56 から $B(p, \frac{\pi r}{4})$ 上 F は凸関数となる. $B(p, \frac{\pi r}{4})$ の凸性にも注意すると F はただ一つの点 $x_0 \in B(p, \frac{\pi r}{4})$ で最小値を取ることが分かる. x_0 を $d\mu$ の**重心**という. とくに $B(p, \frac{\pi r}{4})$ 内の有限個の点の重心が定義される. 以下では基点 p が自明な場合, D_r で T_pM における原点の r-近傍を表す.

系 3.57 リーマン多様体 (M, g) の測地球 $B(p, \pi r)$ はコンパクトであり, その上で断面曲率は r^{-2} を超えないものとする. このとき, $\exp_p$ は $D_{\pi r}$ 上で局所微分同相である.

3.5 ヤコビ場の評価

証明 例 3.53 で見たとおり $S_{r^{-2}}$ 上の長さ $< \pi r$ の測地線は共役な 2 点を含まない．ラウホの比較定理 3.54 を $M = S_{r^{-2}}$ に対して適用して連続性の議論を行うと $M_0 = M$ 上でもそうであることが分かるので結論が従う． ∎

測地線 γ の始点 p と終点が一致しているとき，γ を p 上の測地閉曲線という（さらに p での接ベクトルが $\dot{\gamma}(0) = \dot{\gamma}(L)$ と一致すれば γ は閉測地線である）．

定理 3.58 (クリンゲンバーグの定理)　(M, g) は系 3.57 の仮定を満たすものとする．$p \in M$ 上の全ての測地閉曲線の長さが $\geq l_p$ であるとき，p における単射半径は $\iota_p \geq \min(\pi r, \frac{l_p}{2})$ と評価される．

証明 $\iota_p < \pi r$ とする．系 3.57 から $\exp_p$ は ∂D_{ι_p} のはめ込みを与えるが，単射半径の定義から自己交差を持つ．交差が横断的ならば少し小さな $r < \iota_p$ に対して $\exp_p \partial D_r$ も自己交差し，単射半径の定義に反するから交差は横断的でない．交差には p を始点とする長さ ι_p の 2 つの測地線が対応するが，直交球面の交差は横断的でないのでこれらは終点で角度 π をなす．2 つの測地線を終点でつなげると p 上の測地閉曲線となるから $\frac{l_p}{2} \leq \iota_p$ である． ∎

曲線 γ に沿ったベクトル場 V（もっと一般にはテンソル場）に関して

$$d_s^- |V| \leq |\nabla_{\frac{\partial}{\partial s}} V| \tag{3.53}$$

である．実際 $s = s_0$ で $|V(s_0)| = (V(s_0), P(s_0))$ を実現する単位平行ベクトル場 P をとり後方微分の定義を適用すればよい．この初等的な計算を用いると共役点に関する仮定がない場合に次のような評価ができる．

定理 3.59 ([BK81])　正規測地線 γ 上のヤコビ場 Y が $Y(0) = 0$ を満たし，γ 上では断面曲率評価 $|K| \leq \lambda$ が成り立つものとする．P を $P(0) = \nabla_{\frac{\partial}{\partial s}} Y(0)$ を満たす γ 上の平行ベクトル場とするとき，次の不等式が成り立つ．

$$|Y(s) - sP(s)| \leq |\nabla_{\frac{\partial}{\partial s}} Y(0)|(\mathfrak{s}_{-\lambda}(s) - s), \tag{3.54}$$

$$|\nabla_{\frac{\partial}{\partial s}} Y(s) - P(s)| \leq |\nabla_{\frac{\partial}{\partial s}} Y(0)|(\mathfrak{c}_{-\lambda}(s) - 1), \tag{3.55}$$

$$|Y(s)| \leq |\nabla_{\frac{\partial}{\partial s}} Y(0)| \mathfrak{s}_{-\lambda}(s), \ |\nabla_{\frac{\partial}{\partial s}} Y(s)| \leq |\nabla_{\frac{\partial}{\partial s}} Y(0)| \mathfrak{c}_{-\lambda}(s).$$

証明 まず $f(s) = |Y(s) - sP(s)|$, $g(s) = |\nabla_{\frac{\partial}{\partial s}} Y(s) - P(s)|$ とおいて

$$d_s^- f(s) \leq g(s), \ d_s^- g(s) \leq \lambda(f(s) + |\nabla_{\frac{\partial}{\partial s}} Y(0)|s) \tag{3.56}$$

を見る. 最初の不等式は (3.53) から従い, 次の不等式は (3.48) を用いて

$$d_s^- g \leq |\nabla_{\frac{\partial}{\partial s}} \nabla_{\frac{\partial}{\partial s}} Y| \leq \lambda|Y| \leq \lambda(f + |\nabla_{\frac{\partial}{\partial s}} Y(0)|s)$$

と計算すれば従う. (3.56) を積分すると

$$f(s) \leq G(s) := \int_0^s g(s)ds \tag{3.57}$$

だが, $H(s) = G(s) + |\nabla_{\frac{\partial}{\partial s}} Y(0)|s$ とおくと (3.56), (3.57) から

$$d_s^- \left(\frac{dH}{ds}\right)(s) \leq \lambda H(s) \tag{3.58}$$

である. ここで,

$$Q(s) := \mathfrak{s}_{-\lambda}^2 \frac{d}{ds}\left[\frac{H}{\mathfrak{s}_{-\lambda}}\right] = \frac{dH}{ds}\mathfrak{s}_{-\lambda} - H\frac{d\mathfrak{s}_{-\lambda}}{ds}$$

とおき, $s > 0$ で $\mathfrak{s}_{-\lambda}(s) > 0$ あることに注意すると (3.58) から

$$d_s^- Q \leq \lambda H \mathfrak{s}_{-\lambda} + \frac{dH}{ds}\frac{d\mathfrak{s}_{-\lambda}}{ds} - \frac{dH}{ds}\frac{d\mathfrak{s}_{-\lambda}}{ds} - H\frac{d^2\mathfrak{s}_{-\lambda}}{ds^2} \leq 0$$

を得る. したがって Q は単調非増加で, $s \downarrow 0$ のとき, $Q(s) \to 0$ であるから, $\frac{H}{\mathfrak{s}_{-\lambda}}$ も単調非増加. $s \downarrow 0$ のとき, $G(s) = o(s), H(s) = |\nabla_{\frac{\partial}{\partial s}} Y(0)|s + o(s)$ であることに注意すると, $H(s) \leq |\nabla_{\frac{\partial}{\partial s}} Y(0)|\mathfrak{s}_{-\lambda}$ を得るから, (3.57) から (3.54) を得る. (3.55) の方も同様に $F(s) = \int_0^s f(s)ds$ とおいて

$$g(s) \leq \lambda\left(F(s) + \frac{1}{2}|\nabla_{\frac{\partial}{\partial s}} Y(0)|s^2\right)$$

を得る. $H(s) = F(s) + |\nabla_{\frac{\partial}{\partial s}} Y(0)|(\lambda^{-1} + \frac{s^2}{2})$ とおいて $\mathfrak{c}_{-\lambda}$ との比 $\frac{H}{\mathfrak{c}_{-\lambda}}$ を同じように評価すればよい. 他の不等式は (3.54) と (3.55) から従う. ■

3.5 ヤコビ場の評価

次の補題は $\exp_p$ の高階微分の評価をするために用いる.

命題 3.60 γ, λ は定理 3.59 の通りとする. γ に沿ったベクトル場 Y が初期条件 $Y(0) = 0, \nabla_{\frac{\partial}{\partial s}} Y(0) = 0$ を満たし,さらに定数 K に関して,

$$|\nabla_{\frac{\partial}{\partial s}} \nabla_{\frac{\partial}{\partial s}} Y + R(Y, \dot\gamma)\dot\gamma| \leq K \tag{3.59}$$

が成り立つならば,

$$|Y(s)| \leq \frac{K}{\lambda}(\mathfrak{c}_{-\lambda}(s) - 1), \quad |\nabla_{\frac{\partial}{\partial s}} Y(s)| \leq K\mathfrak{s}_{-\lambda}(s).$$

証明 定理 3.59 と同様に $f(s) = |Y(s)|, g(s) = |\nabla_s Y(s)|$ とすると,(3.56) に対応する不等式は

$$d_s^- f \leq g, \quad d_s^- g \leq \lambda f + K$$

となる.定理 3.59 と同様に進んで, $f(s) \leq G(s) = \int_0^s g(s)ds$, $H(s) = G(s) + \lambda^{-1} K$ として $\frac{H}{\mathfrak{c}_{-\lambda}}$ が単調非増加であることを示し, $|Y|$ の評価を導く.これを積分すると $|\nabla Y|$ の評価も従う. ∎

(3.59) が成り立つ状況で簡単な凸評価も少しだけ使うので述べておく.

補題 3.61 $\rho < \frac{\pi}{2\sqrt{\lambda}}$ とする. $[0, \rho]$ 上定義された Y が (3.59) を満たすとき,

$$|Y(s)| \leq \max\left(\mathfrak{c}_\lambda(s)|Y(0)| + \frac{K}{\lambda}(\mathfrak{c}_\lambda(s) - 1), \frac{\mathfrak{c}_\lambda(s)}{\mathfrak{c}_\lambda(\rho)}|Y(\rho)| + \frac{K}{\lambda}\left(\frac{\mathfrak{c}_\lambda(s)}{\mathfrak{c}_\lambda(\rho)} - 1\right)\right)$$

が成り立つ.

証明 $Y(s) \neq 0$ ならば,直接計算して $|Y|'' + \lambda|Y| \geq -K$ が従う.とくに $f(s) = (|Y(s)| + \frac{K}{\lambda})/\mathfrak{c}_\lambda(s)$ とおくと, $(\mathfrak{c}_\lambda^2(s) f'(s))' \geq 0$ が成り立つ.つまりパラメータ $\tilde{s} = \frac{\mathfrak{s}_\lambda(s)}{\mathfrak{c}_\lambda(s)}$ をとると f は $\tilde{s}$ についての凸関数であるから, f は $s = 0, \rho$ か $Y(s) = 0$ となる点で最大値を取る. ∎

$\rho < \min(\frac{\pi}{2\sqrt{\Lambda}}, \iota_p)$ とし, $B(p, \rho)$ 上曲率条件 $|K_M| \leq \Lambda$ が成り立つものとする.このとき, $q, r \in B(p, \frac{\rho}{2})$ をとると線分 pq, pr が一意に存在し,系 3.55 の凸性

から線分 qr が $B(p, \frac{\rho}{2})$ 内に存在する. このとき, 測地三角形 pqr をこの 3 つの線分に沿って一周回るときのホロノミーを評価しよう. $T_{qp} : T_pM \to T_qM$ で p, q を結ぶ線分に沿う平行移動を表すことにする.

補題 3.62 測地三角形 pqr に沿うホロノミー $T = T_{pr}T_{rq}T_{qp}$ に対して,

$$|T(v) - v| \leq \Lambda \rho(q, r) \max(\rho(p, q), \rho(p, r))|v|$$

が成り立つ.

証明 $c : [0, 1] \to M$ を q, r を結ぶ線分, $p, c(u)$ を結ぶ線分を $\gamma_u : [0, 1] \to B(p, \frac{\rho}{2})$ と表す. 単位ベクトル $v \in T_pM$ を一つ固定する. 線分 $\gamma_u(s)$ に沿う平行ベクトル場で $P_u(0) = v$ となるものを $P_u(s)$ とする. このとき, $\nabla_{\frac{\partial}{\partial s}} P_u = 0$ だから,

$$\nabla_{\frac{\partial}{\partial s}} \nabla_{\frac{\partial}{\partial u}} P_u + R\left(\frac{\partial \gamma_u}{\partial u}, \frac{\partial \gamma_u}{\partial s}\right) P_u = 0$$

を得る. 一方, (3.53) により $d_s^-|\nabla_{\frac{\partial}{\partial u}} P_u| \leq |\nabla_{\frac{\partial}{\partial s}} \nabla_{\frac{\partial}{\partial u}} P_u|$ であるから,

$$|\nabla_{\frac{\partial}{\partial u}} P_u| \leq \int_0^1 \left|R\left(\frac{\partial \gamma_u}{\partial u}, \frac{\partial \gamma_u}{\partial s}\right) P_u\right| ds \leq \Lambda \int_0^1 \left|\frac{\partial \gamma_u}{\partial u} \wedge \frac{\partial \gamma_u}{\partial s}\right| ds$$

を得る. c に沿うベクトル場 $P_u(1) - T_{c(u)q}P_0(1)$ を考えると $|T(v) - v| = |T_{rq}P_0(1) - P_1(1)|$ だから

$$|T(v) - v| \leq \int_0^1 |\nabla_{\frac{\partial}{\partial u}} P_u| du \leq \Lambda \int_0^1 \int_0^1 \left|\frac{\partial \gamma_u}{\partial u} \wedge \frac{\partial \gamma_u}{\partial s}\right| dsdu$$

を得る. ここで $\frac{\partial \gamma_u}{\partial u}$ は γ_u に沿うヤコビ場であることに注意し, 曲率条件 $K_M \leq \Lambda$ に対してラウチの比較定理 3.54 を用いるとその直交成分は

$$\left|\left(\frac{\partial \gamma_u}{\partial u}(s)\right)^N\right| \leq \frac{\mathfrak{s}_\Lambda(s\rho(u))}{\mathfrak{s}_\Lambda(\rho(u))} \left|\frac{dc}{du}(u)\right| \leq \left|\frac{dc}{du}(u)\right|$$

を満たす. ここで $\rho(u) = \rho(p, c(u))$ である. $B(p, \frac{\rho}{2})$ が凸だから $\rho(p, c(u)) \leq \max(\rho(p, q), \rho(p, r))$ なので結論が従う. ∎

3.5 ヤコビ場の評価

最後に測地球の体積の評価について述べる．向きづけられた完備リーマン多様体 (M,g,p) 上局所表示

$$\mathrm{dvol} = \mathrm{dvol}_{(M,g)} = \sqrt{\det g_{ij}}dx_1 \wedge dx_2 \wedge \cdots \wedge dx_n$$

で与えられる n-形式 dvol を体積要素という．dvol の積分は M 上の測度を定める．$\mathcal{D}_p := \{v \in T_pM \mid [0,1] \ni t \mapsto \exp_p(tv) \in B(p,r) \text{ は線分}\}$ とおくと最小跡 (cut locus) は測度 0 なので測地球の体積は正規座標上で

$$\mathrm{vol}(B(p,r)) = \int_{D_r \cap \mathcal{D}_p} \exp_p^* \mathrm{dvol},$$

と正則点に対応する集合 $\mathcal{D}_p$ 上の積分で書ける．T_pM 上の正規直交基底 $\{v_i\}_{i=1}^n$ をとると dvol は正規座標上ルベーグ測度 $d\mu_{T_pM}$ を用いて

$$\exp_p^* \mathrm{dvol}_{(M,g)} = \sqrt{\det g(d\exp_p(v_i), d\exp_p(v_j))}d\mu_{T_pM}$$

と局所表示できる．とくに $X \in \mathcal{D}_p$ において，$v_1 = \frac{X}{|X|}$ ととり，$p, q = \exp_p X$ を結ぶ正規線分 γ 上のヤコビ場 J_i を $J_i(0) = 0, \nabla_{\dot{\gamma}}J_i(0) = v_i$ となるようにとると $d\exp_p(v_i) = \rho(p,q)^{-1}J_i(\rho(p,q))$ $(i > 1)$ である．$\mathcal{A}_{ij}(q) = (J_i(\rho(p,q)), J_j(\rho(p,q)))$ $(i, j > 1)$ とおき，極座標 $(r, \xi) \in [0, \infty) \times U_pM$ に変数変換すると

$$\mathrm{vol}(B(p,r)) = \int_{D_r \cap \mathcal{D}_p} \sqrt{\det \mathcal{A}_{ij}(q)} \rho(p,q)^{1-n} d\mu_{T_pM}$$

$$= \int_{D_r \cap \mathcal{D}_p} \sqrt{\det \mathcal{A}_{ij}(\exp_p r\xi)} d\mu_{U_pM}(\xi)dr = \int_0^r A(r)dr \quad (3.60)$$

を得る．ここで $A(r)$ は $C(r) := r^{-1}(\partial D_r \cap \mathcal{D}_p) \subset U_pM$ 上の積分

$$A(r) = \int_{C(r)} \sqrt{\det \mathcal{A}_{ij}(\exp_p r\xi)} d\mu_{U_pM}(\xi)$$

である．$r = |X|$ とする．$Y(0) = 0$ となる γ 上のヤコビ場は正則な端点 q における値で一意に決まるので正規直交基底 $\{w_i\}$ $(w_1 = \dot{\gamma})$ に対して γ 上のヤコ

ビ場を $Y_i(0) = 0$, $Y_i(r) = w_i$ で定めると J_i と (s によらない) 正則行列 P_i^j で $Y_i(s) = P_i^j J_j(s)$ と関係付けられる. $\mathcal{A}_\xi(s) = \det \mathcal{A}_{ij}(\exp_p s\xi)$, $F(s) = \ln \mathcal{A}_\xi(s)$ とおくと, 定数 $C(r)$ により $F(s) = \frac{1}{2}\ln\det(Y_i, Y_j)(s) + C(r)$ と書ける. とくに

$$\frac{dF}{ds}(r) = \frac{\mathcal{A}'_\xi(r)}{\mathcal{A}_\xi(r)} = \sum_i (Y_i(r), \nabla_{\dot\gamma} Y_i(r)) \tag{3.61}$$

を得る. 空間形 S_λ^n 上の対応する関数を $\mathcal{A}^\lambda(s)$, $F^\lambda(s)$ とすると A^λ は $\xi \in U_p S_\lambda$ に依存しないから S_λ^n の測地球体 $B(p_0, r)$ の体積 $V_\lambda(r)$ は,

$$A^\lambda(r) = \int_{U_p S_\lambda} \mathcal{A}^\lambda(r) d\mu_\xi = \omega_{n-1} \mathcal{A}^\lambda(r), \quad V_\lambda(r) = \int_0^r A^\lambda(r) dr$$

と書ける. ただし, ω_{n-1} は単位球面 $S^{n-1} \subset \mathbb{R}^n$ の体積である.

命題 3.63 $\lambda, \gamma, F, \mathcal{A}_\xi$ を上のとおりとし, $\rho_0 = \rho(p, q)$ とおく. $\lambda > 0$ のときは $\rho_0 < \frac{\pi}{\sqrt{\lambda}}$ を仮定する.

1. γ 上でリッチ曲率が $(n-1)\lambda \leq \mathrm{Rc}_{(M,g)}$ を満たすならば, $\mathcal{A}(r)/\mathcal{A}^\lambda(r)$ は $r \in (0, \rho_0]$ に関して単調非増加.
2. γ 上で断面曲率が $K_{(M,g)} \leq \lambda$ を満たすならば $\mathcal{A}(r)/\mathcal{A}^\lambda(r)$ は $r \in (0, \rho_0]$ に関して単調非減少.

証明 γ 上の直交ヤコビ場 Y_i を上のように選び, 空間形 S_λ^n 上の γ と同じ長さの正規線分 γ_0 上に直交ヤコビ場 Y_i^0 で $Y_i^0(r)$ が正規直交, $Y_i^0(0) = 0$ となるものを選ぶ. 例 3.53 から $s \in (0, r]$ に対しても $y^0(s) = |Y_i^0(s)|$ は i によらず $Y_i^0(s)/y^0(s)$ は正規直交であることに注意しよう. $l = r$, $(n-1)\lambda \leq \mathrm{Rc}$ のとき (3.51) を適用すると

$$\sum_i (Y_i, \nabla_{\dot\gamma} Y_i) \leq \sum_i (Y_i^0, \nabla_{\dot\gamma} Y_i^0) + \int_0^r (y^0)^2 \{\mathrm{Rc}_0(\dot\gamma_0, \dot\gamma_0) - \mathrm{Rc}(\dot\gamma, \dot\gamma)\} ds$$

を得るから (3.61) により

$$\frac{d}{ds}\frac{\mathcal{A}_\xi}{\mathcal{A}^\lambda} = \frac{\mathcal{A}_\xi}{\mathcal{A}^\lambda}\left\{\frac{\mathcal{A}'_\xi}{\mathcal{A}_\xi} - \frac{(\mathcal{A}^\lambda)'}{\mathcal{A}^\lambda}\right\} \leq 0$$

が従い 1. を得る．2. は Y_i, Y_i^0 の立場を入れ替えて議論をすればよいが，この場合 $s \in (0, r)$ で $Y_i(s)$ を正規化しても正規直交とはかぎらないから (3.51) の積分項はリッチ曲率ではなく，断面曲率で評価しなければならない． ∎

$r_1 \leq r_2$ に対して $C(r_2) \subset C(r_1)$ だからルベーグの収束定理から

$$d_r^- \left[\frac{A(r)}{A^\lambda(r)} \right] \leq \omega_{n-1}^{-1} \int_{C(r)} \frac{d}{dr} \frac{\mathcal{A}_\xi(r)}{\mathcal{A}^\lambda(r)} d\mu_{U_pM}(\xi) \tag{3.62}$$

が従う．また $r < \iota_p$ に関しては $C(r) = U_pM$ であり，この範囲では (3.62) は等式である．次の初等的な補題は演習問題としよう．

補題 3.64 $[0, r]$ 上の正値可積分関数 f, g の比 $\frac{f}{g}$ が単調非増加（非減少）ならば $\int_0^s f(s)ds / \int_0^s g(s)ds$ も s について単調非増加（非減少）である．

定理 3.65（グロモフ・ビショップの体積比評価） 完備リーマン多様体 (M, g) がリッチ曲率の評価 $\mathrm{Rc} \geq (n-1)\lambda$ を満たすとき，体積比 $\mathrm{vol}(B(p, r))/V_\lambda(r)$ は単調非増加．とくに，$\mathrm{vol}(B(p, r)) \leq V_\lambda(r)$．

証明 $\lambda > 0$ のときは直径 $\leq \frac{\pi}{\sqrt{\lambda}}$ なので $r < \frac{\pi}{\sqrt{\lambda}}$ としてよい．命題 3.63 1. と (3.62) から $A(r)/A^\lambda(r)$ は単調非増加なので，補題 3.64 から $\mathrm{vol}(B(p, r))/V_\lambda(r)$ の単調性が従う．$\mathrm{vol}(B(p, r))/V_\lambda(r) \to 1$ $(r \downarrow 0)$ であることに注意して最後の主張を得る． ∎

(3.62) が等式となる範囲では同様にして次の評価が従う．

定理 3.66（ギュンター・ビショップの体積評価） リーマン多様体 (M, g) の点 p の近傍 $B(p, r_0)$, $r_0 \leq \iota_p$ において断面曲率が $K \leq \lambda$ を満たすとする．$\lambda > 0$ のときは，さらに $r_0 \leq \frac{\pi}{\sqrt{\lambda}}$ と仮定する．このとき，体積比 $\mathrm{vol}(B(p, r))/V_\lambda(r)$ は $r \in [0, r_0)$ について単調非減少．とくに，$\mathrm{vol}(B(p, r)) \geq V_\lambda(r)$．

クリンゲンバーグの定理 3.58 とグロモフ・ビショップの体積比評価 3.65 を用いて体積比による単射半径の評価を与えよう．完備リーマン多様体 (M, g, p)

の測地球 $B(p,\pi r)$ 上で断面曲率が $K_M < r^{-2}$ を満たすものとする．このとき，系 3.57 により $D_{\pi r} \subset T_p M$ 上の引き戻し計量 $\exp_p^* g$ が定まる．この計量に関する測地球を $\tilde{B}(0,\pi r)$ などと書く．定義から $(D_{\pi r}, \exp_p^* g)$ の $0 \in T_p M$ における単射半径は πr であり，0 を始点とする測地線について系 3.56 の結論が成り立つ．またクリンゲンバーグの定理 3.58 を用いると $q \in D_{\pi r/4}$ における単射半径 ι_q は $> \frac{\pi r}{2}$ であることも分かる（$D_{\pi r/4}$ に端点を持つ非自明測地閉曲線のうち最短のものを c とし，その端点を q とする．$L(c) < \pi r$ であれば系 3.56 から $c \subset D_{\pi r/4}$ が従う．このとき，q から最も遠い c 上の点 p' を中心としてクリンゲンバーグの定理 3.58 の議論を繰り返すと c は閉測地線であることが従うが，これは系 3.56 に反する）．

一般に局所等長写像 $\Pi = \exp_p : \tilde{B}(0,\pi r) \to B(p,\pi r)$ は被覆写像ではないが，p の近くでは曲線のリフト，被覆変換などの局所的対応物を考えることができる．被覆空間の場合と同様に p を始点とする曲線 γ は p の近傍で $\tilde{B}(0,\pi r)$ へリフトするが，$L(\gamma) < \pi r$ ならばリフトは $\tilde{B}(0,\pi r)$ に留まるから，$\tilde{\gamma}$ で $\tilde{\gamma}(0) = 0, \Pi \circ \tilde{\gamma} = \gamma$ を満たすものが一意的に定まる．

γ_0, γ_1 が $p, q \in B(p,\pi r)$ を結ぶ曲線でともに長さが $< A \leq \pi r$ であるとする．このとき，端点 p, q を固定して γ_0, γ_1 を結ぶホモトピー γ_u で，$u \in [0,1]$ で $L(\gamma_u) < A$ を満たすものを A-ホモトピーと呼ぶことにする．通常の被覆空間の場合と同じ議論をすれば，被覆ホモトピー性質の類似も成り立つ．つまり，γ_0, γ_1 が A-ホモトピックならば，これらを結ぶ A-ホモトピーのリフトとして，$\tilde{\gamma}_0, \tilde{\gamma}_1$ の間にも端点を固定する A-ホモトピーが得られる．とくに A-ホモトピー類を $[\gamma]$ と書くと，リフトの端点 $\tilde{q} = \tilde{\gamma}(1)$ は $[\gamma]$ の代表元によらないことが分かる．また，逆にリフト $\tilde{\gamma}$ と端点 $0, \tilde{q}$ を共有する $\tilde{B}(p,\pi r)$ のただ一つの線分を $\tilde{c}$ とすると，$\tilde{\gamma}$ と $\tilde{c}$ を結ぶ A-ホモトピー $\tilde{c}_u$ で $L(\tilde{c}_u) \leq L(\tilde{\gamma})$ なるものを構成することができる．実際，$\tilde{c}_u(s) = \tilde{\gamma}(s), s \in [1-u, 1]$ とし，$\tilde{c}_u|_{[0,1-u]}$ を $0, \tilde{\gamma}(1-u)$ を結ぶただ一つの線分とすれば，A-ホモトピー $\tilde{c}_u$ が得られる．したがって，測地線 $c = \Pi \circ \tilde{c}_0$ は $c \in [\gamma]$ を満たし，被覆ホモトピー性質から $[\gamma]$ を代表する測地線は一意的に定まり，$[\gamma]$ の中で最短となる．

補題 3.67 p を始点として，$L(\gamma) < A \leq \pi r$ を満たす曲線の定める A-ホモト

ピー類 $[\gamma]$ と $\tilde{B}(p,A)$ の点はリフトにより一対一に対応する．これらを同一視して $[\gamma] \in \tilde{B}(p,A)$ とみなす．さらに $[\gamma]$ を代表する測地線がただ一つだけ存在し，これは $[\gamma]$ に属する最短の曲線である．

今度は被覆変換の対応物を考える．θ を p 上の測地閉曲線とする．このとき，πr-ホモトピー類 $[c]$ を代表する測地線 c が $L(c) < s$ を満たし，$s + L(\theta) < \pi r$ ならば，θ に c をつなげて得られる曲線 $c \cdot \theta$ は $L(c \cdot \theta) < \pi r$ を満たすので，πr-ホモトピー類の対応 $[c] \mapsto [c \cdot \theta]$ は補題 3.67 により，被覆変換の類似

$$T_\theta : \tilde{B}(0,s) \ni [c] \mapsto [c \cdot \theta] \in \tilde{B}(0, s + L(\theta))$$

を導く．定義から，T_θ は A-ホモトピー類 $[\theta]$ のみに依存して定まる局所等長写像であり，$\exp_p(\tilde{q}) = \exp_p(T_\theta(\tilde{q}))$ を満たす．

補題 3.68 p 上の測地閉曲線 θ_0, θ_1 で代表される πr-ホモトピー類 $[\theta_0], [\theta_1]$ が $2s + L(\theta_i) < \pi r$ $(i = 0, 1)$ を満たしているとする．$T_{\theta_0}(\tilde{q}) = T_{\theta_1}(\tilde{q})$ となる $\tilde{q} \in \tilde{B}(0,s)$ が存在すれば，$[\theta_0] = [\theta_1]$．とくに，$[\theta]$ が自明な A-ホモトピー類でなければ，T_θ は $\tilde{B}(0, \frac{\pi r - L(\theta)}{2})$ に固定点を持たない．

証明 端点 $\tilde{q}$ に対応する M の測地線を c とすると，定義により $T_{\theta_i}(\tilde{q}) = [c \cdot \theta_i]$ である．c の部分区間への制限 $c_u := c|_{[0,u]}$ とおくと，長さ $< 2s < \pi r$ の p 上の閉曲線 $\Gamma = -c \cdot c$ は $2s$-ホモトピー $\Gamma_u(s) = -c_u \cdot c_u$ により，自明な $2s$-ホモトピー類の代表元であることに注意しよう．とくに θ_i と $-c \cdot c \cdot \theta_i$ は πr-ホモトピックである．したがって $[c \cdot \theta_0] = [c \cdot \theta_1]$ と仮定すると，$[\theta_0] = [-c \cdot c \cdot \theta_0] = [-c \cdot c \cdot \theta_1] = [\theta_1]$ が従い，結論を得る． ∎

補題 3.69 p 上の非自明測地閉曲線 θ と自然数 k に対して，$kL(\theta) < \frac{\pi r}{4}$ が成り立つとき，πr-ホモトピー類 $[\theta], \ldots, [\theta^k]$ は全て異なる．

証明 $[\theta^l] = [\theta^m]$ となる $0 \leq l < m \leq k$ が存在すれば πr-ホモトピー類の等式

$$[\theta^{m-l}] = [\theta^{m-l} \cdot \theta^l \cdot -\theta^l] = [\theta^m \cdot -\theta^l] = [\theta^l \cdot -\theta^l]$$

が成り立つので，$[\theta^{m-l}]$ は自明である．このとき局所等長写像 T_θ は $\tilde{B}(0, \frac{\pi r}{4})$ の $m - l$ 個の点 $[\theta], \ldots, [\theta^{m-l}] = 0$ の重心を固定し補題 3.68 に反する． ∎

$\iota_p < \frac{\pi r}{8}$ であると仮定するとクリンゲンバーグの定理 3.58 により p 上の最短測地閉曲線 θ で $L(\theta) = 2\iota_p(M)$ となるものが存在する．N を $2N\iota_p(M) \leq \frac{\pi r}{4}$ なる最大の自然数とする．このとき，補題 3.69 から $\tilde{q} \in \tilde{B}(0, \frac{\pi r}{4})$ に対して，$\tilde{q}, T_\theta(\tilde{q}), \ldots, T_{\theta^N}(\tilde{q}) \in \tilde{B}(0, \frac{\pi r}{2})$ は全て異なる．したがって，$q \in B(p, \frac{\pi r}{4})$ に対して，$\exp_p^{-1}(q) \cap \tilde{B}(0, \frac{\pi r}{2})$ は少なくとも $N+1$ 個の点を含む．したがって，簡単な余体積公式

$$\int_{\tilde{B}(0,\pi r/2)} \exp_p^* \mathrm{dvol} = \int_{B(p,\pi r/2)} \sharp \left(\exp_p^{-1}(x) \cap \tilde{B}\left(0, \frac{\pi r}{2}\right) \right) \mathrm{dvol}(x)$$

に注意すると

$$\mathrm{vol}\left(\tilde{B}\left(0, \frac{\pi r}{2}\right) \right) \geq \frac{\pi r}{8\iota_p(M)} \mathrm{vol}\left(B\left(p, \frac{\pi r}{4}\right) \right)$$

を得る．$\tilde{B}(0, \pi r)$ 上で $\mathrm{Rc} \geq (n-1)r^{-2}H$ なるリッチ曲率評価を仮定するとグロモフ・ビショップの体積比評価 3.65 により，両辺の体積は

$$\mathrm{vol}\left(\tilde{B}\left(0, \frac{\pi r}{2}\right) \right) \leq V_H\left(\frac{\pi}{2}\right) r^n, \ \mathrm{vol}\left(B\left(p, \frac{\pi r}{4}\right) \right) \geq \frac{V_H(\frac{\pi}{4})}{V_H(\pi)} \mathrm{vol}(B(p, \pi r))$$

と評価される．このことから次の定理が従う．

定理 3.70 (**[CGT82, §4]**) 完備リーマン多様体 (M, g, p) の測地球 $B(p, \pi r)$ 上で曲率評価 $K \leq r^{-2}$, $\mathrm{Rc} \geq (n-1)Hr^{-2}$ が成り立つとする．このとき，体積比 $\mathcal{V} = \mathrm{vol}(B(p, \pi r))/r^n$ による単射半径の評価

$$\iota_p(M, g) \geq \frac{\pi r}{8} \min\left(1, \frac{\mathcal{V}}{V_H(\frac{\pi}{2})} \frac{V_H(\frac{\pi}{4})}{V_H(\pi)} \right)$$

が成り立つ．

3.6　局所評価

この節ではリッチフロー上局所的に曲率の有界性を仮定したときの曲率の微分の評価を与える．解析的にはデターク・リッチフローが (3.24) の形をしてい

ることを用いて放物型方程式の局所評価と座標変換を生成するベクトル場 X の評価をするのが自然に思える．実際元々の論文 [Shi89] ではそれを実行しているがかなり評価が煩雑になる．我々は [Ham95b, §13] に従い，最大値原理によって曲率微分のノルムの評価を得てから，正規座標上の計量成分の評価を行う．最初に曲率発展方程式 (3.17) を微分して $\nabla \operatorname{Rm}$ の方程式を見よう．交換子 $[\partial_t, \nabla_i]$ は例えばベクトル場 V について

$$[\partial_t, \nabla_i]V^j = \partial_t \Gamma_{ik}^j V^k = -(\nabla_i \operatorname{Rc}_k^j + \nabla_k \operatorname{Rc}_i^j - \nabla^j \operatorname{Rc}^{ik})V^k$$

と計算される．今の目的のためには項の詳細は重要でないので，これを $[\partial_t, \nabla_i]V = \nabla \operatorname{Rc} * V$ などと書くことにする．他のテンソルについても項の数は増えるがクリストッフェル記号の時刻微分で与えられることは変わらないから，曲率テンソルについても $[\partial_t, \nabla_i] \operatorname{Rm} = \nabla \operatorname{Rc} * \operatorname{Rm}$ と計算される．とくに $(\partial_t - \Delta) \nabla \operatorname{Rm} = \operatorname{Rm} * \nabla \operatorname{Rm}$ なる形の方程式が得られる．ノルムを評価する上では ∂_t の代わりに計量を保つ (3.38) の D_t を用いた方が便利である．この場合も標構の時間発展による「見かけの項」が同じ形をしているのでやはり

$$(D_t - \Delta) \nabla_a \operatorname{Rm}_{bcde} = \operatorname{Rm} * \nabla_a \operatorname{Rm}_{bcde} \tag{3.63}$$

の形に書ける．この方程式を (3.38) から直接導くには主 $\operatorname{SO}(n)$ 束 $\mathscr{Q}$ 上の水平ベクトル場のリー括弧積 $[D_t, D_a]$ を計算することになるが，$[D_t, D_a]$ のファイバー成分は $\mathscr{Q}$ 上の接続の曲率である．実際に計算すると

$$[D_t, D_a] = (\nabla_b \operatorname{Rc}_{ca} - \nabla_c \operatorname{Rc}_{ba})\xi^{bc} + \operatorname{Rc}_a^b D_b$$

の形になる．ξ^{ab} はリー環 $\mathfrak{so}(n)$ の標準基底が生成する $\mathscr{Q}$ の垂直ベクトル場である．微分を繰り返せば k 階微分の方程式

$$(D_t - \Delta)\nabla^k \operatorname{Rm} = \operatorname{Rm} * \nabla^k \operatorname{Rm} + \sum_{i=1}^{k-1} \nabla^i \operatorname{Rm} * \nabla^{k-i} \operatorname{Rm} \tag{3.64}$$

を得る．時刻微分 $D_t \operatorname{Rm}$ は曲率発展方程式 (3.17) から $\nabla^2 \operatorname{Rm}, \operatorname{Rm} * \operatorname{Rm}$ の評価に帰着され，空間の高階微分についても，

$$D_t \nabla^k \operatorname{Rm} = \nabla^k \Delta \operatorname{Rm} + \sum_{i+j=k} \nabla^i \operatorname{Rm} * \nabla^j \operatorname{Rm}$$

と計算されるから，次の結論に関して時刻微分を含む $D_t^l \nabla^k \mathrm{Rm}$ の形の高階微分の評価は $l=0$ の場合に帰着する．

定理 3.71 （局所曲率微分評価 [Shi89]）　$r^2 \leq T$ とする．時間 $[0,T]$ において定義されたリッチフロー $(M^n, g(t))$ が放物近傍 $P(x,T,r)$ 上で曲率評価 $|\mathrm{Rm}| \leq r^{-2}$ を満たし，$B(p,T,r)$ はコンパクトであるとする．このとき，ある定数 $C = C(k,l,n)$ が存在して曲率の高階微分のノルム評価

$$|D_t^l \nabla^k \mathrm{Rm}|(p,T) \leq C r^{-(2+k+2l)} \tag{3.65}$$

が成り立つ．

不等式 (3.65) は放物型スケーリングにより不変であるから，$r=1$ としても一般性を失わない．以下スペースの関係で $\Box = D_t - \Delta$ と書く場合がある．

補題 3.72　S をリッチフロー上のテンソル場，(x,t) をリッチフローの時空上の点とし，S とその空間微分 ∇S が定数 $Q, c > 0$ に関して，

$$|S(x,t)| \leq Q, \tag{3.66}$$

$$|\Box S(x,t)| \leq cQ, \quad |\Box \nabla S(x,t)| \leq c(|\nabla S(x,t)| + Q) \tag{3.67}$$

を満たすならば，定数 $a > 0$ と普遍定数 $b > 0$ に対して

$$\Phi = aQ^{-4}(|S|^2 + bQ^2)|\nabla S|^2$$

は $(\partial_t - \Delta)\Phi(x,t) \leq -\Phi(x,t)^2 + 1$ を満たす．

証明　以下 c は適当な定数を表すことにする．直接計算して，

$$a^{-1} Q^4 (\partial_t - \Delta)\Phi = 2((\Box \nabla S, \nabla S) - |\nabla^2 S|^2)(|S|^2 + bQ^2)$$

$$+ 2((\Box S, S) - |\nabla S|^2)|\nabla S|^2 - 8(D_p \nabla S, \nabla S)(D_p S, S)$$

$$\leq 8|\nabla^2 S||\nabla S|^2|S| - 2|\nabla S|^4 - 2|\nabla^2 S|^2(|S|^2 + bQ^2)$$

$$+ 2(\Box \nabla S, \nabla S)(|S|^2 + bQ^2) + 2(\Box S, S)|\nabla S|^2$$

を得る. ここでシュワルツの不等式と不等式 (3.66) により,

$$8|\nabla^2 S||\nabla S|^2|S| \leq |\nabla S|^4 + 16|\nabla^2 S|^2|S|^2 \leq |\nabla S|^4 + 2|\nabla^2 S|^2(|S|^2 + 7Q^2)$$

であるから, $b = 7$ とし, シュワルツの不等式と不等式 (3.67) を用いると

$$a^{-1}Q^4(\partial_t - \Delta)\Phi \leq -|\nabla S|^4 + 16Q^2(\Box \nabla S, \nabla S) + 2(\Box S, S)|\nabla S|^2$$

$$\leq -\frac{1}{2}|\nabla S|^4 + cQ^4$$

を得る. $(|S|^2 + 7Q^2)^2 \leq cQ^4$ に注意すると

$$(\partial_t - \Delta)\Phi + \Phi^2 \leq (ca^2 - \frac{a}{2})Q^{-4}|\nabla S|^4 + ca$$

を得る. したがって a を十分小さく選ぶと結論の不等式を得る. ∎

例えば (3.63) により正規化された曲率評価 $|\mathrm{Rm}| \leq r^{-2} = 1 = Q$ の下で $S = \mathrm{Rm}$ に対して補題 3.72 は適用可能である. リッチフロー上の距離関数 $\rho_t = \rho_{(M,g(t))}$ を用いた補助関数 Ψ を構成して, 最大値原理により Φ を Ψ で評価することを考えよう. このため $(\partial_t - \Delta)\rho_t$ を評価する. $L_t(\gamma)$ を曲線 γ の $g(t)$ に関する長さとし, 測地パラメータ s についての微分を $\dot{\gamma}$ で表すと

$$\frac{d}{dt}L_t(\gamma) = -\int_0^{L_t(\gamma)} \mathrm{Rc}(\dot{\gamma}(s), \dot{\gamma}(s))ds \tag{3.68}$$

と時刻微分が計算できる. $\gamma(s) = \exp sv(x,t)$ を時刻 t で p, x を結ぶ線分とする. x が p の正則点ならば γ は t にも滑らかに依存し, 測地線は L_t の停留点だから $\rho_p(x,t) := \rho_t(p,x)$ の時刻微分は

$$\frac{d\rho_p}{dt}(x,t) = -\int_0^{L_t(\gamma)} \mathrm{Rc}(\dot{\gamma}(s), \dot{\gamma}(s))ds \tag{3.69}$$

と計算される. 一般には後方微分 $d_t^- \rho_p$ が (3.69) の右辺で下から評価されることになる. $\Delta \rho_t$ は補題 3.52 を用いて評価する.

補題 3.73 ([**Per02**, §8]) リッチフロー $(M, g(t))$ 上の測地球 $B(p, t, \frac{\pi r}{2})$ 上でリッチ曲率評価 $\mathrm{Rc} \leq (n-1)K$ が成り立ち, $B(p, t, \rho_p(q,t))$ はコンパクトであ

るとする. $\rho_p(q,t) > \frac{\pi r}{2}$ であるとき,バリアの意味で

$$\frac{\partial \rho_p}{\partial t}(q) - \Delta \rho_p(q) \geq -\frac{(n-1)\pi}{2}(Kr + r^{-1}).$$

が成り立つ. さらに $\rho_p(q) > \pi r$ で $B(q,t,\frac{\pi r}{2})$ 上でも $\mathrm{Rc} \leq (n-1)K$ が成り立つならば

$$\partial_t^- \rho_p(q) \geq -(n-1)(Kr + r^{-1}).$$

証明 まず q が p の正則点とし p,q を結ぶ線分を γ とする. 一変数関数 ϕ を $s \in [0, \frac{\pi r}{2}]$ のとき $\phi(s) = \sin(\frac{s}{r})$, $s \in [\frac{\pi r}{2}, \infty)$ で $\phi(s) \equiv 1$ と定める. $\dot\gamma$ に直交する平行ベクトル場の正規直交枠 P_i に対して $U_i = \phi P_i$ と置く. (3.69) を用いると

$$\begin{aligned}\sum_{i=2}^n I_\gamma(U_i, U_i) &= \frac{(n-1)\pi}{4r} - \int_0^{\pi r/2} \mathrm{Rc}(\dot\gamma,\dot\gamma)\sin^2\frac{s}{r}ds - \int_{\pi r/2}^{\rho_{t_0}(p,q)} \mathrm{Rc}(\dot\gamma,\dot\gamma)ds \\ &= \partial_t \rho_p(q) + \frac{(n-1)\pi}{4r} + \int_0^{\pi r/2} \mathrm{Rc}(\dot\gamma,\dot\gamma)\cos^2\frac{s}{r}ds \\ &\leq \partial_t \rho_p(q) + \frac{(n-1)\pi}{2}\left(\frac{1}{r} + Kr\right)\end{aligned}$$

を得る. (3.49) と補題 3.52 を用いて左辺を下から $\Delta \rho_{t_0}(q)$ で評価すると $\partial_t \rho_{t_0} - \Delta \rho_{t_0}$ の評価を得る. $\partial_t \rho_p$ の評価を得るには $s > \rho(p,q) - \frac{\pi r}{2}$ で $\phi(s) = \sin(\frac{\rho(p,q)-s}{r})$ として, ϕ が $s = \rho(p,q)$ でもゼロとなるようにとり直して同じ計算をする. このとき, 線分 γ の指数形式が半正定値だから左辺が非負となり $\partial_t \rho$ の下からの評価を得る. q が切点のときは γ 上に $\rho_{t_0}(p,p_\varepsilon) = \varepsilon$ なる点をとり, バリア関数 $\rho_\varepsilon(p,x) = \rho_t(p,p_\varepsilon) + \rho_t(p_\varepsilon,x)$ を構成すれば, バリアの意味での不等式が得られる. ∎

補題 3.73 はリッチ曲率評価のない $B(p,t,r)$ の外でも距離関数の制御を与える大域的結果だが, 今は $r = \frac{\rho_t(p,q)}{2}$ とおいて局所的に適用するだけである. $P(p,T,1)$ において曲率評価 $|\mathrm{Rm}| \leq 1$ が成り立つとする. このとき, (3.2) から定数 $\bar r \in (0,1)$ が存在して,

$$\mathcal{P} := \left\{(x,t) \in M \times (T-1, T] \mid \rho_{(M,g(t))}(x,p) < \bar r\right\} \subset P(p,T,1)$$

3.6 局所評価

が成り立つ. 単調非減少 C^∞ 級関数 χ を $(-\infty, \frac{1}{3}]$ 上で $\chi(s) = 2s$, $[\frac{2}{3}, \infty)$ 上で $\chi(s) \equiv 1$ を満たすようにとり, $\xi(x,t) = \bar{r}\chi(1 - \rho_{(M,g(t))}(p,x)/\bar{r})$ とおく. 適当な定数 $A > 0$ に対して $\mathcal{P}$ の内点で定義された補助関数 Ψ を

$$\Psi(x,t) = \frac{A}{\xi^2} + \frac{A}{t - T + 1}$$

で定める. Ψ は $\mathcal{P}$ の放物境界の近傍で十分大きい値を取る.

補題 3.74 適当な $A > 0$ をとると放物型不等式 $(\partial_t - \Delta)[-\Psi] \leq \Psi^2$ が $\mathcal{P}$ 上でバリアの意味で成り立つ.

証明 p に対して正則な点では直接計算すると, $|\nabla\rho| \equiv 1$ を用いて

$$(\partial_t - \Delta)\xi^{-2} = -2\xi^{-3}(\partial_t - \Delta)\xi - 6\xi^{-4}|\nabla\xi|^2$$
$$= 2\chi'\xi^{-3}(\partial_t - \Delta)\rho + 2\bar{r}^{-1}\xi^{-3}\chi'' - 6(\chi')^2\xi^{-4}$$

を得る. $\chi' \geq 0$ に注意して, 補題 3.73 を適用すると

$$(\partial_t - \Delta)\xi^{-2} \geq -c\{(\rho + \rho^{-1})\chi' - 2\bar{r}^{-1}\chi''\}\xi^{-3} - c(\chi')^2\xi^{-4}$$

を得る. p の近傍では χ は定数であることと $\rho \leq \bar{r}$ であることから, $(\partial_t - \Delta)\xi^{-2} \geq -c\xi^{-4}$ が従う. この計算を補題 3.73 のバリア関数 ρ_ε に適用してやれば, この不等式はバリアの意味で成り立つ. したがって,

$$(\partial_t - \Delta)\Psi \geq -cA((t - T + 1)^{-2} + \xi^{-4}) \geq -\frac{c}{A}\Psi^2$$

を得る. $A = c$ ととれば結論を得る. ∎

定理 3.71 の証明 $S = \nabla^k \mathrm{Rm}$ について帰納的に評価を行なっていく. 補題 3.72 の仮定が満たされるとき Φ と補助関数 Ψ との差を $F = \Phi - \Psi$ とおくと補題 3.72, 補題 3.74 により

$$(\partial_t - \Delta)F \leq -F(\Phi + \Psi) + 1 \tag{3.70}$$

が $\mathcal{P}$ 上で成り立つ. Ψ の構成から, F は $\mathcal{P}$ の放物境界の近傍で一様に $-\infty$ に発散する. したがって, $B(p, T, 1)$ がコンパクトであることから

$$m(t) = \sup\{F(x,t) \mid \rho_{(M,g(t))}(p,x) < \bar{r}\}$$

と定めると sup はある点 $x(t) \in M$ で実現し，$m(t)$ は $t \in (T-1, T]$ 上の連続関数となる．さらに $\lim_{t\downarrow T-1} m(t) = -\infty$ である．バリアの意味の不等式 (3.70) と最大値原理の議論（命題 3.15）により，

$$d_t^- m(t) \leq -m(t)(\Phi(x(t),t) + \Psi(x(t),t)) + 1$$

が成り立つ．とくに $G(t) = m(t) - (t - T + 1)$ と置くと，$G(t) \geq 0$ ならば，$d_t^- G(t) \leq 0$ だから補題 3.28 により，$G(T) \leq 0$ が成り立つ．$S = \mathrm{Rm}$ としてまず $D\,\mathrm{Rm}$ の評価を与えると $k = 1$ の場合の結論 $|\nabla \mathrm{Rm}(p,T)|^2 \leq c$ を得る．この評価は小さくとりなおした放物近傍 $P(p, T, \frac{1}{2})$ 上での $\nabla \mathrm{Rm}$ の有界性も与えるから (3.64) により $S = \nabla \mathrm{Rm}$ は補題 3.72 の仮定を満たし $\nabla^2 \mathrm{Rm}$ の評価を得る．以降帰納的に高階微分に関する評価が従う． ∎

局所曲率微分評価 3.71 の下で正規座標上の計量成分 g_{ij} の微分の評価を行う．しばらく時刻を固定しリーマン多様体 (M, g) の一点 p のまわりの半径 $\frac{\pi r}{2}$ の正規座標 $\exp_p^{-1}$ を考える．$B(p, \frac{\pi r}{2})$ 上で

$$|\mathrm{Rm}| \leq \Lambda_0 = r^{-2},\ r^{2+k}|\nabla^k \mathrm{Rm}| \leq \Lambda_k \tag{3.71}$$

と評価されている状況を考える．この節では $C(\Lambda_0, \ldots, \Lambda_k)$ で $k, n, \Lambda_0, \ldots, \Lambda_k$ のみに依存する定数を表す．まず中心 p における g_{ij} の微分の評価を行おう．正規座標の定義から $g_{ij}(p) = \delta_{ij}, \frac{\partial g_{ij}}{\partial x_k}(p) = 0$ であるから，2 階微分以降のみが問題である．簡単のため $\nabla_{\frac{\partial}{\partial x_i}} = \nabla_i$ と書き，自然数 β に対して ∇^β で $\nabla_{i_1} \cdots \nabla_{i_\beta}$ なる形の項を表す．

補題 3.75 p を中心とする正規座標上の計量成分 g_{ij} は点 p で

$$\left| \frac{\partial}{\partial x_{i_1}} \cdots \frac{\partial}{\partial x_{i_\alpha}} g_{ij}(p) \right| \leq C(\Lambda_0, \ldots, \Lambda_{\alpha-2})$$

と評価される．

証明 g_{ij} の α 階微分はレヴィ・チヴィタ接続 ∇ が計量を保つことから，

$$g\left(\nabla^\beta \frac{\partial}{\partial x_i}, \nabla^\gamma \frac{\partial}{\partial x_j} \right),\ \alpha = \beta + \gamma$$

という形の項の和で表される．したがって，$\nabla^\beta \frac{\partial}{\partial x_i}$ の形の項を評価すればよい．正規座標上 p を通る測地線は座標成分で $c(s) = (c_1 s, \ldots, c_n s)$ と書ける．このとき，α 回 c に沿った微分を繰り返すと

$$0 = \nabla_{\dot c} \nabla_{\dot c} \cdots \nabla_{\dot c} \dot c(0) = \sum_{i_0, \ldots, i_\alpha} c_{i_0} \cdots c_{i_\alpha} \nabla_{i_\alpha} \cdots \nabla_{i_1} \frac{\partial}{\partial x_{i_0}}(p)$$

を得る．$c_0, \ldots, c_n$ は任意だから単項式 $c_1^{\beta_1} \ldots c_n^{\beta_n}$ の係数はゼロとなる．つまり，列 $i_0, \ldots, i_\alpha$ の中にちょうど β_k 回添字 k が現れる項について足し上げたものはゼロとなるから，置換群 $\Sigma_{\alpha+1}$ により

$$0 = \sum_{\sigma \in \Sigma_{\alpha+1}} \nabla_{i_{\sigma(\alpha)}} \cdots \nabla_{i_{\sigma(1)}} \frac{\partial}{\partial x_{i_{\sigma(0)}}}(p) \tag{3.72}$$

と書ける．しかし，ねじれゼロの関係 $\nabla_i \frac{\partial}{\partial x_j} = \nabla_j \frac{\partial}{\partial x_i}$ と交換子と曲率の関係

$$[\nabla_i, \nabla_j] \frac{\partial}{\partial x_k} = R^l_{ijk} \frac{\partial}{\partial x_l}$$

を用いて α について帰納的に評価を行うと (3.72) に現れる 2 つの項の差は曲率の $\alpha - 2$ 階微分までの項で表され，結論が従う．∎

こんどは正規座標上の点 $q \in B(p, \frac{\pi r}{2})$ における計量成分 $g_{ij}(q)$ を評価する．q を中心とする正規座標 $(y_1, \ldots, y_n)$ を導入して，この座標で計量 g の成分は $\bar g_{\alpha\beta} dy^\alpha dy^\beta$ と書けているものとする．p での正規座標との座標変換 $y = F(x) = \exp_q^{-1} \circ \exp_p(x)$ により，x についての計量成分 g_{ij} は

$$g_{ij}(x) = \bar g_{\alpha\beta}(y) \frac{\partial y_\alpha}{\partial x_i} \frac{\partial y_\beta}{\partial x_j}$$

と書ける．$\bar g_{\alpha\beta}$ の q における高階微分は補題 3.75 により評価されているから，$g_{ij}(q)$ やその微分を評価するには座標変換 F の座標 $x_1, \ldots, x_n$ に関する偏微分が評価されればよい．$q = \exp_p X$ であるとし，単位接ベクトル $\xi \in T_p M$ を任意に選んで，$\gamma_u(s) = \exp_p s(X + u\xi)$ とおく．このとき，

$$Y(s) = Y_1(s) = \left.\frac{\partial \gamma_u}{\partial u}\right|_{u=0}, \quad Y_k(s) = \left.\nabla^{k-1}_{\frac{\partial}{\partial u}} \frac{\partial \gamma_u}{\partial u}\right|_{u=0}$$

とおく．Y は $\gamma = \gamma_0$ に沿ったヤコビ場で，

$$Y(1) = d\exp_p(\xi) = \xi_i \frac{\partial y_\alpha}{\partial x_i} \frac{\partial}{\partial y_\alpha}$$

である．$\rho(p,q) \leq \frac{\pi}{2\sqrt{\Lambda_0}}$ だからラウチの比較定理 3.54 により上下からの評価

$$\frac{s_{\Lambda_0}(\rho(p,q))}{\rho(p,q)} \leq |Y(1)| \leq \frac{s_{-\Lambda_0}(\rho(p,q))}{\rho(p,q)} \tag{3.73}$$

が従う（平行ヤコビ場の場合はこの評価は自明である）．これは変換のヤコビ行列成分 $\frac{\partial y_\alpha}{\partial x_i}$ およびその逆行列の成分の評価に他ならない．とくに $g_{ij}(q)$ の上下からの評価，

$$\left(\frac{s_{\Lambda_0}(\rho(p,q))}{\rho(p,q)}\right)^2 \delta_{ij} \leq g_{ij}(q) \leq \left(\frac{s^2_{-\Lambda_0}(\rho(p,q))}{\rho(p,q)}\right)^2 \delta_{ij} \tag{3.74}$$

を得る．$Y_k(1)$ の成分表示は

$$Y_k(1) = \xi_{i_1}\xi_{i_2}\cdots\xi_{i_k} \frac{\partial^k y_\alpha}{\partial x_{i_1}\cdots\partial x_{i_k}} \frac{\partial}{\partial y_\alpha} + T_k \tag{3.75}$$

と書ける．最後の項 T_k は x による y の $(k-1)$ 階微分までの項 $\partial_x^l y$, $l < k$ と q における $k-1$ 階までの共変微分成分 $\nabla^l \frac{\partial}{\partial y_*}(q)$ の項で書ける低次の項である．

補題 3.76 $1 \leq l \leq k$ に対して，単位ベクトル $\xi \in T_pM$ によらず，$|Y_l(1)| \leq K_l(\Lambda_0,\ldots,\Lambda_{l-1})$ が成り立つとする．変換関数の k 階偏微分は $X = \exp_p^{-1}(q)$ において次の評価を満たす．

$$\left|\frac{\partial^k y^\alpha}{\partial x_{i_1}\ldots x_{i_k}}(X)\right| \leq C_k(\Lambda_0,\Lambda_1,\ldots,\Lambda_{k-1}).$$

証明 (3.75) の主項の係数は $L(\xi)^k y_\alpha = (\xi_1\partial_1 + \cdots + \xi_n\partial_n)^k y_\alpha$ の形をしており，ξ は任意の単位ベクトルであった．実 k 次斉次多項式の空間は実一次式の k 乗で書ける多項式達で張られるという簡単な代数的命題に注意すると，適当な単位ベクトル $\xi(1),\ldots,\xi(N)$ を選べば k 階偏微分作用素 $\partial_{i_1}\cdots\partial_{i_k}$ は

$L(\xi(1))^k, \ldots, L(\xi(N))^k$ の線形結合で書ける．したがって，問題の k 階偏微分を評価するには (3.75) の主項を評価すればよい．$Y_l(1)$ の評価を仮定しているから，あとは低次の項 T_k を評価すれば結論が従う．$\nabla^l_{y_*} \frac{\partial}{\partial y_*}(q)$ の形の項は補題 3.75 により $\Lambda_0, \ldots, \Lambda_{k-2}$ により評価される．一方，$\frac{\partial^l y}{\partial x^l}$ の形の項は k について帰納的に評価を与えていけば，$|Y_1(1)|, \ldots, |Y_{k-1}(1)|$ と $\Lambda_0, \ldots, \Lambda_{k-3}$ に依存して評価できる． ■

あとは補題 3.76 で仮定した $|Y_k(1)|$ の評価を与えればよい．ヤコビ場 Y_1 はすでに (3.73) により評価されている．ヤコビ場の方程式 $\nabla^2_s Y_1 + R(Y_1, \dot{\gamma})\dot{\gamma} = 0$ を u に関して $k-1$ 回微分すれば Y_k の方程式が得られるはずである．

$$\nabla^{k-1}_{\frac{\partial}{\partial u}} \nabla^2_{\frac{\partial}{\partial s}} Y_1 = \nabla^2_{\frac{\partial}{\partial s}} Y_k + S_1, \quad \nabla^{k-1}_{\frac{\partial}{\partial u}} R(Y_1, \dot{\gamma})\dot{\gamma} = R(Y_k, \dot{\gamma})\dot{\gamma} + S_2$$

と交換子 $[\nabla^{k-1}_{\partial/\partial_u}, \nabla^2_{\partial/\partial_s}]$ から定まる低次の項を S_1，$[\nabla^{k-1}_{\partial/\partial_u}, R(\cdot, \dot{\gamma})\dot{\gamma}]$ から定まる低次の項を S_2 とする．交換子を計算すれば S_1, S_2 は $\mathrm{Rm}, \ldots, \nabla^{k-1}\mathrm{Rm}$ および $Y_1, \ldots, Y_{k-1}, \nabla_s Y_1, \ldots, \nabla_s Y_{k-1}$ で書ける項であることが分かる．したがって，低次の項 $S_k = S_1 + S_2$ により方程式は

$$\nabla^2_{\frac{\partial}{\partial s}} Y_k + R(Y_k, \dot{\gamma})\dot{\gamma} + S_k = 0 \tag{3.76}$$

と書ける．初期条件は $k \geq 2$ のとき $Y_k(0) = 0, \nabla_s Y_k(0) = 0$ である．$\nabla_s Y_1$ の評価は定理 3.59 から与えられ，(3.76) に命題 3.60 を適用すると k について帰納的に $Y_k, \nabla_s Y_k$ の評価を与えることができる．結論をまとめると，

命題 3.77 リーマン多様体 (M, g) の点 p における半径 $\frac{\pi r}{2}$ の正規座標上 (3.71) が成り立つものとし，$q \in B(p, \frac{\pi r}{2})$ とし，p と q における正規座標の座標変換を $y = F(x) = \exp_q^{-1} \circ \exp_p(x)$ とする．F の $\exp_p^{-1} q$ におけるヤコビ行列とその逆行列は Λ_0 のみによって評価され，F の k 階偏微分係数は $\Lambda_0, \ldots, \Lambda_{k-1}$ により評価される．したがって g_{ij} の k 階偏微分係数は $\Lambda_0, \ldots, \Lambda_k$ により評価される．

系 3.78 (3.71) を満たす $p_1, p_2 \in M$ における半径 $\frac{\pi r}{2}$ の正規座標の座標変換 $\exp_{p_1}^{-1} \circ \exp_{p_2}$ の k 階偏微分係数は $\Lambda_0, \ldots, \Lambda_{k-1}$ により評価される．

証明 $q \in B(p_1, \frac{\pi r}{2}) \cap B(p_2, \frac{\pi r}{2})$ における変換は q を中継して変換の合成 $(\exp_{p_1}^{-1} \circ \exp_q) \circ (\exp_q^{-1} \circ \exp_{p_2})$ と見ることが出来る．命題3.77は q との座標変換 F の高階微分および逆変換のヤコビ行列の評価を与えているから逆変換 F^{-1} の評価も従う．これらから $\exp_{p_1}^{-1} \circ \exp_{p_2}$ の高階微分の評価が従う． ∎

この結果を利用してリッチフロー上で計量の微分の評価を与えよう．

命題 3.79 $-\infty < -r^2 < 0 \leq \tau < \infty$ とし，時間 $[-2r^2, \tau]$ 上定義されたリッチフロー $(M, g(t))$ 上で $t = 0$ における単射半径が $\iota_p > r$ を満たし，さらに $B(p, 0, 2r) \times [-2r^2, \tau]$ 上で曲率が $|\mathrm{Rm}| \leq r^{-2}$ を満たしているものとする．p を中心とする $B(p, 0, r)$ 上の正規座標を $(x_1, \ldots, x_n)$ とすると，$P = B(p, 0, r) \times [-r^2, \tau]$ 上で計量成分の偏微分係数に関する次の評価が成り立つ．

$$|\partial_{x_*}^k \partial_t^l g_{ij}(x, t)| \leq C(k, l, \tau, r).$$

証明 (3.2) に注意すると局所曲率微分評価 3.71 により P 上で曲率の高階微分 $|\nabla^k \mathrm{Rm}|$ の評価が τ, r のみに依存して与えられる．したがって，時刻 $t = 0$ で $B(p, 0, r)$ 上 (3.71) が満たされ，$g_{ij}(x, 0)$ およびその空間微分も評価される．またクリストッフェル記号 Γ_{ij}^k の時間微分は (3.12) で計算されるので，P 上で Γ_{ij}^k は r, τ で評価される．計量成分の微分についても

$$\left|\frac{\partial}{\partial t} \partial_{x_k} g_{ij}(x, t)\right| = 2|\partial_{x_k} \mathrm{Rc}_{ij}(x, t)| \leq C(g_{ij}, g^{ij})(|\mathrm{Rc}||\Gamma_{**}^*| + |\nabla \mathrm{Rm}|)$$

であるから，P 上の $g_{ij}, |\nabla \mathrm{Rm}|, |\Gamma_{ij}^k|$ の評価と $t = 0$ における評価を用いて，一階微分 $\partial_{x_k} g_{ij}(x, t)$ の P 上の評価を得る．$g_{ij}(x, t)$ の高階微分も同様に帰納的に議論して P 上の評価を得る．時間微分を含む場合もリッチフローの方程式を用いて $t = 0$ の空間微分の評価に帰着される． ∎

系 3.80 コンパクト多様体上のリッチフロー $(M, g(t))$ が $[0, T)$ で定義されているとする．$T < \infty$ が最大存在時間であるとき，

$$\sup_{(x,t) \in M \times [0,T)} |\mathrm{Rm}(x, t)| = \infty.$$

証明 $M \times [0,T)$ 上曲率が一様に有界であるとする.このとき,例えば $t = \frac{T}{2}$ において正規座標により M の有限被覆を選んでおき,命題 3.79 を適用すると,この座標近傍の被覆に関する計量成分 $g_{ij}(t)$ は $t \uparrow T$ とするとき,任意の k に対して C^k 収束する.系 3.13 を考慮すると,これは T が最大存在時間であることに反する. ∎

n 次元多様体 M_i 上時間 $[-2r^2, T]$ で定義されたリッチフローの列 $(M_i, g_i(t))$ とその上の点 q_i と半径 $r > 0$ が与えられていて,次の条件を満たすとする.

1. $r < \iota_{q_i}(M, g_i(0))$.
2. $B(q_i, 0, 2r) \times [-2r^2, T]$ 上で曲率評価 $|\mathrm{Rm}_i| \leq \Lambda$ を満たす.ただし,Rm_i は $g_i(t)$ の曲率作用素とする.

このとき,$(M, g_i(0))$ の q_i における正規座標 $\exp_{q_i}: B_r \to M_i$ を用いて,n 次元球体 $B_r \subset \mathbb{R}^n$ 上に $g_i(t)$ を引き戻すと B_r 上の(局所的な)リッチフローの列 $(B_r, \bar{g}_i(t))$ が得られる.このリッチフローは命題 3.79 の評価を満たすので,適当な部分列をとれば $B_r \times [-r^2, T]$ 上 $\bar{g}_i(t)$(の成分)は C^∞ 級収束する.この状況を**局所収束**ということにする.このとき極限として,時間 $[-r^2, T]$ 上定義されたリッチフロー $(B_r, g_\infty(t))$ が得られる.

3.7 コンパクト性

$-\infty \leq T_1 < 0 \leq T_2 < \infty$ とする.時間 $(T_1, T_2]$ 上定義されたリッチフロー $(M, g(t))$ とその時空上の点 (p, t_0) の組 $(M, g(t), p, t_0)$ を点つきのリッチフローという.$t_0 = 0$ の場合は $(M, g(t), p)$ と書く.また $P(p, 0, r)_{\tau_1}^{\tau_2} = B(p, 0, r) \times [\tau_1, \tau_2]$ とおく.

定義 3.81 (リッチフローの収束 [Ham95a]) $(M, g(t), p), (M_1, g_1(t), p_1)$ を時間 $(T_1, T_2]$ 上の点つきリッチフローとする.このとき,p を含む M のコンパクト集合 K の近傍 U で定義された微分同相 $\phi: (U, p) \to (M_1, p_1)$ が存在して,$K \times [\tau_1, \tau_2] \subset M \times (T_1, T_2]$ 上で $|\phi^* g_1 - g|_{C^k} < \varepsilon$ となるとき,$K \times [\tau_1, \tau_2]$ 上

(M_1, g_1, p_1) は (M, g, p) で C^k 級 ε-近似されるという（この際，C^k ノルムは計量 $g(0)$ を用いて計るものとする）．とくに $P(p, 0, \varepsilon^{-1})$ 上 $C^{1/\varepsilon}$ 級 ε-近似されるとき，単に ε-近似という．

$(M_i, g_i(t), p_i)$ を時間 $[T_1, T_2]$ 上の点つきリッチフローの列とする．任意の $\varepsilon > 0, k \in \mathbb{N}$ に対して，十分大きな I が存在し，$i > I$ について，$K \times [\tau_1, \tau_2]$ 上 $(M_i, g_i(t), p_i)$ が $(M, g(t), p)$ で ε-近似されるならば $(M_i, g_i(t), p_i)$ は $(M, g(t), p)$ に $K \times [\tau_1, \tau_2]$ 上一様に（C^∞ 級）収束するという．とくに $K = B(p, 0, r)$ であるとき，**半径 r で一様収束する**といい，任意の τ_1, τ_2 に対して任意の半径 $r < D$ で一様収束するとき，時間 $[T_1, T_2]$ 上半径 $< D$ で一様収束するという．$D = \infty$ のとき単に収束するという．$T_2 = \infty$ の場合も自明な仕方で収束を定義することにする．

注意 3.82 極限がコンパクトならば収束リッチフロー列はコンパクトであるが，コンパクトなリッチフロー列の極限はコンパクトと限らないし，そうでない場合が重要である．ここの定義がコンパクト一様収束に基づいて基点つきで行われているのはこのケースを扱うためである．

上のような定義は時刻に依存しない普通のリーマン多様体の場合にも適用できるから同じ用語を用いることにしよう．次の結論がこの節の目的である．

命題 3.83 $T_1 < 0 \leq T_2 < \infty$ とする．時間 $[T_1, T_2]$ 上の点つきリッチフローの列 $(M_i, g_i(t), p_i)$ が $D, \Lambda > 0$ と $\iota_0 \in (0, \frac{1}{\sqrt{\Lambda}})$ に対して 3 つの条件
1. $(M_i, g_i(0), p_i)$ の半径 $r < D$ の測地球 $B(p_i, 0, r)$ はコンパクト．
2. $P(p_i, 0, D)_{T_1}^{T_2}$ 上で曲率作用素の一様評価 $|\mathrm{Rm}| \leq \Lambda$ が成り立つ．
3. $q \in B(p_i, 0, D)$ での単射半径の一様評価 $\iota_q(M_i, g_i(0)) \geq \iota_0$ が成り立つ．

を満たすとき，$(M_i, g_i(t), p_i)$ は時間 $[T_1, T_2]$ 上半径 $< D$ で一様収束する部分列を持つ．極限のリッチフロー $(M_\infty, g_\infty(t), p_\infty)$ も 1. と 2. を満たし，単射半径の評価 $\iota_q(M_\infty, g_\infty) \geq \min(\iota_0, D - \rho(p_\infty, q))$ を満たす．

命題 3.83 の証明では極限多様体 M_∞ と収束の定義における微分同相 F_i を構成しなければならない．これらが適切に構成出来れば，リッチフローの局所評価により $F_i^* g_i$ が極限計量 g_∞ に収束する部分列を持つことを見るのは

難しくない．まず極限多様体 M_∞ の構成から行う．$\delta > 0$ を任意に固定し，$D' = D - \delta$ とおく．また，$C_i = B(p_i, 0, D')$ は仮定によりコンパクトである．$r = \min(\iota_0, \frac{1}{\sqrt{\Lambda}}, \delta)/10$ とする．

$B_0 = B(p_i, 0, r)$ とし，$q_i^0 = p_i$ とおく（後で F_i を構成する際，基点の像を変えないためにこの場合だけ特別扱いする）．コンパクト集合 $C_i \setminus \text{Int}\, B_0$ の開被覆を構成していく．$q_i^1 \in C_i \setminus \text{Int}\, B_0$ をとり，$B_1 = B(q_i^1, 0, \frac{r}{4})$ とする．以後帰納的に $q_i^{\beta+1} \in C_i \setminus \text{Int}\, B_0$ と $B_{\beta+1} = B(q_i^{\beta+1}, 0, \frac{r}{4})$ を

$$B_{\beta+1} \cap \left(\bigcup_{\alpha=1}^{\beta} B_\alpha\right) = \emptyset$$

となるように選ぶ．$q_i^{\beta+1}$ が存在する条件は全ての $\alpha = 1, \ldots, \beta$ について $\rho(q, q_i^\alpha) \geq \frac{r}{2}$ となる $q \in C_i \setminus \text{Int}\, B_0$ なる点が存在することである．$C_i \setminus \text{Int}\, B_0$ のコンパクト性からこれを有限回繰り返すと存在条件が成り立たなくなるからそこで停止する．こうして選んだ測地球体の極大列を $B_0, \ldots, B_{N_i}$ とする．

補題 3.84 上のように選んだ $q_i^0, \ldots, q_i^{N_i}$ に対して，

1. $\tilde{B}_0 = B(p_i, 0, \frac{r}{2}), \tilde{B}_\alpha = B_\alpha^i, \alpha \geq 1$ とおく．$\{\tilde{B}_\alpha\}_{\alpha=0}^{N_i}$ は互いに交わらない．とくに $N_i \leq C(\Lambda, D, \iota_0, \delta)$．
2. $U_i^0 = \text{Int}\, B_0$, $U_i^\alpha = \text{Int}\, B(q_i^\alpha, 0, r), \alpha \geq 1$ とおくと，$\{U_i^\alpha\}_{\alpha=0}^{N_i}$ は C_i の開被覆でそのルベーグ数は $> \frac{r}{6}$．
3. $p_i \in U_i^\alpha$ ならば $\alpha = 0$

証明 1. の前半と 3. は自明だろう．N_i の評価を得るには $\sum_\alpha \text{vol}(\tilde{B}_\alpha) \leq \text{vol}(B(p_i, 0, D))$ に注意して左辺をギュンター・ビショプの体積評価 3.66 で下から評価し，右辺をグロモフ・ビショップの体積比評価 3.65 により上から評価すればよい．2. を一応見よう．$q \in B(q_i^0, 0, \frac{3r}{4})$ のときは $B(q, 0, \frac{r}{6}) \subset U_i^0$ は自明．$q \in C_i \setminus B_0$ のときはプロセスが停止する条件からある $\alpha \geq 1$ に対して，$\rho(q, q_\alpha) < \frac{r}{2}$ である．とくに $B(q, 0, \frac{r}{4}) \subset U^\alpha$．さらに，$q \in B_0 \setminus B(q_i^0, 0, \frac{3r}{4})$ ならばある $q' \in C_i \setminus B_0$ と高々距離 $\frac{r}{3}$ 以内なので，ある α に対して，$\rho(q, q_\alpha) < \frac{r}{3} + \frac{r}{2}$ となり，$B(q, 0, \frac{r}{6}) \subset U^\alpha$ が成り立つ． ∎

極限多様体 (M_∞, p_∞) の構成　各 U_i^α 上には正規座標 $\phi_i^\alpha := \exp_{q_i^\alpha} : D_r^\alpha \to U_i^\alpha$ が定まる．また $V_i^\alpha = B(q_i^\alpha, 0.5r)$ として，ϕ_i^α は $D_{5r}^\alpha \to V_i^\alpha$ まで定義されていると思ってよい．適当な部分列を選べば $i \to \infty$ とするとき，

(a) N_i の評価から N_i は一定の自然数 N であるとしてよい．
(b) $\rho(q_i^\alpha, q_i^\beta)$ は $\rho_{\alpha\beta} > 0$ $(\alpha \neq \beta)$ に収束するとしてよい．
(c) 座標変換 $\phi_{\beta\alpha}^i := \exp_{q_i^\beta}^{-1} \circ \exp_{q_i^\alpha} : D_r^\alpha \to D_{5r}^\beta$ も局所曲率微分評価 3.71 と系 3.78 により微分同相 $\phi_{\alpha\beta}$ に C^∞ 級一様収束し，関係 $\phi_{\gamma\alpha} = \phi_{\gamma\beta} \circ \phi_{\beta\alpha}$ も保たれる．

このように部分列を選ぶと極限多様体 M_∞ は $U^\alpha = D_r^\alpha$ を変換写像 $\phi_{\alpha\beta}$ により貼りあわせて構成することができる．具体的に述べよう．$U^\alpha \subset V^\alpha = D_{5r}^\alpha$ とする．$\rho_{\beta\alpha} < 2r$ である場合に限り，$\phi_{\beta\alpha}$ は $U^\alpha \cap \phi_{\alpha\beta}(U^\beta)$ 上で定義されているものと考え，$x_\alpha \in U^\alpha$, $x_\beta \in U^\beta$ に対して $\phi_{\beta\alpha}(x_\alpha) = x_\beta$ である場合に $x_\alpha \sim x_\beta$ とすると (c) により $\coprod_\alpha U^\alpha$ 上の同値関係が定まる．$M_\infty = \coprod_\alpha U^\alpha / \sim$ とし，$\Pi : \coprod_\alpha U^\alpha \to M_\infty$ を自然な射影とする．M_∞ には $\Pi^{-1}(U) \cap U^\alpha \subset U^\alpha$ が全ての α について開集合であるとき，U を開集合として位相を与える．二点 $x \in U^\alpha$, $y \in U^\beta$ を分離してハウスドルフ性を確認しておこう．$\phi_{\beta\alpha}$ は微分同相なので $U^\alpha \subset M_\infty$ はいずれも開集合だから，$\rho_{\alpha\beta} \geq 2r$ ならば x, y は分離される．そうでなければ，U^β を $\phi_{\alpha\beta}(U^\beta) \subset V^\alpha$ と埋め込んで V^α 内で分離すればよい．基点 p_∞ は U_0 の原点 $0 \in D_r$ にとる．この際，命題 3.79 により各座標近傍上に引き戻した計量 $(\phi_i^\alpha)^* g_i(0)$ も C^∞ 級一様収束し，(c) により極限計量 $g_\infty(0)$ は M_∞ 上のリーマン計量を定める．

次に M_∞ から C_i の近傍への微分同相 F_i を [Pet84], [GW88] に従って構成する．正規座標系 $\phi_i^\alpha : U^\alpha \to U_i^\alpha$ は M_∞ の変換写像 $\phi_{\alpha\beta}$ ではなく，M_i のそれ $\phi_{\alpha\beta}^i$ に従っているから，M_∞ 上の写像は定まらない．(c) によれば，十分大きな i については 2 つの座標変換の違いは小さいはずだから，その誤差を補正して M_∞ 上の写像を構成する．M_∞ の点 x に対して，$x \in U^\alpha$ のとき，$\Pi^{-1}(x) \cap U^\alpha$ の唯一の元を x_α と書き，U^α 上の写像 F_i^α を $F_i^\alpha(x) = \phi_i^\alpha(x_\alpha)$ で定める．また ρ_i で $(M_i, g_i(0))$ の，$\rho_{i,\alpha}$ で $(U^\alpha, (F_i^\alpha)^* g_i(0))$ の距離を表す．

3.7 コンパクト性

微分同相 F_i の構成 $x \in U^\alpha \cap U^\beta$ とする. $x_\beta = \phi_{\beta\alpha}(x_\alpha)$ であるから $\phi_i^\alpha(x_\alpha) = \phi_i^\beta(\phi_{\beta\alpha}^i(x_\alpha)) = \phi_i^\beta(\phi_{\beta\alpha}^i \circ \phi_{\alpha\beta}(x_\beta))$ を得る. 一方 $\Psi_{\alpha\beta}^i = \phi_{\beta\alpha}^i \circ \phi_{\alpha\beta} : \phi_{\beta\alpha}(U^\alpha) \cap U^\beta \to V_\beta$ は (c) から C^∞ 級一様に恒等写像に収束するから,

$$\rho_i(\phi_i^\alpha(x_\alpha), \phi_i^\beta(x_\beta)) = \rho_{i,\beta}(\Psi_{\alpha\beta}^i(x_\beta), x_\beta) \to 0 \text{ as } i \to \infty$$

である. この収束の一様性から $d_i \to 0$ が存在して, α, β, x によらず

$$\rho_i(\phi_i^\alpha(x_\alpha), \phi_i^\beta(x_\beta)) = \rho_i(F_i^\alpha(x), F_i^\beta(x)) < d_i$$

が成り立つ. また $W_\alpha = D_{6/7r}^\alpha \subset U^\alpha$ を台に含むような C^∞ 級関数 f_α を用いて 1 の分割も構成しておく. 実際補題 3.84 2. に注意して $\chi_\alpha = f_\alpha / \sum_\beta f_\beta$ とおけば χ_α は U_α に台を持ち, $W = \bigcup_\alpha W_\alpha$ 上 $\sum_\alpha \chi_\alpha = 1$ を満たす.

$$G(x,y) = \frac{1}{2} \sum_\beta \chi_\beta(x) \rho_i^2(F_i^\beta(x), y)$$

で $x \in W, y \in M_i$ の関数 G を定める. $F_i^\beta(x)$ 達の互いの距離は $< d_i$ なので系 3.56 から $B_i(F_i^\alpha(x), 0, r)$ 内で $G(x, \cdot)$ は凸関数である. とくに $G(x, \cdot)$ を最小にする $y = F_i(x) \in B_i(y_\alpha, 0, 2d_i)$ (つまり $y_\beta = F_i^\beta(x)$ 達の重みつき重心) が一意的に存在する. ∇' で x に関する, ∇'' で y に関する, 共変微分を表すことにすると, $y = F_i(x)$ で $\nabla'' G(x, y) = 0$ が成り立つから, ρ_i^2 を微分して

$$\nabla'' G(x, y) = -\sum_\beta \chi_\beta(x) \exp_y^{-1} F_i^\beta(x) = 0 \tag{3.77}$$

が $y = F_i(x)$ の陰関数表示となるはずである. 実際, 左辺をもう一度微分すれば, $(\nabla'')^2 \rho_i^2$ の正定値性から陰関数表示が非退化であることが分かる. とくに陰関数定理から $F_i(x)$ は C^∞ 級で補題 3.84 3. から $F_i(p_\infty) = p_i$ であるから, C^∞ 級写像 $F_i : (W, p_\infty) \to (M_i, p_i)$ を得る.

U^α 上のテンソル $F_i^* g_i(0)$ が $(\phi_i^\alpha)^* g_i(0)$ に十分近いことを示せば, $(\phi_i^\alpha)^* g_i(0)$ に (3.74) を適用して F_i がはめこみであることも従う. (3.77) を微分して

$$0 \equiv \nabla_X(\nabla'' G(x, F_i(x))) = \nabla_X' \nabla'' G + \nabla_{dF_i(X)}'' \nabla'' G, \tag{3.78}$$

$$\nabla''_{dF_i(X)}\nabla''G = -\sum_\beta \chi_\beta \nabla''_{dF_i(X)} \exp_y^{-1} F_i^\beta(x)\Big|_{y=F_i(x)}, \tag{3.79}$$

$$\nabla'_X \nabla''G = -\sum_\beta (\nabla_X \chi_\beta \exp_y^{-1} F_i^\beta(x) + \chi_\beta \nabla'_X \exp_y^{-1} F_i^\beta(x))\Big|_{y=F_i(x)} \tag{3.80}$$

を得る. (3.79) のノルムと $F_i^* g_i(0)$ の誤差, (3.80) のノルムと $(\phi_i^\alpha)^* g_i(0)$ の誤差をヤコビ場で評価して (3.78) により両者を比較することにしよう.

補題 3.85 $F_i(x)$ と $F_i^\beta(x)$ を結ぶ線分に沿った平行移動を T_β とするとき,

$$|\nabla''_{dF_i(X)}\nabla''G + dF_i(X)|_{g_i(0)} \leq C(\Lambda d_i^2)\Lambda d_i^2 |X|_{F_i^* g_i(0)} \tag{3.81}$$

$$|T_\beta(\nabla'_X \exp_{F_i(x)}^{-1} \phi_i^\beta(x_\beta)) - dF_i^\beta(X)|_{g_i(0)} \leq C(\Lambda d_i^2)\Lambda d_i^2 |X|_{(\phi_i^\beta)^* g_i(0)} \tag{3.82}$$

が成り立つ. とくに $C = C(\Lambda, \delta, \iota)$ に対して

$$|dF_i(X) - \sum_\beta \chi_\beta T_\beta^{-1}(dF_i^\beta(X))| \leq C d_i \left(\sum_\beta |X|_{(\phi_i^\beta)^* g_i} + |X|_{F_i^* g_i}\right)$$

が成り立つ.

証明 (3.81) を示すには $q = F_i(x), p = F_i^\beta(x)$ とおいて, M_i の測地線の族 $\gamma_{p,q}(s) = \exp_q[s \exp_q^{-1} p]$ を考える. q に関する $\xi = dF_i(X)$ 方向への微分 $Y(s) = \nabla_\xi^q \gamma_{p,q}(s)$ で定まるヤコビ場 Y は $Y(1) = 0, Y(0) = \xi, \dot{Y}(0) := \nabla_{\frac{\partial}{\partial s}} Y(0) = \nabla_\xi^q \exp_q^{-1} p$ を満たす. $\rho = \rho_i(q,p) \leq d_i$ とおき, ヤコビ場の方程式から

$$-d_s^- |Y(s) + (1-s)\dot{Y}(s)| \leq (1-s)\rho^2 \Lambda |Y(s)|$$

が従う. 上下の曲率評価に対してラウチの比較定理 3.54 を適用すると $|Y|$ は

$$|Y(s)| \leq \mathfrak{s}_{-\rho^2\Lambda}(1-s)|\dot{Y}(1)|, \quad |Y(0)| \geq \mathfrak{s}_{\rho^2\Lambda}(1)|\dot{Y}(1)|$$

と評価されるので結局 $|\xi + \nabla_\xi^q \exp_q^{-1} p| = |Y(0) + \dot{Y}(0)|$ は

$$|\xi + \nabla_\xi^q \exp_q^{-1} p| \leq \frac{\mathfrak{c}_{-\rho^2\Lambda}(1) - 1}{\mathfrak{s}_{\rho^2\Lambda}(1)} |\xi| = C(\rho^2\Lambda)\rho^2\Lambda|\xi|$$

と評価され (3.81) を得る. (3.82) の方は $\gamma_{p,q}$ の p に関する $\eta = dF_i^\beta(X)$ 方向への微分で定まるヤコビ場 $Y(s) = \nabla_\eta^p \gamma_{p,q}(s)$ を考える. このとき $Y(0) = 0, \dot{Y}(0) = \nabla_\eta^p \exp_q^{-1} p, Y(1) = \eta$ であるから定理 3.59 により

$$|Y(1) - T_\beta \dot{Y}(0)| \leq C(\Lambda d_i^2)\Lambda d_i^2(|Y(1) - T_\beta \dot{Y}(0)| + |Y(1)|)$$

を得る. $\Lambda d_i^2 \ll 1$ であることから (3.82) が従う. (3.81) と (3.82) を 1 の分割で加え合わせて (3.80) の右辺第一項を $C(\Lambda, \delta, \iota)d_i|X|$ で評価し (3.78) を用いれば最後の不等式を得る. ∎

補題 3.86 $x \in W, \alpha, \beta$ によらない $\varepsilon_i \to 0$ が存在して,

$$|T_\beta^{-1}(dF_i^\beta(X)) - T_\alpha^{-1}(dF_i^\alpha(X))| \leq \varepsilon_i |X|_{(\phi_i^\alpha)^* g_i(0)}.$$

証明 $F_i^\alpha(x)$ と $F_i^\beta(x)$ を結ぶ線分 $\gamma_{\alpha\beta}$ に沿った平行移動を $T_{\beta\alpha}$ とし, $T = T_\beta^{-1} \circ T_{\beta\alpha} \circ T_\alpha$ とおく. $X_i^\beta = dF_i^\beta(X)$ とすると三角不等式から

$$|T_\beta^{-1}(X_i^\beta) - T_\alpha^{-1}(X_i^\alpha)| \leq |X_i^\beta - T_{\beta\alpha}(X_i^\alpha)| + |T \circ T_\alpha^{-1}(X_i^\alpha) - T_\alpha^{-1}(X_i^\alpha)|$$

であるが, T は辺の長さが $2d_i$ 以下の小さな測地三角形を回るホロノミーなので, 第二項は補題 3.62 により $|T(X) - X| \leq C\Lambda d_i^2 |X|$ で評価される. 第一項は $X \in TM_\infty$ の局所座標 U_α 上の成分を X_α として

$$|dF_i^\beta(X) - T_{\beta\alpha} dF_i^\alpha(X)|_{g_i(0)} = |d\phi_i^\beta d\phi_{\beta\alpha}(X_\alpha) - T_{\beta\alpha} d\phi_i^\alpha(X_\alpha)|_{g_i(0)}$$

$$= |d\Psi_{\beta\alpha}^i(X_\alpha) - (d\phi_i^\alpha)^{-1} T_{\beta\alpha} d\phi_i^\alpha(X_\alpha)|_{(\phi_i^\alpha)^* g_i(0)}$$

と計算される. したがって, ϕ_i^α の定める測地球体 $B(\phi_i^\alpha(x_\alpha), 0, r) \subset M_i$ 上の正規座標上では (3.74) が成り立っていることに注意すると, 正規座標に引き戻した平行移動 $T_{\beta\alpha}^* = (d\phi_i^\alpha)^{-1} T_{\beta\alpha} d\phi_i^\alpha$ に対して $T_{\beta\alpha}^* - d\Psi_{\beta\alpha}^i$ を評価すればよい. 変換関数の C^∞ 級収束から, $\Psi_{\beta\alpha}^i$ のヤコビ行列は

$$\left|\frac{\partial(\Psi_{\beta\alpha}^i)^q}{\partial x^p} - \delta_p^q\right| \to 0 \text{ as } i \to \infty. \tag{3.83}$$

と一様に単位行列に収束する．$T_{\beta\alpha}^*$ の方は $P(0) = \frac{\partial}{\partial x^p}$ なる $\gamma_{\alpha\beta}$ に沿う平行ベクトル場を P，$\rho_i = \rho_i(F_i^\alpha(x), F_i^\beta(x))$ とするとクリストッフェル記号の評価命題3.79 と (3.74) を用いて

$$\left| T_{\beta\alpha}^*\left(\frac{\partial}{\partial x^p}\right) - \frac{\partial}{\partial x^p}\right| \leq \int_0^{\rho_i} \left|\nabla_{\dot\gamma_{\alpha\beta}}\left(P - \frac{\partial}{\partial x^p}\right)\right| ds \leq C(r, \Lambda) d_i$$

を得るから，(3.83) と合わせて結論が従う． ∎

補題3.85 と補題3.86 を合わせると $W \cap U^\alpha$ 上一様に

$$(1 - Cd_i - C\varepsilon_i)(\phi_i^\alpha)^* g_i(0) \leq F_i^* g_i(0) \leq (1 + Cd_i + C\varepsilon_i)(\phi_i^\alpha)^* g_i(0)$$

が成り立つ．とくに $F_i^* g_i(0)$ は極限計量 $g_\infty(0)$ に W 上（C^0 級）一様収束することと $F_i : W \to M_i$ がはめこみであることが従う．C_i の $\frac{r}{100}$-近傍を $\tilde{C}_i$ とすると，補題3.84 2. により，$\bigcup_\alpha (\phi_i^\alpha)^{-1}(\tilde{C}_i) \subset W$ が成り立つ．

補題3.87 十分大きな i に対して $F_i : W \to M_i$ は $\tilde{W} = F_i^{-1}(\tilde{C}_i)$ 上微分同相 $\tilde{W} \simeq \tilde{C}_i$ を導く．

証明 F_i の構成から $x \in U^\alpha \cap W$ に対して $\rho_i(F_i^\alpha(x), F_i(x)) \leq d_i$ である．このことから $B = B(q_i^\alpha, 0, \frac{6r}{7} - 3d_i) \subset F_i(W \cap U^\alpha)$ が従う．実際 $q \in B$ に対して，$h(x) = \rho_i^2(F_i(x), q)$ は $U^\alpha \cap W$ の内点 x_0 で最小値を取り，$dh_{x_0}(\xi) = -(dF_i(\xi), \exp_{F_i(x)}^{-1} q) = 0$ を満たすが F_i がはめ込みであることから $q = F_i(x)$ でなければならない．とくに補題3.84 のルベーグ数の評価に注意すると C_i の $\frac{r}{100}$-近傍 $\tilde{C}_i$ は $F_i(W)$ に含まれるとしてよい．

$\tilde{W}$ 上で F_i の単射性を示す．$y \in U^\beta \cap W$ に対して，$F_i(x) = F_i(y) \in C_i$ とする．このとき，$\rho_i(\phi_i^\alpha(x_\alpha), \phi_i^\beta(y_\beta)) \leq 2d_i$ だから，ルベーグ数の評価と座標変換の収束より適当な U^ς を選ぶと $x, y \in U^\varsigma$ を満たすものが存在し，$x_\varsigma, y_\varsigma \in D_{5r/6+r/100} \subset U^\varsigma$ と仮定してよい．U^ς 上の計量 $F_i^* g_i(0)$ は $(\phi_i^\varsigma)^* g_i(0)$ と一様に十分近いので，x_ς, y_ς は $(U^\varsigma, F_i^* g_i(0))$ 内の長さ $< 2r$ の線分 γ で結ばれる．その像 $F_i(\gamma)$ は $F_i(x) = F_i(y)$ を基点とする測地閉曲線で長さが単射半径の評価定数 ι_0 より小さいから γ は非自明な測地閉曲線であってはならない．つまり，$x = y$ でなければならない． ∎

3.7 コンパクト性

命題 3.83 の証明を完結しておこう.

命題 3.83 の証明 ここまでで構成した F_i を用いて時間 $(T_1+\delta^2,T_2]$ のリッチフロー $(M_i,g_i(t),p_i)$ を引き戻して得られるリッチフロー $(W,F_i^*g_i(t),p_\infty)$ を考える. 座標近傍 U^α 上で命題 3.79 を適用すると, F_i の定義から重みつき重心の評価を行って, W^α 上の C^∞-級評価が得られる. 具体的には (3.78) をさらに微分して, 前節のように高階のヤコビ場の評価を用いて帰納的に評価していけばよい. したがって, 放物近傍 $P(p_\infty,0,D-\delta)_{T_1+\delta^2}^{T_2}$ 上適当な部分列をとるとリッチフロー $F_i^*g_i(t)$ が一様に C^∞ 級収束し, 補題 3.87 により F_i はその近傍に微分同相を導く. この極限のリッチフロー $(W_\delta,g_\delta(t),p_\infty^\delta)$ について曲率評価が保たれることと $B(p_\infty,0,D-\delta)$ のコンパクト性は自明だろう. $d\exp_p$ が非退化であることから (M_∞,g_∞) の長さ $< \frac{\pi}{\sqrt{\Lambda}}$ の測地閉曲線は $(M_\infty,F_i^*g_i)$ の測地閉曲線で近似されることに注意してクリンゲンバーグの定理 3.58 により単射半径の評価も従う.

あとは $\delta_\mu \downarrow 0$ なる列をとって対角線論法により部分列を選んでいけばよい. 実際, $\delta=\delta_\mu$ について構成した微分同相を F_i^μ とすると, 定義から $f_i^\mu=(F_i^{\mu+1})^{-1}\circ F_i^\mu$ は $i\to\infty$ の際, 等長写像 $f^\mu:B(p_\infty^\mu,0,D-\delta_\mu)\to B(p_\infty^{\mu+1},0,D-\delta_{\mu+1})$ に一様に収束するので, f^μ により $B(p_\infty^\mu,0,D-\delta_\mu)\subset B(p_\infty^{\mu+1},0,D-\delta_{\mu+1})$ と見なせる. しかも引き戻しの極限として構成したリッチフロー $g_\mu(t),g_{\mu+1}(t)$ は $P(p_\infty^\mu,0,D-\delta_\mu)_{T_1+\delta^2}^{T_2}$ 上で一致するからこの包含関係による帰納極限 $\bigcup_{\mu=0}^\infty(B(p_\infty^\mu,0,D-\delta_\mu),g_\mu(t),p_\infty^\mu)$ が極限となる. ∎

さらに $r,\bar{\tau}$ に関して対角線論法を行うと次の結論が従う.

定理 3.88 (コンパクト性定理 [Ham95a]) $0<D\leq\infty$ とする. (M_i,g_i,p_i) を時間 $(-\bar{\tau},0]$ で定義されたリッチフローの列とし, $r<D,\tau<\bar{\tau}$ に対して定数 $\Lambda(r,\tau),\iota(r,\tau)$ が存在して十分大きな i について次が成り立つものとする.

(a) $B(p_i,0,r)$ はコンパクト.
(b) $P(p_i,0,r,\tau)$ 上で $|\mathrm{Rm}|\leq \Lambda$ が成り立つ.
(c) $q\in B(p_i,0,r)$ の単射半径が $\iota_q(M_i,g_i(0))\geq\iota$ を満たす.

このとき (M_i,g_i,p_i) の適当な部分列は半径 $<D$, 時間 $(-\bar{\tau},0]$ でリッチフロー

$(M_\infty, g_\infty(t), p_\infty)$ に C^∞ 級一様収束する．極限 $(M_\infty, g_\infty, p_\infty)$ は条件 (a),(b) を保ち，命題 3.83 と同様の単射半径の評価を満たす．

コンパクト性定理 3.88 はリッチフローの特異性の解析を行うための基本的な道具である．ここで典型的な適用例を見ておこう．コンパクト多様体 M 上に初期計量 g_0 を与えて，$T = T(g_0) < \infty$ を最大存在時間とする $[0, T)$ 上定義されたリッチフロー $(M, g(t))$ を考えよう．このとき，系 3.80 により，$\sup_{(x,t) \in M \times [0,T)} |\mathrm{Rm}(x,t)| = \infty$ と曲率が発散している．そこで時刻の列 $\tau_i \uparrow T$ をとり，$Q_i = \sup_{(x,t) \in M \times [0,\tau_i]} |\mathrm{Rm}(x,t)|$ を実現する $(x_i, t_i) \in M \times [0, \tau_i]$ を選ぶと，明らかに $Q_i \to \infty, t_i \to T$ となる．この際，Q_i をファクターとする放物型拡大スケーリング $g_i(t) = Q_i g(Q_i^{-1} t + t_i)$ を施し，点つきリッチフロー列 $(M, g_i(t), x_i)$ を考える．その定義時間は $[-t_i Q_i, (T - t_i) Q_i)$ である．リッチフロー列 $(M, g_i(t), x_i)$ は次の性質を持つ．

1. 基点で $|\mathrm{Rm}_i(x_i, 0)| = 1$ であり，$x \in M, t \leq 0$ について，$|\mathrm{Rm}_i(x, t)| \leq 1$．
2. 極限においては古代時間 $(-\infty, 0]$ が定義区間となる．つまり $\tau > 0$ に対して十分大きな i をとれば $(-\tau, 0]$ を含む時間で定義されている．

このリッチフロー列に $\tau = \infty, D = \infty$ としてコンパクト性定理 3.88 が適用できれば，極限として曲率一様有界な完備古代解 $(M_\infty, g_\infty(t), p_\infty)$ が得られる．1. はコンパクト性定理 3.88 の曲率評価を与えるが，問題は単射半径の評価である．もとのリッチフロー $(M, g(t))$ について必要な単射半径評価は「ある定数 $c > 0$ が存在して，任意の点 (p, t) について，$P(p, t, r)$ 上で曲率 $|\mathrm{Rm}| \leq \frac{1}{r^2}$ ならば，$\iota_{(p,t)} \geq cr$」である．この評価はペレルマンによる重要な結論の一つである．g_0 が正リッチ曲率を持つとき命題 3.24 により $T(g_0) < \infty$ であるが，このスケーリングにより 3.4 節で保留にしておいた正リッチ曲率を持つ 3 次元多様体上のリッチフローに関する結論も導くことができる．

定理 3.89 ([Ham82]) 閉 3 次元多様体 M 上の正リッチ曲率を持つリッチフローについて上のスケーリング列 $(M, g_i(t), x_i)$ をとると球面の標準解の商空

間に収束する.

証明 普遍被覆をとり,M は単連結と仮定してよいが,このとき $(M, g_i(t), x_i)$ の極限は定理 3.45 と補題 3.47 から球面の標準解であることが分かる. この場合単射半径の問題は直接にも解決できる. 定理 3.70 の証明のように $\exp_{x_i}$ で $T_{x_i}M$ 上に計量を引き戻して考えると単射半径の条件は満たされ,しかもその局所極限は半径 π 内で球面の標準解に収束する. とくに $y_i \in M$ を x_i から $(T_{x_i}M$ 上の$)$ 距離 $\frac{2\pi}{3}$ にとって,$\exp_{y_i}$ で引き戻して局所極限を考えても状況は同様である. $B(x_i, \frac{3\pi}{4}) \cup B(y_i, \frac{3\pi}{4}) = \text{Int}\, B(x_i, \frac{3\pi}{4}) \cup \text{Int}\, B(y_i, \frac{3\pi}{4})$ に注意すると連結性からこれらの 2 つの測地球体は M を被覆する. このとき M 全体で曲率が球面のそれに十分近いので,球面定理 [CE75, Ch.6] の条件が満たされ (M, g_i) 自体の単射半径の評価を得る. ∎

スケーリング極限の古代解 $(M_\infty, g_\infty(t), p_\infty)$ は元のリッチフローの特異性の x_i 付近の様子を定義 3.81 の意味で近似している (3 次元の場合近似がもっと強い意味でできるというのがペレルマンのもう一つの重要な結論,標準近傍定理である). この意味でスケーリング極限は特異性の「モデル」に当たる. とくに M が 3 次元である場合,ハミルトン・アイビーの定理 3.51 から導かれる次の命題により $(M_\infty, g_\infty(t), p_\infty)$ は古代時空全体で条件 $\text{Rm} \geq 0$ を満たす. これは 3 次元特異性モデルに強い制約を与え,その分類を可能にする.

命題 3.90 時間 $[0, T_i]$ で定義されたコンパクト 3 次元多様体 M_i 上のリッチフロー列 $(M_i, g_i(t), p_i, T_i)$ が命題 3.24 の 2. とハミルトン・アイビーの定理 3.51 の曲率評価を満たすものとする. $Q_i = |\text{Rm}_i(p_i, T_i)|$ とおき,放物型スケーリングを $\bar{g}_i(t) = Q_i g_i(Q_i^{-1}t + T_i)$ と定める. ある $D > 0, \tau > 0$ について次の仮定が満たされるとする.
1. $Q_i T_i \to \infty$.
2. スケーリング列 $(M_i, \bar{g}_i(t), p_i)$ が D, τ に対してコンパクト性定理 3.88 の仮定を満たす.

このとき,スケーリング列の時間 $(-\tau, 0]$, 半径 D での極限 $(M_\infty, \bar{g}_\infty(t), p_\infty)$ は $P(p_\infty, 0, D, \tau)$ 上 $\overline{R}_\infty > 0$, $\overline{\text{Rm}}_\infty \geq 0$ を満たす.

注意 3.91 ここで行ったように，添字やバーなどを曲率の記号に付けて $\overline{\mathrm{Rm}}_i$ と書いて，暗黙のうちにどの計量に関する曲率かを区別する．

証明 $t \in (-\tau, 0]$ で命題 3.24 の 2. から $\overline{R}_i(x,t) \geq \frac{-3}{Q_i T_i + t} \to 0$ だから極限で $\overline{R}_\infty \geq 0$ である．もし一点でも $\overline{R}_\infty = 0$ となれば命題 3.15 からリッチ平坦となる．3次元の場合はこれは平坦な解となるが，これは基点で $|\overline{\mathrm{Rm}}_\infty(p_\infty, 0)| = 1$ であることに反する．とくにスケーリング極限のどの点でも $\overline{R}_\infty > 0$ である．一方 $\overline{\kappa}_i = \frac{\kappa_i}{Q_i} \leq \Lambda$ とおいて，収束域内でハミルトン・アイビーの定理 3.51 を適用すると，$t \in [T_i - \tau Q_i^{-1}, T_i]$ について

$$\overline{\kappa}_i(\ln \overline{\kappa}_i + \ln Q_i(1+t) - 3) = \frac{\kappa_i}{Q_i}(\ln \kappa_i + \ln(1+t) - 3) \leq \frac{R_i}{Q_i} \leq 3\Lambda$$

であるから，$\mathrm{Rm}_i \geq 0$ でなければ $\ln Q_i(1+t) \leq 3 + \frac{3\Lambda}{\overline{\kappa}_i} - \ln \overline{\kappa}_i$ である．とくに $i \to \infty$ のとき，仮定により収束域内で左辺が発散するので $\overline{\kappa}_i \to 0$ となり，$\overline{\mathrm{Rm}}_\infty \geq 0$ が従う． ■

3次元の場合，定義から $\sup \mathrm{Rm} \leq R - 2\inf \mathrm{Rm}$ であるが，$\mathrm{Rm} \geq 0$ でなければ命題 3.90 の状況で $-\inf \mathrm{Rm}/\sup \mathrm{Rm}$ はスケーリング極限をとる際ゼロに収束する．したがって，$Q_i = R_i(p_i, T_i)$ ととっても実質的に変わらない．そこで次の定義をしておこう．

定義 3.92 (ε-正規近似)　点つきリッチフロー $\mathcal{M} = (M, g(t), p, T)$，$\mathcal{M}_1 = (M_1, g_1(t), p_1, T_1)$ のそれぞれの基点でスカラー曲率 R が正であるとする．このとき，基点で $R = 1$ となるように乗数 $Q = R(p, T)$，$Q_1 = R(p_1, T_1)$ で放物型スケーリングを施したものを考えて，$(M, Qg(Q^{-1}t + T), p, 0)$ が $(M_1, Q_1 g_1(Q_1^{-1}t + T_1), p_1, 0)$ により ε-近似されるとき，$\mathcal{M}$ は $\mathcal{M}_1$ により ε-正規近似されるという．また点つきリッチフロー $\mathcal{M}$ がスカラー曲率の正規化条件 $R(p, T) = 1$ を満たすとき**正規リッチフロー**という．

第4章 ◇ リッチフローの特異性

　この章では3次元リッチフローの特異性の解析について述べ，ペレルマンによるハミルトン・ヤウプログラムの実行の概略を紹介する．まず最初に局所非崩壊性定理を証明する．局所非崩壊性は前章のコンパクト性定理の前提となる条件を保証する次元によらない結論である．

　リッチフローのスケーリング拡大の極限は特異性のモデルを与える．ハミルトン・アイビーの定理 3.51 により3次元の場合モデルは非負曲率を持つ．非負曲率空間の一般論について簡単に述べたあと非負曲率モデルの性質を調べ，その分類を行う．その次の節の標準近傍定理はモデルで特異性がどの程度近似されるかを記述する結論である．この定理は3次元における強力なコンパクト性定理として定式化される．

　これらの準備の後に最後の二節で特異性を考慮した一般化された3次元リッチフローを時間大域的に構成して解析する．位相的には有限時間内の特異性は連結和分解に対応し，JSJ-分解は長時間挙動の解析により実行される．この二節ではそれまでの節と違い，一部の主張はスケッチするだけに留めた．興味のある読者はこれらの節の参考文献を当たってほしい．

4.1 局所 $\mathcal{L}$-幾何

　3.7 節でコンパクト性定理 3.88 における単射半径の条件はリッチフローのスケーリングによる特異性解析を行う上で障害となることを述べた．この節と次の節ではその障害を乗り越えるためにペレルマンが用いた独創的な手法 [Per02, §7] について述べる．この節では常に曲率一様有界完備リッチフロー $(M, g(t))$ を考えるものとする．

定義 4.1 (κ-非崩壊)　$T_1 < t_0 \leq T_2,\ 0 < \rho \leq \sqrt{t_0 - T_1}$ とする．時間

$[T_1, T_2]$ で定義されたリッチフロー $(M, g(t))$ の点 $(p, t_0) \in M \times (T_1, T_2]$ における放物近傍 $P(p, t_0, \rho)$ 上で曲率評価 $|\mathrm{Rm}| \leq \rho^{-2}$ が成り立つとき,$P(p, t_0, \rho)$ は**曲率制御**されているという.$\kappa > 0, r_0 \in (0, \sqrt{t_0 - T_1}]$ に対して (1) $\rho < r_0$, (2) $P(p, t_0, \rho)$ が曲率制御される,の 2 つの条件を満たす全ての $\rho > 0$ について体積比の評価 $\mathrm{vol}(B(p, t_0, \rho))/\rho^n \geq \kappa$ が成り立つとき,$(M, g(t))$ は (p, t_0) でスケール $< r_0$ で **κ-非崩壊**であるという.

注意 4.2 この定義は一見するより複雑で解釈を間違えやすい.ρ の条件 (1) はスケールパラメータ r_0 により「外部」から与えるものであり,(2) は $(M, g(t_0))$ の幾何による「自発的な」制限である.例えば $S^2 \times \mathbb{R}$ の標準解は任意のスケールで適当な定数 $\kappa > 0$ に対して κ-非崩壊であるが,$S^1 \times \mathbb{R}$ の平坦自明解はそうでない.というのは前者の場合 $|\mathrm{Rm}| = \frac{-1}{t}$ だから,「自発的」制限が効いて,$\rho \leq \sqrt{-t}$ の範囲で体積比の条件を満たせばよいのだが,後者は平坦だから「自発的」制限がないので大きな測地球の体積比が小さくなることが影響してしまう.

本節と次節では次の定理を証明することを目標とする.

定理 4.3 (**[Per02, 7.3]**) $(M, g(t))$ を時間 $[0, T]$ で定義されたコンパクト多様体 M 上のリッチフローとする.このとき初期計量 $g(0)$ と T のみに依存する $\kappa > 0$ に対して (p, T) において $(M, g(t))$ はスケール $< \sqrt{T}$ で κ-非崩壊.

注意 4.4 (3.2) と κ-非崩壊の定義における (2) から,κ に依存した定数 κ' が存在して $(q, t) \in P(p, T, \frac{T}{2})$ において κ'-非崩壊となる.

定理の状況でリッチフローの時空上の点 (p, t_0) に対して,

$$r(p, t_0) = \sup\left\{r \in (0, \sqrt{t_0}] \mid P(p, t_0, r) \text{ は曲率制御される.}\right\}$$

とおく.(p, t_0) においてスケール $< r_0$ で κ-非崩壊ならば定理 3.70 により $\iota_p(M, g(t_0)) > c(\kappa) \min(r_0, r(p, t_0))$ が成り立つ.とくにコンパクト性定理 3.88 の直後のスケーリング極限の議論の状況で定理 4.3 を適用するとスケーリング前のリッチフロー $(M, g(t))$ が (p, T) の近傍の各点でスケール $< \frac{\sqrt{T}}{2}$ で κ-非崩壊であることが従う.このとき任意の $A > 0$ に対して,スケーリング列 $(M, g_i(t), x_i)$ の放物近傍 $P(x_i, 0, A)$ 上で単射半径が一様に下から評価

され，コンパクト性定理 3.88 の条件が成り立つから適当な部分列が古代解 $(M_\infty, g_\infty(t), x_\infty)$ に収束する．さらにスケーリングによりスケール $\frac{\sqrt{T}}{2}$ も拡大されるから極限 $(M_\infty, g_\infty(t), x_\infty)$ は任意のスケールで κ-非崩壊である．一般のスケーリング拡大列については命題 3.90 とあわせて次の結論を得る．

命題 4.5 $\kappa, r > 0$ とする．時間 $[0, T_i]$ で定義されたコンパクト多様体 M_i 上のリッチフローの列 $(M_i, g_i(t), p_i, T_i)$ に対して $Q_i = |\mathrm{Rm}(p_i, T_i)|$ とおき，いずれもスケール $< rQ_i^{-1/2}$ で κ-非崩壊で，$T_i Q_i \to \infty$ を満たすものとする．その放物型スケーリングを $\bar{g}_i(t) = Q_i g_i(Q_i^{-1} t + T_i)$ とおくとき，

1. スケーリング列 $(M_i, \bar{g}_i(t), p_i)$ がコンパクト性定理 3.88 の曲率条件 (b) さえ満たせば，コンパクト性定理 3.88 の結論が成り立つ．その極限は（その収束域内で）でスケール $< r$ で κ-非崩壊となる．
2. $\dim M_i = 3$ の場合，さらに $(M_i, g_i(t), p_i, T_i)$ が $t = 0$ で正規化された初期計量を持つとすると，極限は収束域内で $\mathrm{Rm} \geq 0$ を満たす．

定理 4.3 の証明には少し異なる 2 つのバージョンがあって，それぞれ長所があり使う道具も違うのだが，汎用性の高い $\mathcal{L}$-幾何を用いる方法を先に述べて，あとでもう一つの共役熱方程式を用いる方法について簡単に触れることにする．$\mathcal{L}$-幾何の方法はリッチフローの時空上の体積に当たる量を考え，グロモフ・ビショップの体積比評価 3.65 に類似した単調性を示すことにより定理 4.3 を導く方法である．このあたりの背景と動機づけ [Per02, §6] はこの論文の最も興味深い部分である．直接議論に影響しないし，紙面も限られているので深入りできないが，興味のある読者はぜひ原論文や参考文献 [CCG+07, Chap 8] などに当たって欲しい．

$(M, g(t), p, T)$ を時間 $[0, T]$ 上定義された曲率一様評価

$$T|\mathrm{Rm}| \leq \Lambda$$

を満たす完備リッチフローとする．$0 \leq \bar{\tau} < T$ とする．$\Gamma : [0, \bar{\tau}] \ni \tau \mapsto (\gamma(\tau), T - \tau) \in M \times [T - \bar{\tau}, T]$ なる逆向き時刻 τ をパラメータとする時空上の（区分的滑らかな）曲線を考える．このとき，時空の曲線 γ の汎関数 $\mathcal{L}$ を

$$\mathcal{L}(\gamma) = \int_0^{\overline{\tau}} \sqrt{\tau} \left\{ \left|\frac{\partial \gamma}{\partial \tau}\right|^2_{g(T-\tau)} + R(\gamma, T-\tau) \right\} d\tau$$

で定める.新しいパラメータ $\sigma = 2\sqrt{\tau}$ を導入し,$\overline{\sigma} = 2\sqrt{\overline{\tau}}$ とおくと

$$\mathcal{L}(\gamma) = \int_0^{\overline{\sigma}} \left\{ \left|\frac{\partial \gamma}{\partial \sigma}\right|^2_{g(T-\frac{\sigma^2}{4})} + \frac{\sigma^2}{4} R\left(\gamma, T-\frac{\sigma^2}{4}\right) \right\} d\sigma \tag{4.1}$$

と書ける.局所的な計算をする場合には σ を用いた方が便利である.L-距離は

$$L(q,\overline{\sigma}) = \inf\{\mathcal{L}(\gamma) \mid \gamma : [0,\overline{\sigma}] \to M,\ \gamma(0) = p,\ \gamma(\overline{\sigma}) = q\}$$

で定義される.積分区間 $[0,\overline{\tau}]$ が重要な場合は $\mathcal{L}^{\overline{\tau}}, \mathcal{L}^{\overline{\sigma}}$ などと書く.補助的に積分区間を $[\tau_1, \tau_2]$ とした汎関数も考えるが,これは $\mathcal{L}^{\tau_2}_{\tau_1}$ あるいは $\mathcal{L}^{\sigma_2}_{\sigma_1}$ などと書くことにする.L-距離も $L_{(p,\sigma_1)}(q,\sigma_2), L_{(p,\tau_1)}(q,\tau_2)$ などと書く.

まず γ のパラメータ s に関する変分 $\gamma_s(\sigma) = \gamma(\sigma, s)$ に対して第一変分公式を導こう.時刻 σ に関する幾何的な量の依存に注意して計算をしなければならないのが,リーマン幾何の場合と違う点である.γ に沿ったベクトル場 $V(\sigma)$ に関して $\nabla_{\frac{\partial}{\partial \sigma}} V(\sigma_0)$ は σ に依存しない計量 $g(\sigma_0)$ に関する共変微分を表すが,例えば $\nabla_{\frac{\partial}{\partial \sigma}} \nabla_{\frac{\partial}{\partial \sigma}} V$ にはレヴィ・チヴィタ接続の時刻微分として計量の σ への依存が影響する.実際 σ による微分をドットで書き成分計算すると

$$\nabla_{\frac{\partial}{\partial \sigma}} \nabla_{\frac{\partial}{\partial \sigma}} V^k = \ddot{V}^k + \dot{V}^j \dot{\gamma}^i \Gamma^k_{ij} + V^j \ddot{\gamma}^i \Gamma^k_{ij}$$
$$+ V^j \dot{\gamma}^l \dot{\gamma}^i \partial_l \Gamma^k_{ij} + \dot{\gamma}^i \Gamma^k_{ij} \nabla_{\frac{\partial}{\partial \sigma}} V^j + V^j \dot{\gamma}^i \partial_\sigma \Gamma^k_{ij}$$

となり,最後の項に Γ^k_{ij} の時刻微分が現れる.この項は (3.12) と方程式

$$\partial_\sigma g_{ij} = \sigma \operatorname{Rc}_{ij} \tag{4.2}$$

を用いて計算できる.$D_\sigma V = \nabla_{\frac{\partial}{\partial \sigma}} V + \frac{\sigma}{2} \operatorname{Rc}(V)$ とおき,方程式 (4.2) から

$$\frac{\partial}{\partial \sigma} g(V_1, V_2) = \sigma \operatorname{Rc}(V_1, V_2) + g(\nabla_{\frac{\partial}{\partial \sigma}} V_1, V_2) + g(V_1, \nabla_{\frac{\partial}{\partial \sigma}} V_2)$$
$$= g(D_\sigma V_1, V_2) + g(V_1, D_\sigma V_2)$$

4.1 局所 $\mathcal{L}$-幾何

と計算すると D_σ は計量を保つことが分かる．$g(V_1, V_2) = (V_1, V_2)$, $\gamma' = \frac{\partial \gamma}{\partial s}$ などと書くことにして，$\mathcal{L}$-汎関数の被積分関数の変分を計算すると

$$\frac{\partial}{\partial s}\left[|\dot{\gamma}|^2 + \frac{\sigma^2}{4}R\right] = 2(\nabla_{\frac{\partial}{\partial s}}\dot{\gamma}, \dot{\gamma}) + \frac{\sigma^2}{4}\nabla_{\gamma'}R$$

$$= 2(D_\sigma \gamma', \dot{\gamma}) - \sigma \operatorname{Rc}(\gamma', \dot{\gamma}) + \frac{\sigma^2}{4}\nabla_{\gamma'}R$$

であるから，これを積分して，$\mathcal{L}$ の第一変分公式

$$\frac{1}{2}\frac{\partial \mathcal{L}(\gamma_s)}{\partial s} = [(\gamma', \dot{\gamma})]_0^{\overline{\sigma}} - \int_0^{\overline{\sigma}}\left(\gamma', D_\sigma \dot{\gamma} + \frac{\sigma}{2}\operatorname{Rc}(\dot{\gamma}) - \frac{\sigma^2}{8}\nabla R\right)d\sigma \tag{4.3}$$

が従う（∇R は R の勾配ベクトル場）．オイラー・ラグランジュ方程式は

$$D_\sigma \dot{\gamma} + \frac{\sigma}{2}\operatorname{Rc}(\dot{\gamma}) - \frac{\sigma^2}{8}\nabla R = \nabla_{\frac{\partial}{\partial \sigma}}\dot{\gamma} + \sigma \operatorname{Rc}(\dot{\gamma}) - \frac{\sigma^2}{8}\nabla R = 0 \tag{4.4}$$

で与えられる．方程式 (4.4) を満たす γ を $\mathcal{L}$-**測地線**と呼ぶ．方程式 (4.4) は正規二階常微分方程式なので初期ベクトルに対して一意的な解が時刻局所的に存在する．$\mathcal{L}$-測地線 γ について曲率有界性と局所曲率微分評価 3.71 を用いると，

$$\frac{1}{2}\frac{\partial}{\partial \sigma}|\dot{\gamma}|^2 = -\frac{\sigma}{2}\operatorname{Rc}(\dot{\gamma}, \dot{\gamma}) + \frac{\sigma^2}{8}\nabla_{\dot{\gamma}}R \leq c\frac{\sigma}{T}\Lambda|\dot{\gamma}|^2 + C(\Lambda)\frac{\sigma^2}{T^{3/2}}|\dot{\gamma}|$$

と評価できるので，とくに

$$|\dot{\gamma}(\sigma)| \leq e^{c\Lambda\sigma/\sqrt{T}}|\dot{\gamma}(0)| + C(\Lambda)\left(\frac{\sigma}{\sqrt{T}}\right)^3 \tag{4.5}$$

と評価され，接ベクトルは有界である．同様に下からの評価

$$e^{-c\Lambda\sigma/\sqrt{T}}|\dot{\gamma}(0)| - C(\Lambda)\left(\frac{\sigma}{\sqrt{T}}\right)^3 \leq |\dot{\gamma}(\sigma)| \tag{4.6}$$

も得られる．とくにリッチフローの完備性から方程式 (4.4) の解は任意の初期ベクトルに対して時間 $[0, \sqrt{T}]$ で存在し，$\mathcal{L}\exp$ 写像

$$\mathcal{L}^{\overline{\sigma}}\exp : T_pM \ni \dot{\gamma}(0) \mapsto \gamma(\overline{\sigma}) \in M \tag{4.7}$$

は T_pM 全体で定義される．L-距離を実現する $\mathcal{L}$-測地線，$\mathcal{L}$-線分（最短 $\mathcal{L}$-測地線）の存在など，リーマン幾何の類似を示そう．まずは近くの2点を結ぶ $\mathcal{L}$-線分の存在を示したいのだが，$\mathcal{L}$-幾何ではガウスの補題や初期ベクトルのスケーリング則 $\mathcal{L}^\sigma \exp aX = \mathcal{L}^{a\sigma} \exp X$ は成り立たない．正規座標の構成や局所的 $\mathcal{L}$-線分の存在のためにブーザー・カルヒャー評価（定理 3.59）の議論が必要だから $\mathcal{L}$-ヤコビ場の方程式と第二変分公式を導出しよう．方程式 (4.4) の左辺を微分してまず $\mathcal{L}$-ヤコビ作用素を求めよう．σ, s に関する共変微分の交換子は，$Y = \gamma'$ とおき，接続の時刻 σ への依存に注意して

$$\nabla_{\frac{\partial}{\partial s}} \nabla_{\frac{\partial}{\partial \sigma}} \dot\gamma = \nabla_{\frac{\partial}{\partial \sigma}} \nabla_{\frac{\partial}{\partial \sigma}} Y + R(Y, \dot\gamma)\dot\gamma$$
$$- \frac{\sigma}{2}(\nabla_{\dot\gamma} \operatorname{Rc}(Y) + \nabla_Y \operatorname{Rc}(\dot\gamma) - \nabla \operatorname{Rc}(\dot\gamma, Y))$$

と計算される．これを用いると $\mathcal{L}$-ヤコビ作用素 $\mathcal{L}\mathcal{J}$ は

$$\mathcal{L}\mathcal{J}(Y) := \nabla_{\frac{\partial}{\partial s}} \left(\nabla_{\frac{\partial}{\partial \sigma}} \dot\gamma + \sigma \operatorname{Rc}(\dot\gamma) - \frac{\sigma^2}{8} \nabla R \right)$$
$$= \nabla_{\frac{\partial}{\partial \sigma}} \nabla_{\frac{\partial}{\partial \sigma}} Y + R(Y, \dot\gamma)\dot\gamma + \sigma \operatorname{Rc}(\nabla_{\frac{\partial}{\partial \sigma}} Y)$$
$$+ \frac{\sigma}{2}(\nabla \operatorname{Rc}(\dot\gamma, Y) - \nabla_{\dot\gamma} \operatorname{Rc}(Y) + \nabla_Y \operatorname{Rc}(\dot\gamma)) - \frac{\sigma^2}{8} \nabla_Y \nabla R \quad (4.8)$$

と計算される．あとの計算のため，これを $D_\sigma D_\sigma Y$ を主項とする形に書きなおしておく．テンソルの添字の上げ下げに関する σ への依存の影響

$$\partial_\sigma [\operatorname{Rc}_i^j] = \partial_\sigma \operatorname{Rc}_{ik} g^{kj} - \sigma \operatorname{Rc}_i^k \operatorname{Rc}_k^j = \partial_\sigma \operatorname{Rc}_{ik} g^{kj} - \sigma (\operatorname{Rc}^2)_i^j$$

に注意して $D_\sigma D_\sigma Y$ を直接計算する．以後 $\partial_\sigma \operatorname{Rc}$ はリッチテンソル（作用素でなく）の微分を表す．例えば $\partial_\sigma \operatorname{Rc}_i^j = \partial_\sigma \operatorname{Rc}_{ik} g^{kj}$ などと解釈して欲しい．

$$D_\sigma D_\sigma Y = \nabla_{\frac{\partial}{\partial \sigma}} \nabla_{\frac{\partial}{\partial \sigma}} Y + \frac{1}{2} \operatorname{Rc}(Y) + \frac{\sigma}{2} \operatorname{Rc}(\nabla_{\frac{\partial}{\partial \sigma}} Y) + \frac{\sigma^2}{4} \operatorname{Rc}^2(Y)$$
$$+ \frac{\sigma}{2}(\operatorname{Rc}(\nabla_{\frac{\partial}{\partial \sigma}} Y) + \partial_\sigma \operatorname{Rc}(Y) - \sigma \operatorname{Rc}^2(Y) + \nabla_{\dot\gamma} \operatorname{Rc}(Y))$$
$$= \nabla_{\frac{\partial}{\partial \sigma}} \nabla_{\frac{\partial}{\partial \sigma}} Y + \sigma \operatorname{Rc}(\nabla_{\frac{\partial}{\partial \sigma}} Y) + \frac{\sigma}{2} \nabla_{\dot\gamma} \operatorname{Rc}(Y)$$
$$+ \frac{1}{2} \operatorname{Rc}(Y) + \frac{\sigma}{2} \partial_\sigma \operatorname{Rc}(Y) - \frac{\sigma^2}{4} \operatorname{Rc}^2(Y).$$

これを用いて (4.8) を書き換えると

$$\mathcal{L}\mathcal{J}(Y) = D_\sigma D_\sigma Y - \frac{\sigma^2}{8}\nabla_Y \nabla R + R(Y,\dot{\gamma})\dot{\gamma} - \frac{1}{2}\mathrm{Rc}(Y) - \frac{\sigma}{2}\partial_\sigma \mathrm{Rc}(Y)$$
$$+ \frac{\sigma^2}{4}\mathrm{Rc}^2(Y) + \frac{\sigma}{2}(\nabla_Y \mathrm{Rc}(\dot{\gamma}) - 2\nabla_{\dot{\gamma}}\mathrm{Rc}(Y) + \nabla \mathrm{Rc}(\dot{\gamma},Y)) \quad (4.9)$$

と計算される．$\mathcal{L}\mathcal{J}(Y) = D_\sigma D_\sigma Y + \frac{\sigma^2}{4}\mathcal{H}_{\dot{\gamma}}(Y)$，$\frac{\sigma X}{2} = \dot{\gamma}$ とおき，元のパラメータ $\tau = \frac{\sigma^2}{4}$ に関して $\mathcal{H}_{\dot{\gamma}}(Y)$ を書き下すと

$$\mathcal{H}_{\dot{\gamma}}(Y) = -\partial_\tau \mathrm{Rc}(Y) - \frac{1}{2}\nabla_Y \nabla R + \mathrm{Rc}^2(Y) - \frac{1}{2\tau}\mathrm{Rc}(Y)$$
$$+ (\nabla_Y \mathrm{Rc}(X) + \nabla \mathrm{Rc}(Y,X) - 2\nabla_X \mathrm{Rc}(Y)) + R(Y,X)X$$

と書け，$\mathcal{H}_{\dot{\gamma}}(Y,Y) := (\mathcal{H}_{\dot{\gamma}}(Y),Y)$ は $\frac{\mathrm{Rc}(Y,Y)}{2\tau}$ の項を除けば次の定理の不等式 (4.10) のテンソルと一致している．

定理 4.6 （ハルナック不等式 [Ham93]）　時間 $[0,T]$ 上定義された曲率一様有界な完備リッチフロー $(M, g(t))$ が曲率条件 $\mathrm{Rm} \geq 0$ を満たしているとする．このとき，X, Y を点 $(x, t) \in M \times (0, T]$ での任意の空間接ベクトルとすると次の不等式が成り立つ．

$$H_X(Y,Y) := \partial_t \mathrm{Rc}(Y,Y) - \frac{1}{2}\nabla_Y \nabla_Y R + |\mathrm{Rc}(Y)|^2 + \frac{1}{2t}\mathrm{Rc}(Y,Y)$$
$$+ 2(\nabla_Y \mathrm{Rc}(X,Y) - \nabla_X \mathrm{Rc}(Y,Y)) + (R(X,Y)Y,X) \geq 0. \quad (4.10)$$

とくに Y についてトレースをとると，

$$2TH(X) = \partial_t R + \frac{R}{t} + 2\nabla_X R + 2\mathrm{Rc}(X,X) \geq 0. \quad (4.11)$$

ハルナック不等式 4.6 は重要な結論であるが，かなり煩雑な計算を要するので証明を与えない．他に必要なのは 3.3 節の最大値原理だけであるからぜひ [Ham93] を確認して欲しい．またベクトル場 X に沿う拡大ソリトンの場合ハルナック不等式 4.6 で等式が成り立ち，縮小ソリトンの場合は $\mathcal{H}_{\dot{\gamma}} = 0$ となることを注意しておこう．

第二変分公式は (4.3), (4.9) からすぐに導かれる．$Y = \gamma'$ と書くと，

$$\frac{1}{2}\frac{\partial^2 \mathcal{L}(\gamma)}{\partial s^2} = [(\nabla_{\frac{\partial}{\partial \sigma}} Y, Y) + (\dot\gamma, \nabla_{\frac{\partial}{\partial s}} Y)]_0^{\overline\sigma} - \int_0^{\overline\sigma} (\mathcal{L}\mathcal{J}(Y), Y) d\sigma$$
$$= \left[-\frac{\sigma}{2}\mathrm{Rc}(Y,Y) + (\dot\gamma, \nabla_{\frac{\partial}{\partial s}} Y)\right]_0^{\overline\sigma} + \int_0^{\overline\sigma} \left(|D_\sigma Y|^2 - \frac{\sigma^2}{4}\mathcal{H}_{\dot\gamma}(Y,Y)\right) d\sigma \quad (4.12)$$

を得る．リーマン幾何の場合と同様に $\mathcal{L}$-指数形式を

$$\mathcal{I}_\gamma(Y,Z) = \int_0^{\overline\sigma} \left\{(D_\sigma Y, D_\sigma Z) - \frac{\sigma^2}{4}\mathcal{H}_{\dot\gamma}(Y,Z)\right\} d\sigma$$
$$= \left[\frac{\sigma}{2}\mathrm{Rc}(Y,Z) + (\nabla_{\frac{\partial}{\partial \sigma}} Y, Z)\right]_0^{\overline\sigma} - \int_0^{\overline\sigma} (\mathcal{L}\mathcal{J}(Y), Z) d\sigma$$

で定める．例えば $\mathcal{L}$-線分の $\mathcal{L}$-指数形式は $Y(0) = Y(\overline\sigma) = 0$ なる変分ベクトル Y について半正定値性 $\mathcal{I}_\gamma(Y,Y) \geq 0$ を持つことは明らかだろう．$\mathcal{L}$-測地線 γ に沿うベクトル場 Y が $\mathcal{L}\mathcal{J}(Y) = 0$ を満たすとき **$\mathcal{L}$-ヤコビ場** ということにすると，補題 3.52 と全く同様にして，

命題 4.7 $\mathcal{L}$-測地線 γ の $\mathcal{L}$-指数形式 $\mathcal{I}_\gamma$ が半正定値であるとする．このとき，γ に沿う $\mathcal{L}$-ヤコビ場 Y とベクトル場 V が $V(\tau_1) = Y(\tau_1), V(\tau_2) = Y(\tau_2)$ を満たしているならば，

$$\mathcal{I}_\gamma(Y,Y) \leq \mathcal{I}_\gamma(V,V)$$

が成り立ち，等式は V が $\mathcal{L}$-ヤコビ場の場合に限る．

(4.12) をリーマン幾何のケース (3.47) と比較すると $\tau \mathcal{H}_{\dot\gamma}(Y)$ が曲率の役割を果たしていることが分かる．$\tau \mathcal{H}_{\dot\gamma}$ の大小関係を仮定すればラウチの比較定理 3.54 のような結論は導けるだろうが，そもそもその仮定がどういう場合に成り立つか分からないし，幾何的意味も明確でないからすでに述べたように定理 3.59 の議論を用いて局所的な状況を調べていくことにする．

局所曲率微分評価 3.71 と (4.5) により $\mathcal{L}$-ヤコビ場 Y は

$$|D_\sigma D_\sigma Y| = \frac{\sigma^2}{4}|\mathcal{H}_{\dot\gamma}(Y)| \leq \frac{C(\Lambda)}{T}(|\dot\gamma(0)|^2 + 1)|Y|$$

4.1 局所 $\mathcal{L}$-幾何

を満たす．$Y(0) = 0$ であれば定理 3.59 と全く同様に

$$|Y(\sigma) - \sigma P| \leq \sqrt{T}|D_\sigma Y(0)|\left(\mathfrak{s}_{-\mu}\left(\frac{\sigma}{\sqrt{T}}\right) - \frac{\sigma}{\sqrt{T}}\right), \tag{4.13}$$

$$|D_\sigma Y(\sigma) - P| \leq |D_\sigma Y(0)|\left(\mathfrak{c}_{-\mu}\left(\frac{\sigma}{\sqrt{T}}\right) - 1\right) \tag{4.14}$$

を得る．ここで $\mu = C(|\dot{\gamma}(0)|^2 + 1)$ であり，P は $P(0) = D_\sigma Y(0)$ を満たす平行ベクトル場（つまり $D_\sigma P \equiv 0$）とする．リーマン幾何の場合と同様に $\mathcal{L}^{\overline{\sigma}}\exp$ 写像の微分は端点での $\mathcal{L}$-ヤコビ場の値 $Y(\overline{\sigma})$ で計算されることに注意すると次が従う．

補題 4.8 十分小さい定数 δ, a が存在して，曲率制御された放物近傍 $P(p, T, \rho)$ 上で $\overline{\sigma} \in (0, \delta\rho]$ に対して，$\mathcal{L}^{\overline{\sigma}}\exp : T_p M \to M$ は $D_{a\rho/\overline{\sigma}}$ 上で非退化で，$\mathcal{L}^{\overline{\sigma}}\exp(D_{\rho/\overline{\sigma}}) \subset P(p, T, \rho)$ である．

証明 (4.5),(4.13) は局所曲率微分評価 3.71 に基づいた評価なので，今の状況では γ が $P(p, T, \frac{\rho}{2})$ に留まる限り $\sqrt{T}$ を ρ に，Λ を 1 に置き換えて成り立つ．実際 (3.2) と (4.5) により δ を適当に選ぶと $\dot{\gamma}(0) \in D_{\rho/\overline{\sigma}}$ ならば γ は $[0, \delta\overline{\sigma}]$ で $P(p, T, \frac{\rho}{2})$ に留まることも分かる．このとき (4.13) と三角不等式から

$$\rho|D_\sigma Y(0)|\left(\frac{2\overline{\sigma}}{\rho} - \mathfrak{s}_{-\mu}\left(\frac{\overline{\sigma}}{\rho}\right)\right) \leq |Y(\overline{\sigma})|$$

を得る．$\dot{\gamma}(0) \in D_{a\rho/\overline{\sigma}}$ とすると $\sqrt{\mu} \leq C(1 + \frac{a\rho}{\overline{\sigma}})$ なので a を十分小さくとると左辺は $D_\sigma Y(0)$ が 0 でなければ正となり，非退化性が従う． ∎

$\mathcal{L}^\sigma \exp$ が D_r ($r < \frac{a\rho}{\overline{\sigma}}$) 上単射となるための条件を求めれば，半径 r の $\mathcal{L}$-正規座標が得られる．今度は $(M, g(T - \frac{\sigma^2}{4}))$ の距離関数を ρ_σ，γ_1, γ_2 を $\mathcal{L}$-測地線とし，$f(\sigma) = \rho_\sigma(\gamma_1(\sigma), \gamma_2(\sigma))$ の微分を計算する．$B(\gamma_1(\sigma), f(\sigma))$ は曲率制御されていて，$(M, g(T - \frac{\sigma^2}{4}))$ の単射半径 $\iota_{\gamma_1(\sigma)}$ は $f(\sigma) < \iota_{\gamma_1(\sigma)}$ を満たすものとする．このとき，$\gamma_1(\sigma), \gamma_2(\sigma)$ を結ぶ線分 $c_\sigma(s)$ が一意的に存在して，σ にも滑らかに依存する．直接計算すると

$$f\dot{f} = \int_0^1 (D_\sigma c', c') ds,$$

$$\ddot{f} = \int_0^1 \left(D_\sigma D_\sigma c', \frac{c'}{f} \right) ds + \frac{1}{f} \left\{ \int_0^1 |D_\sigma c'|^2 ds - \left(\int_0^1 \left(D_\sigma c', \frac{c'}{f} \right) ds \right)^2 \right\}$$
$$\geq \int_0^1 \left(\mathcal{L}\mathcal{J}(c') - \frac{\sigma^2}{4} \mathcal{H}_{\dot{c}}(c'), \frac{c'}{f} \right) ds$$

となる．ここで最後の行はシュワルツの不等式による．$\mathcal{L}\mathcal{J}$ は $\mathcal{L}$-測地線の変分で得られるのだから（(4.8) の一行目），両端 $s = 0, 1$ で $\sigma \mapsto c_\sigma$ が方程式 (4.4) を満たすことに注意するとリーマン幾何の測地線の方程式から

$$\int_0^1 \left(\mathcal{L}\mathcal{J}(c'), \frac{c'}{f} \right) ds = \int_0^1 \left(\nabla_{\frac{\partial}{\partial s}} \left(\nabla_{\frac{\partial}{\partial \sigma}} \dot{c} + \sigma \operatorname{Rc}(\dot{c}) - \frac{\sigma^2}{8} \nabla R \right), \frac{c'}{f} \right) ds = 0$$

を得る．したがって，

$$\ddot{f} \geq -\frac{\sigma^2}{4} \int_0^1 \mathcal{H}_{\dot{c}} \left(c', \frac{c'}{f} \right) ds \tag{4.15}$$

を得る．

補題 4.9 補題 4.8 の状況でさらにある $\kappa > 0$ に対して $\operatorname{vol} B(p, T, \rho) \geq \kappa \rho^n$ が成り立つものとする．このとき，補題 4.8 の $a, \delta > 0$ を κ に依存して小さくとりなおせば，$\overline{\sigma} \in (0, \delta\rho]$ で $\mathcal{L}^{\overline{\sigma}} \exp$ は $D_{a\rho/\overline{\sigma}}$ 上単射である．

証明 (3.2)，定理 3.70 により，κ に依存する $\theta \in (0, 1)$ をとると $P(p, T, \theta\rho)$ 上の各点で単射半径が $2\theta\rho$ より大きいものとしてよい．さらに $\delta > 0$ をとりなおせば $\overline{\sigma} \in (0, \delta\rho]$ のとき $\mathcal{L}^{\overline{\sigma}} \exp(D_{a\rho/\overline{\sigma}}) \subset P(p, T, \theta\rho)$ と仮定してよい．このとき対応する $\mathcal{L}$-測地線について (4.15) の前提は全て満たされる．あとは $\mathcal{H}_{\dot{c}}$ の評価，とくに $\dot{c}$ の評価を行えばよい．測地線の方程式を接続の σ への依存に注意して微分するとリーマン幾何のヤコビ作用素 $\mathcal{J}$ を用いて

$$0 = \nabla_{\frac{\partial}{\partial \sigma}} \nabla_{\frac{\partial}{\partial s}} c' = \mathcal{J}(\dot{c}) + \frac{\sigma}{2} (2\nabla_{c'} \operatorname{Rc}(c') - \nabla \operatorname{Rc}(c', c'))$$

なる方程式が得られる．したがって $|\mathcal{J}(\dot{c})| \leq C\sigma\rho^{-1}$ であるから補題 3.61 により $|\dot{c}(s)| \leq C(1 + |\dot{c}(0)| + |\dot{c}(1)|)$ なる評価を得る．$\dot{c}(0), \dot{c}(1)$ は (4.5) による評価を持つから，この評価を (4.15) と合わせると $\mu = C\rho^{-2}(1 + |\dot{\gamma}_1(0)|^2 + |\dot{\gamma}_2(0)|^2)$

に対して $\ddot{f} + \mu f \geq 0$ が従う．定理 3.59 と同様に議論して，$\frac{f}{\mathfrak{s}_\mu}$ は $\sigma \leq \frac{\pi}{2\sqrt{\mu}}$ の範囲では単調非減少となる．a を κ, Λ による定数より小さく選び，δ を小さくとれば σ はこの範囲内を動く．また

$$\lim_{\sigma \downarrow 0} \frac{f(\sigma)}{\mathfrak{s}_\mu(\sigma)} = |\dot{\gamma}_1(0) - \dot{\gamma}_2(0)|$$

であるから，$\gamma_1 \neq \gamma_2$ ならば $\rho(\gamma_1(\overline{\sigma}), \gamma_2(\overline{\sigma})) > 0$ となり結論を得る． ∎

以下では C は κ に依存する定数，c は普遍定数を表す．補題 4.9 の証明は距離の下からの評価

$$\rho(\mathcal{L}^\sigma \exp(X_1), \mathcal{L}^\sigma \exp(X_2)) \geq |X_1 - X_2| \mathfrak{s}_\mu(\sigma) \tag{4.16}$$

も与えている．とくに補題 4.9 の条件の下で境界 $\partial D_{a\rho/\sigma}$ の $\mathcal{L} \exp$ による像は $B = B(\mathcal{L}^\sigma \exp(0), T, C\rho)$ の外にある．したがって $\mathcal{L}^\sigma \exp : D_{a\rho/\sigma} \to M$ は B を含む領域へ $\mathcal{L}$-正規座標を定める．また (3.2),(4.5) から $\mathcal{L}^\sigma \exp(0) \in B(p, T, c\sigma(\frac{\sigma}{\rho})^3)$ なので $\mathcal{L} \exp$ による

$$\mathbb{P}_\delta(\rho) = \{(X, \sigma) \in T_p M \times [0, \delta\rho] \mid \sigma|X| \leq a\rho\}$$

の像は放物近傍 $P = P(p, T, C\rho, \frac{(\delta\rho)^2}{4})$ を含むものとしてよい．とくに $(q, \overline{\sigma}) \in P$ に対して $q = \mathcal{L}^{\overline{\sigma}} \exp(X)$ となる $(X, \overline{\sigma}) \in \mathbb{P}_\delta(\rho)$ が一意的に存在する．X を初期ベクトルとする $\mathcal{L}$-測地線を γ_X として $\hat{L}(q, \overline{\sigma}) := \mathcal{L}(\gamma_X)$ とおくと P 上の C^∞ 級関数 $\hat{L}$ が定まる．「局所的 L-関数」$\hat{L}$ は δ を小さくとりなおせば実際に L 関数と一致すること（つまり γ_X は $\mathcal{L}$-線分であること）を示そう．

簡単な $\mathcal{L}$-汎関数の評価をしておく．$\sigma \in [\sigma_1, \sigma_2]$ の曲線 γ 上でスカラー曲率の評価 $\underline{R} \leq R$ と (3.2) の評価 $C^{-1} g(\sigma_1) \leq g(\sigma) \leq C g(\sigma_1)$ が成り立っていれば，$\mathcal{L}$-汎関数はシュワルツの不等式によって

$$\mathcal{L}_{\sigma_1}^{\sigma_2}(\gamma) \geq \frac{1}{\sigma_2 - \sigma_1} \left(\int_{\sigma_1}^{\sigma_2} |\dot{\gamma}| d\sigma \right)^2 + c\underline{R}(\sigma_2^3 - \sigma_1^3)$$

$$\geq \frac{\rho_{\sigma_1}^2(\gamma(\sigma_1), \gamma(\sigma_2))}{C(\sigma_2 - \sigma_1)} + c\underline{R}(\sigma_2^3 - \sigma_1^3) \tag{4.17}$$

と $g(\sigma_1)$ の距離関数 ρ_{σ_1} で下から評価される．線分の $\mathcal{L}$-汎関数の値を考えれば L-関数の上からの評価も得られる．

命題 4.10　補題 4.9 の状況で必要なら δ を小さくとりなおすと，
1. $C(\kappa) > 0$ に対して像 $\mathcal{L}^{\overline{\sigma}}\exp(D_{a\rho/\overline{\sigma}})$ は $B = B(p, T, C\rho)$ を含む． $\mathcal{L}^{\overline{\sigma}}\exp$ が B 上に定める座標を $\mathcal{L}^{\overline{\sigma}}$-正規座標と呼ぶ．
2. $M \times [0, T - \frac{\rho^2}{4}]$ 上スカラー曲率の評価 $\underline{R} \leq R$ が成り立つとき，$\underline{R}$ に依存して δ を小さくとると $X \in D_{a\rho/\overline{\sigma}}$ を初期ベクトルとする $\mathcal{L}$-測地線は $[0, \overline{\sigma}]$ 上 $\mathcal{L}$-線分である．

証明　(4.3) から $\nabla \hat{L}(q, \overline{\sigma}) = 2\dot{\gamma}_X$ であり，定義から
$$\partial_\sigma \hat{L} + 2|\dot{\gamma}_X|^2 = \frac{d\hat{L}(\gamma_X)}{d\sigma} = |\dot{\gamma}_X|^2 + \frac{\sigma^2 R}{4}$$
であるから時刻に関する偏微分は $\partial_\sigma \hat{L} = -|\dot{\gamma}_X|^2 + \frac{\sigma^2 R}{4}$ と計算されることに注意しよう．$(p, 0), (q, \overline{\sigma})$ を結ぶ曲線 $c(\sigma)$ が $[0, \overline{\sigma}]$ で P 内に留まるならば，$c(\sigma) = \mathcal{L}^\sigma \exp(\xi(\sigma))$ と書ける．このとき
$$\frac{d\hat{L}(c(\sigma))}{d\sigma} = \partial_\sigma \hat{L} + 2(\dot{\gamma}_\xi, \dot{c}) = -|\dot{\gamma}_\xi|^2 + \frac{\sigma^2 R}{4} + 2(\dot{\gamma}_\xi, \dot{c}) \leq |\dot{c}|^2 + \frac{\sigma^2 R}{4}$$
を積分して $\hat{L}(q, \overline{\sigma}) \leq \mathcal{L}(c)$ が従う．つまり P 内の曲線の中では $\mathcal{L}$-測地線 γ_X が最短である．逆に曲線 c が時刻 $\sigma_0 \in [0, \overline{\sigma}]$ で P の外に出るとき，(4.17) から
$$\mathcal{L}(c) \geq \frac{C\rho^2}{\sigma_0} + \frac{\underline{R}\overline{\sigma}^3}{\rho^2} \geq \frac{C\rho^2}{\overline{\sigma}} + \frac{\underline{R}\overline{\sigma}^3}{\rho^2}$$
である．一方 $\mathcal{L}$-測地線 γ_X の接ベクトルを (4.5) で評価すると $\mathcal{L}$-汎関数の評価 $\mathcal{L}(\gamma_X) \leq C(\rho + \frac{\overline{\sigma}^3}{\rho^2})$ が従うので，十分小さな δ に関してはやはり $\hat{L}(q, \overline{\sigma}) \leq \mathcal{L}(c)$ となる． ∎

4.2　局所非崩壊定理

この節では前節の冒頭に述べた定理 4.3 の証明を行う．まず完備曲率有界の仮定の下に任意の二点を結ぶ $\mathcal{L}$-線分の存在を示す．基点 $(p, 0)$ を (p, σ) $(\sigma > 0)$

4.2 局所非崩壊定理

にとりかえ，汎関数 $\mathcal{L}_{(p,\sigma)}$ を考えても命題 4.10 の結論は同じ議論で従う．また $0 \leq \sigma_1 < \sigma_2 < \sigma_3$ に対して三角不等式

$$L_{(p_1,\sigma_1)}(p_3,\sigma_3) \leq L_{(p_1,\sigma_1)}(p_2,\sigma_2) + L_{(p_2,\sigma_2)}(p_3,\sigma_3) \tag{4.18}$$

が成り立つのは定義から明らかだろう．必要な主張をいくつか簡単に述べる．

補題 4.11 $(q,\overline{\sigma})$ を固定するとき，$L_{(p,\sigma)}(q,\overline{\sigma})$ は $\sigma \in [0,\overline{\sigma})$ で (p,σ) について局所リプシッツ連続である．

証明 (p,σ) の近傍 $B = B(p, T - \frac{\sigma^2}{4}, C\rho)$ 上に命題 4.10 の $\mathcal{L}_\sigma^{\sigma+\delta\rho}$-正規座標をとる．さらに γ_ε を $(p,\sigma),(q,\overline{\sigma})$ を結ぶ曲線で $\mathcal{L}_\sigma^{\overline{\sigma}}(\gamma_\varepsilon) \leq L_{(p,\sigma)}(q,\overline{\sigma}) + \varepsilon$ を満たすものとする．このとき (4.17) から δ を $\underline{R},\kappa$ と $L_{(p,\sigma)}(q,\overline{\sigma})$ に依存して十分小さくとると $q_\varepsilon = \gamma_\varepsilon(\sigma+\delta\rho) \in B$ としてよい．とくに γ_ε は $[\sigma, \sigma+\delta\rho]$ 上で $\mathcal{L}$-線分としてもよい．このとき，(p,σ) の近傍の点 (p_1,σ_1) と $(q_\varepsilon, \sigma+\delta\rho)$ を結ぶ $\mathcal{L}$-線分 γ_1 が存在するとしてよいが，このとき，(4.18) に注意すると

$$L_{(p_1,\sigma_1)}(q,\overline{\sigma}) - L_{(p,\sigma)}(q,\overline{\sigma}) \leq \varepsilon + L_{(p_1,\sigma_1)}(q_\varepsilon, \sigma+\delta\rho) - L_{(p,\sigma)}(q_\varepsilon, \sigma+\delta\rho)$$

を得る．(p,σ) の近傍で $L_{(p_1,\sigma_1)}(q_\varepsilon, \sigma+\delta\rho)$ は (p_1,σ_1) についても C^∞ 級である．命題 4.10 の $\hat{L}$ と同様にして，具体的に計算すると $L_{(p,\sigma)}(q,\sigma+\delta\rho)$ の局所リプシッツ定数は $(q,\sigma+\delta\rho) \in B \times \{\sigma+\delta\rho\}$ について一様に評価できるので，$(p_1,\sigma_1),(p,\sigma)$ の立場を入れ替えて議論して結論が従う． ■

【演習 4.12】 補題 4.11 の証明の詳細を実行せよ．また $L_{(p,\sigma)}(q,\overline{\sigma})$ は $\overline{\sigma} > \sigma$ で $(q,\overline{\sigma})$ についても局所リプシッツであることを確かめよ．

補題 4.13 $0 \leq \sigma < \overline{\sigma}$ と $(p,\sigma),(q,\overline{\sigma})$ に対して，$\delta \in (0,1)$ を十分小さく選び，$B = B(p, T - \frac{\sigma^2}{4}, C\rho)$ 上に (p,σ) の $\mathcal{L}_\sigma^{\sigma+\delta\rho}$-正規座標をとるとき，

$$L_{(p,\sigma)}(q,\overline{\sigma}) = L_{(p,\sigma)}(x, \sigma+\delta\rho) + L_{(x,\sigma+\delta\rho)}(q,\overline{\sigma})$$

を満たす $x \in B$ が存在する．

証明 補題 4.11 と同様に $(p,\sigma),(q,\overline{\sigma})$ を結ぶ曲線 γ_ε をとり，$x_\varepsilon = \gamma_\varepsilon(\sigma+\delta\rho) \in B$ が成り立つものとしてよい．コンパクト性から $\varepsilon \downarrow 0$ とするとき，$x_\varepsilon \to x \in B$

としてよいが，命題 4.10 と補題 4.11 から $L_{(p,\sigma)}(\cdot, \sigma + \delta\rho)$ も $L_{(\cdot, \sigma+\delta\rho)}(q,\overline{\sigma})$ も B 上連続なので，極限で $L_{(p,\sigma)}(x, \sigma + \delta\rho) + L_{(x,\sigma+\delta\rho)}(q,\overline{\sigma}) \leq L_{(p,\sigma)}(q,\overline{\sigma})$ が成り立つ．逆の不等式は (4.18) である． ■

リーマン幾何の場合の議論 [CE75, §1.4] をそのまま適用して次が従う．

定理 4.14 時間 $[0,T]$ で定義された曲率有界完備リッチフロー $(M, g(t))$ 上で任意の $p, q \in M$ に対して (p, T) と $(q, T - \frac{\overline{\sigma}^2}{4})$ を結ぶ $\mathcal{L}$-線分が存在する．

証明 (p,T) を基点とする $\mathcal{L}^{\delta\rho}$-正規座標を B 上にとる．補題 4.13 により $x = q_1 \in B$ を選ぶ．このとき $(p,0), (q_1, \delta\rho)$ を結ぶ $\mathcal{L}$-線分を延長して得られる $[0,\overline{\sigma}]$ 上の $\mathcal{L}$-測地線を γ とする．

$$\mathcal{L}_0^\sigma(\gamma) + L_{(\gamma(\sigma),\sigma)}(q,\overline{\sigma}) = L_{(p,0)}(q,\overline{\sigma}) \tag{4.19}$$

を満たすような $\sigma \in [0,\overline{\sigma}]$ の集合を K とすると補題 4.11 から左辺は σ の連続関数なので K は閉集合である．$\sigma_1 \in K$ ならば (4.18) の等式が成り立ち，$\gamma|_{[0,\sigma_1]}$ は $\mathcal{L}$-線分であるから $[0,\sigma_1] \subset K$ となる．とくに $[0,\delta\rho] \subset K$ である．$\sigma_2 = \max_{\sigma \in K} \sigma$ とおく．$\sigma_2 = \overline{\sigma}$ であれば $\gamma(\overline{\sigma}) = q$ となり結論が従う（そうでなければ，(4.17) により $\lim_{\sigma \uparrow \overline{\sigma}} L_{(\gamma(\sigma),\sigma)}(q,\overline{\sigma}) = \infty$ となる）．$\sigma_2 < \overline{\sigma}$ であるとする．$q_2 = \gamma(\sigma_2)$ の近傍 $\tilde{B}$ 上に $\mathcal{L}_\sigma^{\sigma+\tilde{\delta}\tilde{\rho}}$-正規座標をとり，$(p,\sigma) = (q_2, \sigma_2)$ に補題 4.13 を適用して得られる $\tilde{B}$ 上の点を $x = q_3$ とする．このとき，補題 4.13 の結論と (4.19) から $\gamma, \tilde{\gamma}$ を (q_2, σ_2) でつないだ区分的 C^∞ 級曲線は $L_{(p,0)}(q_3, \sigma_2 + \tilde{\delta}\tilde{\rho})$ を実現する．リーマン幾何の場合と同様に第一変分公式 (4.3) により区分的 C^∞ 級曲線が $\mathcal{L}$-線分ならば C^∞ 級である．つまり，$\tilde{\gamma} = \gamma|_{[\sigma_2,\overline{\sigma}]}$ であり，$\sigma_2 + \tilde{\delta}\tilde{\rho} \in K$ となるが，これは σ_2 のとり方に反する． ■

リーマン幾何と同様に $(q,\overline{\sigma})$ が基点 $(p,0)$ とただ一つの $\mathcal{L}$-線分 γ_X で結ばれ，X が $\mathcal{L}^{\overline{\sigma}} \exp$ の正則点であるとき，$(q,\overline{\sigma})$ を $\mathcal{L}^{\overline{\sigma}}$-**正則点**，そうでない点を $\mathcal{L}^{\overline{\sigma}}$-**切点**という．$\mathcal{L}^{\overline{\sigma}}$-切点の集合を $\mathcal{L}^{\overline{\sigma}}$-**最小跡**と呼ぶ．

引き戻し計量 $h(X,\sigma) = \mathcal{L}^\sigma \exp^* g(T - \frac{\sigma^2}{4})$ は (4.13) により $\sigma \to 0$ のとき，

4.2 局所非崩壊定理

$$h(X, \sigma) = \sigma^2 g_{T_pM} + o(|X|^2 \sigma^2) \tag{4.20}$$

という漸近挙動をする．(4.12)，命題 4.7 を用いてリーマン幾何と同様に議論すると $\mathcal{L}$-測地線 γ_X に沿って最初の $\mathcal{L}$-共役点に到達するまで $h(X, \sigma)$ は正定値であり，最初の $\mathcal{L}$-切点 $\gamma(\sigma_1)$ に到達するまで $\gamma_X([0, \sigma_1])$ は $\mathcal{L}$-線分であり，$\gamma_X([0, \sigma_1))$ の点は全て $\mathcal{L}$-正則点である．

$$\Omega_{\overline{\sigma}} := \left\{ X \in T_pM \,\middle|\, \gamma_X(\overline{\sigma}) \text{ は } \mathcal{L}^{\overline{\sigma}}\text{-正則点.} \right\}$$

と定める．リーマン幾何の場合と違い，Ω_σ は星状領域とは限らないが単調性

$$\sigma_2 \leq \sigma_1 \Longrightarrow \Omega_{\sigma_1} \subset \Omega_{\sigma_2} \tag{4.21}$$

を持つ．また $\mathcal{L}^{\overline{\sigma}}$-最小跡は $\mathcal{L}^{\overline{\sigma}} \exp$ の臨界値か局所リプシッツ関数 $L_{(p,0)}$ の微分不能な点であるから，サードの定理とラデマッハの定理から測度 0 となる．とくに定理 4.14 から $\mathcal{L}^{\overline{\sigma}} \exp |_{\Omega_{\overline{\sigma}}}$ は M から測度 0 の閉集合 Z_σ を除いた開集合 $M \setminus Z_\sigma$ への微分同相となる．

$l(x, \overline{\sigma}) = \frac{L(x, \overline{\sigma})}{\overline{\sigma}}$ とおいて，**簡約体積** $\tilde{V}$ を

$$\tilde{V}(\overline{\sigma}) := \int_M (\sqrt{\pi\overline{\sigma}})^{-n} \exp(-l(x, \overline{\sigma})) \, \mathrm{dvol}_{g(T - \overline{\sigma}^2/4)}(x)$$

で定める．曲率有界性を仮定すれば M がコンパクトでなくてもこの積分は収束する．実際 (4.17) から被積分関数の遠方の挙動は $\exp(-C(\Lambda)\rho_{\overline{\sigma}}^2(p, q)/\overline{\sigma}^2)$ で上から評価され，$B(p, \overline{\sigma}, r)$ の体積はリッチ曲率の下からの評価とグロモフ・ビショップの体積比評価 3.65 により $\exp(c\Lambda r)$ で上から評価されるので積分の収束が従う．測度 0 の集合の寄与は無視してよいから，$\tilde{V}$ は $\mathcal{L}^{\overline{\sigma}} \exp$ で引き戻して $\Omega_{\overline{\sigma}} \subset T_pM$ 上の積分

$$\tilde{V}(\overline{\sigma}) = \int_{\Omega_{\overline{\sigma}}} (\sqrt{\pi\overline{\sigma}})^{-n} \exp(-l(\mathcal{L}^{\overline{\sigma}} \exp(X), \overline{\sigma})) \, \mathrm{dvol}_{h(\overline{\sigma})}(X) \tag{4.22}$$

で書くことができる．定理 4.3 は次の結論から導かれる．

<u>**命題 4.15**</u>　$\tilde{V}(\overline{\sigma})$ は $\overline{\sigma} > 0$ について単調非増加．

証明 T_pM の基底 $\xi_1, \ldots, \xi_n$ を選んで $\mathcal{L}$-測地線 $\gamma = \gamma_X$ に沿った $\mathcal{L}$-ヤコビ場 Y_α で $Y_\alpha(0) = 0, D_\sigma Y_\alpha(0) = \xi_\alpha$ を満たすものをとると $h = \mathcal{L}\exp^* g$ の成分は

$$h_{\alpha\beta}(\gamma(\sigma), \sigma) = (Y_\alpha, Y_\beta)_{g(T-\sigma^2/4)}$$

と書ける.また $X = x^\alpha \xi_\alpha$ と T_pM の座標をとって体積要素の引き戻しは

$$\mathrm{dvol}_{h(\overline{\sigma})} = \sqrt{\det h_{\alpha\beta}} dx^1 \cdots dx^n$$

と計算できる.積分領域 Ω_σ は単調非増加 (4.21) なので被積分関数

$$v(\sigma) = (\sqrt{\pi}\sigma)^{-n} \exp(-l(\gamma_X(\sigma), \sigma)) \sqrt{\det h_{\alpha\beta}}$$

の単調非増加を示せばよい.$X \in \Omega_{\overline{\sigma}}$ ならば $[0, \overline{\sigma}]$ 上 $v > 0$ である.このとき

$$\frac{dW}{d\sigma} \leq 0 \quad \left(W(\sigma) := \sigma^2 \frac{d}{d\sigma}(\ln v)\right) \tag{4.23}$$

であることを示す.直接計算して

$$2w := \frac{d[\ln \det(h_{\alpha\beta})]}{d\sigma} = 2h^{\alpha\beta}(D_\sigma Y_\alpha, Y_\beta), \tag{4.24}$$

$$\frac{dl}{d\sigma} = \sigma^{-1}\left(|\dot{\gamma}_X|^2 + \frac{\sigma^2}{4}R - l\right)$$

だから,とくに (4.20) から $\lim_{\sigma \downarrow 0} W(\sigma) = 0$ が分かるので (4.23) さえ示せば $\frac{d}{d\sigma}\ln v \leq 0$ を得て目的の単調性が従う.(4.23) の左辺の項を計算すると,

$$\frac{d[\sigma^2 w]}{d\sigma} = \sigma^2 h^{\alpha\beta}((D_\sigma D_\sigma Y_\alpha, Y_\beta) + (D_\sigma Y_\alpha, D_\sigma Y_\beta)) + 2\sigma h^{\alpha\beta}(D_\sigma Y_\alpha, Y_\beta)$$

$$- 2\sigma^2 h^{\alpha\gamma} h^{\beta\delta}(D_\sigma Y_\alpha, Y_\beta)(D_\sigma Y_\gamma, Y_\delta)$$

$$= -\frac{\sigma^4}{4}\mathcal{H}_{\dot{\gamma}_X}(Y_\alpha, Y^\alpha) - \sigma^2|D_\sigma Y_\alpha|^2 + 2\sigma(D_\sigma Y_\alpha, Y^\alpha)$$

となり,$\mathcal{H}_{\dot{\gamma}_X}$ のトレース $T\mathcal{H}_{\dot{\gamma}_X}$ が現れる.スカラー曲率の方程式 (3.18) に注意して,簡単のため $\dot{\gamma} = \dot{\gamma}_X$ と書くとこのトレースは

$$\frac{\sigma^4}{4}T\mathcal{H}_{\dot{\gamma}} = \frac{\sigma^4}{4}\mathcal{H}_{\dot{\gamma}}(Y_\alpha, Y^\alpha) = -\frac{\sigma^4}{8}\partial_\tau R + \sigma^2 \mathrm{Rc}(\dot{\gamma}, \dot{\gamma}) - \frac{\sigma^2}{2}R - \frac{\sigma^3}{2}\nabla_{\dot{\gamma}}R$$

と計算される．一方 l 関数の方は方程式 (4.4) を用いて計算すると

$$\frac{d}{d\sigma}\left(\sigma^2 \frac{dl}{d\sigma}\right) = \sigma \frac{d}{d\sigma}\left(|\dot{\gamma}|^2 + \frac{\sigma^2}{4}R\right) = 2\sigma(D_\sigma \dot{\gamma}, \dot{\gamma}) + \frac{\sigma^3}{4}(\partial_\sigma R + \nabla_{\dot{\gamma}} R) + \frac{\sigma^2}{2}R$$

$$= -\sigma^2 \operatorname{Rc}(\dot{\gamma}, \dot{\gamma}) + \frac{\sigma^3}{2}\nabla_{\dot{\gamma}} R + \frac{\sigma^4}{8}\partial_\tau R + \frac{\sigma^2}{2}R = -\frac{\sigma^4}{4}T\mathcal{H}_{\dot{\gamma}} \quad (4.25)$$

となりやはり $T\mathcal{H}_{\dot{\gamma}}$ が現れる．これらがキャンセルして

$$\frac{dW}{d\sigma} = -\sigma^2|D_\sigma Y_\alpha|^2 + 2\sigma(D_\sigma Y_\alpha, Y^\alpha) - n = -|\sigma D_\sigma Y_\alpha - Y_\alpha|^2 \leq 0 \quad (4.26)$$

となり結論を得る． ∎

(4.26) に現れる $\sigma D_\sigma Y - Y$ は (4.12) により

$$\sigma D_\sigma Y - Y = \frac{\sigma^2}{2}\left(\nabla \nabla_Y l + \operatorname{Rc}(Y) - \frac{2}{\sigma^2}Y\right) = 2\tau\left(\operatorname{Rc} + \nabla^2 l - \frac{1}{2\tau}g\right)(Y) \quad (4.27)$$

と計算され，リッチフローに l の勾配流によるパラメータのとりかえと縮小スケーリングを施した形，(3.10) の左辺となる．形式的には $\tilde{V}$ はそのような勾配型縮小ソリトン上で定数となるはずである．また被積分関数 v の漸近挙動を (4.20) を用いて調べると $v \to \pi^{-n/2}\exp(-|X|^2)$ となり T_pM 上のガウス核が現れる．ガウスソリトン 3.4 上では実際に $\tilde{V} \equiv 1$ となることが確かめられる．$\operatorname{Rm} \geq 0$ ならば例 3.4 は $\tilde{V}$ が定数となる唯一の例である．

補題 4.16 $\operatorname{Rm} \geq 0$ を満たす完備曲率有界リッチフローについて，ある $\overline{\sigma} > 0$ で $\tilde{V}(\overline{\sigma}) = 1$ が成り立てば，そのリッチフローは $\mathbb{R}^n$ 上の平坦自明解．

証明 補題の仮定が成り立てば，(4.26) は等式となり，$\mathcal{L}$-線分 γ 上（十分小さな σ について）ヤコビ場は $\sigma D_\sigma Y = Y$ を満たす．このとき，$D_\sigma D_\sigma Y = 0 = -\sigma^2 \mathcal{H}_{\dot{\gamma}}(Y,Y)/4$ だから $\sigma^2 T\mathcal{H}_{\dot{\gamma}} \equiv 0$ となるが，$\sigma \to 0$ の極限を見て $R(p,0) = 0$ が従う．命題 3.26 と $\operatorname{Rm} \geq 0$ から平坦となる．このとき $l(x,\sigma) = \frac{\rho^2(p,x)}{\sigma^2}$ となるので，$\tilde{V}(\overline{\sigma}) = 1$ となるには任意の r について，$\operatorname{vol}(B_M(p,r)) = \operatorname{vol}(B_{\mathbb{R}^n}(o,r))$ が成り立たなければならない．この性質は $M = \mathbb{R}^n$ の自明解を特徴づける． ∎

補題 4.17 任意の $\varepsilon > 0$ に対して定数 $C(\varepsilon) > 0$ が存在して放物近傍 $P(p,T,\rho)$ が曲率制御されているとき,

$$C(\tilde{V}(\rho) - \varepsilon) \leq \frac{\mathrm{vol}(B(p,T,\rho))}{\rho^n}$$

が成り立つ.

証明 補題 4.8 により十分小さい δ に関して $\mathcal{L}^{\delta\rho} \exp(D_{1/\delta}) \subset B = B(p,T,\rho)$ であり, この範囲の $\mathcal{L}$-線分に沿ってスカラー曲率を評価すれば l-関数は $l \geq -c$ と評価される. さらに (4.22) の被積分関数 v はガウス核 G で上から評価されていることと $g(T), g(T - \frac{(\delta\rho)^2}{4})$ に関する B の体積の比も曲率制御により評価されることから

$$\tilde{V}(\delta\rho) - \int_{|X| \geq 1/\delta} G(X) dX \leq \int_{\mathcal{L}^{\delta\rho} \exp(\Omega_{\delta\rho} \cap D_{1/\delta})} (\sqrt{\pi}\delta\rho)^{-n} \exp(-l) \, d\mathrm{vol}$$

$$\leq \delta^{-n} c \frac{\mathrm{vol}(B(p,T,\rho))}{\rho^n}$$

なる評価が成り立つ. 左辺のガウス核の積分値 $I(\delta)$ は $\lim_{\delta \to 0} I(\delta) = 0$ を満たし, 命題 4.15 から $\tilde{V}(\rho) \leq \tilde{V}(\delta\rho)$ であるから結論が従う. ∎

$\tilde{V}$ の値を基点 (p,T) によらず初期計量の幾何を用いて下から評価できれば補題 4.17 から定理 4.3 が従う. このために L 関数を上から評価しよう. $\mathcal{L}$-正則点 $q = \gamma_X(\sigma)$ では命題 4.10 の $\hat{L}$ の場合と同じ計算により

$$\nabla L(q, \sigma) = 2\dot{\gamma}_X, \quad \frac{\partial L}{\partial \sigma}(q, \sigma) = \frac{\sigma^2 R}{4} - |\dot{\gamma}_X|^2 \tag{4.28}$$

である. 命題 4.15 の証明の通り v, w, W をとる. $\mathcal{L}$-正則点では (4.24) と (4.27) から $2w = \sigma(\Delta l + R)$ と書ける. $W = \sigma^2(w - \dot{l} - \frac{n}{\sigma})$ であるから命題 4.15 における計算の結果 $W \leq 0$ は $\mathcal{L}$-正則点における放物型不等式

$$\Delta l - |\nabla l|^2 + R - \partial_\tau l - \frac{n}{2\tau} \leq 0 \tag{4.29}$$

と書ける. $u = (\sqrt{\pi}\sigma)^{-n} \exp(-l)$ とおくと, この不等式は

$$\partial_\tau u - \Delta u + Ru \leq 0 \tag{4.30}$$

と同値である．(4.28) から $\dot{\gamma}$ の項を消去して従う等式

$$|\nabla l|^2 + 2\partial_\tau l = R - \frac{l}{\tau} \tag{4.31}$$

に注意すると

$$2\Delta l - |\nabla l|^2 + R + \frac{l-n}{\tau} \leq 0 \tag{4.32}$$

$$\partial_\tau l + \Delta l + \frac{l}{\tau} - \frac{n}{2\tau} \leq 0 \tag{4.33}$$

の形に書くこともできる．これらの偏微分不等式は $\mathcal{L}$-正則点において成り立つ不等式だが，これを時空全体で成り立つ不等式として正当化しよう．まずバリアの意味での不等式が成り立つことを見る．リーマン幾何の場合の補題 3.73 と同様にバリアを構成する．つまり，基点から $q = \gamma_X(\overline{\sigma})$ へ結ぶ $\mathcal{L}$-線分に沿って基点を動かして $(p_\varepsilon, \varepsilon) = (\gamma_X(\varepsilon), \varepsilon)$ を基点にとりかえる．このとき

$$L_\varepsilon(x, \sigma) := L(p_\varepsilon, \varepsilon) + L_{(p_\varepsilon, \varepsilon)}(x, \sigma) \tag{4.34}$$

で定義される関数と $l_\varepsilon(x, \sigma) = \frac{L_\varepsilon(x,\sigma)}{\sigma}$ を考える．この場合，l_ε は $(q, \overline{\sigma})$ で l と一致し，近傍で滑らかな関数となる．(4.18) から $l_\varepsilon \geq l$ であるから，偏微分不等式の誤差を評価すればよい．l_ε に関して W に対応する量を W_ε などと書くと命題 4.15 の微分の計算はこの場合全く同じように進み，$\dot{W}_\varepsilon \leq 0$ を得る．したがって $\varepsilon \leq \sigma$ に対して $W_\varepsilon(\sigma) \leq W_\varepsilon(\varepsilon)$ であるが，$W_\varepsilon(\varepsilon) \to 0$ は直接従う．$W_\varepsilon(\overline{\sigma})$ は l_ε に関する (4.29),(4.32),(4.33) の不等式の左辺（の $c\overline{\sigma}^3$ 倍）であるから結局これらの不等式はバリアの意味で成り立つ．とくに (4.33) に最大値原理を適用して次を得る．

命題 4.18 完備曲率一様有界リッチフロー上，任意の $\sigma > 0$ に対して，$m(\sigma) = \inf\limits_{q \in M} l(q, \sigma)$ を実現する $q \in M$ が存在して，$m(\sigma) \leq \frac{n}{2}$.

証明 $F(q, \tau) = \sigma^2(l(q, \sigma) - \frac{n}{2})$ とする．バリアの意味での不等式 (4.33) はもとの時刻パラメータ t を使えば $\partial_t F - \Delta F \geq 0$ と書ける．(4.17) により σ を固定した時 F の最小値 $M(\sigma) = \sigma^2(m(\sigma) - \frac{n}{2})$ を実現する点 q（したがって m が

実現する点）が存在するから命題 3.15 の議論から $M(\sigma)$ は単調非増加である．$\lim_{\sigma\downarrow 0} M(\sigma) = 0$ は簡単に確かめられるので結論が従う．∎

これを用いて定理 4.3 の証明を完結しよう．

定理 4.3 の証明 スケール $< \sqrt{T}$ で考えるから $\tilde{V}(\sqrt{T/2})$ を下から評価できれば命題 4.15, 補題 4.17 により結論が従う．M のコンパクト性から適当な $r \in (0, \min(\iota(M, g(0)), \sqrt{T/2}))$ をとると任意の $q \in M$ に対して放物近傍 $P(q, r^2, r)$ は曲率制御され，普遍定数 $c < 1$ に関して $B(q, 0, cr) \subset B(q, r^2, r)$ が成り立つ．任意の基点 (p, T) に対して命題 4.18 の q をとると (4.18) から $x \in B(q, r^2, r)$ において

$$\sqrt{T}l(x, \sqrt{T}) \leq \frac{n}{2}\sqrt{T-r^2} + rl_{(q, \sqrt{T-r^2})}(x, \sqrt{T}) \leq \frac{n}{2}\sqrt{T-r^2} + C(T, r).$$

またギュンター・ビショップの体積評価 3.66 から $\mathrm{vol}(B(q, 0, cr)) \geq \kappa_0 r^n$ となる $\kappa_0 > 0$ がとれるから $\tilde{V}(\sqrt{T-r^2}) \geq C(T, r)\kappa_0(\frac{r}{\sqrt{T}})^n$ が従う．∎

4.3 共役熱方程式と $\mathcal{L}$-幾何

l-関数を用いて定められる「熱核」u は不等式 (4.30) を満たしていることを前節で見た．$\mathcal{L}$-幾何を用いる代わりに時刻パラメータが逆向きの熱方程式

$$\partial_\tau u - \Delta u + Ru = 0 \tag{4.35}$$

を考えて定理 4.3 を示すこともできる．(4.35) を共役熱方程式と呼ぶ．

$u = (4\pi\tau)^{-n/2} \exp(-f)$ とおくと，f はちょうど l-関数と同じ役割を果たすことになる．正値 n-形式を $d\mu = u\,\mathrm{dvol}$ とおき，時刻微分を計算すると

$$\partial_\tau d\mu = \left(-\partial_\tau f + \frac{1}{2}g^{ij}\partial_\tau g_{ij} - \frac{n}{2\tau}\right) d\mu \tag{4.36}$$

となるが，g_{ij} が f の勾配流でパラメータをとりかえたリッチフローの方程式 $\partial_\tau g_{ij} = 2(\mathrm{Rc}_{ij} + \nabla_i \nabla_j f)$ に従うとき

$$\partial_\tau d\mu = \left(-\partial_\tau f + \Delta f + R - \frac{n}{2\tau}\right) d\mu = (\partial_\tau u - \nabla f \nabla u - \Delta u + Ru)\,\mathrm{dvol}$$

4.3 共役熱方程式と $\mathcal{L}$-幾何

となる．パラメータをとりかえる前の u の時刻偏微分は $\partial_\tau u - \nabla f \nabla u$ に等しいので，結局 (4.35) は f の勾配流に沿ってリッチフローが $d\mu$ を保つ条件であることが分かる．

ここで [Per02] のエントロピーを導入する．コンパクト多様体 M 上の計量 g_{ij}，関数 f とパラメータ τ に関する汎関数 $W(g_{ij}, f, \tau)$ を

$$W(g_{ij}, f, \tau) = \int_M \Phi(g_{ij}, f) d\mu := \int_M \{\tau(2\Delta f - |\nabla f|^2 + R) + f - n\} d\mu$$

で定める．被積分関数 Φ は (4.32) の左辺と同じ形をしている．g_{ij}, f に関する W の変分を計算する．$\delta g_{ij} = v_{ij}, \delta f = \phi$ とおき，(3.12), (3.13) などを用いて Φ の変分を計算すると

$$\begin{aligned}
\delta \Phi =& \tau[-2v^{ij}\nabla_i\nabla_j f - g^{ij}(2\nabla_i v_j^k - \nabla^k v_{ij})\nabla_k f + 2\Delta\phi \\
& + v^{ij}\partial_i f \partial_j f - 2g^{ij}\partial_i\phi\partial_j f + \nabla_i\nabla_j v^{ij} - \Delta v_i^i - v^{ij}\mathrm{Rc}_{ij}] + \phi \\
=& -\tau\left\{v^{ij}\left(\mathrm{Rc}_{ij} + \nabla_i\nabla_j f - \frac{1}{2\tau}g_{ij}\right) - \nabla_i^*\nabla_j^* v^{ij}\right\} \\
& - 2\tau\nabla_i^*\nabla^i\left(\phi - \frac{1}{2}v_k^k\right) + \phi - \frac{1}{2}v_k^k
\end{aligned} \quad (4.37)$$

となる．ここで $\nabla_i^* = -\nabla_i + \nabla_i f$ は $d\mu$ の積分に関する ∇_i の共役作用素である．とくにベクトル場 V に関して $\nabla_i^* V^i$ の形の項は $d\mu$ に関する発散なので積分すると消える．$d\mu, \tau$ を固定すると W は g_{ij} の汎関数と見なせる．$d\mu$ を保つ変分は $\phi - \frac{1}{2}v_k^k = 0$ を満たすので，この場合

$$\delta_v W = -\tau \int_M v^{ij}\left(\mathrm{Rc}_{ij} + \nabla_i\nabla_j f - \frac{1}{2\tau}g_{ij}\right) d\mu$$

と計算され，オイラー・ラグランジュ方程式は勾配型ソリトンの方程式 (3.10) となる．一方，g_{ij}, τ を固定して f の汎関数と見ると変分は

$$\delta_\phi W = -\int_M \{\tau(2\Delta f - |\nabla f|^2 + R) + f - n - 1\}\phi d\mu$$

と計算される．さらに $d\mu$ が確率測度という条件を課すと $\int_M \phi d\mu = 0$，つまり $\phi = \nabla_i^* V^i$ の形の変分を考えることになり，オイラー・ラグランジュ方程式は

$\Phi \equiv c(\tau)$（定数）となる．ここで

$$\mu(g_{ij}, \tau) = \inf \left\{ W(g_{ij}, f, \tau) \,\bigg|\, \int_M d\mu = 1 \right\} \tag{4.38}$$

とおき，μ の下からの評価を与えておく．$v = u^{1/2}$ とおき，

$$W(v) = \int_M \tau(4|\nabla v|^2 + Rv^2) - v^2 \left(\ln v^2 + \frac{n}{2} \ln 4\pi\tau + n \right) d\,\mathrm{vol}$$

を $\|v\|_{L^2} = 1$ の下で最小化することを考える．$\ln x$ は凹関数だから

$$\int_M \alpha(\ln v)v^2 d\,\mathrm{vol} \leq \ln\left(\int_M v^{2+\alpha} d\,\mathrm{vol} \right)$$

であり，$n > 2$ としてソボレフ埋め込み $H^{1,2} \to L^{2n/n-2}$ から

$$W(v) \geq 4\tau \|\nabla v\|_{L^2(M)}^2 - \frac{n}{2} \ln[\tau(\|\nabla v\|_{L^2(M)}^2 + 1)] - C\tau - C \tag{4.39}$$

が得られる．C は g_{ij} のみに依存する定数である．右辺は $x - \ln x^{n/2}$ の最小値と τ の連続関数で下から評価されるので結局 $\tau \in [0, \overline{\tau}]$ 上一様な評価

$$\mu(g_{ij}, \tau) \geq -C(g_{ij}, \overline{\tau}) \tag{4.40}$$

が得られる．必要なのはこの評価だけだが，(4.39) を用いると $W(v)$ の最小化列は $H^{1,2}$ の有界列となり $\underline{v} \in H^{1,2}$ に収束することも分かる．実際に $\underline{v}$ は C^∞ 級で $\underline{v} > 0$ であり，$\mu(g_{ij}, \tau)$ を実現する．この節の冒頭の注意と (4.37) により直接計算すれば次が従う．

補題 4.19 コンパクト多様体上のリッチフロー $(M, g_{ij}(t))$ と共役熱方程式に従う $u = (4\pi\tau)^{-n/2} \exp(-f)$ に対して

$$\frac{dW(g_{ij}, f, \tau)}{d\tau} = -2\tau \int_M \left| \mathrm{Rc}_{ij} + \nabla_i \nabla_j f - \frac{1}{2\tau} g_{ij} \right|^2 d\mu.$$

これから定理 4.3 の別バージョンを証明することができる．

4.3 共役熱方程式と $\mathcal{L}$-幾何 229

定理 4.20 時間 $[0,T]$ 上定義されたコンパクト多様体上のリッチフローに対して T と初期計量 g_0 のみに依存する定数 κ が存在して曲率制御された測地球 $B(p,t,r)$ ($r^2 \leq t$, $t \in [0,T]$) の体積は $\mathrm{vol}\, B(p,t,r) \geq \kappa r^n$ を満たす.

注意 4.21 定義 4.1 は放物近傍の曲率制御を仮定するから定理 4.3 に比べてこの定理の方が結論は強い. しかし共役熱方程式を考えるより $\mathcal{L}$-幾何を用いる方が議論を局所化しやすいのでリッチフローの特異性の解析では適用範囲が広い.

証明 $[0,\frac{1}{2}]$ 上で $\chi \equiv 1$, $[1,\infty)$ 上で $\chi \equiv \varepsilon > 0$ を満たす単調減少 C^∞ 級関数 χ をとり, $\exp(-f_{r^2}(x)) = \chi^2(\rho_t(p,x)/r)e^{-K}$ とおく. ただしここで定数 K は

$$(4\pi r^2)^{-n/2} \exp(-f_{r^2}) d\,\mathrm{vol}$$

が確率測度となるように選ぶ. ε を十分小さく選べばグロモフ・ビショップの体積比評価 3.65 により

$$c^{-1} \frac{\mathrm{vol}(B(p,t,r))}{r^n} \leq e^K \leq c \frac{\mathrm{vol}(B(p,t,r))}{r^n}$$

としてよく, さらに

$$W(g_{ij}(t), f_{r^2}, r^2) \leq K + \frac{e^{-K}}{(4\pi)^{\frac{n}{2}} r^n} \int_M (r^2 |\nabla \chi|^2 - \chi^2 \ln \chi^2) d\,\mathrm{vol}$$
$$+ \int_M (r^2 R - n) d\mu \leq \ln\left(\frac{\mathrm{vol}(B(p,t,r))}{r^n}\right) + c$$

としてよい. $(4\pi r^2)^{-n/2} \exp(-f_{r^2})$ を初期値とする $\tau \in [r^2, t+r^2]$ で定義された (4.35) の解を $u = (4\pi \tau)^{-n/2} \exp(-f_\tau)$ とする. 補題 4.19 から

$$\mu(g_{ij}(0), t+r^2) \leq W(g_{ij}(0), f_{t+r^2}, t+r^2) \leq W(g_{ij}(t), f_{r^2}, r^2)$$

を得て (4.40) から結論が従う ($n=2$ の場合は円周 $\mathbb{R}/\sqrt{T}\mathbb{Z}$ を直積して考えればよい). ∎

この節の残りで $\mathcal{L}$-幾何に関する技術的な議論を幾つか実行しておく. まず (4.32), (4.29) をシュワルツ超関数に関する不等式としても正当化しておこう.

試験関数の空間 $C_0^\infty(M)$ あるいは $C_0^\infty(M \times [0,T])$（コンパクト台を持つ C^∞ 級関数全体）に一様なコンパクト台をもつ C^∞ 級広義一様位相を与えるとき，その位相的双対空間の元をシュワルツ超関数と呼ぶのであった．非負の値を取る試験関数に対して超関数 D が常に非負の値をとるとき $D \geq 0$ などと解釈すればシュワルツ超関数の不等式に意味を与えることができる．示すのは次の命題である（局所リプシッツ性から ∇l を含む項の積分は定義されていることに注意）．

命題 4.22 非負値試験関数 ϕ に対して，

$$D_1(\phi) := \int_M \left\{ -2(\nabla l, \nabla \phi) - |\nabla l|^2 \phi + R\phi + \frac{l-n}{\tau}\phi \right\} \mathrm{dvol}(q) \leq 0$$

$$D_2(\phi) := \int_{\tau_1}^{\tau_2} \int_M \left\{ (\nabla l, \nabla \phi) + |\nabla l|^2 \phi + \left(\partial_\tau l - R + \frac{n}{2\tau} \right) \phi \right\} \mathrm{dvol}(q) d\tau \geq 0$$

が成り立つ．

注意 4.23 D_1, D_2 の試験関数 ϕ は局所リプシッツ関数まで拡張することができる．また $u = (4\pi\tau)^{-n/2}\exp(-l)$，$\phi = u\psi$ とすると，

$$D_2(\phi) = \int_{\tau_1}^{\tau_2} \int_M \{(-\nabla u, \nabla \psi) - (\partial_\tau u + Ru)\psi\} \mathrm{dvol}(q) d\tau$$

$$= \int_{\tau_1}^{\tau_2} \int_M (u, \Delta\psi - R\psi + \partial_\tau \psi) \mathrm{dvol}(q) d\tau$$

などと書き換えることができる．同様に $\phi = u^{\frac{1}{2}}\psi$ とすると D_1 についても同様の書き換えを行うことができる．

次の補題を示せば (4.32) は $\mathcal{L}$-正則点の集合で成り立つからラプラシアンの項に適用して D_1 に関する結論が従う．超関数 D_2 の不等式もほとんど同じ議論で示すことができる．U_δ を $\mathcal{L}$-最小跡の δ 近傍とする．

補題 4.24 $\int_{M^*}$ で $M \setminus U_\delta$ 上の積分を $\delta \downarrow 0$ とした極限を表すことにすると，

$$\int_M l(q,\sigma)\Delta\phi(q)\,\mathrm{dvol}(q) \leq \int_{M^*} \Delta l(q,\sigma)\phi(q)\,\mathrm{dvol}(q)$$

が成り立つ．

一の分割 $\{\chi_\alpha\}_\alpha$ を用いて試験関数 ϕ を $\chi_\alpha\phi$ に分解してやれば ϕ の台が正規座標内に含まれる場合に補題 4.24 を示せば十分である．l_ε の凹凸について調べて次の補題を利用する．

補題 4.25　非負値試験関数 ϕ と凸関数 f に関して，
$$\int_M f(q)\Delta\phi(q)\,\mathrm{dvol}(q) \geq 0.$$

証明　定義から M 上のベクトル場 ξ に対して
$$F(s) = \int_M f(\exp_q s\xi(q))\phi(q)\,\mathrm{dvol}(q)$$
は凸関数である．十分小さい s について $x = \mu_s(q) = \exp_q s\xi(q)$ は（ϕ の台の近傍では）M の自己微分同相を定めるから x に関する積分に変数変換して $F(s)$ が C^∞ 級となることが分かり，とくに $F'' \geq 0$ が従う．具体的には $\nabla^2_{\xi,\xi}$ の随伴作用素 $(\nabla^2_{\xi,\xi})^*$ により
$$F''(0) = \int_M f(x)(\nabla^2_{\xi,\xi})^*\phi(x)\,\mathrm{dvol}(x) \geq 0$$
となる．ϕ は局所座標近傍に台を持つとしてよいから ξ として局所正規直交枠 $\{e_i\}$ をとり $\Delta = \sum_i (\nabla^2_{e_i,e_i})^*$ であることから結論が従う．■

$(q,\overline{\sigma})$ におけるバリア関数のヘッシアン $\nabla^2 l_\varepsilon(q,\overline{\sigma})$ を評価しよう．$L_{(\gamma_X(\varepsilon),\varepsilon)}$-関数 L_ε のヘッシアンは対応する $\mathcal{L}$-測地線 γ_X に沿った $\mathcal{L}$-ヤコビ場 Y を用いて $(\nabla_{\partial/\partial_\sigma}Y, Y)/2$ で与えられる．$P(\overline{\sigma}) = Y(\overline{\sigma})$ を満たす平行ベクトル場 P に対して $V = (\sigma-\varepsilon)P/(\overline{\sigma}-\varepsilon)$ として（基点をずらして）命題 4.7 を適用すると
$$\frac{1}{2}(\nabla_Y \nabla_Y L_\varepsilon + \sigma\,\mathrm{Rc}(Y,Y))(q,\overline{\sigma}) = (D_\sigma Y, Y)(\overline{\sigma})$$
$$\leq \frac{|Y(\overline{\sigma})|^2}{\overline{\sigma}-\varepsilon} - \int_\varepsilon^{\overline{\sigma}}\left(\frac{\sigma-\varepsilon}{\overline{\sigma}-\varepsilon}\right)^2 \frac{1}{4}\sigma^2 \mathcal{H}_{\gamma_X}(P,P)d\sigma$$

を得る．$\dot{\gamma}_X$ は (4.6) を満たし，コンパクト集合上 $L_\varepsilon(q,\overline{\sigma})$ が一様有界であることから，$|\dot{\gamma}_X(0)|$ は一様に有界となる．したがって (4.5) を用いると $\dot{\gamma}(\sigma)$ の有界性

も従い，曲率有界性の仮定の下で積分の項は ε のとり方によらず一様有界であることが分かる．つまり，コンパクト集合上で一様な評価 $\nabla^2 l_\varepsilon(q, \overline{\sigma}) \leq C(\Lambda, \overline{\sigma})$ を得た．

定義 4.26 リーマン多様体 (M, g) 上の連続関数 f と $p \in M$ に対して p の近傍 U で定義された C^∞ 級関数 f_p が $f_p(p) = f(p)$, $f_p(x) \leq f(x)$ $x \in U$ を満たすとき f_p を p における f の**支持関数**という．任意の $\varepsilon > 0$ に対して f が各点で $\nabla^2 f_p \geq -\varepsilon$ を満たす支持関数を持つとき，f は支持関数の意味で凸であるという．同様に各々の f_p が $\nabla^2 f_p \geq C - \varepsilon$ を満たすとき，f は支持関数の意味で $\nabla^2 f_p \geq C$ という．

補題 4.27 支持関数の意味で凸である連続関数 f は凸関数である．

証明 $a_i = f(\gamma(i))$ とおき，測地線 γ 上
$$h_f(s) = f(\gamma(s)) - a_1 s - a_0(1-s)$$
が内部 $(0,1)$ で正の値を取らないことを見ればよい．そうでなければ十分小さな $\varepsilon > 0$ について $H(s) = h_f(s) + \varepsilon s(s-1)$ も $(0,1)$ で正の値を取る．$H(s)$ が $s_0 \in (0,1)$ で正の最大値を取るとき $p = \gamma(s_0)$ における f の支持関数 f_p で $\nabla_{\dot\gamma} \nabla_{\dot\gamma} f_p \geq -\varepsilon$ を満たすものをとって，$s = s_0$ の近傍で $H_p(s) = h_{f_p}(s) + \varepsilon s(s-1)$ を定める．定義から $H_p(s)$ も $s = s_0$ で最大値を取るが，$H_p''(s_0) \geq \varepsilon$ に反する． ∎

補題 4.24 の証明 ϕ は曲率制御された正規座標近傍 $B = B(p, r)$ 上に台を持つものとする．l-関数はコンパクト集合 B 上で支持関数の意味で $-\nabla^2 l \geq -C$ を満たす．距離関数 $\rho(p, x)$ に対して $f(x) := \rho(p, x)^2/2$ は B 上で C^∞ 級である．また p, x を結ぶ線分に沿ったベクトル場 Y を接成分 Y^T と直交成分 $Y^\perp$ に分けるとラウチの比較定理 3.54 により

$$|Y^T|^2 + \frac{\rho(p,x) \mathfrak{c}_{1/r^2}(\rho(p,x))}{\mathfrak{s}_{1/r^2}(\rho(p,x))} |Y^\perp|^2 \leq \nabla^2_{Y,Y} f(x) \tag{4.41}$$

が成り立つ．とくに適当な定数 $C(\Lambda, \overline{\sigma})$ をとると $Cf - l$ は支持関数の意味で凸

4.3 共役熱方程式と $\mathcal{L}$-幾何

となる. $\mathcal{L}$-最小跡の δ-近傍 U_δ による開被覆 $B \setminus \overline{U_{\delta/2}}, B \cap U_\delta$ にそれぞれ台を持つ非負値試験関数 ϕ_1, ϕ_2 で $\phi_1 + \phi_2 = \phi$ を満たすものをとる. このとき補題 4.25 により

$$\int_M l\Delta\phi \, d\mathrm{vol} = \int_M l\Delta\phi_1 \, d\mathrm{vol} + \int_M Cf\Delta\phi_2 \, d\mathrm{vol} + \int_M (l - Cf)\Delta\phi_2 \, d\mathrm{vol}$$
$$\leq \int_{M\setminus U_{\delta/2}} \phi_1 \Delta l \, d\mathrm{vol} + \int_{U_\delta} C\phi_2 \Delta f \, d\mathrm{vol}$$

となり $\delta \downarrow 0$ とするとき右辺第二項は 0 に,第一項は $\int_{M^*}$ に収束する. ∎

リーマン多様体上 $\nabla^2 f \leq C$ を満たす局所リプシッツ関数 f に関して注意しておこう. ラデマッハの定理によりほとんど全ての点で微分 df が存在するが,そのような点 p を通る正規測地線 γ に関して,

$$df_p(\dot{\gamma}) - \frac{f(\gamma(s)) - f(p)}{s} + \frac{Cs}{2} \tag{4.42}$$

は s に関して単調非減少で $s \downarrow 0$ のとき,0 に収束する.

補題 4.28 一様な局所リプシッツ定数を持つ関数列 $\{f_i\}$ が支持関数の意味で一様に $\nabla^2 f_i \leq C$ を満たし,f にコンパクト一様収束するならば,ほとんど全ての点で df_i は df に収束する.

注意 4.29 実際には空間の計量も C^∞ 級収束している状況でこの補題を適用する. 計量の誤差は (4.42) の測地線 γ の誤差として現れるが,f_i のリプシッツ定数により $f_i(\gamma(s))$ の誤差が評価できるのでその状況でも補題は適用可能である.

証明 $\{f_i\}$ と f が微分可能な点で考えればよい. (4.42) においてまず i について,その後 s について極限をとると,$\liminf_{i\to\infty} df_i(\dot{\gamma}) \geq df(\dot{\gamma})$ が従う. 逆の向き $-\dot{\gamma}$ についても同じ不等式が成り立つので結論を得る. ∎

$\mathrm{Rm} \geq 0$ の場合にはハルナック不等式 4.6 を用いて l-関数の評価を改良することができる. $\mathcal{H}_X$ のトレース $T\mathcal{H}_X$ とハルナック不等式 4.6 のトレース TH_X の関係

$$2T\mathcal{H}_X = 2TH_X + \frac{R}{\tau} + \frac{R}{T-\tau} = 2TH_X + \frac{RT}{\tau(T-\tau)}$$

に注意しよう.

補題 4.30 時間 $[0,T]$ 上の完備曲率一様有界リッチフローが $\mathrm{Rm} \geq 0$ を満たすとき,$\frac{\overline{\sigma}^2}{4} = \overline{\tau} \leq \frac{T}{2}$ なる $\mathcal{L}$-正則点 $(q,\overline{\sigma})$ において次が成り立つ.

$$R(q,T-\overline{\tau}) + |\nabla l(q,\overline{\sigma})|^2 \leq \frac{6l(q,\overline{\sigma})}{\overline{\tau}}, \ |\partial_\sigma l(q,\overline{\sigma})| \leq \frac{6l(q,\overline{\sigma})}{\overline{\sigma}}$$

証明 ハルナック不等式 4.6 を適用すると $\overline{\sigma} \leq \sqrt{2T}$ で $0 \leq T\mathcal{H}_X + \frac{R}{\overline{\tau}}$ である.(4.25) を積分してこの不等式を適用すると

$$\overline{\sigma}^2 \frac{dl}{d\sigma} = \overline{\sigma}^2 \left(\frac{\overline{\sigma}}{2}|\nabla l|^2 + \partial_\sigma l\right) \leq \int_0^{\overline{\sigma}} \sigma^2 R d\sigma \leq 4\overline{\sigma} l(q,\overline{\sigma}) \tag{4.43}$$

を得る.あとは (4.31) に注意すればよい. ∎

系 4.31 補題 4.30 の仮定の状況で普遍定数 c が存在して $q_1,q_2,q \in M$,$\overline{\sigma}_1 < \overline{\sigma}_2, \overline{\sigma} \in (0,\sqrt{2T})$ に対して,

$$\sqrt{l(q_2,\overline{\sigma})} \leq \sqrt{l(q_1,\overline{\sigma})} + \frac{c\rho_{\overline{\sigma}}(q_1,q_2)}{\overline{\sigma}}, \ \left(\frac{\overline{\sigma}_1}{\overline{\sigma}_2}\right)^c \leq \frac{l(q,\overline{\sigma}_2)}{l(q,\overline{\sigma}_1)} \leq \left(\frac{\overline{\sigma}_2}{\overline{\sigma}_1}\right)^c$$

が成り立ち,l の局所リプシッツ定数は曲率評価定数 Λ と無関係に評価される.

証明 q_1 から q_2 へ結ぶ線分を γ とする.$l(s) := l(\gamma(s),\overline{\sigma})$ とし s に関する前方微分を計算する.(4.34) の $L_\varepsilon, l_\varepsilon$ をとり,$l(s)$ の支持関数 $l_\varepsilon(\gamma(s),\overline{\sigma})$ を考えると $d_s^+ l(s) \leq \lim_{\varepsilon \downarrow 0} d_s l_\varepsilon(s)$ である.補題 4.30 の評価は (4.43) の積分の $\sigma = \varepsilon$ における初期値の分だけ誤差が出るが,$\varepsilon \downarrow 0$ とするとこの誤差は消えるので結局 $d_s^+ l(s) \leq c\sqrt{l(s)/\overline{\tau}}$ を得る.これを積分して最初の不等式を得る.2 番めの不等式も同様にして,補題 4.30 の $\partial_\sigma l$ の評価を積分すればよい. ∎

次の評価は曲率評価定数 Λ によらない (4.17) の改良版である.

補題 4.32 ([Ye04]) 補題 4.30 の状況で普遍定数 c が存在して,$q_1,q_2 \in M$ と $\overline{\sigma} \in (0,\sqrt{2T})$ について

$$\frac{\rho_{\overline{\sigma}}^2(q_1,q_2)}{\overline{\sigma}^2} \leq c(l(q_1,\overline{\sigma}) + l(q_2,\overline{\sigma}) + 1)$$

が成り立つ．

証明 結論はリッチフローの放物型スケーリングについて不変だから，$\overline{\sigma}=1$ について示せば十分．γ を $(p,0),(q,1)$ を結ぶ $\mathcal{L}$-線分とする．$\mathcal{L}$-汎関数の被積分関数はこの場合正なので $\sigma \leq 1$ において $\sigma l(\gamma(\sigma),\sigma) \leq l(q,1)$ である．系4.31 により $B_\gamma(\sigma) = B(\gamma(\sigma), T - \frac{\sigma^2}{4}, \frac{\sigma^{3/2}}{A})$ 上で $\sqrt{l(x,\sigma)} \leq \sqrt{l(q,1)}\sigma^{-1/2} + cA^{-1}\sigma^{1/2}$ であり，補題4.30から

$$R\left(x, T - \frac{\sigma^2}{4}\right) \leq cl(q,1)\sigma^{-3} + cA^{-2}\sigma^{-1} \tag{4.44}$$

を得る．ここで γ_i を $(q_i,1)$ への $\mathcal{L}$-線分，$A = \max(\sqrt{l(q_1,1)}, \sqrt{l(q_2,1)}, 1)$，$B_i(\sigma) = B_{\gamma_i}(\sigma)$ として $\rho(\sigma) = \rho_{T-\sigma^2/4}(\gamma_1(\sigma),\gamma_2(\sigma))$ を評価する．ρ の前方微分は $d_\sigma^+ \rho \leq |\dot\gamma_1| + |\dot\gamma_2| + \partial_\sigma^+ \rho_{T-\sigma^2/4}$ と評価される．$B_i(\sigma)$ 上の曲率評価 (4.44) を利用して，$\partial_\sigma \rho$ の項を補題3.73（$q_1 \in B_2(\sigma)$ の場合は(3.69)）で評価すると

$$\partial_\sigma^+ \rho \leq cA\sigma^{-1/2} + c(A + A^{-3})$$

を得るからこれを積分して，

$$\rho_1(q_1,q_2) \leq \int_0^1 (|\dot\gamma_1| + |\dot\gamma_2|)d\sigma + cA$$

となり，積分の項をシュワルツの不等式で評価して結論を得る． ∎

4.4 リーマン幾何からの準備

命題3.90で見たとおり3次元のリッチフローの特異性モデルは非負曲率を持つ．特異性モデルを調べるための準備を本節および次節で行う．本節ではリーマン多様体を大域的に調べるための道具をいくつか導入し，次節で非負曲率空間に応用する．まずラウチの比較定理3.54を大域化して1.3節の形式の比較定

理を導く. 簡単のため $\rho(p,q) = |pq|$, 二点 p, q を結ぶ線分を(一意的とは限らないが) $pq \subset M$ などと書く場合がある.

定理 4.33 (距離関数の比較定理) $\lambda \leq 0$ とする. 完備リーマン多様体 (M, g) の断面曲率が $K_{(M,g)} \geq \lambda$ を満たしているとし, M の測地三角形 $\triangle pqr$ の空間形 S_λ における比較三角形を $\triangle \bar{p}\bar{q}\bar{r}$ とする. 辺 $qr, \bar{q}\bar{r}$ 上に点 $x, \bar{x}$ を $|qx| = |\bar{q}\bar{x}|$ となるようにとるとき $|px| \geq |\bar{p}\bar{x}|$ が成り立つ.

注意 4.34 各点で厳密な不等式 $K_{(M,g)} > \lambda$ が成り立っていて, p, q, r が一つの線分上になければ結論の不等式も qr の内点 x で厳密である. これは続く系についても同様である.

証明 $u = |qx| = |\bar{q}\bar{x}|$ とおき, 線分 $c = qr, \bar{c} = \bar{q}\bar{r}$ に対して系 3.55 を少し一般化して適用する. 系 3.55 の $\rho(u), \bar{\rho}(u)$ に対して

$$F(u) = \begin{cases} \bar{\rho}^2(u) - \rho^2(u) & \text{if } \lambda = 0 \\ \mathfrak{c}_\lambda(\bar{\rho}(u)) - \mathfrak{c}_\lambda(\rho(u)) & \text{if } \lambda < 0 \end{cases} \quad (4.45)$$

とおく. $\mathfrak{c}_\lambda$ の単調性から $F(u) \leq 0, u \in [0, |qr|]$ を示せばよい. F が支持関数の意味で $F'' + \lambda F \geq 0$ を満たすことを示せば, $F(u)$ が $(0, |qr|)$ で正の最大値を取ることができないことが分かり結論が従う. $p = \gamma(0), c(u_0)$ を結ぶ正規線分を γ とし, $p_\varepsilon = \gamma(\varepsilon)$ とおく. このとき, $c(u_0)$ は p_ε の正則点だから.

$$\rho_\varepsilon(u) = \varepsilon + \rho_M(p_\varepsilon, c(u))$$

は $u = u_0$ の近傍で C^∞ 級である. また明らかに $\rho_\varepsilon(u) \geq \rho(u)$ で $u = u_0$ において等式が成り立つから, (4.45) において, ρ を ρ_ε に置き換えて定義される関数 F_ε は $u = u_0$ における F の支持関数である. 系 3.55 から

$$\rho_\varepsilon''(u_0) \leq (1 - (\rho_\varepsilon')^2) \frac{\mathfrak{c}_\lambda(\rho(u_0) - \varepsilon)}{\mathfrak{s}_\lambda(\rho(u_0) - \varepsilon)}$$

であり, $\varepsilon \downarrow 0$ のとき, $F_\varepsilon''(u_0) + \lambda F_\varepsilon(u_0) \geq -o(1)$ が従う. ∎

【演習 4.35】 補題 3.61 の技術を用いて，$\lambda > 0$ のとき定理 4.33 に対応する結論を導け．

補題 1.28 と同様に定理 4.33 から比較角度についての次の結論が従う．

系 4.36（比較角度の単調性） 距離関数の比較定理 4.33 の状況で辺 $pq, \bar{p}\bar{q}$ 上の点 $q_1, \bar{q}_1$ を $x = |pq_1| = |\bar{p}\bar{q}_1|$ となるようにとり，同様に辺 $pr, \bar{p}\bar{r}$ 上に点 $r_1, \bar{r}_1$ を $y = |pr_1| = |\bar{p}\bar{r}_1|$ となるようにとる．このとき，比較角度 $\theta(x,y) = \tilde{\angle} q_1 p r_1$ は x, y それぞれの関数として（他方を固定するとき）単調非増加である．

系 4.37（トポノゴフの比較定理） 距離関数の比較定理 4.33 の状況で
1. $\tilde{\angle} pqr \leq \angle pqr$．
2. S_λ 上の測地三角形 $\triangle \bar{p}\bar{q}\bar{r}$ で $|pq| = |\bar{p}\bar{q}|$, $|pr| = |\bar{p}\bar{r}|$, $\angle qpr = \angle \bar{q}\bar{p}\bar{r}$ を満たすものをとる．このとき，$|qr| \leq |\bar{q}\bar{r}|$

このような比較定理が成り立つリーマン多様体でない空間について簡単に述べる．[BBI01], [BGP92] などを参照せよ．

(X, ρ) を距離空間とし，$p, q \in X$ を結ぶ連続曲線 $\gamma : [0, l] \to X$ と $[0, l]$ の分割 $\Delta : 0 = s_1 < s_2 < \cdots < s_N = l$ に対して，

$$L(\gamma, \Delta) = \sum_{i=1}^{N-1} \rho(\gamma(s_i), \gamma(s_{i+1})), \ L(\gamma) = L_{(X,\rho)}(\gamma) = \sup_\Delta L(\gamma, \Delta)$$

として，γ の長さ $L(\gamma) \in \mathbb{R}_+ \cup \{\infty\}$ を定める．$L(\gamma) < \infty$ ならば，$s \mapsto L(\gamma|_{[0,s]})$ は s の連続関数となるが，$L(\gamma|_{[0,s]}) = s$ であるとき，γ は正規であるといい，s を弧長パラメータという．$L(\gamma) < \infty$ なる連続曲線は正規曲線のパラメータ変換として得られる．$p, q \in X$ に対して

$$\hat{\rho}(p, q) = \inf \{L(\gamma) \mid \gamma(0) = p, \gamma(l) = q\}$$

とおくと，$\hat{\rho}(p, q) \geq \rho(p, q)$ を満たす距離関数 $\hat{\rho}$ を得る（p, q を結ぶ $L(\gamma) < \infty$ なる曲線が存在しなければ $\hat{\rho}(p, q) = \infty$ とする）．$\rho = \hat{\rho}$ となるとき，ρ を内在的距離，(X, ρ) を**測地空間**という．簡単のため以下測地空間 (X, ρ) の任意の二点 p, q に関して $\rho(p, q) < \infty$ が成り立つと仮定する．$p, q \in X$ に対して，

$L(\gamma) = \rho(p,q)$ を満たす p,q を結ぶ連続曲線を線分と呼ぶ．また任意の二点を結ぶ線分が存在するとき，測地空間は**測地完備**であるという．

● **例 4.38**　リーマン多様体は自然な距離に関して測地空間であり，同じ弧状連結成分上の二点 p,q に対して，$\rho(p,q) < \infty$ である．また，完備リーマン多様体は測地完備であり，測地空間としての線分（に弧長パラメータを与えたもの）はリーマン多様体としての線分と一致する．

命題 4.39

1. 完備距離空間 (X,ρ) の任意の二点 p,q に対して，$\frac{1}{2}\rho(p,q) = \rho(p,m) = \rho(q,m)$ を満たす点 $m \in X$ が存在するとする（m を p,q の中点という）．このとき $p,q \in X$ を結ぶ正規曲線 γ で $L(\gamma) = \rho(p,q)$ となるものが存在し，とくに (X,ρ) は測地完備となる．
2. (X,ρ) を測地空間とし，閉測地球体 $B(p,r)$ がコンパクトであるとする．このとき，$\rho(p,q) \leq r$ を満たす二点を結ぶ線分が存在する．とくに (X,ρ) が局所コンパクト完備距離空間ならば任意の二点を結ぶ線分が存在する．

証明　$l = \rho(p,q)$ とする．γ を直接構成して 1. を示す．$\gamma(0) = p$, $\gamma(l) = q$ として，$\gamma(\frac{l}{2})$ を p,q の中点に定める．以降同様に $\gamma(\frac{kl}{2^N}), \gamma((k+1)\frac{l}{2^N})$ の中点を $\gamma((2k+1)\frac{l}{2^{N+1}})$ と定めれば，帰納的に $s = \frac{kl}{2^N}$, $N \in \mathbb{N}, k = 0,1,\ldots,2^N$ に対して $\gamma(s)$ が定まり，$\rho(\gamma(s), \gamma(s')) = |s-s'|$ を満たす．したがって，完備性から一意的に連続写像 $\gamma : [0,l] \to X$ に拡張し $L(\gamma) = \rho(p,q)$ が成り立つので結論を得る．2. を示す．p,q を結ぶ曲線 γ_ε で $L(\gamma_\varepsilon) \leq \rho(p,q) + \varepsilon$ となるものをとると $L(\gamma|_{[0,s]})$ は s について連続なので，$\rho(p,m_\varepsilon) = \rho(q,m_\varepsilon) \leq \frac{\rho(p,q)+\varepsilon}{2}$ を満たす $m_\varepsilon \in B(p,r)$ がとれる．コンパクト性から $\varepsilon \downarrow 0$ とすると m_ε は中点 m に収束する．主張 1. と同様に $B(p,r)$ 内で線分を構成して 2. を得る．局所コンパクト完備測地空間の閉球体がコンパクトであることは一般論である．これは読者の演習問題としよう．∎

測地空間上では測地三角形，比較三角形，比較角度が定義される．測地完備測地空間 (X,ρ) が距離関数の比較定理を満たせば，同じ証明で比較角度の単調性を導くことができる．比較角度の単調性から p を始点とする正規線分 γ, σ に

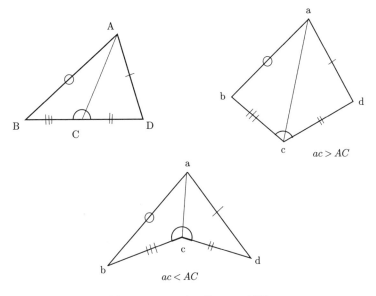

図 4.1 アレクサンドロフの補題

対して,p でなす角 $\angle_p(\gamma, \sigma)$ が

$$\angle_p(\gamma, \sigma) = \lim_{s_0 \downarrow 0,\ s_1 \downarrow 0} \tilde{\angle} \gamma(s_0) p \sigma(s_1) = \sup_{s_0, s_1 > 0} \tilde{\angle} \gamma(s_0) p \sigma(s_1) \quad (4.46)$$

により定まる.これを用いて測地三角形の頂角を定義すれば,トポノゴフの比較定理 4.37 の結論を導くことができる.一般の測地空間上 (4.46) の極限が存在して,角が定義されるならば p を始点とする線分 $\sigma_1, \sigma_2, \sigma_3$ のなす角に関して三角不等式 $\angle_p(\sigma_1, \sigma_3) \leq \angle_p(\sigma_1, \sigma_2) + \angle_p(\sigma_2, \sigma_3)$ が成り立つ.さらに次の初等的な補題に注意する.

補題 4.40 (アレクサンドロフの補題) $\lambda \leq 0$ とする.空間形 S_λ^2 の測地四辺形 $\overline{abcd}$ と測地三角形 $\triangle \bar{A}\bar{B}\bar{D}$ の辺 $\overline{BD}$ 上の点 $\overline{C}$ を四辺形 $\overline{abcd}$, $\overline{ABCD}$ の対応する辺の長さが等しくなるようにとる.このとき,$\angle \overline{bca} + \angle \overline{dca} \leq \pi\ (> \pi)$ であることと $|\overline{ac}| \geq |\overline{AC}|\ (< |\overline{AC}|)$ であることは同値.

比較角度の単調性は距離関数の比較定理を導く.実際アレクサンドロフの補題 4.40 において $\triangle abd \subset X$ の比較三角形を $\triangle \bar{A}\bar{B}\bar{D}$ とし,比較三角形

$\triangle \bar{a}\bar{b}\bar{c}, \triangle \bar{a}\bar{c}\bar{d}$ を $\bar{a}\bar{c}$ を共有するように配置して四辺形 $\bar{a}\bar{b}\bar{c}\bar{d}$ をとる. 比較角度の単調性が成り立つならば $\tilde{\angle}abc \geq \tilde{\angle}abd$ であるから $\overline{ac} \geq \overline{AC}$ が従い距離関数の比較定理を得る. さらにこの状況でアレクサンドロフの補題 4.40 により $\tilde{\angle}bca + \tilde{\angle}dca \leq \pi$ である. したがって c へ向かう線分上 a, b, d を c に近づけた極限をとると $\angle bca + \angle dca \leq \pi$ を得る. 角の三角不等式から $\angle bca + \angle dca \geq \pi$ だから線分の内点 c における角に関して $\angle bca + \angle dca = \pi$ であることも分かる. 空間形 S_λ に対して (いずれかの) 比較定理を満たす測地空間を曲率 $\geq \lambda$ の**アレクサンドロフ空間**という. とくに λ を指定しない場合は $\lambda = 0$ と解釈してほしい. 距離関数の比較定理 4.33 と同値な命題をもう一つ挙げておく. 直感的には四面体の頂点における 3 頂角の和に関する比較定理だが, 比較角度を用いるので他の比較定理とは違い, 四点間の距離だけに依存しそれらを結ぶ線分のとり方によらない.

命題 4.41 測地完備測地空間 (X, ρ) の 4 点 $p, a, b, c \in X$ に対してその比較角度が

$$\tilde{\angle}apb + \tilde{\angle}bpc + \tilde{\angle}cpa \leq 2\pi \tag{4.47}$$

を満たすことと (X, ρ) がアレクサンドロフ空間であることは同値.

証明 $\triangle abd \subset X$ に対して $\triangle \bar{a}\bar{b}\bar{c}, \triangle \bar{a}\bar{c}\bar{d}, \triangle \bar{A}\bar{B}\bar{D}$ と $\bar{B}\bar{D}$ 上の点 $\bar{C}$ を上のようにとる. $\tilde{\angle}bcd = \pi$ であることに注意して (4.47) が成り立つならば

$$\angle \bar{b}\bar{c}\bar{a} + \angle \bar{a}\bar{c}\bar{d} = \tilde{\angle}bca + \tilde{\angle}acd \leq 2\pi - \tilde{\angle}bcd = \pi$$

となり, アレクサンドロフの補題 4.40 の条件が満たされるから距離関数の比較定理 4.33 の比較定理を得る. 逆を示すには線分 pa 上の内点 x をとり, まず p を x に置き換えて (4.47) を示す. 実際, 比較角度の単調性と内点 x における角の和が π であることを用い, 最後に角の三角不等式を適用すると

$$\tilde{\angle}axb + \tilde{\angle}bxc + \tilde{\angle}cxa \leq \angle axb + \angle bxc + \angle cxa$$
$$= \pi - \angle bxp + \angle bxc + \pi - \angle cxp \leq 2\pi$$

を得る. 比較角度の連続性から $x \to p$ として (4.47) が従う. ∎

4.4 リーマン幾何からの準備

微分位相幾何における C^∞ 級関数のモース理論を距離関数の場合に拡張することでリーマン多様体の位相を調べることができる(この手法の原点は [GS77] である).まず,微分位相幾何におけるモース理論について簡単に述べる.多様体 M 上の C^∞ 級関数 f がその全ての臨界点においてヘッシアン $\nabla^2 f$ (臨界点ではヘッシアンは計量と無関係に定まる) が非退化な二次形式となるとき,f を**モース関数**と呼ぶ.臨界点 p における二次形式 $\nabla^2 f$ の指数を p における f の指数 $\mathrm{ind}_p f$ と呼ぶ.このとき,f の臨界点 p は孤立していて,適当な p のまわりの局所座標 $(x_1, \ldots, x_n)$ をとると,

$$f(x_1, \ldots, x_n) = f(p) - x_1^2 + \cdots - x_k^2 + x_{k+1}^2 + \cdots + x_n^2, \ k = \mathrm{ind}_p f$$

と書ける.このような座標をモース座標と呼ぶ.モース関数 f に対してベクトル場 X が次の条件を満たすとき,X を (f の) **勾配型ベクトル場**という.

1. $x \in M$ が f の臨界点でないとき,$df_x(X(x)) < 0$.
2. 各臨界点 p のまわりのあるモース座標 $(x_1, \ldots, x_n)$ に関するユークリッド計量を $g_p = dx_1^2 + \cdots + dx_n^2$ とするとき,$-X$ は p の近傍で g_p に関する勾配ベクトル場と一致する.

勾配型ベクトル場 X の定義から f は X の積分曲線 c 上で単調性

$$\frac{df(c(s))}{ds} = df(X(c(s))) \leq 0 \tag{4.48}$$

を満たし,等式は臨界点に留まる自明な積分曲線の場合にしか成り立たない.

補題 4.42 $a < b < \infty$,f を M 上のモース関数とする.$f^{-1}([a,b])$ がコンパクトで f の臨界点を含まないとき,コンパクト境界を持つ多様体 $M_a := f^{-1}((-\infty, a])$ は M_b と微分同相.

証明 X を f の勾配型ベクトル場とする.$f^{-1}([a,b])$ 上では $X/df(X)$ と一致し,$f^{-1}([a,b])$ の近傍の外ではゼロとなるようなコンパクト台を持つベクトル場 Y をとる.Y の 1 パラメータ変換群を σ_s と書くと,$f^{-1}([a,b])$ 上では $\frac{df(\sigma_s)}{ds} \equiv -1$ だから,$\sigma_{b-a} : M_b \to M_a$ が目的の微分同相を与える.∎

f の下半集合 M_a が全てコンパクトであるとき f を**消耗的**という.

【演習 4.43】 モース関数 f は勾配型ベクトル場 X を持つことを示せ. また f が消耗的ならば X は完備ベクトル場にとれることを示せ.

命題 4.44 f を M 上の消耗的なモース関数, $b \in \mathbb{R}$ とする. $f^{-1}([b, \infty))$ 上に f が臨界点を持たないならば, M は M_b の内部と微分同相.

証明 X を f の完備勾配型ベクトル場とする. X の生成する1パラメータ変換群を $\sigma_s(x)$ と表す. (4.48) から, 任意の $x \in f^{-1}([b, \infty))$ に対して, ただ一つの $\theta(x) \in [0, \infty)$ が存在して $\sigma_{\theta(x)}(x) \in f^{-1}(b)$ となる. 陰関数定理により θ は $f^{-1}([b, \infty))$ 上の C^∞ 級関数となる. したがって, C^∞ 級写像

$$f^{-1}([b, \infty)) \ni x \mapsto (\sigma_{\theta(x)}(x), \theta(x)) \in f^{-1}(b) \times [0, \infty)$$

は $f^{-1}(b) \times [0, \infty) \ni (x, s) \mapsto \sigma_{-s}(x) \in f^{-1}([b, \infty))$ の逆写像を与えるので, $f^{-1}(b) \times [0, \infty)$ と $f^{-1}([b, \infty))$ が微分同相であることが分かる. したがって, M は M_b と $f^{-1}(b) \times [0, \infty)$ を境界 $f^{-1}(b)$ の微分同相写像で貼りあわせて得られる可微分多様体であるから結論を得る. ∎

完備リーマン多様体 (M, g) 上の一点 p からの距離関数 $\rho_p = \rho_M(p, \cdot)$ にモース理論を拡張する. ρ_p はリプシッツ定数1のリプシッツ関数であるが, C^∞ 級とは限らない. まず ρ_p の「勾配」を調べよう. $q \in M$ から p への正規線分の初期ベクトル $v \in U_q M$ 全体のなす集合を $S_q(p)$ と書く. 線分の極限は線分だから $S_q(p)$ はコンパクトである.

補題 4.45 完備リーマン多様体 (M, g) 上の正規測地線 γ が $q = \gamma(0) \neq p$ を満たすとし, $\rho(s) = \rho_p(\gamma(s))$ とすると, 次が成り立つ.

$$d_s^+ \rho(0) \leqq \inf \{-\cos \angle(\dot\gamma(0), v) \mid v \in S_q(p)\} = -\cos \angle(\dot\gamma(0), v_{\min}).$$

証明 p, q を結ぶ任意の正規線分 σ 上に $p_\varepsilon = \sigma(\varepsilon)$ なる点をとり, 支持関数 $\rho_\varepsilon(s) = \varepsilon + \rho(p_\varepsilon, \gamma(s))$ を構成する. ρ_ε は q の近傍で滑らかで第一変分公式から $d_s^+ \rho(0) \leq d_s \rho_\varepsilon(0) = -\cos \angle(\gamma, \sigma)$ であるから, 不等式 $d_s^+ \rho(0) \leq$

$-\cos\angle(\dot{\gamma}(0), v_{\min})$ を得る．あとは逆の不等式を示せばよい．必要なら計量をスケーリングして q の十分小さな凸測地球体 $B(q, 4r)$ において，断面曲率 $K_M \geq -1$ を満たしているとしてよい．このとき，p と $q_s = \gamma(s)$ $(s \in [0, r))$ を結ぶ正規線分 $\sigma_s = pq_s$ 上に $\rho(p_r, q_s) = r$ となる $p_r \in B(q, 2r)$ をとる．このとき，測地三角形 $\triangle p_r q_s q$ をとり，双曲空間 $S_{-1} = \mathbb{H}^2$ 上の比較角度を考えて

$$\theta(s) = \angle p_r q_s q = \angle(-\dot{\sigma}_s, \dot{\gamma}), \quad \tilde{\theta}(s) = \tilde{\angle} p_r q_s q$$

とおく．トポノゴフの比較定理 4.37 から，$\theta(s) \geq \tilde{\theta}(s)$ である．$\mathbb{H}^2$ 上の余弦定理から

$$\rho_p(q_s) - \rho_p(q) \geq \rho_p(q_s) - \rho_p(p_r) - \rho(q, p_r)$$
$$= \rho(q_s, p_r) - \rho(q, p_r)$$
$$= r - \cosh^{-1}(\cosh r \cosh s - \sinh r \sinh s \cos \tilde{\theta}(s)) \quad (4.49)$$

であるから，平均値の定理により適当な列 $s_i \downarrow 0$ が存在して，

$$d_s^+ \rho(0) \geq \liminf_{s \downarrow 0} \frac{\rho(q_s, p_r) - \rho(q, p_r)}{s}$$
$$= \lim_{i \to \infty} \cos \tilde{\theta}(s_i)$$
$$\geq \lim_{i \to \infty} \cos \theta(s_i) = -\lim_{i \to \infty} \cos \angle(\dot{\sigma}_{s_i}, \dot{\gamma}) \quad (4.50)$$

を得る．σ_{s_i} は p, q を結ぶ線分に収束するとしてよいから，結論を得る． ■

定義 4.46 (正則点) $q \neq p \in M$ に対して，q を始点とする測地線 γ と，ある $\alpha > 0$ が存在して，十分小さい $s > 0$ に対して $\rho_p(\gamma(s)) \geq \rho_p(q) + \alpha s$ が成り立つとき，q を ρ_p の正則点という．そうでないとき，臨界点という．

補題 4.45 により，$S_q(p)$ が $U_q M$ のある開半球 H に含まれることと $q \in M$ が ρ_p の正則点となることは同値である．線分が線分に収束することから q の近傍 U に連続に H を拡張すると $x \in U$ について $S_x(p) \subset H$ が成り立つ．とくに正

則点の集合は開集合である.

$$R_q^\varepsilon(p) := \left\{\xi \in U_pM \;\middle|\; \angle(v,\xi) > \frac{\pi}{2} + \varepsilon,\; v \in S_q(p)\right\},\; R_q(p) = R_q^0(p)$$

とおくと,$R_q(p) \neq \emptyset$ と q が正則点であることは同値である.$S_q(p)$ はコンパクトだから適当な $\varepsilon > 0$ に対して $R_q^\varepsilon(p)$ も空でない.

$$TR_q^\varepsilon(p) := \left\{\xi \in T_pM \setminus \{0\} \;\middle|\; \frac{\xi}{|\xi|} \in R_q^\varepsilon(p)\right\},\; TR_q(p) := TR_q^0(p)$$

とおくと,定義から $TR_q(p), TR_q^\varepsilon(p)$ は T_qM の開凸集合となる.

補題 4.47 完備リーマン多様体 (M,g) の距離関数 ρ_p による逆像 $K = \rho_p^{-1}([a,b])$ あるいは $K = \rho_p^{-1}([a,\infty))$ 上に臨界点が存在しないならば,M 上の C^∞ 級ベクトル場 X で次の条件を満たすものが存在する.
1. M 上 $|X| \leq 1$
2. K の任意のコンパクト集合上一様な $\varepsilon > 0$ が存在して $-X(q) \in TR_q^\varepsilon(p)$

とくに,X は完備でその 1-パラメータ変換群 σ_s に関して,K の任意のコンパクト集合上で一様な $\alpha > 0$ が存在して,$d_s^- \rho_p(\sigma_s) \leq -\alpha$ を満たす.

証明 まず正則点 q_0 の近傍で条件を満たす滑らかなベクトル場を構成する.$\varepsilon > 0$ を十分小さくとり,$-X(q_0) \in R_{q_0}^\varepsilon(p)$ となるベクトルを選ぶ.q_0 の近傍の C^∞ 級ベクトル場 $X(x) \in U_xM$ に拡張するとやはり $-X(x) \in R_x^\varepsilon(p)$ が成り立つとしてよい.K 上の各点の近傍でそのような局所的なベクトル場をとり,$M \setminus K$ 上ではゼロベクトル場をとる.局所有限部分被覆に従属する 1 の分割によりこれらの局所的なベクトル場を貼りあわせてベクトル場 X を構成する.X は各点で $TR_q^\varepsilon(p)$ のベクトルを非負係数の線形結合をとることにより得られるから,$TR_q^\varepsilon(p)$ の凸性から条件を満たすことが分かる.最後の主張は補題 4.45 と ε の局所一様性による. ■

系 4.48 補題 4.47 の状況で $\partial B(p,r) = \rho_p^{-1}(r)$ が臨界点を含まなければ,$\partial B(p,r)$ は M のリプシッツ部分多様体.とくに $B(p,r)$ はコンパクトリプシッツ境界を持つ多様体である.

証明 正則点 $q_0 \in \rho_p^{-1}(r)$ のまわりの適当な正規座標を用いて $X(x) = \frac{\partial}{\partial x_1}(x)$, $X(q_0) \in R_{q_0}(p)$ となるように選ぶと,補題 4.47 と同様にして十分小さい正規座標近傍内で x_1 軸に沿った前方微分が $\partial_{x_1}^+ \rho_p \geq \alpha > 0$ を満たすように選べる.余次元 1 の陰関数定理の議論を行えばこの局所座標で $x' = (x_2, \ldots, x_n)$ がゼロに十分近いとき $\rho_p(x_1, x') = r$ となる $x_1 = f(x')$ は唯一つだけ定まり,f は x' にリプシッツに依存する.したがって座標近傍内で $\partial B(p, r), B(p, r)$ は

$$U \cap \partial B(p, r) = \{(x_1, x_2, \ldots, x_n) \in U \mid x_1 = f(x_2, \ldots, x_n)\},$$

$$U \cap B(p, r) = \{(x_1, x_2, \ldots, x_n) \in U \mid x_1 \leq f(x_2, \ldots, x_n)\}$$

とリプシッツ関数 f のグラフで記述されるので結論を得る. ■

系 4.49 補題 4.47 の状況で
1. $K = \rho_p^{-1}([a, b])$ のとき K は $\rho_p^{-1}(a) \times [0, 1]$ と位相同型.
2. $K = \rho_p^{-1}([r, \infty))$ のとき M は $B(p, r)$ の内部と位相同型.さらに r が単射半径 ι_p より小さければ M は $\mathbb{R}^n$ と微分同相.

証明 命題 4.44 の完備勾配型ベクトル場を補題 4.47 のベクトル場に置き換えて議論を行えばよい.一般には $\partial B(p, r) = \rho_p^{-1}(r)$ は滑らかな部分多様体でないが系 4.48 を用いて同じ議論ができる.$r < \iota_p$ ならば境界 $\partial B(p, r)$ は C^∞ 級部分多様体で,$B(p, r)$ が n 次元球体 B^n と微分同相だから,命題 4.44 の議論がそのまま適用できる. ■

リーマン多様体 (M, g) の部分集合 C の二点 $x, y \in C$ を結ぶ任意の線分 γ が $\gamma \subset C$ を満たすとき C を (M, g) の**全凸集合**という.例えば凸関数の下半集合 $C = f^{-1}((-\infty, a])$ の二点を結ぶ測地線は C に含まれるから下半集合は全凸集合である.$b \in \partial C$ に対して,

$$\widehat{S_b C} = \{\xi \in U_b M \mid \text{十分小さな } 0 < s \text{ に対して,} \exp s\xi \in C\}$$

の $U_b M$ における閉包を $S_b C$ とする.定義から $\xi \in \widehat{S_b C}$ に対して $SC \to \partial C$ の「局所切断」で $v(b) = \xi$ となるものが存在する.実際十分小さい s に対して $q = \exp_b s\xi$ をとり,q における正規座標の半径方向のベクトル場 $v = -d\exp_q(\frac{\partial}{\partial r})$

を b の近傍に制限すればよい.

補題 4.50　C を完備リーマン多様体 (M,g) の閉全凸集合とする. $b \in \partial C$ における C の単位接錐 $S_b C$ は $U_b M$ のある閉半球に含まれる.

注意 4.51　$\xi \in U_b M$ が任意の $v \in S_b C$ に対して $\angle(\xi,v) \geq \frac{\pi}{2}$ を満たすとき, ξ を b における単位法線ベクトルといい, それら全体の集合を $N_b C$ と書く.

証明　$q \in M \setminus C$ に対して, $\rho(q,C) = \rho(q,b)$ となる $b \in \partial C$ を一つ選び, b から q へ結ぶ正規線分を γ とする. このとき, 補題 4.45 により任意の $\xi \in S_b C$ と $\dot{\gamma}(0) \in U_b M$ は $\angle(\xi,\dot{\gamma}(0)) \geq \frac{\pi}{2}$ を満たす. つまりある $q \in M \setminus C$ からの最短点 $b \in \partial C$ については結論が正しい. 一般の b の場合は点列 $q_i \notin C$ を $q_i \to b$ となるようにとる. q_i の最短点 $b_i \in \partial C$ は b に収束し, $S_{b_i} C$ は閉半球 $H_i \subset U_{b_i} M$ に含まれるから $S_b C$ も極限の閉半球 $H \subset U_b M$ に含まれる. 実際 $\xi \in \widehat{S_b C} \setminus H$ が存在すれば $SC \to \partial C$ の「局所切断」s で $s(b) = \xi$ となるものをとると, $s(b_i) \notin H_i$ となり H_i のとり方に反する.　∎

C への射影 $\pi : M \setminus C \to C$ は一般には局所的にしか定義されず, 距離縮小写像とも限らないが全凸集合 C への距離縮小写像を構成することができる [Sha77].

【演習 4.52】　（非コンパクト）完備リーマン多様体上の消耗的な連続凸関数 f に対して $S(a) := \operatorname{diam} f^{-1}(a)$ は $a > \min_{x \in M} f(x)$ で単調非減少連続関数であることを示せ.

命題 4.53　C を完備リーマン多様体 (M^n,g) の閉全凸集合とする. このとき, $p \in \overset{\circ}{C}$ ならば, ∂C 上の点は ρ_p の正則点である. とくに (M,g) 上にただ一つの点で最小値を実現する凸関数が存在すれば M は $\mathbb{R}^n$ と微分同相である.

証明　$b \in \partial C$ に対して, 定義から $S_b(p) \subset S_b C$ であるから, 補題 4.50 により $S_b(p)$ はある閉半球 H に含まれる. $v \in S_b(p)$ に対応する線分 σ の p の近くに $p_1 \in \overset{\circ}{\sigma} \cap \overset{\circ}{C}$ をとると p_1 は b の正則点であり, したがって v は $S_b C$ の内点である. $S_b(p)$ は $S_b C$ の内部に含まれるので $U_b M$ の開半球 $\overset{\circ}{H}$ に含まれる. 最後の主張は系 4.49 の帰結である.　∎

4.5 非負曲率空間の幾何

前節の道具を用いて非コンパクトな完備非負曲率リーマン多様体の構造を調べよう.非コンパクト完備リーマン多様体 (M,g) 上遠方に発散する点列と基点 $p \in M$ を結ぶ線分の極限として p を始点とする正規半直線 γ が存在する.γ に関するブーズマン関数を $b_\gamma(x) = \lim_{s\to\infty}(\rho(x,\gamma(s))-s)$ とする.点列 $x_i \to x \in M$ と数列 $s_i \to \infty$ に対して,線分 $\sigma_i = x_i\gamma(s_i)$ は適当な部分列を選ぶことにより x を始点とする半直線 σ に収束する.このようにして得られる半直線 σ は γ に漸近するという.このとき定義から

$$b_\gamma(\sigma(u)) = b_\gamma(x) - u \tag{4.51}$$

である.また $b_\gamma^{-1}([c,\infty))$ は開集合の単調増加族 $\{\text{Int } B(\gamma(s+c),s)\}_s$ を用いて,

$$b_\gamma^{-1}([c,\infty)) = \bigcap_{s \geq 0}\{x \in M \mid \rho(\gamma(s),x) \geq s+c\} = M \setminus \bigcup_{s \geq 0} \text{Int } B(\gamma(s),s+c)$$

と書ける.この形の部分集合を**半空間**という.

命題 4.54 完備非コンパクトリーマン多様体 (M,g) が非負断面曲率を持つときブーズマン関数 b_γ は凹関数である.

証明 $x_1, x_2 \in M$ を結ぶ線分 σ 上で b_γ が凹であることをいえばよい.測地三角形 $\triangle x_1 x_2 \gamma(s)$ に対して,$\mathbb{R}^2$ 上の比較三角形 $\triangle \bar{x}_1 \bar{x}_2 \bar{\gamma}(s)$ をとる.このとき,$\beta_s(u) = \rho(\gamma(s), \sigma(u)) - s$ と対応する比較三角形上の関数 $\tilde{\beta}_s(u)$ は距離関数の比較定理 4.33 により,$\beta_s(u) \geq \tilde{\beta}_s(u)$ を満たす.$s \to \infty$ のとき $\tilde{\beta}_s(u)$ が $(1-u)b_\gamma(x_1) + ub_\gamma(x_2)$ に収束することを直接確かめて結論を得る.■

凸関数 $-b_\gamma$ やその類似に対して命題 4.53 を適用したいのだが,最初に特別なケースを扱っておこう.

定理 4.55 (**分裂定理 [CG71]**) 完備リーマン多様体 M^m が $K_M \geq 0$ を満たし,直線を含むならば,$M^m = N^{m-1} \times \mathbb{R}$ とリーマン多様体の直積として書ける.このとき,M は分裂するという.

補題 4.56　リーマン多様体 (M,g) 上の連続関数 f を任意の測地線に制限したとき，弧長パラメータのアファイン関数となるならば，f は C^∞ 級．

証明　$p \in M$ を中心とする凸測地球 B 上に正規座標 $(x_1, \ldots, x_n)$ を導入しておく．測地線 $\gamma(s) = (s, 0, \ldots, 0)$ 上で f はアファイン，とくに滑らかである．$p_2 = (0, a, 0, \ldots, 0) \in B$, $a > 0$ をとり，$p_2, \gamma(s)$ を結ぶ測地線を σ_s とする．σ_s 上 f はアファインだから，σ_s 上 f は

$$f(\sigma_s(u)) = f(p_2) + \frac{f(\gamma(s)) - f(p_2)}{\rho(p_2, \gamma(s))} u$$

で与えられる．とくに (s, u) に関して滑らかである．陰関数定理から $(s, u) \mapsto \sigma_s(u)$ は p の近傍で 2 次元部分多様体 Σ_2 を張る．以降帰納的に，$p_{k+1} = (0, \ldots, 0, a, 0, \ldots, 0)$ を選び，p の近傍の k 次元部分多様体 Σ_k の点と p_{k+1} を結ぶ測地線で張られる $k+1$ 次元部分多様体 Σ_{k+1} 上で滑らかであることが示せるので，p の近傍 Σ_n 上で f が滑らかであることが従う．∎

定理 4.55 の証明　γ を直線とし，$\gamma_\pm(s) = \gamma(\pm s)$ を $[0, \infty)$ で定義された半直線とみなす．このとき，三角不等式から

$$(\rho(x, \gamma_+(s)) - s) + (\rho(x, \gamma_-(s)) - s) \geq \rho(\gamma_+(s), \gamma_-(s)) - 2s = 0$$

だから，任意の $x \in M$ に対して，$b_{\gamma_+}(x) + b_{\gamma_-}(x) \geq 0$ であり，$x \in \gamma$ に対しては等式が成り立つ．命題 4.54 から $b_{\gamma_+} + b_{\gamma_-}$ も凹関数だが，γ 上最小値 0 を取るから，$b_{\gamma_+} + b_{\gamma_-} \equiv 0$ である．このことから，$b_{\gamma_+} = -b_{\gamma_-}$ は凸関数でかつ凹関数であるから，任意の測地線 σ に制限したとき $b_{\gamma_+}(\sigma(s))$ は s のアファイン関数となる．補題 4.56 により，b_{γ_+} はリプシッツ定数 1 の C^∞ 級関数であるので (4.51) により $|\nabla b_{\gamma_+}| \equiv 1$ であることも分かる．したがって，完備な勾配ベクトル場 $V = \nabla b_{\gamma_+}$ の定める 1 パラメータ変換群を σ_s, $N = b_{\gamma_+}^{-1}(0)$ として微分同相

$$\Phi \colon N \times \mathbb{R} \ni (x, s) \mapsto \sigma_s(x) \in M$$

が定まる．Φ が等長写像であることを確かめる．$s \mapsto \Phi(x, s)$ は $\gamma_\pm$ に漸近する正規測地線で $\Phi(x, a) \in b_{\gamma_+}^{-1}(a)$ であることは定義から分かる．したがって，Φ

は直交分解 $TN \oplus T\mathbb{R}$ と $T\mathbb{R}$ 方向の長さを保つ. TN 方向の長さを保つことを見るには V が計量を保つことを見ればよい. b_{γ_+} は任意の測地線上アファインだから $\nabla^2 b_{\gamma_+} = 0$ であることに注意してリー微分を計算すると

$$L_V g(X, Y) = g(\nabla_X V, Y) + g(\nabla_Y V, X) = 2\nabla_X \nabla_Y b_{\gamma_+} = 0$$

となり結論が従う. ∎

グロモフのアイデアに従い非負曲率多様体の遠方での挙動を調べよう.

補題 4.57 (M, g) は非負断面曲率を持つ完備リーマン多様体, $p \in M$ と点列 $q_i \in M$ に対して $d_i = \rho(p, q_i) \to \infty$ であるとする. p, q_i を結ぶ正規線分 γ_i が半直線 γ に収束しているとき $\tilde{\angle} pq_i\gamma(2d_i) \to \pi$.

証明 p における角は $\theta_i = \angle_p(\dot{\gamma}_i(0), \dot{\gamma}(0)) \to 0$ を満たす. $x_i = \gamma(2d_i), m_i = \gamma(d_i)$ とおく. トポノゴフの比較定理 4.37 から $\rho(q_i, m_i) \leq 2d_i \sin \frac{\theta_i}{2} = o(d_i)$ であるから, $\rho(q_i, x_i) = d_i + o(d_i)$ である. とくに $\mathbb{R}^2$ 上の比較三角形 $\triangle \bar{p}\bar{q}_i\bar{x}_i$ の頂点 $\bar{q}_i$ に余弦定理を適用して $\pi - o(1) \leq \tilde{\angle} pq_i x_i$ が従う. ∎

命題 4.58 補題 4.57 の状況で ρ_p の臨界点の集合は有界集合.

証明 結論を否定して $d_i := \rho_p(q_i) \to \infty$ なる ρ_p の臨界点の列 q_i をとる. 部分列を選んで適当な γ について補題 4.57 の状況としてよい. トポノゴフの比較定理 4.37 から p, q_i を結ぶ線分 σ_i (γ_i と異なってもよい) と $q_i, x_i = \gamma(2d_i)$ を結ぶ線分 τ_i が q_i でなす角 $\angle_{q_i}(\dot{\sigma}_i, \dot{\tau}_i)$ も $\pi - o(1) \leq \tilde{\angle} pq_i x_i \leq \angle_{q_i}(\dot{\sigma}_i, \dot{\tau}_i)$ を満たす. とくに, 十分大きな i に対して, $S_{q_i}(p) \subset \{v \mid \angle(\dot{\tau}_i, v) > \pi - \varepsilon\}$ となり q_i が臨界点であることに矛盾する. ∎

系 4.59 補題 4.57 の状況で十分大きな $r > 0$ に対して, $M, M \setminus \mathrm{Int}\, B(p, r)$ はそれぞれ $\mathrm{Int}\, B(p, r), \partial B(p, r) \times [0, \infty)$ と位相同型.

証明 命題 4.58 と系 4.49 から従う. ∎

系 4.59 における十分大きな r をとり, コンパクト多様体 $\partial B(p, r)$ の連結成分を $\Sigma_1, \ldots, \Sigma_k$ とすると, $M \setminus \mathrm{Int}\, B(p, r)$ の各連結成分 $E_1, \ldots, E_k$ は $\Sigma_1 \times$

$[0, \infty), \ldots, \Sigma_k \times [0, \infty)$ と位相同型となる. $E_1, \ldots, E_k$ を**エンド**という. もし $k \geq 2$ ならば E_1, E_2 内にそれぞれ $\rho_p(x_i), \rho_p(y_i) \to \infty$ となる点列をとり x_i, y_i を結ぶ線分 σ_i を考えると σ_i は $B(p,r)$ の点を含むので直線に収束するとしてよい. このときは分裂定理 4.55 により $M = N \times \mathbb{R}$ と計量が分裂する.

系 4.60 (M, g) を命題 4.58 の通りとする. M のエンドは一つであるか, $M^m = N^{m-1} \times \mathbb{R}$ と分裂するかのいずれかである.

(M, g) の断面曲率 K_M が $K_M \geq 0$ を満たしているとする. 比較角度の単調性 4.36 により $x \in M$ に対して, 比較角度 $\tilde{\angle} xp\gamma(s)$ は s に対して単調に減少するから, p を始点とする半直線 γ に関する無限遠方での比較角度

$$\tilde{\angle}_\infty xp\gamma := \lim_{s \to \infty} \tilde{\angle} xp\gamma(s) = \inf_{s > 0} \tilde{\angle} xp\gamma(s)$$

を定めることができる. 線分 xp と γ が p でなす角を $\angle xp\gamma$ と書くと比較角度の単調性 4.36 から $\tilde{\angle}_\infty xp\gamma \leq \angle xp\gamma$ である. 「γ に沿った無限遠点」を一つの頂点とする測地三角形についてトポノゴフの比較定理 4.37 の類似が成り立つ.

命題 4.61 $(M, g), \gamma$ を上の通りとする. $x, y \in M$ をそれぞれ始点とする半直線 σ, τ で γ に漸近するものが存在して, $\angle yx\sigma + \angle xy\tau \geq \pi$ が成り立つ. 各点で断面曲率 $K_M > 0$ で $y \notin \sigma, x \notin \tau$ ならば等式は成立しない.

証明 $s_i \to \infty$ を適当に選べば, $x, \gamma(s_i)$ を結ぶ線分 σ_i と $y, \gamma(s_i)$ を結ぶ線分 τ_i はそれぞれ γ に漸近する半直線 σ, τ に収束する. このとき $\tilde{\angle} y\gamma(s_i)x \to 0$ であるから, 比較角度の単調性 4.36 により固定した $s \in (0, s_i)$ に対して,

$$\angle yx\sigma_i + \angle xy\tau_i \geq \tilde{\angle} yx\sigma_i(s) + \tilde{\angle} xy\tau_i(s) \geq \tilde{\angle} yx\gamma(s_i) + \tilde{\angle} xy\gamma(s_i) \to \pi$$

が成り立つ. 最左辺と最右辺を見るととくに結論の不等式を得る. 最後の主張は $K_M > 0$ の仮定のもとで左側の不等式が厳密であることから従う. ∎

$\tilde{\angle}_\infty$ とブーズマン関数の関係は

$$-b_\gamma(x) = \rho_p(x) \cos \tilde{\angle}_\infty xp\gamma \tag{4.52}$$

で与えられる．これは余弦定理から

$$\rho_p(x)\cos\tilde{\angle}xp\gamma(s) = \frac{\rho_p(x)^2}{2s} + \frac{s+\rho(x,\gamma(s))}{2s}(s-\rho(x,\gamma(s)))$$

と計算すれば従う．また p を始点とする半直線 γ_1,γ_2 に関しても同様に無限遠方での比較角度

$$\tilde{\angle}_\infty(\gamma_1,\gamma_2) = \inf_{s_1,s_2>0}\tilde{\angle}\gamma_1(s_1)p\gamma_2(s_2) = \lim_{s\to\infty}\tilde{\angle}_\infty\gamma_1(s)p\gamma_2$$

を定めることができる．p を始点とする正規半直線全体の空間 Ray_p に $\gamma_1 \sim \gamma_2 \Leftrightarrow \tilde{\angle}_\infty(\gamma_1,\gamma_2) = 0$ なる同値関係 $\sim$ を定め，$\Sigma_\infty = \mathrm{Ray}_p/\sim$ なる集合に $\tilde{\angle}_\infty$ により距離を定めて距離空間を定義する．Ray_p は U_pM の部分空間としての距離 $\angle_p(\dot\gamma_1(0),\dot\gamma_2(0))$ に関してコンパクトである．一方比較角度の単調性 4.36 から $\tilde{\angle}_\infty(\gamma_1,\gamma_2) \leq \angle_p(\dot\gamma_1(0),\dot\gamma_2(0))$ であるから，自然な射影 $\pi: (\mathrm{Ray}_p, \angle_p) \to (\Sigma_\infty, \tilde{\angle}_\infty)$ は連続で，とくに $(\Sigma_\infty, \tilde{\angle}_\infty)$ もコンパクトである．

<u>補題 4.62</u> ([**Kas88**]) 非負曲率完備リーマン多様体上 $\mathrm{diam}\,\Sigma_\infty < \frac{\pi}{2}$ ならば，$\gamma \in \mathrm{Ray}_p$ に対して $-b_\gamma$ は消耗的である．

<u>証明</u> $M_c = b_\gamma^{-1}([c,\infty))$ がコンパクトでないとし，c は十分小さくとり $p \in M_c$ とする．このとき $\rho_p(q_i) \to \infty$ なる点列 $q_i \in M_c$ をとり，p,q_i を結ぶ線分を σ_i とする．σ_i は $\sigma \in \mathrm{Ray}_p$ に収束するとしてよい．命題 4.54 から $\sigma_i \subset M_c$，したがって $\sigma \subset M_c$ である．仮定により $\tilde{\angle}_\infty(\sigma,\gamma) < \frac{\pi}{2}$ だから，適当な $\varepsilon > 0$ と十分大きな s に対して $\tilde{\angle}_\infty\sigma(s)p\gamma < \frac{\pi}{2} - \varepsilon$ が成り立つ．(4.52) により

$$-c \geq -b_\gamma(\sigma(s)) = \rho_p(\sigma(s))\cos\tilde{\angle}_\infty\sigma(s)p\gamma \geq \rho_p(\sigma(s))\cos\left(\frac{\pi}{2}-\varepsilon\right).$$

であるが，これは $\rho_p(\sigma(s)) \to \infty$ に矛盾． ∎

演習 4.52 から次も成り立つ．

<u>命題 4.63</u> 補題 4.62 の仮定が成り立つとき，$\mathrm{diam}\,b_\gamma^{-1}(a)$ は a の単調非増加関数．

一般には補題 4.62 の仮定が成り立つとは限らず，ブーズマン関数は消耗的ではない場合もある．その場合もコンパクト距離空間 Σ_∞ の有限 $\frac{\pi}{4}$-ネット

$\gamma_1,\ldots,\gamma_k \in \mathrm{Ray}_p$ を選んで $b(x) = \min(b_{\gamma_1}(x),\ldots,b_{\gamma_k}(x))$ とおけば b は凹関数で,しかも補題 4.62 の証明と同様に $-b$ が消耗的となる.

定理 4.64 ([GM69])　非コンパクト完備リーマン多様体 (M^n,g) が全ての点で正断面曲率を持つならば,(M,g) は $\mathbb{R}^n$ と微分同相で,そのエンドは $S^{n-1}\times[0,\infty)$ と位相同型.

証明　上のように (M,g) 上に消耗的な凸関数 $-b = -\min(b_{\gamma_1},\ldots,b_{\gamma_k})$ を構成できる.このとき,$a = \max_{x\in M} b(x)$ を実現する点が一点であることを示せば,命題 4.53,系 4.59 から結論が従う.凸集合 $b^{-1}(a)$ が相異なる二点 x, y を含むとすると,x, y を結ぶ線分 σ も $b^{-1}(a)$ に含まれる.σ の内点 $q = \sigma(0)$ で $b(q) = b_{\gamma_1}(q) = a$ だから凹関数 $b_{\gamma_1}|_\sigma$ が σ 上内点で最小値を実現するので,b_{γ_1} は σ 上で定数 a をとる.q を始点として γ_1 に漸近する半直線を τ とすると,σ と τ は q で直交する.実際,そうでないならば,σ の向きを適当に選んで,q において,$\angle_q(\dot\sigma,\dot\tau) < \frac{\pi}{2}$ としてよい.このとき,補題 4.45 により十分小さな $s_0 > 0$ について,$\rho(\tau(1),\sigma(s_0)) < 1$ としてよいが,(4.51) により,

$$1 = |b_{\gamma_1}(\tau(1)) - a| \leq \rho(\tau(1),\sigma(s_0)) < 1$$

となり矛盾.一方 σ 上の内点 q_1, q_2 を始点として γ_1 に漸近する命題 4.61 の半直線 τ_1, τ_2 を選ぶと $\angle q_1 q_2 \tau_2 + \angle q_2 q_1 \tau_1 > \pi$ のはずだが,これは σ と τ_1, τ_2 が直交することに矛盾してしまう.　∎

系 4.65　定理 4.64 の (M,g) は非自明な閉測地線を含まない.

証明　凹関数 b は閉測地線上定数だから定理の議論を繰り返せばよい.　∎

$K_M \geq 0$ しか仮定しなければ,全凸集合 $C_0 = b^{-1}(a)$ は一点とはかぎらない.この場合 C_0 上さらに凸関数を構成して,帰納的に全凸集合の減少列を構成していかなければならない [CG72].3 次元リッチフローの特異性モデルに適用する際は例 3.40 により定理 4.64 の状況でなければ分裂が自動的に起こるので我々はこのケースを考える必要はないが結論を述べると次のようになる.

定理 4.66 （ソウル定理 [**CG72**]） (M,g) を非負断面曲率非コンパクト完備リーマン多様体とする．このとき，ソウルと呼ばれる全測地的閉部分多様体 $S \subset M$ で全凸部分集合となるものが存在し，M は S の法束 νS と微分同相．

空間列の極限として現れる計量錐はあとで重要な役割を果たすからこれについて述べてこの節を終わる．距離空間 (X,ρ) 上の錐 $\operatorname{Cone} X = X \times [0,\infty)/X \times \{0\}$ に次のような距離を定める．

$$\operatorname{Cone} \rho((x_1,r_1),(x_2,r_2)) = \left(r_1^2 + r_2^2 - 2r_1r_2 \cos\min(\rho(x_1,x_2),\pi)\right)^{\frac{1}{2}}.$$

$(\operatorname{Cone} X, \operatorname{Cone} \rho)$ は距離空間をなし，これを X 上の**計量錐**という．この距離は X の距離を錐の頂点 $o = (x,0)$ における「角度」として，ユークリッドの余弦定理により定めたものである．「中心角」が 2π を超える「円錐」上で ox_1, ox_2 のなす角が π より大きいとき o を迂回する経路より，o へ結ぶ線分をつなげた経路の方が短いことを考えれば，$\min(\rho(x_1,x_2),\pi)$ の項の意味も了解されるであろう．

$x \in X$ において半径に沿う曲線 $r_x\colon [0,\infty) \ni r \mapsto (x,r) \in \operatorname{Cone} X$ が半直線であること，つまり $L(r_x|_{[a,b]}) = |b-a| = \operatorname{Cone} \rho(r_x(a), r_x(b))$ は直接確認できる．とくに $\rho(x_1,x_2) \geq \pi$ または $x_1 = x_2$ のとき，（X が測地空間かどうかにかかわらず）$(x_1,r_1), (x_2,r_2)$ を結ぶ「半径方向の」線分が存在する．$l < \pi$ とし，X の正規曲線 $\gamma\colon [0,l] \to X$ を考える．このとき，$\mathbb{R}^2$ 上の点を極座標で (r,θ) と表すことにすると

$$\Phi\colon [0,\infty) \times [0,l] \ni (r,\theta) \mapsto (\gamma(\theta), r) \in \operatorname{Cone} X$$

なる対応は $\mathbb{R}^2$ の扇型の部分集合からの写像を定める．とくに γ が長さ $< \pi$ の線分ならば，$\operatorname{Cone} X$ の距離の定め方から Φ は距離を保つから X が（測地完備）測地空間ならば $\operatorname{Cone} X$ も（測地完備）測地空間であることが分かる．また X が完備リーマン多様体であるならば，$\operatorname{Cone} X \setminus \{o\} \simeq X \times (0,\infty)$ 上の計量 $\operatorname{Cone} g = r^2 g + dr^2$ の完備化が $\operatorname{Cone} X$ の距離を与えることも従う．

距離空間 (X,ρ) とその一点 $p \in X$ の組 (X,ρ,p) を点つき距離空間という．ρ が自明な場合は (X,p) と書く．我々が考える計量錐は乗数 $\lambda > 0$ のスケーリン

グ $(\lambda X, p) := (X, \lambda \rho, p)$ を施した場合の「極限」に表れる．一つは縮小 $\lambda \to 0$ の「極限」に表れる計量錐であり，(X, p) の遠方での様子を表している．これを**漸近錐**という．(X, p) が非負断面曲率を持つリーマン多様体ならば，期待される「極限」は Σ_∞ 上の計量錐であろう．もう一つは拡大 $\lambda \to \infty$ の「極限」に表れる計量錐で，p の近傍の様子を表している．これを**接錐**という．(X, p) がリーマン多様体ならば，p によらず平坦な $\mathbb{R}^n$ (S^{n-1} 上の計量錐) となってしまうから興味があるのはそうでない場合である．いずれにせよ，「極限」を定義しなければならない．距離空間の間の写像 $f: X \to Y$ に対して

$$\mathrm{dis}\, f := \sup\{|\rho_Y(f(x_1), f(x_2)) - \rho_X(x_1, x_2)| \mid x_1, x_2 \in X\}$$

とおく．

定義 4.67 (グロモフ・ハウスドルフ収束)　点つき距離空間の列 $\{(X_i, p_i)\}_{i \in \mathbb{N}}$ に対して点つき完備距離空間 (X, p) が存在して次の条件を満たすとき，(X_i, p_i) は (X, p) にグロモフ・ハウスドルフ収束するといい，$(X_i, p_i) \overset{GH}{\to} (X, p)$ と書く．

任意の $\varepsilon > 0, r > 0$ に対して十分大きな i について (連続とは限らない) 写像 $f_i: (B_{X_i}(p_i, r), p_i) \to (X, p)$ で次の条件を満たすものが存在する．
1. $\mathrm{dis}\, f_i < \varepsilon$.
2. $f(B_{X_i}(p_i, r))$ の ε 近傍は $B_X(p, r - \varepsilon)$ を含む．

注意 4.68　任意の有界閉集合がコンパクトである距離空間を**有界コンパクト**という．有界コンパクトな (X, p) に対して，$(X_i, p_i) \overset{GH}{\to} (X, p)$ ならばグロモフ・ハウスドルフ極限は等長写像を除いて一意である [BBI01]．

補題 4.69　(X_i, p_i) を測地空間の列とし，(X, p) を有界コンパクトと仮定する．$(X_i, p_i) \overset{GH}{\to} (X, p)$ であるとき，(X, p) も測地空間．またさらに (X_i, p_i) が測地完備アレクサンドロフ空間ならば，(X, p) もそうである．

証明　命題 4.39 により (X, p) の任意の二点 x_1, x_2 に対して中点が存在することを示せばよい．$r > 0$ を十分大きくとり $x_1, x_2 \in B(p, \frac{r}{2})$ としてよい．このとき，十分大きな i について定義 4.67 の写像 $f_i: (B_{X_i}(p_i, r), p_i) \to (X, p)$ を

とすると, $y_\alpha \in f_i(B_{X_i}(p_i, r))$, $\alpha = 1, 2$ で $\rho_X(y_\alpha, x_\alpha) < \varepsilon$ なるものが存在する. $y_\alpha = f_i(q_i^\alpha)$ とおく. $\operatorname{dis} f_i < \varepsilon$ から $|\rho_{X_i}(q_i^1, q_i^2) - \rho_X(x_1, x_2)| < 3\varepsilon$ である. また, X_i が測地空間だから q_i^1, q_i^2 を結ぶ曲線 γ_i で $L(\gamma_i) \leq \rho(q_i^1, q_i^2) + \frac{1}{i}$ となるものが存在するから, γ_i 上に「ほとんど中点」m_i が存在する. つまり $\rho(m_i, q_i^1), \rho(m_i, q_i^2) < \frac{\rho(q_i^1, q_i^2)}{2} + \frac{1}{i}$ なるものが存在する. 再び $\operatorname{dis} f_i < \varepsilon$ から $f_i(m_i)$ もほとんど中点である. $\varepsilon \downarrow 0$ なる列をとり, $i \to \infty$ とすれば X が有界コンパクトであるから $f_i(m_i)$ が x_1, x_2 の中点に収束するとしてよい. 最後の主張は命題 4.41 を使えば距離だけ見て簡単に確認できる. ■

点つき距離空間 (X, ρ, p) の有限 ε-ネット $\{x_i\}_{i=0}^k$ は常に $x_0 = p$ を満たすものを考えることにする.

命題 4.70 (X_i, p_i) を点つき距離空間の列, (X, p) を点つき有界コンパクト距離空間とする. 次の条件が成り立つとき, $(X_i, p_i) \stackrel{GH}{\to} (X, p)$ である:

任意の $r > 0$, $\varepsilon > 0$ に対して, 十分大きな N が存在して, $i > N$ ならば, $(B(p, r), p) \subset (X, p)$ の有限 ε-ネット $\{x_\alpha\}_{\alpha=0}^k$ と $(B(p_i, r), p_i) \subset (X_i, p_i)$ の有限 ε-ネット $\{x_\alpha^i\}_{\alpha=0}^k$ であって, 任意の $0 \leq \alpha, \beta \leq k$ に対して

$$|\rho_X(x_\alpha, x_\beta) - \rho_{X_i}(x_\alpha^i, x_\beta^i)| < \varepsilon \tag{4.53}$$

を満たすものが存在する.

証明 定義 4.67 の写像 $f_i : (B(p_i, r), p_i) \to (X, p)$ を構成する. $x \in B(p_i, \varepsilon)$ ならば $f_i(x) = p$ と定め, 以降帰納的に $x \in B(x_{\beta+1}^i, \varepsilon) \setminus \bigcup_{\alpha=0}^\beta B(x_\beta^i, \varepsilon)$ ならば $f_i(x) \in x_{\beta+1}$ と定めると, (4.53) から $\operatorname{dis} f_i < 3\varepsilon$ であり, f_i の像は $B(p, r)$ の ε-ネットだから, その ε 近傍は $B(p, r-\varepsilon)$ を含む. ■

定理 4.71 (漸近錐の存在 [**Kas88**]) (M, g, p) を非負曲率非コンパクト完備リーマン多様体とする. スケーリング $\lambda M = (M, \lambda^2 g)$ において $\lambda \downarrow 0$ とするとき, $(\lambda M, p) \stackrel{GH}{\to} (\operatorname{Cone} \Sigma_\infty, o)$. とくに $\operatorname{Cone} \Sigma_\infty$ はアレクサンドロフ空間. $\operatorname{Cone} \Sigma_\infty$ を M の漸近錐という.

証明 仮定から Σ_∞ はコンパクトで,とくに $\mathrm{Cone}\,\Sigma_\infty$ は有界コンパクト.命題4.70を適用して示す.$\mathrm{Cone}\,\Sigma_\infty$ の閉測地球 $B(o, r - \frac{\varepsilon}{2})$ の $\frac{\varepsilon}{2}$-ネットを一つ選んで $x_0 = o, x_1 = ([\gamma_1], r_1), \ldots, x_k = ([\gamma_k], r_k)$, $r_\alpha \in (0, r - \frac{\varepsilon}{2}]$, $\gamma_i \in \mathrm{Ray}_p$ とする.これは $B(o, r)$ の ε-ネットでもある.このとき,$(\lambda M, p)$ 上の点を $x_0^\lambda = p$, $x_\alpha^\lambda = \gamma_\alpha(\lambda^{-1} r_\alpha)$ で定めると,$x_\alpha^\lambda \in B_{\lambda M}(p, r - \frac{\varepsilon}{2}) = B_M(p, \lambda^{-1}(r - \frac{\varepsilon}{2}))$ で定義から $\alpha, \beta \neq 0$ に対して,

$$\rho_{\lambda M}(x_0^\lambda, x_\alpha^\lambda) = \mathrm{Cone}\,\rho_{\Sigma_\infty}(x_0, x_\alpha),$$
$$\rho_{\lambda M}(x_\alpha^\lambda, x_\beta^\lambda) = (r_\alpha^2 + r_\beta^2 - 2 r_\alpha r_\beta \cos \tilde{\angle} x_\alpha^\lambda p x_\beta^\lambda)^{\frac{1}{2}}$$
$$\to (r_\alpha^2 + r_\beta^2 - 2 r_\alpha r_\beta \cos \tilde{\angle}(\gamma_\alpha, \gamma_\beta))^{\frac{1}{2}} = \mathrm{Cone}\,\rho_{\Sigma_\infty}(x_\alpha, x_\beta) \text{ as } \lambda \downarrow 0$$

を得るので,十分小さな λ に対して (4.53) はよい.$\bar{\varepsilon} > \varepsilon$ に対して $\{x_\alpha^\lambda\}_\alpha$ が $B_{\lambda M}(p, r)$ の $\bar{\varepsilon}$-ネットであることを示す.$\lambda \downarrow 0$ としても,$\{x_\alpha^\lambda\}_\alpha$ が $B_{\lambda M}(p, r - \frac{\varepsilon}{2})$ の $\frac{\bar\varepsilon}{2}$-ネットでないとしよう.つまり $y_\lambda \in B_{\lambda M}(p, r - \frac{\varepsilon}{2}) \setminus \mathrm{Int}\, B_{\lambda M}(p, \frac{\varepsilon}{2}) = B_M(p, \lambda^{-1}(r - \frac{\varepsilon}{2})) \setminus \mathrm{Int}\, B_M(p, \lambda^{-1} \frac{\varepsilon}{2})$ なる点で,$\alpha \geq 1$ に対して,

$$\rho_{\lambda M}(y_\lambda, x_\alpha^\lambda) \geq \frac{\bar\varepsilon}{2} \tag{4.54}$$

を満たすものが存在するとしよう.$s_\lambda = \rho_{\lambda M}(y_\lambda, p) \in [\frac{\varepsilon}{2}, r - \frac{\varepsilon}{2}]$ だから,とくに $\rho_M(y_\lambda, p) \to \infty$ である.適当な部分列 $\lambda_i \downarrow 0$ をとり,p と y_λ を結ぶ M の線分が半直線 η に収束し,$s_{\lambda_i} \to s \in [\frac{\varepsilon}{2}, r - \frac{\varepsilon}{2}]$ としてよい.このとき,トポノゴフの比較定理4.37から $\rho_{\lambda_i M}(\eta(\lambda_i^{-1} s_{\lambda_i}), y_{\lambda_i}) \to 0$ であるから,$\tilde{\angle} \eta(\lambda_i^{-1} s_{\lambda_i}) p x_\alpha^{\lambda_i} - \tilde{\angle} y_{\lambda_i} p x_\alpha^{\lambda_i} \to 0$ が従い,$\tilde{\angle} y_{\lambda_i} p x_\alpha^{\lambda_i} \to \tilde{\angle}_\infty(\eta, \gamma_\alpha)$ を得る.このことから $y = ([\eta], s) \in B(o, r - \frac{\varepsilon}{2}) \subset \mathrm{Cone}\,\Sigma_\infty$ とおくと,(4.54) から $\mathrm{Cone}\,\rho_{\Sigma_\infty}(y, x_\alpha) \geq \frac{\bar\varepsilon}{2}$ が従うが,これは $\{x_\alpha\}_\alpha$ が $B(o, r - \frac{\varepsilon}{2})$ の $\frac{\varepsilon}{2}$-ネットであることに反する. ∎

測地完備アレクサンドロフ空間 (X, ρ) の点 p における接錐について簡単に述べる.点 p を始点とする正規線分全体の成す集合を Seg_p で表す.(4.46) により $\sigma, \tau \in \mathrm{Seg}_p$ が p においてなす角 $\angle_p(\sigma, \tau)$ が定まる.同値関係 $\sigma \sim \tau \Leftrightarrow \angle_p(\sigma, \tau) = 0$ により定まる商空間 $\mathrm{Seg}_p / \sim$ は $\angle_p$ により距離空間をなす.距離空間 $(\mathrm{Seg}_p / \sim, \angle_p)$ の完備化 $(\Sigma_p, \angle_p)$ を (X, ρ) の p における**方向空間**という.

(X,ρ) の（ハウスドルフ）次元が有限であるならば Σ_p はコンパクトとなる [BBI01, 10.9.1]．またアレクサンドロフ空間の次元はグロモフ・ハウスドルフ極限に関して下半連続である [BBI01, 10.8.25]．我々は次元が一定のリーマン多様体のグロモフ・ハウスドルフ極限として得られるアレクサンドロフ空間しか考えないので有限次元性が問題になることはない．Σ_p のコンパクト性を仮定すれば次の結論は漸近錐の存在 4.71 と同じ方針でむしろ簡単に示せるから証明は省略する．

定理 4.73 （接錐の存在） (X,ρ,p) を有限次元測地完備アレクサンドロフ空間とする．$\lambda \uparrow \infty$ とするとき，$(\lambda X, p) \overset{GH}{\to} (\mathrm{Cone}\,\Sigma_p, \mathrm{Cone}\,\angle_p, o)$．とくに $\mathrm{Cone}\,\Sigma_p$ はアレクサンドロフ空間である．

計量錐の底空間 Σ_∞, Σ_p はアプリオリには測地空間かどうかも分からないが，漸近錐の存在 4.71 または接錐の存在 4.72 によりその計量錐がアレクサンドロフ空間となるので，[BBI01, Theorem 10.2.3] により，結果として底空間は曲率 ≥ 1 のアレクサンドロフ空間となるか，二点からなるか，のいずれかであることが分かる．

4.6 κ 解の性質

命題 4.5 で見たとおり正曲率作用素を持つ古代解は 3 次元の特異性モデルの役割を果たす．この節ではそのような古代解の性質を調べ，次節で 3 次元の場合に特異性モデルの分類を行う．

定義 4.73 （κ 解） 時間 $(-\infty, t_0]$ 上定義された曲率一様有界完備リッチフロー $(M, g(t))$ が $\mathrm{Rm} \geq 0$ を満たし，任意のスケールで κ-非崩壊であるとき κ 解と呼ぶ．とくに断りがない限り $t_0 = 0$ の場合を考える．

注意 4.74 任意のスケールで κ-非崩壊なので縮小スケーリングの下でも非崩壊の条件が保たれる．

注意 4.75 例 3.5 における遠方での体積比評価により,葉巻型ソリトン $(\mathbb{R}^2, g_{\text{cigar}})$ は κ-非崩壊の条件を満たさないからこの定義は $(\mathbb{R}^3, g_{\text{cigar}} \times g_{\mathbb{R}})$ を 3 次元の特異性モデルから排除する ([Ham95b] の最後のパラグラフを参照).

補題 4.76 ハルナック不等式 4.6 の仮定を満たす古代解は $\partial_t R \geq 0$. つまり,スカラー曲率は各点で時刻に対して単調非減少. とくに $t = t_0$ において,任意の半径で曲率が一様有界な κ 解の列は適当な部分列をとれば一様収束し,その極限は M 全体での曲率有界性を除いて定義 4.73 の条件を満たす.

証明 時間 $(-T, 0)$ での解に対して,$t = -T$ を初期値と見なして時刻を平行移動すると (4.11) は $\partial_t R + \frac{R}{t+T} \geq 0$ となる. $T \to \infty$ とすればスカラー曲率の時間単調性を得る. 後半の収束は定理 3.70 を用いた定理 4.3 の直後の単射半径評価の下でコンパクト性定理 3.88 を適用すればよい. ∎

注意 4.77 κ 解の列の空間全体での曲率の上界 $\Lambda_i = \sup_{x \in M} R_i(x, 0)$ の一様有界性を仮定しなければ極限の古代解の曲率一様有界性は一般には分からない. しかし 3 次元の場合は結果的にそれが正しいことを後で見る. さしあたり曲率の一様有界性以外の κ 解の条件とスカラー曲率の時刻単調性を満たす $(M, g(t))$ を**準 κ 解**と呼び,補助的にこの用語を用いることにする. 次元にかかわらず,補題の κ 解の一様収束列の極限は準 κ 解である.

4.3 節の結果を用いて $t \to -\infty$ としたときの κ 解の挙動を調べよう. $(-\infty, 0]$ 上定義された平坦でない κ 解 (M, g, p) に対して,$t = -\tau$ を時刻 $t = -1$ に正規化する縮小スケーリング計量を $g_\tau(t) = \tau^{-1} g(\tau t)$ とする. また (M, g, p) の時空の点 $(p, 0)$ を基点にとって命題 4.18 における $l(x_\tau, \tau) \leq \frac{n}{2}$ を満たす点 x_τ をとり,スケーリング列の基点 $(x_\tau, -1)$ とする. 4.3 節の最後に示した評価を用いればこの列について補題 4.76 の収束条件を確かめることは簡単である. 実際補題 4.30 によりスカラー曲率は $R(q, \tau) \leq \frac{cl(q,\tau)}{\tau}$ と評価されるが,系 4.31 から時刻 $t = -1$ において l-関数は $l(q, 1) \leq n + c\rho^2(x_\tau, q)$ と評価され曲率は任意の半径で一様有界. さらに $l(q, \tau_1)/l(q, \tau_2)$ の評価も用いれば $t \in [-\varepsilon^{-1}, -\varepsilon]$ における曲率の評価も得る. とくに適当な部分列 $\tau_i \to \infty$ に対して,列 $(M, g_i, x_i, -1) = (M, g_{\tau_i}, x_{\tau_i}, -1)$ は時間 $(-\infty, 0)$ 上任意の半径で準 κ 解 $(M_\infty, g_\infty, x_\infty)$ に収束する.

このとき定義 3.81 の微分同相により M_i 上の l-関数を引き戻して M_∞（の任意のコンパクト集合）上定義された関数列を考え，その極限を論ずることもできる．**以降リッチフローなどが収束しているとき，列の上で定義された対象の極限を論ずる場合はこの仕方で行うものとする．**今の状況では系 4.31 により，対応する局所リプシッツ関数 $l_i = l_{g_i}$ の有界半径内でのリプシッツ定数は一様に抑えられるので $(M_\infty, g_\infty, x_\infty)$ 上の局所リプシッツ関数 l_∞ に補題 4.30 や系 4.31 の評価を保ちながらコンパクト一様収束するとしてよい（κ 解の列は時刻 $t = 0$ では収束しないので，l_∞ は極限 (M_∞, g_∞) の l-関数とは解釈できない）．

定理 4.78　([Per02, 11.2])　$(M_\infty, g_\infty, x_\infty)$ は平坦でない勾配型縮小ソリトンである．これを (M, g) の**漸近ソリトン**と呼ぶ．

証明　簡約体積 $\tilde{V}$ のスケーリング不変性 $\tilde{V}_g(\overline{\tau}\tau) = \tilde{V}_{g_{\overline{\tau}}}(\tau)$ に注意すると，命題 4.15 から $\lim_{i\to\infty} \tilde{V}_{g_i}(\overline{\tau}) = \lim_{\tau\to\infty} \tilde{V}_g(\tau) = V_\infty$ の極限が存在し $\overline{\tau}$ によらないことが分かる．さらに補題 4.16 により

$$V_\infty < 1 \tag{4.55}$$

が従う．さらに $\tilde{V}_{(M_i, g_i)}$ の定義の積分の収束は i によらず一様である．実際補題 4.32 において，$q_1 = x_i$ とすると，系 4.31 により $\tau \in (\varepsilon, \varepsilon^{-1})$ に対して，$l(q_2, \tau)$ は曲率評価に依存せず下から評価されるから，補題 4.32 を用いてグロモフ・ビショップの体積比評価 3.65 とともに定理 4.3 の直前で行ったのと同じように積分を評価すると列 (M_i, g_i, x_i) 上で $\tilde{V}$ の積分の収束の一様性が分かる．とくに極限においても

$$V_\infty = \int_{M_\infty} (4\pi\tau)^{-\frac{n}{2}} \exp(-l_\infty) \, \mathrm{dvol}_{(M_\infty, g_\infty)}$$

である．$u_\infty = (4\pi\tau)^{-\frac{n}{2}} \exp(-l_\infty)$ とおくと l_∞ の局所リプシッツ性から

$$\int_{B(p,\tau_1,r)} u_\infty(q, \tau_2) \, \mathrm{dvol}(q) - \int_{B(p,\tau_1,r)} u_\infty(q, \tau_1) \, \mathrm{dvol}(q)$$
$$= \int_{\tau_1}^{\tau_2} \int_{B(p,\tau_1,r)} \left(R - \frac{\partial l_\infty}{\partial \tau} - \frac{n}{2\tau} \right) u_\infty(q, \tau) \, \mathrm{dvol}(q) d\tau$$

と書ける．補題 4.30 の $R, \partial_\tau l$ の評価，補題 4.32 が極限でも成り立つので，$r \to \infty$ とするとき右辺の積分は収束し，左辺は 0 に収束するから次を得る．

$$0 = \int_{\tau_1}^{\tau_2} \int_{M_\infty} \left(R - \frac{\partial l_\infty}{\partial \tau} - \frac{n}{2\tau} \right) u_\infty(q, \tau) \,\mathrm{dvol}(q) d\tau. \tag{4.56}$$

注意 4.23 の形で見るか，補題 4.28 に注意すると，極限 l_∞ も命題 4.22 を満たすことが分かる．対応するシュワルツ超関数を D_1^∞, D_2^∞ と書くことにする．M_∞ 上のコンパクト台を持つ非負リプシッツ関数 η_r を $B(x_\infty, \tau_1, r)$ 上で $\eta_r \equiv 1$，$B(x_\infty, \tau_1, r+1)$ の外で $\eta_r \equiv 0$，$B(x_\infty, \tau_1, r+1) \setminus B(x_\infty, \tau_1, r)$ 上では $\eta_r(x) = r + 1 - \rho_{\tau_1}(x_\infty, x)$ で定義する．非負曲率性から $g_\infty(t)$ は t に関して縮小するから，$\tau \geq \tau_1$ に対して $|\nabla \eta_r| \leq 1$ である．D_2^∞ の非負試験関数 ϕ としてコンパクト台を持つ非負リプシッツ関数 $\Phi_r = u_\infty \eta_r$ をとって命題 4.22 から

$$0 \leq D_2^\infty(\Phi_r) = \int_{\tau_1}^{\tau_2} \int_M \left\{ \left(\frac{\partial l_\infty}{\partial \tau} - R + \frac{n}{2\tau} \right) \eta_r + (\nabla l_\infty, \nabla \eta_r) \right\} u_\infty \mathrm{dvol}$$

を得る．$r \to \infty$ とするとき，右辺の積分は補題 4.32，系 4.31 から収束し (4.56) と η_r の定義から極限はゼロとなる．また，任意の試験関数 ϕ に関して，適当な定数 C をとると，十分大きな r に関して $C\Phi_r - \phi$ はコンパクト台を持つ非負リプシッツ関数であるから，$D_2^\infty(C\Phi_r - \phi) \geq 0$ である．このことから，$r \to \infty$ とすると，$0 \leq D_2^\infty(\phi) \leq CD_2^\infty(\Phi_r) \to 0$ を得て，$D_2^\infty(\phi) = 0$ が従う．つまり，l_∞ は

$$\frac{\partial l_\infty}{\partial \tau} - \Delta l_\infty + |\nabla l_\infty|^2 - R + \frac{n}{2\tau} = 0 \tag{4.57}$$

の弱解である．これは u_∞ が $(\partial_\tau - \Delta + R)u_\infty = 0$ の弱解であることと同値である．したがって，放物型方程式の正則性の理論から u_∞, l_∞ は C^∞ 級となる ([Fri64, §10.4] を見よ)．また，補題 4.28 から (4.31) は極限でも (超関数の意味で) 成り立ち，

$$\tau(2\Delta l_\infty - |\nabla l_\infty|^2 + R) + l_\infty - n = 0 \tag{4.58}$$

も従う．また (4.58) の左辺を Φ_∞ とするとき，(4.57) により 4.3 節の共役作用素 ∇^* を用いて

$$(\partial_\tau - \Delta + R)[\Phi_\infty u_\infty] = [(\partial_\tau + \nabla l_\infty \nabla)\Phi_\infty + \nabla_i^* \nabla^i \Phi_\infty]u_\infty$$

と計算される. l_∞ の勾配流にそったパラメータに関する Φ_∞ の時刻微分 $\partial_\tau + \nabla l_\infty \nabla$ を計算するには (4.37) を用いればよい. この場合 (4.57) により $u_\infty \, d\text{vol}$ は時刻によらず, $v_{ij} = 2(\text{Rc}_{ij} + \nabla_i \nabla_j l_\infty), \phi = \frac{v_k^k}{2}$ である. さらに恒等式

$$2\nabla_j^*(\text{Rc}_i^j + \nabla_i \nabla^j l_\infty) + \nabla_i(2\Delta l_\infty - |\nabla l_\infty|^2 + R) = 0$$

が成り立つことに注意すると (4.37) から

$$(\partial_\tau - \Delta + R)[\Phi_\infty u_\infty] = -2\tau \left| \text{Rc} + \nabla^2 l_\infty - \frac{1}{2\tau} g \right|^2 u_\infty$$

が従う. とくに (4.58) から勾配型縮小ソリトンの方程式

$$\text{Rc} + \nabla^2 l_\infty - \frac{1}{2\tau} g = 0 \tag{4.59}$$

が従う. もし, 極限のソリトンが平坦（したがって κ-非崩壊性から $\mathbb{R}^n$ の自明解）であるならば (4.58),(4.59) から l_∞ は平行移動を除いて $\frac{|x|^2}{4\tau}$ となりガウスソリトン 3.4 に決まるが $V_\infty = 1$ となって (4.55) に反する. ∎

(4.59) を微分して, もう一度 (4.59) を代入すると

$$0 = \nabla_k(\nabla_i \nabla_j l_\infty) + \nabla_k \text{Rc}_{ij} = -R_{kij}^h \nabla_h l_\infty + \nabla_i(\nabla_k \nabla_j l_\infty) + \nabla_k \text{Rc}_{ij}$$

$$= -R_{kij}^h \nabla_h l_\infty + \nabla_k \text{Rc}_{ij} - \nabla_i \text{Rc}_{kj}$$

が従う. この式のトレースをとり, 第二ビアンキ恒等式を用いると, 次を得る.

$$\nabla_i R = 2 \text{Rc}_{ij} \nabla^j l_\infty \tag{4.60}$$

系 4.79 2 次元の非平坦 κ 解は S^2 の標準解に限る.

証明 2 次元の場合, $2\text{Rc}_{ij} = Rg_{ij}$ だから, 漸近ソリトン上で (4.60) を積分して $R(q,\tau) = R(p,\tau) \exp(l_\infty(q,\tau) - l_\infty(p,\tau))$ となる. とくに補題 4.32 から遠方の点 q では $R(q,\tau) > 1$ であるから漸近ソリトンはコンパクトである. したがって, 演習 3.50 により漸近ソリトンは S^2 の標準解となるから系を得る. ∎

(M^n, p) を完備非負曲率リーマン多様体とする.グロモフ・ビショップの体積比評価 3.65 から体積比 $V(r) = \mathrm{vol}_M(B(p,r))/r^n$ は r の単調非増加関数であるから漸近体積比 $\mathcal{V} := \lim_{r \to \infty} V(r)$ が定義される.また漸近スカラー曲率 $\mathcal{R}$ を

$$\mathcal{R} = \limsup_{x \to \infty} R(x) \rho_{(M,g)}(p, x)^2$$

で定めておく.時間 $(-\infty, 0]$ で定義された κ 解 $(M, g(t))$ の時刻 t における計量 $g(t)$ に関する $\mathcal{V}(t), \mathcal{R}(t)$ を調べるが,$t = 0$ としても一般性を失わない結論については単に $\mathcal{V}, \mathcal{R}$ と書く.$\mathcal{R}$ については次が分かる.

定理 4.80([**PT01, Per02**])　非平坦,非コンパクト κ 解について $\mathcal{R} = \infty$.

証明 $\mathcal{R} < \infty$ とする.十分大きな $r > 0$ について,$\rho_x = \rho(p, x) > r$ なる点については $B(x, 0, \frac{\rho_x}{10})$ 上 $R\rho_x^2 \leq 4\mathcal{R} + 1$ としてよい.補題 4.76 から同じ曲率評価が放物近傍 $P(x, 0, \frac{\rho_x}{10})$ で成り立つ.任意のスケールで κ-非崩壊であることから $\rho_i = \rho_{x_i} \to \infty$ となる点列 x_i をとると縮小スケーリング $(M, \rho_i^{-1} g(\rho_i t), x_i)$ はコンパクト性定理 3.88 の仮定を満たし,適当な部分列をとると半径 $< \delta$ で収束する.一方(p を基点とすれば)縮小スケーリング列の $t = 0$ におけるリーマン多様体は漸近錐の存在 4.71 により漸近錐にグロモフ・ハウスドルフ収束するが,定義から頂点 p を除いて極限のリッチフローの時刻切片と一致する.したがって,命題 3.43 により漸近錐は平坦計量錐となるが,この場合 [PT01, Theorem B] と例 3.41 により $(M, g(t))$ の普遍被覆は 2 次元のリッチフロー $(\Sigma, h(t))$ と $\mathbb{R}^{n-2}$ の直積となる.定義から $(\Sigma, h(t))$ も非平坦 κ 解なので系 4.79 により S^2 の標準解となる.$S^2 \times \mathbb{R}^{n-2}$ の標準解で被覆される非コンパクト κ 解は $\mathcal{R} = \infty$ を満たすから仮定に反する.■

遠方にむかってスケーリング極限をとるために次の補題を準備しておこう.

補題 4.81([**Ham95b, §22**])　(M, p) は点つき非コンパクト完備非負曲率リーマン多様体で $\mathcal{R} = \infty$, $\sup_x R(x) < \infty$ を満たすものとする.このとき,M の点列 $x_i \to \infty$ と数列 $r_i \to \infty$ で次の条件を満たすものが存在する.

1. $y \in B(x_i, r_i R(x_i)^{-\frac{1}{2}})$ に対して，$R(y) \le cR(x_i)$ を満たす適当な定数 c が存在する．
2. $\rho_p(x) = \rho(p,x)$ とおくとき，$\lim_{i \to \infty} \frac{r_i R(x_i)^{-\frac{1}{2}}}{\rho_p(x_i)} = 0.$

証明 十分大きな $d > 0$ に対して，$R(x)\rho_p(x)^2 \ge d^2$ となる $x \in M$ のうち $\rho_p(x)$ が最小となるものを y_d とおく．$d \to \infty$ の際 $\sigma_d := \rho_p(y_d) \to \infty$ であり

$$R(y_d)\rho_p(y_d)^2 = d^2 \tag{4.61}$$

である．$y \in B(p, \sigma_d) \setminus B(p, \frac{1}{2}\sigma_d)$ なる点に関しては y_d の定義と (4.61) から

$$R(y) \le \frac{d^2}{\rho_p(y)^2} \le 4R(y_d) \tag{4.62}$$

を満たす．また，M の曲率の一様有界性から $\rho_p(x_d) \ge \sigma_d$ で $2R(x_d) \ge \sup_{\rho(p,q) \ge \sigma_d} R(q) \ge R(y_d)$ なる点 x_d を選ぶことができる．このとき，

$$\theta_d = \frac{\rho_p(x_d) R(x_d)^{\frac{1}{2}}}{2} \ge cR(y_d)^{\frac{1}{2}}\sigma_d = cd$$

とおき，$B_d = B(x_d, R(x_d)^{-\frac{1}{2}}\theta_d)$ とする．$y \in B_d$ について，$\rho_p(y) \ge \rho_p(x_d) - R(x_d)^{-\frac{1}{2}}\theta_d = \frac{\rho_p(x_d)}{2} \ge \frac{\sigma_d}{2}$ であるから，$\rho(p,y) \le \sigma_d$ ならば，(4.62) から $R(y) \le 4R(y_d) \le 8R(x_d)$ を得る．一方 $\rho(p,y) \ge \sigma_d$ であるならば

$$R(y) \le \sup_{\rho(p,q) \ge \sigma_d} R(q) \le 2R(x_d)$$

である．したがって，B_d で 1. が満たされている．例えば $d \to \infty$ とするとき，半径 $\theta_d \to \infty$ を小さくとり直して $r_d = \sqrt{\theta_d}$ とすると，2. も満たされる．∎

補題 4.81 の議論自身は曲率有界性がなければ直接適用できないが，あとの目的のため準 κ 解上に補題 4.81 の結論が成り立つ x_i, r_i が与えられている状況を考えよう．このとき，x_i を基点とするスケーリング列 $(M, R(x_i, t)g(t), x_i)$ は $D = \infty$ についてコンパクト性定理 3.88 の条件を満たし（このスケーリング列は拡大スケーリングであるか，縮小スケーリングであるか，とりあえずは分からない），しかも補題 4.81 の条件からスケーリング列は半径によらず一様な評

価 $R \leq c$ を満たすので極限は κ 解 (M, g_∞, x_∞) である．このとき，次の命題が成り立つ．

命題 4.82 準 κ 解 $(M^n, g(t), p)$ 上に時刻 $t = 0$ で補題 4.81 の条件を満たす x_i, r_i が与えられているとき，スケーリング列 $(M, R(x_i, 0)g(t), x_i)$ の適当な部分列は $\Sigma^{n-1} \times \mathbb{R}$ 上の分裂 κ 解 $(\Sigma^{n-1} \times \mathbb{R}, g_\Sigma(t) \times g_\mathbb{R}, x_\infty)$ に収束する．

証明 極限の κ 解 (M, g_∞, x_∞) が時刻 $t = 0$ で直線を含むことを示せば，分裂定理 4.55 と例 3.41 から結論が従う．以下時刻 $t = 0$ で考える．線分 $\gamma_i = px_i$ は半直線 γ_∞ に収束するとしてよい．γ_∞ 上に $2\rho(p, x_i) = \rho(p, y_i)$ なる点 y_i をとる．補題 4.57 により比較角度 $\tilde{\angle} px_i y_i$ は π に収束する．したがって，比較角度の単調性 4.36 と r_i, x_i の条件から (M, g_∞, x_∞) において，2 つの線分 $\gamma_i, x_i y_i$ は x_i を始点とする 2 つの半直線 c_1, c_2 に収束して x_∞ において滑らかにつながった測地線 $\gamma = c_1 \cup c_2$ となる．この γ が直線であることを示す．極限の κ 解上の距離を ρ_∞ で表すと任意の $A > 0$ に対して点 $\xi \in c_1, \eta \in c_2$ で $\rho_\infty(\xi, x_\infty) = \rho_\infty(\eta, x_\infty) = A$ となる点をとるとき $\rho_\infty(\xi, \eta) = 2A$ であることをいえば十分である．

$\rho(x_i, \xi_i) = \rho(x_i, \eta_i) = AR(x_i, 0)^{-\frac{1}{2}}$ となる点 $\xi_i \in \gamma_i, \eta_i \in x_i y_i$ はそれぞれ ξ, η に収束する．比較角度の単調性 4.36 により $\tilde{\angle} \xi_i x_i \eta_i \geq \tilde{\angle} p_i x_i y_i \to \pi$ であるから，比較角度の定義により $\rho(\xi_i, \eta_i) R^{\frac{1}{2}}(x_i, 0) = 2A + o(1)$ を得る．したがって，

$$\rho_\infty(\xi, \eta) \geq 2A = \lim_{i \to \infty} \rho(\xi_i, \eta_i) R^{\frac{1}{2}}(x_i, 0)$$

を得て実際 γ が距離 $2A$ を与えるので結論が従う． ■

漸近体積比 $\mathcal{V}$ に関しては次が分かる．

定理 4.83 ([Per02, 11.4]) $\kappa > 0$ に対して非平坦 κ 解は $\mathcal{V} = 0$ を満たす．

証明 $p \in M$ を固定して次元 n に関する帰納法により証明する．系 4.79 から $n = 2$ の場合はよいから $n \geq 3$ の場合に考える．問題の κ 解 $(M, g(t), p)$ について定理 4.80 から $\mathcal{R} = \infty$ であるから補題 4.81 の x_i, r_i をとることができて，命

題 4.82 のスケーリング列の極限は分裂 κ 解 $S = (\Sigma^{n-1} \times \mathbb{R}, g_\Sigma(t) \times g_\mathbb{R}, x_\infty)$ となる．直積計量の定義から普遍定数 c により，

$$c^{-1}\frac{\mathrm{vol}(B_\Sigma(p,0,c^{-1}r))}{r^{n-1}} \leq \frac{\mathrm{vol}(B_{\Sigma \times \mathbb{R}}(p,0,r))}{r^n} \leq c\frac{\mathrm{vol}(B_\Sigma(p,0,cr))}{r^{n-1}}$$

だから（c^{-1} 倍された κ について）$(\Sigma^{n-1}, g_\Sigma(t))$ の κ-非崩壊性が従い，とくにこれも κ 解となる．帰納法の仮定により $(\Sigma^{n-1}, g_\Sigma(t))$，したがって直積 S についても定理の結論が成り立つ．このことから $\varepsilon > 0$ に対して十分大きな A を固定するとき，十分大きな i について

$$\frac{\mathrm{vol}(B(x_i, AR^{-\frac{1}{2}}(x_i)))}{(AR^{-\frac{1}{2}}(x_i))^n} \leq \varepsilon$$

である．また，補題 4.81 の条件から $d_i = \rho(p, x_i) \geq r_i R^{-\frac{1}{2}}(x_i) \geq AR^{-\frac{1}{2}}(x_i)$ であるから，グロモフ・ビショップの体積比評価 3.65 を適用して

$$\frac{\mathrm{vol}(B(p, d_i))}{2^n d_i^n} \leq \frac{\mathrm{vol}(B(x_i, 2d_i))}{2^n d_i^n} \leq \varepsilon$$

を得るから結論が従う． ∎

4.7 κ 解の分類

κ 解全体のなす空間を調べる準備として「ネック領域」の定義を与えよう．

定義 4.84 $\varepsilon > 0$ とする．$S^n \times \mathbb{R}$ の（スカラー曲率 1 の）標準計量を h とし，基点 $p_0 = (x_0, 0) \in S^n \times \mathbb{R}$ を固定する．リーマン多様体 (M^{n+1}, g) の点 p において $R(p) > 0$ とする．(M^{n+1}, g) が $p \in M$ で $(S^n \times \mathbb{R}, p_0)$ で ε-正規近似されているとき $p \in M$ を ε-**頸点**という．対応する M の近傍 $B(p, \varepsilon^{-1}R^{-\frac{1}{2}}(p))$ を ε-**頸部**といい，$\mathcal{N}(p) = \mathcal{N}_\varepsilon(p)$ と書く．同様にリッチフロー $(M^{n+1}, g(t))$ が点 (p,t) において $S^n \times \mathbb{R}$ の標準的リッチフローで ε-正規近似されるとき，(p,t) を ε-**頸点**といい，対応する放物近傍 $P(p, t, \varepsilon^{-1}R^{-\frac{1}{2}}(p))$ を ε-**頸部**と呼ぶ．

リッチフローの時間切片として現れるリーマン多様体 (M^{n+1}, g) について考える. $S^n \times \mathbb{R}$ の部分集合を $S^n(r) = S^n \times \{r\}$, $S^n(a, b) = S^n \times [a, b]$ と定める. $\delta > 0$ を固定し, $r_1 \in [-\delta^{-1}, \delta^{-1}]$ をとる. $S^n(\varepsilon^{-1})$ 上の任意の一点 x と $S^n(r_1)$ 上の一点 x_0 を結ぶ線分 xx_0 が x_0 において, $S^n(r_1)$ となす角 θ を考えると $\varepsilon \to 0$ とするとき, x, x_0, r_1 のとり方によらず, $\theta = \frac{\pi}{2} + o(1)$ である.

ε を $\delta > 0$ のみに依存して十分小さく選ぶとき, (M^{n+1}, g) 上の ε-頸部 $\mathcal{N}(p)$ 上でも同じ状況である. ε-近似を与える微分同相 $\phi \colon B^{S^n \times \mathbb{R}}(p, \varepsilon^{-1}) \to \mathcal{N}(p)$ により対応する集合を $\Sigma(r) = \phi(S^n(r))$, $\Sigma(a, b) = \phi(S^n(a, b))$ などとおく. $\mathcal{N}(p)$ 内で $\Sigma(r)$ にホモトピックな S^n の埋め込みを ε-頸部の**断面**と呼ぶ. ε-近似の定義から, $\Sigma(-\varepsilon^{-1} + 1, \varepsilon^{-1} - 1) \subset \mathcal{N}(p)$ であり, $x \in \Sigma(r_1)$ から $y \in \Sigma(\varepsilon^{-1} - 1)$ への線分 σ は上と同様に次の関係を満たす.

$$\angle(T_x \Sigma(r_1), \dot{\sigma}(0)) \geq \frac{\pi}{2} - o(1). \tag{4.63}$$

ブーズマン関数 b_γ の性質 (4.51) に関連して γ に漸近する半直線の x における単位接ベクトル全体を $S_x(\gamma)$ とおけば補題 4.45, 定義 4.46 や系 4.48 の類似が距離関数の極限として b_γ に対しても成り立つことは簡単に分かるだろう.

補題 4.85 $\varepsilon > 0$ を $\delta > 0, a \in (0, (2\delta)^{-1}]$ のみに依存して十分小さくとる. (M^{n+1}, g) を完備リーマン多様体, ε-頸点 $p \in M$ における断面 $\Sigma(0)$ が分離的であるとし, $K = \Sigma(-\delta^{-1}, \delta^{-1})$ とおく. f を $q \in M \setminus \mathcal{N}(p)$ からの距離関数 $\rho(\cdot, q)$ か, 半直線 γ に対するブーズマン関数 b_γ とする.

1. $x \in K$ は f の正則点.
2. $\Sigma = f^{-1}(f(p)) \cap K$ は $\Sigma \subset \Sigma(-a, a)$ を満たし, 断面 $\Sigma(0) \simeq S^n$ 上の連続関数 F のグラフ $\phi^{-1}(\Sigma) = \{\phi(x, r) \mid r = F(x)\}$ となる.

注意 4.86 ε-頸部の分離性の条件は定理 4.64 の場合には満たされる.

証明 ε-頸部が分離する連結成分を $M \setminus \mathcal{N}(p) = U^+ \sqcup U^-$ とするとき, U^+ を $S^n \times \mathbb{R}$ の正の部分と境界を接する成分, $q \in U^-$ または半直線 γ の遠方の点は U^- に属すると仮定する. $f = \rho(\cdot, q)$ のとき, (4.63) と補題 4.45 から $x \in K$ が正則点であり, $\theta > 0$ に対して ε を十分小さくとると, $s \mapsto f(\phi(x, s)) - (1 - \theta)s$ は単調増加としてよく, $-\delta^{-1} \leq s_0 \leq s_1 \leq \delta^{-1}$ について

$$(1-\theta)(s_1 - s_0) \leq f(\phi(x, s_1)) - f(\phi(x, s_0)) \leq (s_1 - s_0) \tag{4.64}$$

となる．したがって $\phi(x,0) \in \Sigma(0)$ に対して，$f(\phi(x,s)) = f(p)$ となる $s = F(x)$ が $\Sigma(0)$ の近傍にただ一つ存在し，グラフ表示を得る．補題 4.45 から $\Sigma(0)$ に沿った前方微分はほとんどゼロであるから $\Sigma(0)$ 上の f の値の変動は小さくグラフは十分小さな $\Sigma(0)$ の近傍 $\Sigma(-a,a)$ に留まる．$f = b_\gamma$ の場合も $x \in K$ を始点として γ に漸近する半直線は ε-頸部の x における断面とほとんど直交するから上に述べた注意から距離関数の場合と同様に結論が従う． ■

命題 4.87　(M,g) を正断面曲率を持つ非コンパクト完備リーマン多様体とする．$\delta, \varepsilon, p, \gamma, K$ は補題 4.85 のとおりとし，$\alpha = b_\gamma(p)$ とおく．
1. $b_\gamma^{-1}(\alpha) \subset K$. とくに $b_\gamma^{-1}(\alpha)$ はグラフ表示され，$-b_\gamma$ は消耗的である．
2. ε-頸点の列 q_i で $q_i \to \infty$ となるものが存在すれば $\sup_i R(q_i) < \infty$.

証明　$U^\pm$ を補題 4.85 のようにとる．補題 4.85 により $b_\gamma^{-1}(\alpha) \cap K$ はグラフで書ける．K の外に $b_\gamma^{-1}(\alpha)$ の点 q が存在するとする．$q \in U^+$ ならば遠方の点 $\gamma(s)$ から q を結ぶ線分が必ず K を通過し，$b_\gamma(q) > b_\gamma(p)$ となってしまうので，$q \in U^-$ である．このとき，$-b_\gamma$ は凸関数だから線分 pq 上では $b_\gamma(x) \geq b_\gamma(p)$ だが，p から $q \in U^-$ へ結ぶ線分上では p の近傍で b_γ は厳密に単調減少であることに反する．系 4.60 から U^+ は有界となり $x \in U^+$ を始点とする半直線 γ_1, γ_2 は必ず $\Sigma(0)$ を通過する．$y_i \in \gamma_i \cap \Sigma(0)$ をとると，$R(p)^{\frac{1}{2}} \rho(x, y_i) > \varepsilon^{-1}, R(p)^{\frac{1}{2}} \rho(y_1, y_2) < c$ であるから $\angle y_1 x y_2 < \frac{\pi}{2}$ となり，補題 4.62 から $-b_\gamma$ は消耗的．したがって 1. を得る．半空間 $H_i = b_\gamma^{-1}([b_\gamma(q_i), \infty))$ について 1. から $\operatorname{diam} \partial H_i \leq cR(q_i)^{-\frac{1}{2}}$ であることと命題 4.63 から $\operatorname{diam} \partial H_1 \leq \operatorname{diam} \partial H_i$ であることに注意すれば 2. が従う． ■

あとの目的のため ε-頸点からなる集合の近傍の様子を調べる簡単な原理を述べておこう．直感的には隣り合う ε-頸部をつなぎ合わせていけば $S^n \times \mathbb{R}$ と同相な領域が得られるはずだが，その定式化として我々は距離関数のモース理論を用いて簡単な連結性の議論を行うことにする．

補題 4.88　(**接続原理**) 連結完備リーマン多様体 (M^{n+1}, g) の連結閉集合 K の

全ての点が ε-頸点とし、その ε-頸部の和集合を $N = \bigcup_{x \in K} \mathcal{N}(x)$ とおく。ある $p \in K$ における ε-頸部の断面 $\Sigma = \Sigma_p$ が分離的であるとするとき、その境界成分がいずれも N の断面であるような完備境界つき多様体 S で $K \subset S \subset N$ を満たし、以下のいずれかを満たすものが構成できる。

1. K が有界ならば $S \simeq S^n \times [0,1]$,
2. K が非有界で $N \neq M$ ならば $S \simeq S^n \times [0,\infty)$,
3. 上のいずれでもなければ、$M = S = S^n \times \mathbb{R}$.

注意 4.89 実際の応用では完備性より弱い仮定で適用しなければならない。測地完備性があれば補題 4.47 のベクトル場は構成でき、その積分曲線が通る N 上で完備性が確保されていればモース理論の適用に問題はない。

証明 $M \setminus \mathcal{N}(p)$ の 2 つの連結成分を M^+, M^- とし、それぞれ $\mathcal{N}(p)$ の 2 つの境界成分 Σ^+, Σ^- を含むものとする。$M^+ \cap K \neq \emptyset$ とすると K の連結性から $q \in \Sigma^+ \cap K$ が存在する。$a = \rho_p(q)$ とおくと補題 4.85 により $\rho_p^{-1}(a)$ は ε-頸部の断面となる。$b < d = \sup_{x \in M^+ \cap K} \rho_p(x)$ に対して $\rho_p^{-1}([a,b])$ の q を含む連結成分を E_b^+ とするとき、全ての $c \in [a,b]$ に対して $E_b^+ \cap \rho_p^{-1}(c)$ が K の点を含む断面であることを示そう。

そのような $b \in (a,d)$ の集合を I とする。とくに E_b^+ はすべて ρ_p の正則点からなり、系 4.49 により $S^n \times [a,b]$ と同相であることに注意しよう。$b \in I$ とすると $B(p,b)$ 上の曲率が Λ で上から押さえられているとして $E_b^+ \cap \rho_p^{-1}(b)$ は直径 $> c\Lambda^{-1/2}$ の ε-頸部 N の断面である。したがって、少なくとも $b_1 < b + \Lambda^{-1/2}$ ならば $E_{b_1}^+ \cap \rho_p^{-1}(b_1)$ は N の断面であり、K の連結性と $E_b^+ \simeq S^n \times [a,b]$ から $b_1 < d$ ではこの断面は K の点を含む。したがって、$b_1 \in I$ である。とくに $(a,d) \subset I$ が従い、$d < \infty$ ならば $(a,d] = I$ となることも分かる。$d < \infty$ の場合 E_d^+ の S^n-境界を滑らかな ε-頸部の断面にとりかえて $K \cap M^+ \subset E_b^+ \subset S^+ \subset N$ となるような境界つき多様体 S^+ を構成できる。$d = \infty$ の場合は M^+ 自体が $S^n \times [0,\infty)$ と同相となる。$K \cap M^- \neq \emptyset$ ならば反対側に S^- を作り、$S = S^- \cup \mathcal{N} \cup S^+$ とおけば結論を得る。∎

断面が分離的でない場合も少し工夫して接続原理を適用できる。$\Sigma \subset \mathcal{N}(q)$ を ε-頸部の断面とする。Σ が非分離的なとき、断面で切った連結 S^n-境界つ

き多様体 $M \setminus \Sigma_q$ の可算個のコピー $\{M_i\}_{i \in \mathbb{Z}}$ をとり,その2つの境界成分を Σ_i^+, Σ_i^- とおく. Σ_i^+, Σ_i^- をそれぞれ $\Sigma_{i+1}^-, \Sigma_{i-1}^+$ と貼りあわせることにより得られる M の $\mathbb{Z}$-正規被覆を $\tilde{M}_\Sigma$ とすると,$\tilde{M}_\Sigma$ では $\Sigma_i^\pm$ は連結成分を分離する.

系 4.90(被覆接続原理) M, K, N を補題 4.88 の通りとし,断面 Σ が非分離的とする.このとき補題 4.88 の 1. が成り立つか,$M = N$ で M は S^1 上の S^n-束と同相.

証明 K の各点の 2ε-頸部を $\mathcal{N}'(x)$ とし,$K' = \bigcup_{x \in K} \mathcal{N}'(x)$ とすると K' も連結閉集合である.K' の $\tilde{M}_\Sigma$ への持ち上げの連結成分を $\tilde{K}'$ とする.$K = \tilde{K}', M = \tilde{M}_\Sigma$ として接続原理を適用するとき,境界付き多様体 S の構成から $S = \tilde{K}'$ としてよい.K' が断面 Σ との交点数 0 でない閉曲線 γ を含めば $\tilde{K}'$ は γ の持ち上げの両端に向かって非有界となり,3. のケース,つまり $\tilde{M}_\Sigma = S^n \times \mathbb{R}$ となる.この場合断面 Σ の持ち上げで区切られた領域 $S^n \times [0,1]$ の両端を被覆変換で貼りあわせて M が得られる.そのような γ がなければ $\tilde{K}'$ 上で被覆写像は一対一写像となる.この場合 Σ が非分離的であることから,接続原理の 2. のケースは起こらず,1. のケースが起こる. ∎

時刻 $(-\infty, 0]$ で定義された点つき κ 解が基点 p で $R(p, 0) = 1$ を満たすとき正規 κ 解と呼ぶことにする.3 次元正規 κ 解全体の空間の点列コンパクト性 [Per02, 11.7] を証明しよう.正規 κ 解の列 (S_i, h_i, p_i) が収束部分列を持つことは κ 解の次元と無関係に示すことができる.その極限 (S, h, p) は一般に準 κ 解であるが,κ 解であることを見るのに 3 次元であることを用いる.補題 4.76 によれば収束を見るには時刻 $t = 0$ で任意の半径で一様な曲率評価を与えれば十分である.背理法により曲率評価を導くとき次の技術的な補題を用いる.

補題 4.91 点つき完備リーマン多様体の列 (S_i, h_i, p_i) がある半径 $A > 0$ で $B(p_i, A)$ 上スカラー曲率が一様有界でないとすると $Q_i = R_i(q_i) \to \infty$ となる点列 $q_i \in B(p_i, 2A)$ と半径の列 $r_i \to \infty$ で次の条件を満たすものが存在する.
(a) $B(q_i, r_i Q_i^{-\frac{1}{2}})$ 上 $R_i(x) \leq 4Q_i$. (b) $r_i Q_i^{-\frac{1}{2}} \leq A$.

証明 仮定から $q_i \in B(p_i, A)$ で $Q_i = R_i(q_i) \to \infty$ であるものが選べる.この

とき, $r_i \to \infty$ であって, $r_i Q_i^{-\frac{1}{2}} \leq \frac{A}{2}$ を満たすものを選んでおく. 以下, i を固定して, $q = q_i, Q = Q_i$ を条件を満たすものにとりかえる. もし, $x \in B(q, r_i Q^{-\frac{1}{2}})$ で $R_i(x) > 4Q$ なるものが存在するならば, q, Q をその $x, R_i(x)$ にとりかえる. このとりかえを繰り返しても, $d(p,q) \leq A + \frac{A}{2} + \frac{A}{4} + \cdots \leq 2A$ を満たしているから, q は $B(p, 2A)$ に留まる. 完備性から (S_i, h_i) の曲率も $B(p, 2A)$ 上で有界だから, 上の基点のとりかえを可能な限り繰り返していくと, 有限回で上の条件を満たす x が存在しなくなる. したがって, その時点での q, Q を q_i, Q_i とおくと, $B(q_i, r_i Q_i^{-\frac{1}{2}})$ においては, $R_i(x) \leq 4Q_i$ となり求める列を得る. ∎

系 4.92 任意の $A > 0$ に対して $C(A, \kappa) > 0$ が存在して, κ 解 $(S, h(t))$ 上の放物近傍 $P(x, 0, r)$ が曲率制御されるならば $P(x, 0, Ar)$ 上で $R(x,t) \leq Cr^{-2}$.

証明 放物近傍を $\frac{1}{r}$ 倍にスケーリングして考える. κ 解の列 (S_i, h_i, x_i) 上の曲率制御された $P(x_i, 0, 1)$ に対して, $P(x_i, 0, A)$ 上で一様な曲率評価が成り立たないならば補題 4.76 から $t = 0$ においてもそうである. この際, 時刻 $t = 0$ で補題 4.91 を適用しスケーリングの中心 $q_i \in B(x_i, 0, 2A)$ と Q_i, r_i を選ぶと q_i における乗数 $Q_i^{-\frac{1}{2}}$ の拡大スケーリング列は κ 解に収束する. 一方 $\varepsilon = \frac{\kappa}{(2A+1)^n}$ に対して十分大きな L を選べば定理 4.83 とグロモフ・ビショップの体積比評価 3.65 により

$$\frac{\mathrm{vol}(B(x_i, 0, 1))}{(2A+1)^n} \leq \frac{\mathrm{vol}(B(q_i, 2A+1))}{(2A+1)^n} \leq \frac{\mathrm{vol}(B(q_i, LR(q_i, 0)^{-\frac{1}{2}}))}{L^n R(q_i, 0)^{-\frac{n}{2}}} \leq \varepsilon$$

を得る. 一方 $P(x_i, 0, 1)$ は曲率制御されるので, κ-非崩壊性の定義により $\mathrm{vol}(B(x_i, 0, 1)) > \kappa$ であるから矛盾. ∎

命題 4.93 (S_i, h_i, p_i) を正規 κ 解の列とする. 任意の半径 $A > 0$ に対して $B(p_i, 0, A)$ で曲率は一様に有界である.

証明 $P(p_i, 0, r)$ が曲率制御される最大の r を d_i とする. 一様に $d_i \geq \delta > 0$ であることを示せば, 系 4.92 から結論が従う. $d_i \to 0$ とする. このとき, $\frac{1}{d_i}$ 倍に拡大したスケーリング列 $(\overline{S}_i, \overline{h}_i, p_i)$ を考えると $\overline{R}_i(p_i, 0) \to 0$ であり, また定義から $\overline{R}_i(x_i, 0) = 1, \overline{\rho}_i(x_i, p_i) \leq 1$ なる点が存在する. 上の系 4.92 と補

題 4.76 によるとこの列は準 κ 解 $(\overline{S}, \overline{h}, p)$ に収束するが，$\overline{R}(p, 0) = 0$ であるから命題 3.26 によれば，これはリッチ平坦でなければならない．しかしこれは $\overline{R}(x, 0) = 1, \overline{\rho}(p, x) \leq 1$ なる点の存在に反する． ∎

定理 4.94 3 次元正規 κ 解全体のなす空間は点列コンパクトである．

証明 命題 4.93 から正規 κ 解の列は準 κ 解 (S, h, p) に収束する．あとは (S, h, p) の曲率有界性を時刻 $t = 0$ でいえばよい．(S, h) の曲率が一様有界でなければ ($R(p_i) \to \infty$ となる基点 $p_i \in S$ をとって) 補題 4.91 を適用して S 上に q_i, r_i, Q_i を選ぶ．このとき $(q_i, 0)$ を基点とした乗数 $Q_i^{\frac{1}{2}}$ の拡大スケーリング極限は κ 解 (S_∞, h_∞) に収束する．また，(基点 p について) q_i, r_i は命題 4.82 の仮定を満たすので，(S_∞, h_∞) は $\Sigma^2 \times \mathbb{R}$ と分裂するが，系 4.79 から $S^2 \times \mathbb{R}$ の標準解となる．しかし，$R(q_i, 0) \to \infty$ であるから命題 4.87 2. に矛盾． ∎

系 4.95 (3 次元 κ 解の各点評価) $\eta(\kappa) > 0$ が存在して，任意の 3 次元 κ 解の任意の時空の点 (x, t) において，曲率の微分に関するスケール不変な評価

$$|\nabla R(x, t)| \leq \eta |R(x, t)|^{\frac{3}{2}}, \ |\partial_t R(x, t)| \leq \eta^2 |R(x, t)|^2$$

が成り立つ．

定理 4.94 を用いて 3 次元 κ 解の構造を調べ，分類しよう．κ 解を点 p で $R(p, 0) = 1$ と正規化するスケーリングを基点 p の正規スケーリングと呼ぶ．

補題 4.96 κ 解の列 (M_i, g_i) の基点 $x_i \in M_i$ の正規スケーリング列上に $\rho(y_i, x_i) \to \infty$ なる点列をとると，$R(y_i)\rho(x_i, y_i)^2 \to \infty$．

言い換えると基点 x_i の正規スケーリング列上 $y_i \in M_i$ が有限距離に留まることと基点 y_i の正規スケーリング列上 x_i が有限距離に留まることは同値．

証明 基点 y_i の正規スケーリング列を $(M_i, \tilde{g}_i, y_i)$ とする．$\rho^2 R$ のスケール不変性から $\tilde{\rho}_i(x_i, y_i) = \rho_i(x_i, y_i)^2 R_i(y_i)$ であり，また $\tilde{R}(x_i)\tilde{\rho}_i(x_i, y_i)^2 = \rho_i(x_i, y_i)^2 \to \infty$ である．したがって $\tilde{\rho}_i(x_i, y_i)$ が有界ならば，$(M_i, \tilde{g}_i, y_i)$ 上有限半径内で曲率が発散して命題 4.93 に反する． ∎

まず，非コンパクトなκ解の構造を調べる．$\mathrm{Rm} > 0$でない点が存在する場合，例3.40により局所分裂する．この場合系4.79から普遍被覆は$S^2 \times \mathbb{R}$の標準的なリッチフローとなる．例2.85によりこのようなκ解は$S_0 = S^2 \times \mathbb{R}$自身か，$S_1 = \mathbb{R}P^2 \tilde{\times} \mathbb{R}$かいずれかである．以下では$\varepsilon$-頸点でない$M$の点全体の集合を$M_\varepsilon$と表す．定義から$M_\varepsilon$は閉集合である．

定理4.97（κ解の構造 [Per02, 11.8]）　(M, g)を非コンパクト3次元κ解とする．κに依存して$\varepsilon > 0$を小さくとるとき，M_εはコンパクトであり，ある定数$C(\kappa, \varepsilon) > 0$が存在して

$$\sup_{x \in M_\varepsilon} R(x, 0) \leq CQ, \quad \operatorname{diam} M_\varepsilon \leq CQ^{-\frac{1}{2}}$$

が成り立つ．ここで$Q = \inf_{x \in M_\varepsilon} R(x, 0)$である．

証明　まずコンパクト性を言う．もし$x_i \in M_\varepsilon \to \infty$なる列が存在すれば，補題4.96により$R(x_i)\rho(p, x_i)^2 \to \infty$であり，基点$x_i$の正規スケーリング$(M_i, g_i, x_i)$は定理4.94から$\kappa$解に収束する．このことから$x_i, r_i$が命題4.82の条件を満たすように$r_i \to \infty$を選ぶことができ，スケーリング極限は分裂することがわかる．これは$x_i \in M_\varepsilon$に矛盾する．

次に直径の評価を行う．$\mathrm{Rm} > 0$と仮定してよい．κ解(M, g, p), $(p \in M_\varepsilon)$上にpを始点とする半直線γをとり，ブーズマン関数b_γを考える．コンパクト集合M_ε上で凹関数b_γの最小値は境界点$x \in \partial M_\varepsilon$で実現する．命題4.87からその$2\varepsilon$-頸部の断面$\Sigma = b_\gamma^{-1}(b_\gamma(x))$で$M$はエンド$E$と$M_\varepsilon$を含む有界集合$K$に分離される．直径の評価が成り立たないとすると正規κ解の列(M_i, g_i, p_i)で，上のように選んだ有界開集合K_iが$\operatorname{diam} K_i \to \infty$を満たすものが存在する．$x_i \in \partial (M_i)_\varepsilon, \Sigma_i$も上のように選んで基点$x_i$の正規スケーリング列を考えても補題4.96により$K_i$の直径は発散し，エンド$E_i$と$K_i$の$x_i$から遠い点を結ぶ線分は$\Sigma_i$を必ず通るので直線に収束する．とくに正規スケーリング列の極限は分裂定理4.55と系4.79により$S^2 \times \mathbb{R}$に分裂するが，定義から$x_i \in \partial (M_i)_\varepsilon$は$\varepsilon$-頸部ではないので矛盾．曲率の評価は直径の評価と命題4.93から従う．■

4.7 κ解の分類

κ解の構造 4.97 に対応する主張をコンパクトの場合にも考えたい．コンパクトで局所分裂すれば $S^2 \times S^1$ の標準解の商空間だが，$t \to -\infty$ のとき κ-非崩壊でないからこのケースは排除される．したがってコンパクト κ 解は $\mathrm{Rm} > 0$ であり，定理 3.89 からその位相は S^3 の商空間である．この場合ブーズマン関数の代わりに遠方の点からの距離関数を用いて同じ議論をする．S^3 の商空間は例 2.40 から既約なので補題 4.85 の仮定を満たすことに注意しよう．

系 4.98 ([KL08])　$A(\kappa, \varepsilon), C(\kappa, \varepsilon) > 0$ が存在して，3次元コンパクト正規 κ 解 (M, g, x) の二点 $x, y \in M_\varepsilon$ が $\rho(x, y) > A$ を満たすならば，$M_\varepsilon \subset B(x, C) \cup B(y, CR(y)^{-\frac{1}{2}})$ であり，$B_x = B(x, C), B_y = B(y, CR^{-\frac{1}{2}}(y))$ は非コンパクト κ 解の測地球により ε-正規近似される．

証明　$A_i = \rho(x_i, y_i) \to \infty$ となるが，どんな C に対しても $(M_i)_\varepsilon \subset B_{x_i} \cup B_{y_i}$ とならない正規 κ 解の列 (M_i, g_i, x_i) が存在するとする．このとき極限 $(M_\infty, g_\infty, x_\infty)$ は非コンパクトとなる．また κ 解の構造 4.97 の定数を用いて $C' = C(\kappa, \frac{\varepsilon}{2})^{\frac{3}{2}}$ とすると $(M_\infty)_{\varepsilon/2} \subset B(x_\infty, C')$ である．収束の定義と補題 4.85 から，$B_i^1 = B(x_i, C')$ の境界は ε-頸部の断面で書け，その ε-頸部は $(M_i)_\varepsilon$ を $L_i = B_i^1 \cap (M_i)_\varepsilon$ とコンパクト集合 $K_i := (M_i)_\varepsilon \setminus B_i^1 \ni y_i$ に分ける．x_i に最も近い K_i の点 $z_i \in \partial K_i$ をとると $\rho(x_i, z_i) \to \infty$ である（そうでなければ z_i が $(M_\infty, g_\infty, x_\infty)$ の点に収束し B_i^1 のとり方に反する）．したがって補題 4.85 と M_i の既約性から z_i の近傍の 2ε-頸部の断面 Σ_i は K_i, L_i を分離する．結論を否定しているので $R(z_i)^{\frac{1}{2}} \mathrm{diam}\, K_i \to \infty$ だから，z_i から遠い K_i の点と x_i を結ぶ線分は断面 Σ_i を通り，基点 z_i の正規スケーリング列の極限で直線に収束する．とくにその極限は $S^2 \times \mathbb{R}$ に分裂するが，z_i は ε-頸部でないから矛盾．最後の主張も $A_i \to \infty$ として背理法で議論をすれば従う．　∎

定理 4.99　(κ 解の分類)　非平坦 3 次元 κ 解 $(M, g(t))$ は次のいずれか．

1. $(M, g(t))$ は $S_0 = S^2 \times \mathbb{R}$, $S_1 = \mathbb{R}P^2 \tilde{\times} \mathbb{R}$ の標準解，
2. $(M, g(t))$ は S^3 の標準解の商空間，
3. 漸近ソリトンが S_0 で M は $\mathbb{R}^3$ に同相．
4. 漸近ソリトンが S_0 で M は S^3, $\mathbb{R}P^3$, $\mathbb{R}P^3 \sharp \mathbb{R}P^3$ のいずれかに同相．

5. 漸近ソリトンが S_1 で M は $\mathbb{R}P^3$, $\mathbb{R}P^3 \sharp \mathbb{R}P^3$ のいずれかに同相.
最初のケース以外の κ 解はいずれも $\mathrm{Rm} > 0$ を満たす.

証明 非コンパクト漸近ソリトンが S_0, S_1 に限ることはあとで見ることにしてそれを前提に分類しよう．κ 解が非コンパクトのとき，漸近ソリトンは非コンパクト．κ 解の計量が局所分裂していれば S_0, S_1 のいずれかである．そうでなければ定理 4.64 から $\mathbb{R}^3$ に同相で $\mathbb{R}P^3$ を連結和成分に持たないので漸近ソリトンは S_0 に決まる．漸近ソリトンがコンパクトならば，命題 3.48 から 2. のケースとなるから，コンパクト κ 解が非コンパクト漸近ソリトンを持つ場合の位相を決めればよい．このとき，$t_i \to -\infty$ を満たす時刻列 $t = t_i$ の時間切片が系 4.98 の仮定を満たすことを示そう．

時刻 t_i における基点 $x_i \in M_\varepsilon$ の正規スケーリング列 $\mathcal{M}_i = (M, h_i, x_i, t_i)$ について $\mathrm{diam}(\mathcal{M}_i)_\varepsilon \to \infty$ を示せばよい．定理 4.94 により列の極限 $\mathcal{M}_\infty$ が存在するとしてよいが，漸近ソリトンの非コンパクト性から $\mathcal{M}_\infty$ は非コンパクトである．また $\mathcal{M}_i$ はコンパクトだから距離関数 $\rho(x_i, \cdot)$ の最大値は点 y_i で実現する．極限の非コンパクト性から $\rho(x_i, y_i) \to \infty$ であり，y_i は $\rho(x_i, \cdot)$ の臨界点だから補題 4.85 により $y_i \in M_\varepsilon$ である．とくに $\mathrm{diam}(\mathcal{M}_i)_\varepsilon \to \infty$ が従う．

このような時刻切片の上で系 4.98 における x, y をとり，距離関数 $\rho_x = \rho(x, \cdot)$ に関するモース理論を用いて位相を決定する．a_1 を B_x の半径，$a_2 = \min_{z \in B_y} \rho_x(z)$ とすると補題 4.85 から $\rho_x^{-1}(a_1), \rho_x^{-1}(a_2)$ はいずれも 2ε-頸部の断面で $\rho_x^{-1}([a_1, a_2])$ は正則点しか含まない．とくに系 4.49 から $B(x, -t_i, a_2)$ は B_x と同相である．つまり M は B_x, B_y のキャップ $\hat{B}_x, \hat{B}_y$ の連結和である．系 4.98 の最後の主張に注意するとキャップは S^3 か $\mathbb{R}P^3$ と同相なので 4., 5. の場合の結論を得る． ■

定理 4.100（漸近ソリトンの分類 [Per03b, 1.1]） 3 次元の κ 解の漸近ソリトンは S^3 の標準解の商空間，S_0, S_1 のいずれかである．

証明 正曲率漸近ソリトンがコンパクトであることを示せば系 3.49 から結論

4.7 κ 解の分類

が従う. 漸近ソリトン (M,g) が $\mathrm{Rm} > 0$ で非コンパクトであるとする. まず定理 4.94 から (M,g) が κ 解となることに注意しよう (定理 4.78 は曲率有界性を保証しない). とくに遠方の点は ε-頸部で, 適当な時刻 $t = t_0$ で極限をとるとスカラー曲率は $\limsup_{x \to \infty} R(x, t_0) = 2$ を満たすとしてよく, 遠方に発散する基点に対する極限は $S^2 \times \mathbb{R}$ の標準解となる. また l-関数の極限 l_∞ が p で最小値を取るように基点 p をとる.

以下時刻 $t = t_0$ で考える. 漸近ソリトン上基点 p から遠方の点 $q \in M$ へ結ぶ線分 γ に対して, $X = \dot{\gamma}, L = \rho(p,q) > 2$ とおく. $\phi(s) = s$, $s \in [0,1]$, $\phi(s) = 1$, $s \in [1, L-1]$, $\phi(s) = L-s$, $s \in [L-1, L]$ に対して, 補題 3.73 と同様に第二変分を評価すると

$$0 \leq -\int_\gamma \mathrm{Rc}(\dot{\gamma}, \dot{\gamma}) ds + \int_0^1 + \int_{L-1}^L (n - 1 + \mathrm{Rc}(\dot{\gamma}, \dot{\gamma})) ds$$

を得る. (4.59) を γ に沿って積分すると,

$$\nabla_{\dot{\gamma}} l_\infty(q) = \int_\gamma \nabla_{\dot{\gamma}} \nabla_{\dot{\gamma}} l_\infty = \int_\gamma (-\mathrm{Rc}(\dot{\gamma}, \dot{\gamma}) + 1) ds \geq \rho(p,q) - c(Q+1)$$

であるから, 十分大きな $\rho_0(Q)$ に対して, $M \setminus B(p, \rho_0)$ 上で $|\nabla l_\infty| > 1$ であるから, とくに $B(p, \rho_0)$ の外には l_∞ は臨界点を持たない. さらに系 4.31 により $x \in M \setminus B(p, \rho_0)$ を初期値として l_∞ の勾配 ∇l_∞ に沿った積分曲線は遠方に発散することもわかる. また (4.60) から $(\nabla R, \nabla l_\infty) = 2\mathrm{Rc}(\nabla l_\infty, \nabla l_\infty) > 0$ だから, スカラー曲率 R も勾配流に沿って狭義単調に増加する. したがって $M \setminus B(p, \rho_0)$ 上 $R(x) < 2$, とくに断面曲率は $K < 1$ である.

$(M, g(t_0))$ の非自明正規測地閉曲線の集合を $\mathcal{C}_0$ とし,

$$\mathcal{C} = \left\{ c \in \mathcal{C}_0 \ \middle| \ B\left(c\left(\frac{L(c)}{2}\right), \frac{L(c)}{2}\right) \text{ 上で } R \leq 2. \right\}$$

とおく. $L_0 = \inf_{c \in \mathcal{C}} L(c) \geq 2\pi$ であることを示そう. 実際遠方では $K = 1$ の $S^2 \times \mathbb{R}$ で近似されるので $L_0 < 2\pi$ ならば最小化列 $c_i \in \mathcal{C}$, $L(c_i) \to L_0$ は有界領域にとどまり, L_0 を実現する $\gamma \in \mathcal{C}$ が存在する. このときクリンゲンバーグの

定理 3.58 と同じ議論で γ は閉測地線となるがこれは系 4.65 に反する．とくに定理 3.58 により遠方の点の単射半径は π 以上である．

十分大きな $\alpha > 0$ とブーズマン関数 b_γ をとり，補題 4.85 における ε-頸部の断面 $\Sigma_\alpha = b_\gamma^{-1}(-\alpha)$ を考える．上で示したとおり断面上の点の単射半径 ι は π 以上だが，ε-頸部の中で Σ_α はホモトピー非自明ゆえ $\mathrm{diam}\,\Sigma_\alpha \geq \iota \geq \pi$．一方，遠方の挙動から $\alpha \to \infty$ とするとき，$\mathrm{diam}\,\Sigma_\alpha \to \pi$ である．しかし命題 4.63 によれば，$\lim_{\beta \to \infty} \mathrm{diam}\,\Sigma_\beta = \pi > \mathrm{diam}\,\Sigma_\alpha$ となり矛盾． ■

系 4.101 $\kappa > 0$ によらない普遍定数 $\kappa_0 > 0$ が存在して，S^3 の商空間以外の 3 次元 κ 解は任意のスケールで κ_0-非崩壊．

注意 4.102 実際の特異性解析では 3 次元多様体の素因子分解の成分を見て特異性モデルに現れうる S^3 の商空間は位相的に限定されるから，位相のみに依存する κ_0 で実際に現れるモデルの非崩壊定数を制御できる．

証明 補題 4.17 により κ 解の非崩壊定数 κ は $V_\infty = \lim_{t \to -\infty} \tilde{V}(t)$ により下から評価される．系 4.31 から $l_\infty(q,1) \leq \frac{n}{2} + c\rho^2(x_\infty, q)$ であるので，V_∞ は漸近ソリトンと基点 x_∞ に依存して下から定数 V_0 で評価される．定理から球面の標準解の商空間以外の κ 解の漸近ソリトンは S_0, S_1 だが，この場合は基点 x_∞ によらず V_0 を一様にとることができる． ■

4.8　標準近傍定理

この節では 3 次元の場合にコンパクト性定理 3.88 を次の形に改良する．基点における（スカラー）曲率が十分大きいことだけを仮定していて，コンパクト性定理 3.88 の直後のスケーリング列のように基点で曲率の最大値が実現する，という仮定が一切必要ないというところがこの定理の強力な点である．

定理 4.103　（**3 次元強コンパクト性定理**）　$\kappa > 0$ とする．$(M_i, g_i(t), p_i)$ を 3 次元多様体上時間 $[0, T_i]$ 上定義された完備曲率有界リッチフローの列が条件

1. $Q_i = R(p_i, T_i)$ とするとき，$Q_i T_i \to \infty$ であり，$A_i^2 \leq Q_i T_i$ を満たす実数

列 $A_i \to \infty$ に対して $(M_i, g_i(t))$ は各点でスケール $< A_i Q_i^{-1/2}$ で κ-非崩壊.

2. $(M_i, g_i(t))$ は命題 3.24 の 2. とハミルトン・アイビーの定理 3.51 の曲率評価を満たす.

を満たすとき, $(M, g_i(t), p_i, T_i)$ の正規スケーリング列 $(M_i, \overline{g}_i(t), \overline{p}_i)$ の適当な部分列はある κ 解に収束する

1. が定理 4.3 から, 2. がハミルトン・アイビーの定理 3.51 から, それぞれ保証されることに注意すると背理法により定理 4.103 は次の重要な結論を導く.

系 4.104 (標準近傍定理 [Per02, §12]) $\varepsilon > 0$ とする. 時間 $[0, T)$ 上定義された閉 3 次元多様体上のリッチフロー $(M, g(t))$ に対して, $Q(\varepsilon, g(0), T) > 0$ が存在し, $Q^{1/2} t > 1, R(p, t) \geq Q$ を満たす点 $(p, t) \in M \times [0, T)$ において, $(M, g(t))$ はある κ 解で ε-正規近似される.

定理 4.103 の証明の流れを見ておく. 定理の結論を否定すると, ある $\varepsilon > 0$ が存在して定理の仮定を満たす列だが, (十分大きな i について) いかなる κ 解によっても ε-正規近似されない, という定理の反例が存在する. この列のスケーリングが κ 解に収束すれば矛盾が導かれるが, 直接それを示すかわりに次の仮定を満たすように列をとりかえて収束を示すのが第一のアイデアである.

仮定 4.8.1 任意の $A > 0$ に対して十分大きな i については次の条件が成り立つ: 正規スケーリング列 $(M_i, \overline{g}_i(t))$ の放物近傍 $P(\overline{p}_i, 0, A)$ 上の点 (q, τ) で $\overline{R}(q, \tau) > 4$ が成り立てば $(M_i, \overline{g}_i(t), q, \tau)$ はある κ 解で ε-正規近似される.

この仮定を満たす正規スケーリング列 $(M_i, \overline{g}_i, \overline{p}_i, 0)$ について基点のまわりの小さな放物近傍における局所収束をまず示す. このとき時刻 $t = 0$ における「収束半径」D が定まるが, $D = \infty$ を示す議論に最も重要なアイデアが含まれている. さらに空間全体で曲率が一様有界にとれることは定理 4.94 と同様に示すことができる. このことから「収束時間」$(-\tau, 0]$ が一様にとれることも従う. 最後にハルナック不等式 4.6 と補題 3.73 をうまく用いて $\tau = \infty$ を示す. まず仮定 4.8.1 を満たす列を構成しておこう.

仮定 4.8.1 を満たす反例 基点 (p_i, T_i) をとりかえて条件を満たす列を構成す

る．以下 i を固定して $(M_i, g_i(t))$ 上で考える．$P(p_i, T_i, A_i Q_i^{-\frac{1}{2}}/2)$ の点 (q,t) で $R(q,t) \geq 4Q_i$ を満たすが $(M_i, g_i(t), q, t)$ はどの κ 解でも ε-正規近似されないとする．このとき基点 (p_i, t_i) を (q,t) で置き換えても定理の仮定も背理法の仮定も満たす．完備曲率有界性からスカラー曲率 R_i は（i に依存して）有界なので置き換えを繰り返していくと有限回のうちに新しい置き換えができなくなり，仮定 4.8.1 を満たすような基点が選ばれる． ■

以降 $(M_i, \overline{g}_i)$ は仮定 4.8.1 を満たすとしよう．必要ならば ε を κ のみに依存して小さくとりかえてよいからスケーリング列 $(M_i, \overline{g}_i)$ の放物近傍 $P(p_i, 0, A_i)$ 上の点で $\overline{R}_i(x,t) > 4$ が成り立てば 3 次元 κ 解の各点評価 4.95 に対応する評価

$$|\nabla R(x,t)| \leq 2\eta |R(x,t)|^{\frac{3}{2}}, \ |\partial_t R(x,t)| \leq 2\eta^2 |R(x,t)|^2 \tag{4.65}$$

が成り立つとしてよい．このとき

補題 4.105 スケーリング列 $(M_i, \overline{g}_i(t))$ 上の点 $(x_0, 0) \in P(\overline{p}_i, 0, \frac{A_i}{2})$ に対して $\overline{Q} = \overline{R}_i(x_0, 0) + 1$ とおくとき，ある普遍定数 $a > 0$ に対して $P(x_0, 0, a\eta^{-1} \overline{Q}^{-\frac{1}{2}})$ 上 $\overline{R}_i(x,t) \leq 8\overline{Q}$ が成り立つ．

証明 $x \in B(x_0, 0, r)$ に対して $\overline{R}_i(x,0) \leq 6\overline{Q}$ が成り立つような最大の $r \in (0, \frac{A_i}{2}]$ をとり，$r < \frac{A_i}{2}$ として $\rho_{t_0}(x_0, y_0) = r$ で $\overline{R}_i(y_0, 0) = 6\overline{Q}$ となる点を選ぶ．このとき，$(x_0, 0), (y_0, 0)$ を結ぶ線分を γ とし，$f(s) = \overline{R}_i(\gamma(s), 0)$ とおく．$s \in [s_0, r]$ で $f(s_0) = 4\overline{Q} \leq f(s) \leq 6\overline{Q}$ が成り立つとき，(4.65) により f はこの区間で $|f'(s)| \leq 2\eta f(s)^{\frac{3}{2}}$ を満たす．これを積分すると，

$$|f(s_0)^{-\frac{1}{2}} - f(r)^{-\frac{1}{2}}| = |\overline{R}_i(\gamma(s_0), 0)^{-\frac{1}{2}} - \overline{R}_i(\gamma(r), 0)^{-\frac{1}{2}}| \leq 2\eta(r - s_0)$$

を得る．とくに $r \geq c\eta^{-1} \overline{Q}^{-1/2}$ であるから $(q,t) \in B(x_0, 0, c\eta^{-1} \overline{Q}^{-1/2})$ に対して $\overline{R}_i \leq 6\overline{Q}$ である．(4.65) の $\partial_t R$ の評価を用いて同様に議論すると時間 $[-c\eta^{-2} \overline{Q}^{-1}, 0]$ で $\overline{R}_i(q,t) \leq 8\overline{Q}$ が成り立つことも従う． ■

スケーリング列 $(M_i, \overline{g}_i(t))$ に関して収束半径 D を次のように定義しよう．

$$D = \sup \left\{ r > 0 \ \Big| \ \limsup_{i \to \infty} \sup_{q \in B(\overline{p}_i, 0, r)} \overline{R}_i(q, 0) < \infty \right\}.$$

補題4.105から$a\eta^{-1} < D \leq \infty$であり, $r < D$に対して$B(\bar{p}_i, 0, r)$上曲率一様有界である. 与えられた$0 < \rho < 1$に対してΩ_ρ^iを$\overline{R}_i < \rho^{-2}$を満たす$(M_i, \bar{g}_i(0))$の点のなす開集合の$\bar{p}_i$を含む連結成分とする. このとき$\bar{p}_i$と$\partial \Omega_\rho^i$の距離を$D_i(\rho)$とする. また定義から

$$D(\rho) := \liminf_{i \to \infty} D_i(\rho) \leq D, \ \lim_{\rho \downarrow 0} D(\rho) = D \tag{4.66}$$

である. 補題4.105から$D(\rho) < \infty$ならば, $D(\rho) < D$であることも従う. Dの定義には時刻$t = 0$における曲率の評価だけが関係するが, 補題4.105により適当な$\tau_\rho > 0$に対して$P(\bar{p}_i, 0, D(\rho), \tau_\rho)$上では曲率は一様に評価される. とくに定理の条件2., 命題3.90およびコンパクト性定理3.88により

補題4.106 スケーリング列$(M_i, \bar{g}_i, \bar{p}_i)$の適当な部分列をとると, 任意の$A < D$に対して, $\tau(A) > 0$が存在して放物近傍$P(\bar{p}_i, 0, A, \tau\eta^{-2})$において部分列が収束し, その極限では$\mathrm{Rm} \geq 0$, $R > 0$が成り立ち, 仮定4.8.1, 補題4.105も保たれる.

とくに半径$< D$の範囲では時刻$t = 0$における極限の(完備とは限らない)点付きリーマン多様体(Ω, p)を考えることができる. Ω上で補題4.105の評価から対角線論法によりΩ上の可算点列q_αの各点で$P(q_\alpha, 0, cR_\Omega(q_\alpha)^{-1/2})$上局所的に定義された極限のリッチフローが定まっていてその時刻$t = 0$の計量とΩの計量が一致しているとしてよい. これを$q_\alpha \in \Omega$はリッチフローで**サポート**されているということにする.

$D < \infty$であるとすると, 定義により$q \in B_\Omega(p, D(\rho))$で$R_\Omega(q) = \rho^{-2}$を満たす点$q$が存在するから点列$q_\alpha \in \Omega$で$R_\Omega(q_\alpha) \to \infty$, $\rho_\Omega(p, q_\alpha) \to D$となるものを選ぶことができる. pからq_αへ結ぶ正規線分γ_αは$[0, D)$上で正規線分γに広義一様収束するとしてよい. γを**特異測地線**ということにする.

補題4.107 $D < \infty$とする. Ωの特異測地線γに対して,

$$\lim_{s \uparrow D} R_\Omega(\gamma(s)) = \infty, \ \liminf_{s \uparrow D} R_\Omega(\gamma(s))(D - s)^2 \geq \varepsilon^{-2}$$

とくに, $D - s$が十分小さいとき, 点$q = \gamma(s)$の近傍$B(q, \varepsilon^{-1} R(q)^{-\frac{1}{2}})$はある

κ解 (S,h,q) の時間 $t=0$ での計量で ε-正規近似されている.

証明 $R_\Omega(\gamma(s_j))$ が一様に有界であるような列 $s_j \to D$ が存在したとする. このとき,補題 4.105 から j によらない $r>0$ が存在して $B(\gamma(s_j),r)$ 上で $R_\Omega \leq 8r^{-2}$ となるから適当な $\delta>0$ に対して $\gamma([0,D))$ の δ 近傍 U_δ では曲率一様有界としてよい.このとき $\gamma_\alpha \to \gamma$ の広義一様収束から $\gamma_\alpha(D - \frac{\delta}{100}) \in U_{\delta/10}$ と仮定してよいが,これは $q_\alpha = \gamma_\alpha(D(\rho_\alpha)) \in U_\delta$ を導く.しかし $R(q_\alpha) \to \infty$ なので U の曲率一様有界性に反する.したがって $R(\gamma(s))$ の発散を得る.とくに s が D に十分近ければ $\gamma(s)$ において Ω は κ 解で ε-正規近似され,$Q = R_\Omega(\gamma(s))$ とおくと $B = B_\Omega(\gamma(s), \varepsilon^{-1} Q^{-1/2})$ 上で $|R_\Omega| \leq CQ$ が成り立つ.とくに 2 つめの極限の不等式が成り立たなければ $\gamma([s,D)) \subset B$ となって $R(\gamma(s))$ の発散に反する. ∎

スケーリング列 $(M_i, \bar{g}_i, \bar{p}_i)$ の収束半径が $D = \infty$ であることを見るために ε-頸部の幾何を用いてもっと詳しく Ω を解析しよう.そのためには κ 解で近似されているだけでは不十分なので次の定義をしておく.

定義 4.108(局所 ε-分裂) リーマン多様体 (M^3,g) が点 p_0 において,ある κ 解の時刻 $t=0$ の計量により ε-正規近似されているとする.p_0 を通る線分 $x_0 x_1$ で $\rho(x_i, p_0) R(p_0)^{\frac{1}{2}} > \varepsilon^{-1}$, $i=0,1$ なるものが存在するとき,(M^3,g) は p_0 で局所 ε-分裂しているという.

定理 4.94, κ 解の分類 4.99 から普遍定数 $\delta \in (0, \frac{1}{100})$ に対して ε を小さくとりなおせば Ω 上局所 ε-分裂している点 $x_0 \in \Omega$ は δ-頸点である.$\bar{s}$ を D に十分近くとれば補題 4.107 により Ω は $\gamma(\bar{s})$ において局所 ε-分裂しているから,$\gamma(\bar{s})$ は δ-頸点である.$U_{\bar{s}} = \{x \in \Omega \mid \rho_\Omega(p,x) \geq \bar{s}\}$ とおき,$U_{\bar{s}}$ の $\gamma((\bar{s}, D))$ を含む連結成分を U とする.また $\rho_p(x) = \rho_\Omega(x,p)$ を距離関数とする.

補題 4.109

1. $U \subset \bigcup_{s \geq \bar{s}} \mathcal{N}_\delta(\gamma(s))$. ($\mathcal{N}_\delta(x)$ は定義 4.84 の δ-頸部)
2. $\gamma(s)$, $(s > \bar{s})$ における δ-頸部の断面 Σ_s は Ω の連結成分を分離する.

3. U は $\rho_p(x)$ の正則点からなり，とくに $S^2 \times [\bar{s}, D)$ と同相．

証明 1. を示すには $K = \bigcup_{s \geq \bar{s}} \mathcal{N}_\delta(\gamma(s))$ とするとき，$U_{\bar{s}} \cap \operatorname{Int} K = U_{\bar{s}} \cap K$ を示せば十分．$x \in U_{\bar{s}} \cap K$ は適当な $s \in [\bar{s}, D)$ に対して $x \in \mathcal{N}_\delta(\gamma(s))$ であるが，このとき $\mathcal{N}_\delta(\gamma(s)) \cap \gamma$ 上の点で x に最も近い点 $\gamma(s')$ は

$$\rho(\gamma(s'), x) \leq 10 R^{-\frac{1}{2}}(\gamma(s')), \quad \frac{R(\gamma(s))}{2} \leq R(\gamma(s')) \leq 2R(\gamma(s))$$

を満たす．$s' \geq \bar{s}$ ならば $x \in \operatorname{Int} \mathcal{N}_\delta(\gamma(s')) \subset \operatorname{Int} K$ が従う．そうでなければ $x \in U_{\bar{s}}$ と三角不等式から $s' \geq \bar{s} - 10R^{-\frac{1}{2}}(\gamma(s))$ が成り立つので $x \in \operatorname{Int} \mathcal{N}_\delta(\gamma(\bar{s})) \subset \operatorname{Int} K$ を得て，いずれの場合も目的の包含関係を得る．2. を示す．1. から任意の $x \in U$ に対して，$\rho(x, \gamma(s)) \leq 10R^{-\frac{1}{2}}(x)$ なる s が存在し，$|\rho_p(x) - s| \leq 10R^{-\frac{1}{2}}(x)$ を満たす．このことから距離関数 ρ_p を $U \setminus \mathcal{N}_\delta(\gamma(s))$ に制限すると $(\rho_p(\gamma(s)) - 50R^{-\frac{1}{2}}(\gamma(s)), \rho_p(\gamma(s)) + 50R^{-\frac{1}{2}}(\gamma(s)))$ の値をとらないとしてよく，ρ_p の像が連結でないので結論を得る．3. は補題 4.85 と接続原理 4.88 の議論を用いればよい． ■

命題 4.110

1. U の完備化 W は一点 $\gamma(D) := \lim_{s \uparrow D} \gamma(s)$ を U に付け加えることにより得られる．

2. U の二点は $K = \bigcup_{s \geq \bar{s}} \mathcal{N}_\delta(\gamma(s))$ の中で最短測地線により結ばれる．

証明 U のコーシー列 x_i が U の収束列でなければ $a_i = \rho_p(x_i) \to D$ を満たし，補題 4.109 により $\rho_p^{-1}(a_i) \cap U$ は $\gamma(a_i)$ における δ-頸部の断面だから $\rho(\gamma(a_i), x_i) \to 0$ となり x_i によらず同値なコーシー列となる．したがって 1. を得る．2. を得るには完備な場合の証明（[CE75, Chapter 1 §4]）を真似する．κ-非崩壊性に関する仮定から $x \in U$ に対して単射半径が $\iota_x \geq C(\kappa)R^{-\frac{1}{2}}(x)$ を満たすことに注意する．$\rho_p(x_0) \leq \rho_p(x_1)$ とし，$x_0, x_1 \in U$ を結ぶ線分の存在を示す．x_0 を始点とする正規測地線 γ で十分小さな $s \geq 0$ に対しては

$$L(\gamma : 0, s) + \rho(\gamma(s), x_1) = \rho(x_0, \gamma(s)) + \rho(\gamma(s), x_1) = \rho(x_0, x_1) \tag{4.67}$$

となるものの存在はよい．また補題 4.109 と三角不等式から γ が K の外にでる

と γ が最短でなくなることが分かるので γ は定義される限り K に留まる. もし, γ が $[0, \rho(x_0, x_1)]$ で定義されるならば完備の場合の証明はそのまま通用するから, $[0, l), l < \rho(x_0, x_1)$ が最大存在時間であるとする. このとき, 単射半径の評価から $\lim_{s \to l} R(\gamma(s)) = \infty$, したがって $\lim_{s \to l} \rho_p(\gamma(s)) = D$ である. 補題 4.109 により γ はある $s_0 < l$ で x_1 における断面 Σ_{s_0} と交わり, $\rho(\gamma(s_0), x_1) < 10 R(x_1)^{-\frac{1}{2}}$ を満たすが, 一方で $\lim_{s \to l} \rho(\gamma(s), x_1) > 100 R(x_1)^{-\frac{1}{2}}$ となる. しかしこれは (4.67) から $\rho(\gamma(s), x_1)$ は単調減少であることに反する. ∎

命題 4.110 から U の二点 $x, \gamma(s)$ を結ぶ線分の極限として $x, \gamma(D)$ を結ぶ完備化 W の線分が得られる. とくに $\gamma(D)$ の十分小さな近傍の二点は W の中で線分で結べる. この意味で W は局所測地完備である. したがって測地三角形に関して距離関数の比較定理 4.33 の証明はそのまま適用できるので, 極限として得られる $\gamma(D)$ を頂点とする W の三角形に関しても比較定理が正しいから, W は局所測地完備アレクサンドロフ空間である. この状況のもとで接錐の存在 4.72 の議論は適用できるから $\gamma(D)$ における接錐の存在が分かる.

命題 4.111 $D = \infty$.

証明 $D < \infty$ とする. 補題 4.85 の議論を $\gamma(D)$ からの距離関数に適用すると $\partial B_W(\gamma(D), a)$ は $\gamma(D-a)$ における ε-頸部の断面 $\Sigma(a)$ となる. このとき, $p, q \in \Sigma(a)$ を任意にとり, 線分を $\gamma_1 = p\gamma(D), \gamma_2 = q\gamma(D)$ とする. $\lambda \in (0,1)$ に対して, γ_1, γ_2 と $\Sigma(\lambda a)$ が交わる点をそれぞれ r, s とすると, 比較角度の単調性から $\lambda \rho(p, q) \leq \rho(r, s)$ を得る. したがってとくに ε-頸部の断面の直径を曲率で評価すれば, 定数 $c(\varepsilon, \kappa) > 0$ により

$$\lambda \operatorname{diam} \Sigma_a \leq \operatorname{diam} \Sigma_{\lambda a} \leq c R_W^{-\frac{1}{2}}(\gamma(D - \lambda a))$$

なる評価を得る. とくに

$$\limsup_{s \downarrow 0} R(\gamma(D-s)) s^2 < \infty \qquad (4.68)$$

を得る. この評価は $\gamma(D)$ において拡大スケーリングを施し, 接錐に収束するグロモフ・ハウスドルフ極限をとるとき $\gamma(D-s)$ でのスケーリングされた曲

率が有界であることを意味する．この極限をとるとき，$\gamma(D-s)$の近傍がリッチフローでサポートされていることに注意してコンパクト性定理3.88を適用すると計量錐（の開集合）をサポートする極限のリッチフローが得られる．もちろんこのリッチフローは$\mathrm{Rm} \geq 0$だから命題3.43により平坦である．とくに(4.68)の極限はゼロである．しかしこれは補題4.107の不等式に反する．■

命題4.111から$(M_i, \overline{g}_i)$の時刻$t=0$における計量$\overline{g}_i(0)$は任意の半径で収束するとしてよい．したがって極限(Ω, g_0)は完備リーマン多様体である．

命題 4.112（空間大域収束） スケーリング列$(M_i, \overline{g}_i, \overline{p}_i)$の適当な部分列は適当な時間$[-\tau, 0]$において曲率一様有界完備リッチフローに収束する．

証明 Ω上で曲率が空間全体で一様有界であることさえ示せば，補題4.106により，ある時間$[-\tau, 0]$上でリッチフローとして$(M_i, \overline{g}_i)$が収束することまで分かる．Ωは非コンパクトとしてよい．Ωの曲率が一様有界でないならば，Ω上補題4.91を適用し，遠方に発散する$x_i \in \Omega$と半径r_iが選べる．基点x_iの正規スケーリング列は補題4.106からある一様な時間$[-\tau, 0]$で定義されたリッチフローにサポートされていて，そのリッチフロー列が収束するとしてよい．この際，命題4.82の議論により極限のリッチフローが分裂する．極限は古代解とは限らないが，x_iの近傍はもともとκ解でε-近似されていて，しかも分裂するからδ-頸部であることが分かる．しかしこれは命題4.87に反する．■

あとはスケーリング列$(M_i, \overline{g}_i, \overline{p}_i)$が時間$(-\infty, 0]$において収束することを見ればよい．最大収束時間$\tau_0 \in (0, \infty]$を$M_i \times [-\tau, 0]$で$(M_i, \overline{g}_i, \overline{p}_i)$の曲率が一様に有界であるような$\tau > 0$の上限として定義する．時間$(-\tau_0, 0]$での列の極限を$(\overline{M}, \overline{g}, \overline{p})$とする．$\overline{Q} = \sup_x \overline{R}(x, 0)$とする．

補題 4.113 $C(\overline{Q}, \tau_0) > 0$が存在して，任意の$x, y \in \overline{M}$，$\tau \in [0, \tau_0)$に関して$\rho_{-\tau}(x, y) \leq \rho_0(x, y) + C\tau$が成り立つ．

証明 (4.11)から得られる不等式$\partial_t R + \frac{R}{t} \geq 0$を積分して，

$$\overline{R}(x, t) \leq \frac{\overline{Q} \tau_0}{\tau_0 + t} := \mathcal{R}(t)$$

を得る．補題 3.73 を $r = \mathcal{R}(t)^{-\frac{1}{2}}, K = \mathcal{R}(t)$ として適用すると，不等式 $d_t^- \rho(x,y) \geq -c\mathcal{R}(t)^{\frac{1}{2}}$ が従う．これを積分して結論が従う． ∎

定理 4.103 の証明　$\tau_0 < \infty$ と仮定すると任意の $A > 0$ に対して

$$\liminf_{\tau \uparrow \tau_0} \inf_{x \in B(p,0,A)} \overline{R}(x, -\tau) = \infty \qquad (4.69)$$

が成り立つ（つまり $\tau \uparrow \tau_0$ とするとき有限半径内では一斉に曲率が発散する）．実際そうでなければ $q_i \in B(\overline{p}, 0, A), \tau_i \to \tau_0$ となる列で $R_{\overline{M}}(q_i, -\tau_i)$ が一様に有界なものが存在する．しかし，命題 4.111 の議論を $(q_i, -\tau_i)$ を基点として適用すると，($\rho_{-\tau_i}$ に関する) 任意の半径で曲率が一様に評価され，さらに空間大域収束 4.112 からその曲率評価は半径によらないことも従う．したがって，A, i によらない $\overline{\tau}, \Lambda > 0$ が存在して，$P(\overline{p}, -\tau_i, A, \overline{\tau})$ で一様な曲率評価 $|\mathrm{Rm}| < \Lambda$ が十分大きな i について成り立ってしまう．補題 4.113 から $t = 0$ と $t = -\tau_i$ の距離関数は高々 $C\tau_0$ しか違わないから，結局 $\tau_1 > \tau_0$ が存在して時間 $(-\tau_1, 0]$ で $(M_i, \overline{g}_i, \overline{p}_i)$ が任意の半径で収束して，τ_0 の定義に反する．

$\overline{M}$ がコンパクトならばこの時点で矛盾を得る．実際補題 4.113 から $\tau \in (-\tau_0, 0]$ で $\overline{M}$ の直径は一様に有界であるから，(4.69) から $\tau \uparrow \tau_0$ のとき，$\inf_x \overline{R}(x, -\tau) \to \infty$ が従う．一方初期計量 $g(-\tau)$ に対するコンパクトリッチフローの存在時間は τ 以上のはずだがこれは命題 3.24 に反する．

$\overline{M}$ がコンパクトでないとする．時刻 $t = 0$ において曲率は一様有界だから κ-非崩壊性から $(M, g(0))$ の単射半径は一様に $\iota > 0$ より大きい．補題 4.113 の定数 C に対して $r_0 \in (0, \min(40C\tau_0, \iota))$ を小さくとる．このとき，時刻 $t = -\tau$ において，$\rho_{-\tau}(x, \overline{p}) = 100C\tau_0$ なる点を選び $\overline{p}, x$ を結ぶ線分 γ とその上の中点 m をとる．$\tau \uparrow \tau_0$ とするとき (4.69) から $(\overline{M}, g(\tau))$ は m において ε-局所分裂し，とくに m は δ-頸点である．m における断面 Σ_m をとると (4.69) から $\mathrm{diam}_\tau \Sigma_m \to 0$ であるから $\mathrm{diam}_\tau \Sigma_m < \frac{r_0}{2}$ としてよい．$\mathrm{diam}_0 \Sigma_m \leq \mathrm{diam}_\tau \Sigma_m$ だから $\Sigma_m \subset B = B(m, 0, r_0)$ である．$\Sigma_m \simeq S^2$ は $\overline{M}$ を 2 つの連結成分に分離し一つの成分は $B \simeq \mathbb{R}^3$ に含まれる．$\overline{p}, x$ は Σ_m で分離されるが，例えば $\overline{p} \in B$ とすると補題 4.113 から $49C\tau_0 = \rho_{-\tau}(m, \overline{p}) - C\tau_0 \leq \rho_0(m, \overline{p}) \leq r_0 \leq 40C\tau_0$ となり矛盾． ∎

4.9 特異時刻における連結和分解

前節までの結論を用いてリッチフローの有限時間特異性（2.7節のハミルトン・ヤウプログラムの (HY1),(HY3) に当たる部分）の解析を行う．この解析は [Per03b] において技術的な議論により実行されたが，本書では主要な主張をスケッチして全体の流れをみるに留める．詳細な証明は [MT07, Part 3] にある．

以降 $\varepsilon > 0$ は十分小さな普遍定数とする．閉3次元多様体 M 上のリッチフロー $(M, g(t))$ を考え，標準近傍定理 4.104 の Q に対して $\bar{r} = Q^{-1/2}$ とおく．$(M^3, g(t))$ がスケール $< \varepsilon$ で κ-非崩壊であるならば3次元強コンパクト性定理 4.103 により $\bar{r}$ は κ, ε によって決まる定数である．さらに初期計量 $g(0)$ が $|\mathrm{Rm}| \leq 1$ と $\mathrm{vol}(B(x,r), g(0)) \geq r^3$ ($x \in M, r \leq 1$) を満たすように正規化する．このとき $(M, g(t))$ はハミルトン・アイビーの定理 3.51 と命題 3.24 の曲率評価を満たし，定理 4.3 の結論が M の位相のみによる定数 κ について成り立つ．

時間 $[0, T)$ を $(M^3, g(t))$ の最大存在時間とする．最初の特異時刻 $t = T$ での特異性を解析しよう．「正則点」の集合を

$$\Omega = \left\{ x \in M \ \middle| \ \liminf_{t \to T} R(x, t) < \infty \right\}$$

で定める．Ω は空集合であるかもしれない．また，$\rho \in (0, 1)$ に対して

$$\Omega_\rho = \left\{ x \in \Omega \ \middle| \ \liminf_{t \to T} R(x, t) \leq \rho^{-2} \right\}$$

とおく．$R(x, t) > \bar{r}^{-2}$ ならばとくに (4.65) が成り立つから補題 4.105 と同様に次の結論を得る（系 4.101 により定数 η, C は κ に依存しないことに注意）．とくに Ω, Ω_ρ の定義の極限は $\limsup$ に置き換えてよい．

<u>補題 4.114</u>　$(M, g(t))$ の時空の点 (x_0, t_0) に対して $\overline{Q} = R(x_0, t_0) + 1$ とおく．このとき，$C(\varepsilon) > 0$ が存在して，$P(x_0, t_0, C\overline{Q}^{-\frac{1}{2}})$ 上で $R \leq 8\overline{Q}$．

<u>補題 4.115</u>
1. Ω は M の開集合．Ω_ρ はコンパクト集合．

2. $g_{ij}(t)$ は $t \uparrow T$ のとき，Ω 上リーマン計量 $\overline{g}_{ij}$ に広義一様に C^∞ 級収束し，$x \in \Omega_\rho$ に対して，$P(x, T, C\rho)$ 上の C^∞ 級計量を定める．

証明 $x \in \Omega_\rho, \overline{t} = T - C\rho^2$ とする．補題 4.114 により $B(x, \overline{t}, C\rho) \subset \Omega$ であるから Ω は開集合．さらにコンパクト性定理 3.88 により計量の収束を得る．したがって，とくにスカラー曲率 R は Ω 上の滑らかな関数となるから，Ω_ρ は Ω の閉集合で，$\rho_{\overline{t}}(\Omega_\rho, M \setminus \Omega) > \frac{C\rho}{2}$ から Ω_ρ のコンパクト性を得る． ∎

補題 4.116 $\rho < \frac{\overline{\tau}}{10}$ とする．Ω_ρ の点を含む $(\Omega, \overline{g}_{ij})$ の連結成分は有限個．

証明 Ω^0 を Ω_ρ の点を含む Ω の連結成分とする．$\Omega^0 \subset \Omega_\rho$ ならば，補題 4.115 から Ω^0 はコンパクトで $M = \Omega^0$ となるが，これは T が特異時刻であることに反する．したがって，$x \in \partial\Omega_\rho \cap \Omega^0$ が存在し，$B(x, T, C\rho) \subset \Omega^0$ である．標準近傍定理 4.104 から $B(x, T, \varepsilon^{-1}\rho)$ は κ 解で ε-正規近似されるから $\text{vol}\,\Omega_0 > \text{vol}(B(x, T, C\rho)) > C\rho^3$. 一方，命題 3.24 から $M \times [0, T)$ で $R > -3$ なので体積の増大は $d_t \text{vol}(M, g(t)) \leq 3\text{vol}(M, g(t))$ と評価され $t \in [0, T)$ で

$$\text{vol}(M, g(t)) \leq \text{vol}(M, g(0)) \exp 3T \tag{4.70}$$

が成り立つ．したがって $\Omega^0 \cap \Omega_\rho \neq \emptyset$ なる連結成分は有限個しかない． ∎

$x \in \Omega \setminus \Omega_\rho$ の近傍は κ 解の分類 4.99 と標準近傍定理 4.104 から次のいずれかの形に書ける．

1. $B(x, T, \varepsilon^{-1}R(x,T))$ は M の連結成分と一致して，その位相は S^3 の商空間または $\mathbb{R}P^3 \sharp \mathbb{R}P^3$ と微分同相．
2. $P(x, T, \varepsilon^{-1}R(x,T)^{-\frac{1}{2}})$ は ε-頸部である．
3. $B = B(x, T, C(\varepsilon)R(x,T)^{-\frac{1}{2}}/2)$ は B^3 または $\mathbb{R}P^3 \setminus \text{Int}\,B^3$ と微分同相で，その境界は ε-頸部である．$B \simeq B^3$ のとき B を ε-**帽部**，そうでなければ B を ε-**歪帽部**と呼ぶ．

このような近傍を**標準近傍**と呼ぶことにする．Ω_ρ の点を含む Ω の連結成分の一つを Ω^0 とする．1.のケースは位相が決定するのでそうでないと仮定する．前節と同様に $p \in \Omega^0$ を始点として，$D \in (0, \infty]$ に対して γ が $\lim_{s \uparrow D} R(\gamma(s)) = \infty$

4.9 特異時刻における連結和分解

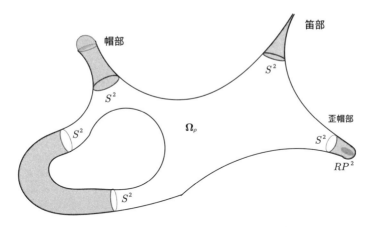

図 4.2 特異時刻における様子

を満たす測地線を特異測地線と呼ぶことにする．γ の先端の点は局所 δ-分裂しているので ε-頸部である．これについて補題 4.109 と同様の結論が成り立つ．とくに $E = \Omega^0 \setminus \Omega_\rho$ の連結成分 E^0 の曲率が非有界ならば $R(q_i) \to \infty$ となる列 $q_i \in E^0$ と p を結んだ線分の極限として先端が E^0 に入る特異測地線 γ が得られる．接続原理 4.88 により E は $S^2 \times [0, D)$ と同相な近傍を持つ．E の曲率が有界な場合はコンパクトなので接続原理 4.88 や被覆接続原理 4.90 を直接適用して次を得る（図 4.2）．

命題 4.117 Ω^0, ρ を上の通りとする．このとき，S^2-境界つき部分多様体 $E \subset \Omega_0$ で次の性質を持つものが存在する．

1. $E, \partial E$ はいずれも有限個の連結成分を持ち，∂E の近傍は ε-頸部．
2. $\Omega^0 \setminus \Omega_{\rho/10} \subset E$．
3. E の連結成分 E^0 は次のいずれかを満たす．
   (a) 曲率非有界ならば E^0 は $S^2 \times [0, \infty)$ と同相．この場合 E^0 を ε-**笛部**という．
   (b) ε-帽部を含むならば E^0 自身が B^3 と同相．
   (c) ε-歪帽部を含むならば E^0 自身が $\mathbb{R}P^3 \setminus \text{Int } B^3$ と同相．
   (d) 上のいずれでもなければ，E^0 は $S^2 \times [0, 1]$ と同相．

$\Omega^1, \ldots, \Omega^k$ を Ω の連結成分で Ω_ρ の点を含むものとする. このとき, Ω^i から命題 4.117 の境界つき多様体 E を取り除いたものを X^i とする.

命題 4.118（[Per03b, §3]）
1. $\Omega_\rho = \emptyset$ であるとき, M の普遍被覆が S^3 であるか, M は $S^2 \times S^1$, $\mathbb{R}P^3 \sharp \mathbb{R}P^3$ と位相同型であるかのいずれかである.
2. $\Omega_\rho \neq \emptyset$ であるとする. このとき, X^i の境界成分を全てキャップした閉多様体を $\hat{M}_1, \ldots, \hat{M}_k$ とすると, M は適当な l, m に対して

$$\hat{M}_1 \sharp \cdots \sharp \hat{M}_k \sharp (\sharp^l S^2 \times S^1) \sharp (\sharp^m \mathbb{R}P^3)$$

なる連結和と同相である.

注意 4.119 $\Omega_\rho = \emptyset$ の場合がハミルトン・ヤウプログラムの (HY3) に当たる.

証明 T の少し前の時刻 t_0 において $x \notin \Omega_\rho$ では $R > (2\rho)^{-2}$ であるから補題 4.114 により x は標準近傍を持つ. $\Omega_\rho = \emptyset$ の場合接続原理 4.88, 被覆接続原理 4.90 を用いて結論が従う. $\Omega_\rho \neq \emptyset$ の場合も時刻 t_0 で命題 4.117 と同じように標準近傍を用いて $M \setminus \Omega_\rho$ を解析できる. 時刻 t_0 では曲率有界だから, ε-笛部以外のケースが起こりうる. ∎

ハミルトン・ヤウプログラムの (HY1) を実行するには特異時刻における ε-笛部の中の ε-頸部の断面 Σ をキャップして, それを初期値として再びリッチフローを走らせる（このとき Ω_ρ と交わらない Ω の連結成分の位相は命題 4.118 により決定されるから初期値には含めず捨ててしまうことにする. また, もちろん新しいリッチフローの位相は連結とは限らない）. これを繰り返して特異時刻における手術付きリッチフローを時刻 $[0, \infty)$ で構成しなければならない. 特異時刻が集積しないことを示したいのだが, それを保証するにはかなり複雑な議論を行う必要がある.

$\mathbb{R}^3$ 上 $O(3)$ 不変な計量を持つ正曲率完備リーマン多様体 $(\mathbb{R}^3, G)$ で遠方では $S^2 \times \mathbb{R}$ の標準的な計量を持つものを用意しておく. これは特異時刻における手術を行うための「標準的キャップ」となる. $(\mathbb{R}^3, G)$ の十分大きな測地球 $B(0, A)$ の境界は $S^2 \times \mathbb{R}$ の断面となっているが, 上の断面 Σ の曲率 h^{-2} に合

4.9 特異時刻における連結和分解

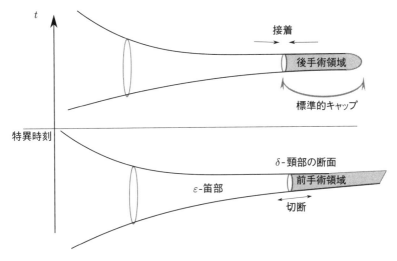

図 4.3 手術領域

わせて $B(0, A)$ をスケーリングして貼りあわせることにより上に述べた手術を実行する（図 4.3）．このとき，具体的な構成によりハミルトン・アイビーの定理 3.51，命題 3.24 の曲率評価は保たれることが分かる．この手術を行うと Σ で切り落とされた ε-笛部の先端の領域は手術時刻で消滅してそれ以降の時刻には存在しない．この領域を**前手術領域**と呼ぶ．逆に標準的キャップが貼りあわされた部分は手術時刻以前には存在しない．この領域を**後手術領域**と呼ぶ．このような手術領域を含めて手術付きリッチフローの時空を考える．また $B(x, t, r) \times [t - \tau, t]$ が手術領域の点を含まない場合のみに放物近傍 $P(x, t, r, \tau)$ を考えることにする．以降手術付きリッチフローは常に閉三次元多様体上のものとし，上の曲率評価を満たすものを考える．

このような手術を行いながら特異時刻で命題 4.117，命題 4.118 と同様の解析を行うには標準近傍パラメータ $\bar{r}$ を制御しなければならない．$\bar{r}$ は 3 次元強コンパクト性定理 4.103 と同様のコンパクト性によって評価するのだが，この際非崩壊パラメータ κ に依存する．ところが [Per03b] の議論では手術時刻における断面のとり方をうまくとらないと κ が制御できない．これが状況を複雑にする要因である（断面のとり方を制御すれば評価定数は定理 4.3 と同じ仕方で評価される）．

具体的に述べていこう．まず，標準近傍を少し拡大解釈しておく．ε-帽部や ε-歪帽部は適当な定数 C, η に関して κ 解の構造 4.97，3次元 κ 解の各点評価 4.95，さらに体積比の評価を満たすような B^3 または $\mathbb{R}P^3 \setminus \operatorname{Int} B^3$ に位相同型なリーマン多様体の領域と定義しなおす．ε-頸部については時間切片でなくて放物近傍で考えるが，時間を ε^{-1} から 1 に縮めて，$S^2 \times \mathbb{R}$ の標準解の $B(p, -1, \varepsilon^{-1}) \times [-2, -1]$ の部分 ε-正規近似される領域と定義し直す（正確な定義は [MT07, Part 2 §9.8] を見よ）．$(M, g(t))$ 上で $R(x, t) \geq \overline{r}^{-2}$ を満たす点 (x, t) の（放物）近傍が ε-帽部か ε-歪帽部，または ε-頸部であるとき，$(M, g(t))$ は $\overline{r}$-**標準近傍定理**を満たすという．このように拡大解釈すれば手術を行ったキャップの付近は ε-帽部となるし命題 4.117 の解析にも影響がない．手術の断面の選び方を制御するため次の結論に注意しよう．

補題 4.120 $0 < \overline{\delta}$ とする．このとき $h(\overline{\delta}, \overline{r}) > 0$ が存在して，$\overline{r}$-標準近傍定理を満たす（手術付き）リッチフローの特異時刻 t における ε-笛部 E の点 (x, t) が $R(x, t) \geq h^{-2}$ を満たせば $\overline{\delta}$-頸点である．

注意 4.121 h は手術する断面の半径を与えるが，あとの議論では $\overline{\delta} \to 0$ のとき，$\frac{h(\overline{\delta}, \overline{r})}{\overline{r}} \to 0$ となるようにとる必要がある．

証明 結論が正しくないとして $R(x_i, t_i) \to \infty$ となる列 (M_i, g_i, x_i) をとり，(x_i, t_i) を基点とする正規スケーリング列が $S^2 \times \mathbb{R}$ の標準解に収束することをいえばよい．命題 4.117 の解析により E は特異測地線 γ のまわりの ε-頸点の集合である．とくに任意の $A > 0$ と普遍定数 κ に対してスケール $AR^{-1/2}(x_i, t_i)$ で κ-非崩壊であるとしてよい．したがって通常のリッチフローの場合は 3 次元強コンパクト性定理 4.103 により時間大域収束し，極限は直線 γ を含むので分裂して $S^2 \times \mathbb{R}$ の標準解となる（実際，スケーリング列は有限半径内で曲率有界であり，極限がスカラー曲率 0 の点を含むこともないので，γ の先端も Ω_ρ 上にある γ の始点も極限の有界半径内にはない）．手術付きの場合も時間大域収束以外は同様に示されて極限が（標準解でないかもしれないリッチフローに）分裂することは同じである．極限の分裂から各点の標準近傍が ε-帽部でないことが分かるので，極限には手術領域は含まれず収束時間を $(-\infty, 0]$ まで延長す

4.9 特異時刻における連結和分解

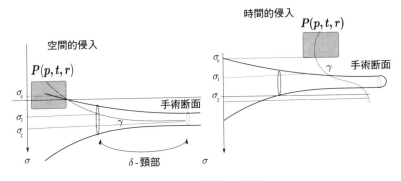

図 4.4 手術領域への侵入

ることができる. ∎

上に述べた κ-非崩壊性の制御を行うために手術パラメータ $\overline{\delta}$ を導入して,特異時刻における手術は補題 4.120 の曲率 h^{-2} の $\overline{\delta}$-頸点の断面において行ったリッチフローを $\overline{\delta}$-手術付きリッチフローと呼ぶ.3 つのパラメータ $\overline{\delta}, \kappa, \overline{r}$ で制御しながら手術付きリッチフローを構成していく.上に述べた $\overline{\delta}$ による κ の制御は次の補題で与えられる.

補題 4.122 $\overline{r} > 0$ に対して $\overline{\delta} > 0$ を小さくとれば,$\overline{r}$-標準近傍定理を満たす時間 $[0,T]$ 上の $\overline{\delta}$-手術付きリッチフロー $(M, g(t))$ 上の点 (p,T) はスケール ε で $\kappa(\overline{r}, T, g(0))$-非崩壊である.$\kappa$ は $g(0)$ に定理 4.3 と同じ仕方で依る.

証明   手術付きの場合にも定理 4.3 の議論を適用するため,まず基点 (p,T) に対して $l(x,\sigma)$ の最小値を実現する $\mathcal{L}$-線分が存在することを示す.つまり,$\overline{\delta}$ が十分小さくとると手術断面に近づく曲線 $\gamma : [0, \overline{\sigma}] \to M$ については $\mathcal{L}(\gamma) \geq \frac{3\overline{\sigma}}{2}$ が成り立つことをいう.また $R(p,T) \geq \overline{r}^{-2}$ ならば (p,T) は標準近傍を持ち κ-非崩壊性が従うので $R(p,T) \leq \overline{r}^{-2}$ の場合のみ考えれば十分である.このとき補題 4.114 から $P(p,T,\overline{r})$ は曲率制御されている.γ は $\sigma = \sigma_0$ で $P(p,T,\overline{r})$ の外に出て,$\gamma([\sigma_1, \sigma_2])$ は手術領域の近傍に含まれ,$\gamma(\sigma_1), \gamma(\sigma_2)$ の一方は曲率 h^{-2} の手術断面の十分近くの点とする.曲率を比較すると手術領域と $P(p,T,\overline{r})$ は時空において交わらない(注意 4.121)ので $\sigma_0 \leq \sigma_1$ である.幾つか場合分けをしなければならないのだが,まず $\sigma_0 < \overline{r}$ で $\rho(p, \gamma(\sigma_0)) = \overline{r}$ であり,$\gamma(\sigma_1), \gamma(\sigma_2)$

の一方が前手術領域 δ-頸部の境界の点である場合を考える（つまり γ は空間的に δ-頸部に外部から侵入する曲線．図4.4）．このとき $R \geq -3$ に注意してシュワルツの不等式を二回用いると

$$\mathcal{L}(\gamma) \geq \int_0^{\sigma_0} |\dot{\gamma}|^2 d\sigma + \int_{\sigma_1}^{\sigma_2} |\dot{\gamma}|^2 d\sigma + \int_{\sigma_1}^{\sigma_2} \frac{\sigma^2}{4} R d\sigma - c\bar{\sigma}^3 \tag{4.71}$$

$$\geq \frac{\bar{r}^2}{\sigma_0} + \frac{\bar{\delta}^{-2} h^2}{\sigma_2 - \sigma_1} + ch^{-2}(\sigma_2^3 - \sigma_1^3) - c\bar{\sigma}^3 \geq c\bar{r}\sqrt{\frac{\sigma_1}{\bar{\delta}\sigma_0}} - c\bar{\sigma}^3$$

を得るから $\bar{\delta}$ が十分小さいとき $\mathcal{L}$ は十分大きくなる．$\sigma_0 = \bar{r} \leq \sigma_1$ となる場合は第一項を無視して同じ評価をすればよい．γ が後手術領域付近を通る場合は $A > 0$ に対して $\bar{\delta}$ を十分小さくとるとリッチフロー自身が手術直後の手術断面の Ah^{-1}-近傍では標準的なキャップ $(\mathbb{R}^3, G)$ を初期値とするリッチフローで近似されることを用いて同様の評価を行う．この場合手術領域に空間的に外部から侵入せずに，「時間的」に侵入する場合，つまり $\theta \in (0,1)$ として，$\bar{\sigma} = \sigma_2$ で $\sigma \in [\sigma_1, \sigma_2]$ $(\sigma_2^2 = \sigma_1^2 + \theta h^2)$ で後手術領域に留まる曲線の場合もある．標準的キャップのリッチフローでこの部分のスカラー曲率が近似されることを用いると (4.71) の第3項に当たる部分が $-c\bar{\sigma} \ln(1-\theta)$ で下から評価される．$1-\theta$ を十分小さくとると，目的の評価が得られる．

$\bar{r}$ が T に対して十分小さければ，l-関数を最小にする $\mathcal{L}$-線分上の点 $q = \gamma(\sigma)$, $\sigma > \frac{\sqrt{T}}{2}$ で $R(q, T - \frac{\sigma^2}{4}) < \bar{r}^{-2}$ となるものをとることができる（そうでなければ，$\mathcal{L}$-汎関数の積分が大きくなり，$l < \frac{3}{2}$ に反する）．補題4.114の類似により曲率制御された放物近傍 $P(q, T - \frac{\sigma^2}{4}, Cr_i)$ の体積比によって κ を評価することができる．■

補題 4.123 十分小さな $\bar{r} > 0$ に対して $\bar{\delta}(\bar{r}, T) > 0$ が存在して，$\delta \leq \bar{\delta}$ ならば $[0, T]$ 上の δ-手術付きリッチフローは時間 $[0, 2T]$ まで延長し，$[T, 2T]$ 上で $\bar{r}$-標準近傍定理を満たす．

証明 $\bar{r}$ が制御された δ-手術付きリッチフローは曲率 $h(\bar{r}, \delta)^{-2}$ の断面で手術を行ったとき，少なくとも $c\delta^{-3}h^{-3}$ の体積を失うことになるので，体積の増大の評価 (4.70) から有限時間内には有限回の手術しか行われないことが従う．

4.9 特異時刻における連結和分解

したがって, $\bar{r}$-標準近傍定理を保ちながら δ-手術付きリッチフローが延長できれば結論が従う. 結論を否定して $\bar{r}_\alpha \to 0$ と $\delta_{\alpha,\beta} \to 0$ に対して $[0,T]$ 上の $\delta_{\alpha,\beta}$-手術付きリッチフロー $(M_{\alpha,\beta}, g_{\alpha,\beta})$ の延長がパラメータ $\bar{r}_\alpha$ の標準近傍定理を満たさない最初の時刻を $t_{\alpha,\beta} \in [T, 2T]$ とする. つまり $(x_{\alpha,\beta}, t_{\alpha,\beta})$ は $R(x_{\alpha,\beta}, t_{\alpha,\beta}) \geq r_\alpha^{-2}$ だが標準近傍を持たず, それ以前の時刻では r_α-標準近傍定理が成り立つものとする (α を固定して $\delta_{\alpha,\beta}$ を十分小さくとるとき, 手術領域の近傍の点は全て r_α 標準近傍を持つものとしてよい. したがって反例の点は手術領域から離れているから, このような $(x_{\alpha,\beta}, t_{\alpha,\beta})$ がとれる). このとき, $\delta_{\alpha,\beta}$ は補題 4.122 の $\bar{\delta}(\bar{r}_\alpha, T)$ より小さいとしてよいのでリッチフローは κ-非崩壊としてよい. このとき, 基点 $(x_{\alpha,\beta}, t_{\alpha,\beta})$ の正規スケーリング列を考えると有限半径, 有限時間内には(曲率有界の)手術領域がないものとしてよい. 実際, そうでなければ $\beta \to \infty$ とするとき, 正規スケーリング列は標準的キャップを初期値とするリッチフローと一致し, 標準近傍を持つことになるからである. このことから $\alpha, \beta \to \infty$ とするとき正規スケーリング列に3次元強コンパクト性定理 4.103 の議論が適用できて手術領域と交わらずに時間 $(-\infty, 0]$ で収束することが従う. これは仮定に反する. ∎

必要ならば初期値をさらに正規化して時間 $[0,1]$ 上で解が存在するものとしてよい. 以降順に時間 $I_i = [2^{i-1}, 2^i]$ ごとに $\bar{r}_i$-標準近傍定理を満たし, スケール ε で κ_i-非崩壊であるような $\bar{\delta}_i$-手術付きリッチフローとして延長していく構成を考えよう. ただし, どのパラメータも i について単調に減少するものとし, 補題 4.123 の $\bar{\delta}(r, T)$ に対して $\bar{\delta}_i \leq \bar{\delta}(r_{i+1}, 2^{i-1})$ を満たしているとする. I_n までそのような手術付きリッチフローが構成されているとき I_{n+1} に延長できることを見よう. このとき必要ならば I_n 上の $\bar{\delta}_n$-手術付きリッチフローを構成しなおす. 補題 4.123 における $\bar{r}$ を $r_{n+1}(\leq r_n)$ にとり, 対応する $\bar{\delta}(r_{n+1}, 2^{n-1})$ を用いて $\bar{\delta}_n$ を $\min(\bar{\delta}_n, \bar{\delta}(r_{n+1}, 2^{n-1}))$ にとりなおせば補題 4.123 を二回使って I_n 上の $\bar{\delta}_n$-手術付きリッチフローが再構成でき, I_{n+1} までパラメータ r_{n+1} で延長する. この構成を繰り返せば手術時刻が離散的であるような時間 $[0,\infty)$ 上の手術付きリッチフローが構成できる. パラメータの列をまとめて書いてこれを κ_*-非崩壊で $\bar{r}_*$-標準近傍定理を満たす $[0,\infty)$ 上定義された $\bar{\delta}_*$-手術付きリッチフ

ローなどという．

定理 4.124 ([Per03b, §5])　コンパクト3次元多様体上のリッチフローは適当なパラメータ $\bar{r}_*, \kappa_*, \bar{\delta}_*$ に対して時間 $[0, \infty)$ で定義された $\bar{\delta}_*$-手術付きのリッチフローに延長する（ただしある時刻以降空間が空集合となる場合もある）．

4.10 長時間挙動

最後にハミルトン・ヤウプログラムの (HY2) の部分の解析について述べよう．やはり概略しか述べられない命題が幾つかあるが，[Per03b],[KL08] を参考にして欲しい．(HY2) は $\bar{\delta}_*$-手術付きリッチフロー $(M, g(t))$ の縮小スケーリング $(M, t^{-1}g(t))$ の $t \to \infty$ のときの挙動を調べることにより実行される．(HY2) で述べた「計量の崩壊」はこのとき非崩壊定数 κ を一様にとることができない領域で起こる．まず，手術パラメータ $\bar{\delta}_*$ をさらに小さくとり直して双曲成分に対応する領域で κ-非崩壊性を制御するための結論を導く．

命題 4.125　$A > 0$ に対して定数 $K_1(A), K_2(A), \bar{\tau}(A), \kappa(A), \delta(A) > 0$ で次の条件を満たすものが存在する：時間 $[0, T]$ 上で定義された手術付きリッチフロー $(M, g(t))$ の手術パラメータ $\bar{\delta}$ が $\bar{\delta} \leq \delta(A)$ を満たし，半径 $r < \sqrt{T}$ の放物近傍 $P(p, T, r)$ が曲率制御されていて，$\mathrm{vol}(B(p, T, r)) > A^{-1}r^3$ を満たすならば次の3つの結論が従う．
1. 任意の $x_0 \in B(p, T, Ar)$ においてスケール $< r$ で κ-非崩壊．
2. $R(x, T) \geq K_1 r^{-2}$ を満たす $(x, T) \in B(p, T, Ar)$ は標準近傍を持つ．
3. $r^2 \leq T/\bar{\tau}$ ならば $B(p, T, Ar)$ 上で $R \leq K_2 r^{-2}$ が成り立つ．

証明　スケーリングを施して $r = 1$ として議論を行う．

1. $T = 1$ として議論してよい．$x_0 \in B(p, 1, A)$ に対して曲率制御された x_0 における放物近傍 $P(x_0, 1, r_1)$ $(r_1 \leq \frac{1}{2})$ の体積比を評価すればよい．補題 4.122 の議論により δ を十分小さくとると手術断面の近くを通る曲

4.10 長時間挙動

線 c の $\mathcal{L}$-汎関数の値 $\mathcal{L}(c)$ が標準近傍パラメータ $\bar{\tau}$ に依存して十分大きくとれる．また曲率制御により適当な普遍定数 c をとると $\tau \in [0, \frac{1}{2}]$ で $B(p, 1-\tau, c) \subset B(p, 1, 1)$, $\mathrm{vol}(B(p, 1-2\tau, c)) \geq C(A)$ が成り立つ．このとき，$(x_0, 1)$ と $B(p, \frac{1}{2}, c)$ の点を結ぶ曲線 γ で $\mathcal{L}(\gamma) < C(A)$ を満たすものがとれれば体積に関する仮定と定理 4.3 の議論で結論が従う．そのような γ の存在を最大値原理を用いて示す．単調非減少一変数関数 χ を $(-\infty, \frac{c}{2}]$ 上 $\chi \equiv 1$ を満たし，$\lim_{s \to c-0} \chi(s) = \infty$ で $s=c$ の近くで $\frac{1}{(c-s)^2}$ と一致するものとする．このとき基点 $(x_0, 1)$ の L-関数を用いて $\hat{L}(x, t) = \sigma(L(x, \sigma) + 1)$ とおく（もちろん $\tau = 1-t$, $\sigma = 2\sqrt{\tau}$ とする）．スカラー曲率の評価 $R > -3$ から $t \in [\frac{1}{2}, 1)$ で $\hat{L} > -4\tau^2 + 2\sqrt{\tau} > 0$ が成り立つ．時刻 t に関する距離関数 $\rho_t(x, p)$ を用いて

$$F(x, t) = \chi(\rho_t(x, p) - A(2t-1))\hat{L}(x, t) = \phi(x, t)\hat{L}(x, t)$$

とおき，F に最大値原理を適用する．（δ を十分小さくとり $\mathcal{L}$-線分が $L(x, \sigma)$ を実現するとして）(4.33) と補題 3.73 の（バリアの意味での）放物型不等式を用いて

$$(\partial_t - \Delta)F \geq \phi(\partial_t - \Delta)\hat{L} - 2\nabla \hat{L} \nabla \phi + \hat{L}(\partial_t - \Delta)\phi$$

$$\geq -\left(6 + \frac{1}{\sqrt{\tau}}\right)\phi - 2(\nabla \hat{L}\phi + \hat{L}\nabla\phi)\frac{\nabla \phi}{\phi} + \left(\frac{2|\nabla \phi|^2}{\phi} - (c + 2A)\chi' - \chi''\right)\hat{L}$$

$$= -\left(6 + \frac{1}{\sqrt{\tau}}\right)\phi - 2\frac{\nabla F \nabla \phi}{\phi} + \frac{2(\chi')^2 - (c + 2A)\chi\chi' - \chi\chi''}{\chi^2}F$$

と計算される．最後の項の F の係数は χ の漸近挙動から $s \to c$ のとき下に有界となる．したがって，$t \in [\frac{1}{2}, 1)$ で $\hat{L}$ の下からの評価を用いてバリアの意味での不等式

$$(\partial_t - \Delta + 2\nabla \ln \phi \nabla)F \geq -\left(C(A) + \frac{6\sqrt{\tau} + 1}{2\sqrt{\tau} - 4\tau^2}\right)F$$

を得る．F が最小値 $m(\tau) = \min_{x \in M} F(x, t)$ を実現する点において $L(x, \sigma) \leq C(A)$ が成り立つ限り（とくに $\tau \ll 1$ について）

$$d_\tau^- m \leq \left(C(A) + \frac{6\sqrt{\tau}+1}{2\tau - 4\tau^{5/2}} \right) m$$

が成り立つ．したがって，

$$d_\tau^- \ln \frac{m}{\sqrt{\tau}} \leq C(A) + \frac{6+2\tau}{2\sqrt{\tau}-4\tau^2}$$

だが，$m(\tau) = O(\sqrt{\tau})$ と右辺の可積分性に注意すると $m(t) \leq \sqrt{\tau}C(A)$ を得て $m(\tau)(\tau \in [0, \frac{1}{2}))$ は実際に $L(x,t) < C(A)$ なる点で実現する．したがって十分小さな δ に対して目的の L 関数の評価を得る．

2. 結論を否定して反例の列をとるとその上の点 $(x_i, T) \in B(p_i, T, A)$ で $R(x_i, T)T \geq R(x_i, T) \to \infty$ となるようなものがとれる．基点を (x_i, T) に選んで3次元強コンパクト性定理4.103の議論を適用したいのだが，1.の κ-非崩壊の結論が有効な範囲で収束の議論を行うために仮定4.8.1を満たすように反例の列をとりかえる際少し違う議論をする．1.の結論は p_i からの距離 $< 2A$ で有効なので新しい基点は放物近傍ではなくて，p_i からの距離を基準に $\tilde{P} = \bigcup_{t \in [T_i - A_i^2 Q_i, T_i]} B(p_i, t, A + A_i Q_i^{1/2})$ なる領域内にとりなおさなければならない．その上で収束の議論を行う際 p_i, x_i における曲率評価と補題3.73を用いて $\rho_t(p_i, x_i)$ を制御して収束域の放物近傍が $\tilde{P}$ 内に含まれることを保証しながら定理4.103の収束の議論を行う．手術領域が収束に影響しないことは補題4.123と同様にして矛盾が導かれる．

3. $T_i \geq \bar{\tau}_i \to \infty$ なる列をとり，この $\bar{\tau}_i$ について結論が成り立たなければ反例のリッチフロー上の $B(p_i, T_i, A)$ の点で $R(x, t) \to \infty$ を満たす点が存在するからとくに $(q_i, T_i) \in B(p_i, T_i, A)$ で $R(q_i, T_i) = 10$ を満たす点がとれる．このとき $R(q_i, T_i)T_i \to \infty$ である．この場合1.により保証される（有界半径内の）κ-非崩壊性はスケール < 1 でしかないが，（上と同様に手術領域の処理をして）定理4.103の議論の一部が基点 (q_i, T_i) として適用できる．実際2.により仮定4.8.1の類似は保証されて，命題4.111まで同様に進み有界半径内での曲率有界性が得られるから矛盾が導かれる．■

以降前節と同様にして $[t, 2t]$ 上では $A = t$ に対して命題4.125の結論を満たすように手術パラメータ $\bar{\delta}_*$ を小さくとりなおした手術付きリッチフロー

$(M, g(t))$ を考える．$(M, g(t))$ 上の放物近傍 $P(x, t, r)$ 上で $\mathrm{Rm} \geq -r^{-2}$ が成り立つとき，$P(x, t, r)$ は**下から曲率制御**されているという．

補題 4.126 $w > 0$ に対して $K(w) > 0$ が存在して，下から曲率制御された放物近傍 $P(p, T, 1)$ が $\mathrm{vol}\, B(p, T, 1) \geq w$ を満たすとき，$P(p, T, \frac{1}{10})$ 上で曲率評価 $R \leq K$ が成り立つ．

証明 結論を否定して反例のリッチフローの列をとり $(x, t) \in P(p_i, T_i, \frac{1}{10})$ で $R(x, t) \to \infty$ を満たす列に対して補題 4.91 の結論を満たすように基点 $(x_i, t_i) \in P(p, T, \frac{1}{5})$ を選ぶことができる（下からの曲率制御を用いると距離関数の時刻への依存も制御される）．基点 (x_i, t_i) の正規スケーリング列上の有界半径内で任意のスケールで κ-非崩壊でなければ，元のリッチフロー上 $B(y_i, t'_i, \rho_i) \subset P(x_i, t_i, \varepsilon)$ なる測地球で $\mathrm{vol}\, B(y_i, t'_i, \rho_i)/\rho_i^3 \to 0$ となるものが選べるし，κ-非崩壊ならば κ 解に収束するから定理 4.83 により同じ性質を持つ $B(y_i, t'_i, \rho_i)$ が選べる．いずれにせよ下からの曲率制御とグロモフ・ビショップの体積比評価 3.65 により $\mathrm{vol}\, B(p_i, t'_i, \frac{1}{10}) \leq c\,\mathrm{vol}\, B(y_i, t'_i, \frac{1}{2}) \to 0$ となる．下からの曲率制御と体積の時間発展により $\mathrm{vol}(B(p_i, T_i, \varepsilon)) \leq c\,\mathrm{vol}\, B(p_i, t'_i, \frac{1}{10})$ だからグロモフ・ビショップの体積比評価 3.65 をもう一度使うと体積に関する仮定との矛盾が導かれる． ■

補題 4.126 の曲率制御の仮定は放物近傍でなく測地球 $B(p, T, 1)$ の下からの曲率制御に弱めることができる．証明は結構複雑なので方針を述べるに留める．やはり結論を否定して反例の列をとり，結論が成り立たない最初の時刻 T で最小の半径 r をとる．背理法の仮定を用いて時刻 T から少しずつ時間を戻っていき，結論の曲率評価とハミルトン・アイビーの定理 3.51 を用いて補題 4.126 の下からの曲率制御が成り立つことを示し矛盾を導くのが方針である．時間を戻る各ステップで体積比評価を満たす小さな測地球にとりなおしてから命題 4.125 3. を用いて曲率制御される領域を空間方向に広げるという操作が必要なので，新しくパラメータ $\bar{r}$ が導入される．正確な結論は次のようになる．

命題 4.127 時間 $[0, T]$ 上定義された δ_*-手術付きリッチフロー $(M, g(t))$ の

$[\frac{T}{2}, T]$ における最大の手術半径を $\overline{h}$ とする．このとき，$w > 0$ に対して $\theta(w), \overline{\tau}(w), K(w) > 0$ が存在して次の結論を満たす：$\theta^{-1}\overline{h} \leq r \leq \sqrt{T/\overline{\tau}}$ に対して測地球 $B(p, T, r)$ が下から曲率制御され，$\mathrm{vol}\, B(p, T, r) \geq wr^3$ を満たすとき，放物近傍 $P(p, T, \frac{r}{4}, \frac{r}{\overline{\tau}})$ が定義され（つまり手術領域とは交わらない），その上で曲率評価 $R < Kr^{-2}$ が成り立つ．

これらの収束に関する結論を用いて κ-非崩壊性が制御されている領域でリッチフローが双曲計量に収束し，JSJ-分解の双曲成分となることを見よう．我々の手術は命題 3.24 の空間最小値 $\underline{R}(t)$ の曲率評価 $\underline{R}(t) \geq -\frac{3}{2}\frac{1}{t+1/2}$ を保つように行なっていた．したがって体積 $V(t) = \mathrm{vol}(M, g(t))$ の時刻発展も

$$\frac{d}{dt}V(t) = -\int_M R(x,t)\,\mathrm{dvol}(x) \leq \frac{3}{2}\frac{1}{t+1/2}V(t)$$

を満たす．つまり $\overline{V}(t) = V(t)(t+\frac{1}{2})^{-3/2}$ とおくと

$$d_t \ln \overline{V}(t) \leq -\left(\underline{R}(t) + \frac{3}{2}\frac{1}{t+1/2}\right) \leq 0 \qquad (4.72)$$

であるから，とくに $\overline{V}(t)$ が単調減少することが分かる．$\overline{V}_\infty = \lim_{t\to\infty} \overline{V}(t)$ とおく．一方命題 3.24 で用いた不等式 $d_t^+ \underline{R}(t) \geq \frac{2\underline{R}^2(t)}{3}$ から

$$d_t^+[\underline{R}(t)V(t)^{2/3}] \geq \frac{2}{3}\underline{R}(t)V(t)^{2/3}\left(\underline{R}(t) + \frac{\dot{V}(t)}{V(t)}\right)$$

$$= \frac{2}{3}\underline{R}(t)V(t)^{2/3}\frac{1}{V(t)}\int_M (\underline{R}(t) - R(x,t))\,\mathrm{dvol}(x) \qquad (4.73)$$

である．$\underline{R}(t) \geq 0$ となる時刻があれば平坦となるか命題 3.24 の 1. により有限時間内に解が消滅することになり，最終的には命題 4.118 の $\Omega = \emptyset$ のケースの多様体の連結和と位相同型になる．我々はそうでないケースの長時間挙動を考えることにする．そのとき (4.73) は $\hat{R}(t) = \underline{R}(t)V(t)^{2/3}$ が単調増加することを導く．$\hat{R}_\infty := \lim_{t\to\infty} \hat{R}(t)$ とおく．$\hat{R}(t) = (t+\frac{1}{2})\underline{R}(t)\overline{V}(t)^{2/3}$ であるから $\overline{V}_\infty > 0$ ならば極限 $\hat{R}_\infty \overline{V}_\infty^{-2/3} = \lim_{t\to\infty}(t+\frac{1}{2})\underline{R}(t)$ が存在し，命題 3.24 の曲率評価から

$-\frac{3}{2}$ 以上である. $\hat{R}_\infty \overline{V}_\infty^{-2/3} > -\frac{3}{2}$ ならば, (4.72) を時間 $[T,\infty)$ で積分するとき真ん中の項の積分は発散してしまうが, これは $\overline{V}(t)$ が正の値に収束することに反する. つまり

$$\hat{R}_\infty \overline{V}_\infty^{-2/3} = \lim_{t\to\infty}\Big(t+\frac{1}{2}\Big)\underline{R}(t) = -\frac{3}{2} \tag{4.74}$$

が従う. とくにこのとき $\hat{R}_\infty < 0$ であることに注意しよう.

時間 $[0,\infty)$ 上定義された手術付きリッチフロー $(M,g(t))$ 上の点列 (p_i,T_i) $(T_i \to \infty)$ をとり, 基点 p_i の縮小スケーリング列 $\mathcal{M}_i = (M, T_i^{-1}g(T_it'), p_i)$ を考える. $\mathcal{M}_i$ 上の放物近傍 $P(p_i,1,r,-\tau)$ 上で計量が収束していれば, $\overline{V}$ のスケール不変性から必然的に $\overline{V}_\infty > 0$ となる. さらに $\hat{R}$ のスケール不変性に注意して (4.73) を積分すると

$$-c\overline{V}(T_i)\ln\frac{\hat{R}(T_i+\tau T_i)}{\hat{R}(T_i)} \geq \int_0^\tau \int_{B(x_i,1,r)} (R_i(x,t') - \underline{R}_i(t'))d\operatorname{vol}dt'$$

を得るから, (4.74) により $P(p_i,1,r,\tau)$ 上の極限計量 g_∞ は定スカラー曲率

$$\lim_{i\to\infty}\underline{R}_i(t) = \lim_{i\to\infty} T_i\underline{R}(tT_i) = -\frac{3}{2t}$$

を持つ. 一方 (3.18) により $(\partial_t - \Delta)[tR_\infty] = 2t|\overset{\circ}{\mathrm{Rc}}_\infty|^2$ だから結局極限は $\mathrm{Rc}_\infty = -\frac{g_\infty}{2t}$ のアインシュタイン計量となることが分かる. さらに (3.42)(と我々の Rm の規約)により g_∞ は断面曲率 $-\frac{1}{4t}$ の定曲率計量である. つまり $\mathcal{M}_i$ の収束さえ分かれば(スケーリングを除いて)双曲計量に収束する.

$w > 0$ を一つ固定して収束の条件を確かめる. 命題 4.127 によれば下から曲率制御された測地球 $B(p_i, T_i, \sqrt{T_i})$ が

$$\operatorname{vol}(B(p_i, T_i, \sqrt{T_i})) \geq w(T_i)^{3/2} \tag{4.75}$$

を満たせば $P(p_i, T_i, \sqrt{T_i}/4, T_i/\overline{\tau})$ での曲率評価を得る(手術半径は $h \ll \sqrt{T_i} \to \infty$ を満たすからこの放物近傍は手術領域とは交わらない). したがって $P_i = P(p_i, 1, 1/\overline{\tau})$ に対応する $\mathcal{M}_i$ 上の放物近傍ではリッチフローは(手術領域とは交わらずに)局所的に双曲計量に収束する. さらに $A > 0$ も導入して $\mathcal{M}_i$ 上の

$P_i(A) = P(p_i, 1, A, 1/\overline{\tau})$ における収束も従う．実際命題 4.125 の 2. により曲率が大きな点があれば標準近傍を持つはずであるが，$P_i(A)$ 上で $\mathcal{M}_i$ が収束しなければ 3 次元強コンパクト性定理 4.103 のように収束半径 $D(> 1/\overline{\tau})$ 内での収束を考えるとその極限は双曲計量だから，標準近傍を持つ点，つまり曲率が大きい点が存在しないことが分かる．このことから $P_i(A)$ 内でも計量は双曲計量に収束する．収束に関しては次の結論が得られる．

定理 4.128 $w, A, \xi > 0$ に対して $\overline{T}(w, A, \xi) > 0$ が存在して $T > \overline{T}$ において下から曲率制御された測地球 $B(p, T, \sqrt{T}/\overline{\tau}(w))$ が (4.75) を満たすならば $P(p, T, A\sqrt{T}, -A^2 T)$ 上で $|2t\,\mathrm{Rc} + g| < \xi$ が成り立つ．

証明 すでに $P(p, T, A\sqrt{T}, \frac{T}{\overline{\tau}})$ 上で結論が成り立つことは上で見た．結論が正しくなければ $T_\alpha \to \infty$ に対して反例の列 (p_α, T_α) の縮小スケーリング $\mathcal{M}_\alpha$ を考え，最初に結論が崩れる時空の点 (x_α, t_α) $t_\alpha > 1$ をとる．$t = t_\alpha$ 以前で結論が成り立ち，計量はアインシュタインに近いから $[1, t_\alpha]$ で計量はほとんどスケーリングで発展する．したがって $B(x_\alpha, 1, A) \times [(1 - 1/\overline{\tau})t_\alpha, t_\alpha]$ は $P(x_\alpha, t_\alpha, A\sqrt{t_\alpha}, t_\alpha/\overline{\tau})$ の $\varepsilon A\sqrt{t_\alpha}$ 近傍に含まれる．したがって，冒頭で述べた評価を少し大きな A について適用すれば (x_α, T_α) のとり方に反することがわかる． ∎

手術付きリッチフローの時空の点 (p, T) に対して

$$\rho(p, T) := \sup\{r \mid B(p, T, r) \text{ は下から曲率制御される．}\} \tag{4.76}$$

としよう．$\rho(p, T) = \infty$ ならば時刻 T で非負曲率を持つことになり解（の成分）は消滅するから $\rho(p, T) < \infty$ としてよい．このとき，$\mathcal{B}(p, T) := B(p, T, \rho(p, T))$ は $\inf \mathrm{Rm} = -\rho^{-2}$ となる点 $\underline{y}$ を含む．さらに $\mathrm{vol}\,\mathcal{B}(p, T) \geq w\rho(p, T)^3$ ならば

$$C(w)\rho(p, T) \geq \sqrt{T} \tag{4.77}$$

である．実際命題 4.127 において $r = \rho(p, T)$ として，点 $\underline{y}$ の存在に注意すると $\rho(p, T) \gg h$ であるので (p, T) における半径 $C(w)^{-1}\rho(p, T)$ の放物近傍上で

4.10 長時間挙動

曲率の上からの評価を得る．さらに命題4.125の最後の主張が成り立つぐらい $\frac{\rho(p,T)}{\sqrt{T}}$ が小さければ $\mathcal{B}(p,T)$ 上に曲率評価 $R \leq K(w)\rho^{-2}(p,T)$ が得られる．しかしこのとき $(\underline{y},\underline{t})$ においてハミルトン・アイビーの定理3.51は不等式

$$\ln \rho^{-2}(p,T)(1+\underline{t}) \leq \rho^2(p,T)R(\underline{y},T) + 3 \leq K(w) + 3$$

を導くので結局 (4.77) を得る．

　適当な普遍定数 w に対して $\mathrm{vol}\,\mathcal{B}(p,T) \leq w\rho(p,T)^3$ を満たす点の領域は計量が「崩壊」する部分となるがこの部分はあとで述べよう．$\bar{\tau}(w)$ を大きくとりなおせば (4.77) により (4.75) を満たすような (p_i,T_i) にとれないのは「崩壊」する部分である．(4.75) を満たす (p_i,T_i) を選んで縮小スケーリング $\mathcal{M}_i$ を考えると定理4.128により適当な部分列は収束する．収束半径 A も $A \to \infty$ となるように対角線論法で部分列を選べば，任意の半径で広義一様収束するとしてよい．さらに正規化体積 $\overline{V}(t)$ の有界性から極限は体積有限完備双曲計量を持つ．時刻 $t=1$ で極限の体積は w より大きいので，このような列を交わりが無いように選んでいけば極限として有限個の体積有限完備双曲多様体 $\mathcal{H}^1,\ldots,\mathcal{H}^k$ が得られ，それらの収束域の外では計量が「崩壊」しているという状況になる．

　あと問題となるのがこれらの双曲多様体 $\mathcal{H}^i$ が実際に JSJ-分解の双曲成分となっているのかどうかである．この部分の議論は手術なしで（正規化された）曲率が有界な場合に [Ham99] によって [Per02],[Per03b] 以前に整備されていたことだが簡単に述べておく．$\mathcal{H}^i$ のカスプ領域 $\simeq T^2 \times [0,\infty)$ が $\mathcal{M}_i$ に非圧縮的に埋め込まれていることを見ればよいのだが，まず双曲成分が時間的に「継続」していることを見る．つまり時間 $[T,\infty)$ で定義された微分同相の族 $\phi_t: \mathcal{H}_\varepsilon \to (M, g(t))$ で $t \to \infty$ のとき $t^{-1}\phi_t^* g(t)$ が双曲計量に収束するものを構成する．ここで $\mathcal{H}_\varepsilon$ は体積有限双曲多様体の構造1.58で定義されたものである．ϕ_t は適当な自由境界条件を満たす恒等写像に近い調和写像にとる．陰関数定理で ϕ_t を十分大きな時刻 $t=T$ から変形していくとき $t=\infty$ まで変形が継続することを示すことができる．議論はカスプの数の少ない双曲成分から ϕ_t を構成していき系1.60を用いて背理法を行う．もちろん ϕ_t の像の近傍に手術領域はないので手術付きの場合もこの議論は適用できる．

　したがって各 $\mathcal{H}^i$ は時間的に「継続」するものとしてよい．双曲成分 $\mathcal{H}$ の像

$\phi_t(\mathcal{H}_\varepsilon)$ を $\mathcal{H}_t$ と書く．自由境界条件により $\partial\mathcal{H}_t$ はほとんどホロ球面の商となり，$X_t = (M \setminus \mathcal{H}_t, g(t))$ は凸境界を持つ（演習1.32）．X_t が境界非圧縮的であることを示せば $\mathcal{H}_t$ の境界非圧縮性と合わせて $\partial\mathcal{H}_t$ の成分が非圧縮的トーラスであることが従う（M 内で ∂H_t が円板を張れば $\partial\mathcal{H}_t$ との交差は内側の円板から順に解消する）．境界圧縮的ならば [MY80] により ∂X_t のホモトピー非自明な曲線を境界とする X_t 内に埋め込まれた円板のうち，面積最小のもの S_t が存在する．S_t の面積の $\frac{1}{t}$ 倍を $A(t)$ とする．十分大きな t に対して $d_t^+ A(t) \leq -\frac{c}{t}$ であることを示し，有限時間内に $A(t) < 0$ となる矛盾を導くのが [Ham99] の議論である．$d_t^+ A(t)$ は計量の発展と ϕ_t の境界での変形により計算され，境界付近での双曲幾何を用いて評価され，曲率の有界性は用いない．手術がある場合でもこの議論は有効である：手術断面を Σ，Σ の近傍の δ-頸部を N とする．$S_t \cap N$ の成分 Ω のうち Σ と交わるものは面積最小性から N の両側の境界成分と交わっている．とくに Σ で前手術領域を切り落とすとき $\Sigma \cap \Omega$ の成分の円周が囲む円板を Σ から切り取られる円板で置き換えれば面積は減少する．つまり手術前後では面積は増加しない．

「崩壊」する部分の結論を述べる．リーマン多様体に対しても $\rho(p)$ を (4.76) と同様に定義し，$\rho_-(p) = \min(\operatorname{diam}(M,g), \rho(p))$ とおく．

定理 4.129 ([SY05, §8]) ある定数 $w, \varepsilon > 0$ が存在して，次の条件を満たす凸境界を持つコンパクト 3 次元リーマン多様体 (M, g) はグラフ多様体である．
1. 任意の $p \in M$ に対して $\operatorname{vol} B(p, \rho_-(p)) \leq w \rho_-(p)^3$ が成り立つ．
2. ∂M の各成分 S は $\operatorname{diam} S \leq w$ を満たし，S の 1-近傍上で断面曲率評価 $-\frac{1}{4} - \varepsilon \leq K_M \leq -\frac{1}{4} + \varepsilon$ が成り立つ．

[Per03b, 7.4] の主張は曲率の微分に関する仮定をおいた主張であったが証明は与えられていない．その形での結果は [MT06],[KL14] などで証明が与えられている．他に [BBB$^+$10] による結果もある．いずれにせよ定理 4.129 により縮小スケーリング $\tilde{M} = (M, t^{-1}g(t))$ の「崩壊」する部分の位相は決定する．正確には $\rho(p) \gg d(t) = \operatorname{diam}(M, g(t))$ で $\operatorname{Vol}(M, g) \geq w d(t)^3$ となる場合は別に取り扱う必要がある．このときは正規化体積 $\overline{V}(t)$ の漸近挙動から $d(t) \leq C\sqrt{t}$ であ

4.10 長時間挙動

り，乗数 $\sqrt{T}$ の代わりに $d(T)$ による縮小スケーリングを考えて $\frac{d(t)}{\rho(p)} \to 0$ の極限を考えると命題 4.127 と命題 4.125 の 3. により平坦な計量に収束するからこの場合 M は平坦多様体の位相を持つ．

定理 4.130 ([Per03b])　閉 3 次元多様体 M 上には時間 $[0, \infty)$ で定義された $\bar{\delta}_*$-手術付きリッチフロー $(M, g(t))$ で次の条件を満たすものが存在する.
1. 有限個の完備体積有限双曲多様体 $\mathcal{H}^1, \ldots, \mathcal{H}^k$ と $(M, g(t))$ への境界非圧縮的埋め込み $\phi_t^i : \mathcal{H}_\varepsilon^i \to M$ が $[T, \infty)$ で定義され，$t \to \infty$ のとき $t^{-1}(\phi_t^i)^* g(t)$ は双曲計量に収束する.
2. $M \setminus \bigsqcup_i \phi_t^i(\mathcal{H}_\varepsilon^i)$ はグラフ多様体である.

　手術付きリッチフローの $t \to \infty$ の極限で得られる連結成分は $\mathcal{H}^i$ とグラフ多様体を非圧縮的トーラス境界で貼りあわせたものである．さらに $\mathcal{H}^i$ 自体は（双曲化定理 2.78 の直前の定義の意味で）単純であるから非圧縮的境界の成分は分離可能トーラス（定義 2.72）であり，JSJ-分解の存在と一意性 2.77 により $\mathcal{H}^i$ は JSJ-分解の単純成分となる．残りの成分はグラフ多様体だが，命題 2.69 の連結和分解を行ったあと，非圧縮的トーラスの族 $\mathcal{T}$ でザイフェルト多様体の族 $\mathcal{S}$ に分解される．$\mathcal{T}$ の分離可能トーラスを全て含む JSJ-系を考え，[Jac80, VI.34] を用いると $\mathcal{T}$ に新しく加えた分離可能トーラスは $S \in \mathcal{S}$ に含まれ，S の適当なザイフェルト構造のファイバーからなるものとしてよいので必要ならばザイフェルト構造をとりかえながら順に JSJ-成分を切り出していくと，グラフ多様体はザイフェルト成分に JSJ-分解されることが従う．とくに結果としてトーラス的 JSJ-成分がザイフェルトであることも従う．

系 4.131　サーストンの幾何化予想は正しい.

　最後に定理 4.130 の結論のその後の改良について幾つか述べて本書の結びとする．定理 4.130 では 3 次元多様体の素因子分解が全て実行されることはあくまで長時間挙動の解析による「結果論」であるが，もっと直接的に素因子分解の実行を見るための研究がされている．ペレルマン自身による [Per03a] は M

の素因子の普遍被覆がいずれも可縮でないとき解は有限時間で消滅することを主張する.とくにポアンカレ予想は長時間挙動の解析によらず解決することになる.この方向の結果としては [CM05],[CM08] がある.最近の特筆すべき結果は [Bam11],[Bam12],[Bam13] における決定的な結論である.一連の論文は普遍被覆上で解析を行うことにより手術が有限回で済むことと縮小スケーリング $(M, t^{-1}g(t))$ の曲率の有界性を主張する.これは [Ham95b] に述べられていた元々のハミルトン・ヤウプログラムを完全に解決する.

付録 ◇ ファイバー束と主束の接続

$\pi: E \to B$ を全射とする．B の開被覆 $\{U_\alpha\}_\alpha$ とその上の自明化

$$\phi_\alpha: \pi^{-1}(U_\alpha) \ni e \mapsto (\pi(e), g_\alpha(e)) \in B \times F$$

が与えられているとき，π を B 上の（C^∞ 級）F-ファイバー束というのであった．簡単のため，ここでは可微分のカテゴリで議論をする．つまり E, B, F は多様体であるとして，π は可微分，ϕ_α を微分同相とするが，位相空間のカテゴリで同様の定義を行うこともできる．このとき，局所自明化の変換は $\phi_\beta \circ \phi_\alpha^{-1}(b, f) = (b, g_{\beta\alpha}(b)f)$ と書ける．ここで，$g_{\beta\alpha}$ は F の自己微分同相群 $\mathrm{Diff}(F)$ への写像 $U_\alpha \cap U_\beta \ni b \mapsto g_{\beta\alpha}(b) \in \mathrm{Diff}(F)$ で C^∞ 級位相に対して連続である．$g_{\beta\alpha}$ を変換関数という．明らかに $g_{\beta\alpha}$ は

$$g_{\alpha\alpha} \equiv 1, \quad g_{\alpha\beta}g_{\beta\alpha} \equiv 1, \quad g_{\alpha\beta}g_{\beta\gamma}g_{\gamma\alpha} \equiv 1 \tag{A.1}$$

を満たしていて，逆にこのような変換関数 $\{g_{\beta\alpha}\}_{\alpha,\beta}$ が与えられれば F-ファイバー束を構成することもできる．(A.1) の最後の条件をコサイクル条件という．全ての変換関数が部分群 $G \subset \mathrm{Diff}(F)$ に値を取るとき，ファイバー束は構造群 G を持つという．とくに，リー群 G が F に作用しているとき，G を構造群とする F-ファイバー束 $M \to B$ を (G, F)-束と呼ぶことにする（$G \to \mathrm{Diff}(F)$ が単射でない場合も構造群という言葉を用いる）．

- **例 A.1**（ベクトル束） $\mathrm{GL}_n(\mathbb{R})$ の標準的線形作用による $(\mathrm{GL}_n(\mathbb{R}), \mathbb{R}^n)$-束は（$n$ 階）実ベクトル束のことである．直交群 $O(n)$ に制限して得られる $(O(n), \mathbb{R}^n)$-束は計量付き実ベクトル束である．また，$(\mathrm{GL}_n^+(\mathbb{R}), \mathbb{R}^n)$-束は向きづけられた実ベクトル束であり，$(SO(n), \mathbb{R}^n)$-束は向きづけられた計量付き実ベクトル束である．$\mathrm{GL}_n(\mathbb{C})$ やユニタリ群 $U(n)$ を考えれば複素ベクトル束やエルミートベクトル束などが得られる．

リー群 G は左からの積で自身に作用するが，(G,G)-束を**主 G 束**と呼ぶ．右からの G の積は主 G 束上に G の自由な右作用を定め，この作用はファイバーに推移的に作用する．逆にファイバーに推移的な自由な右作用を持つ G-ファイバー束は主 G 束である．一般に G が F に効果的に作用しているとき，与えられた (G,F)-ファイバー束と同じ変換関数を持つ主 G 束 P を構成することができる．このとき，G の作用 ρ を持つ空間 Y が与えられたとき，G を $(p,y) \mapsto (pg, \rho(g^{-1})y)$ により $P \times Y$ に右作用させれば (G,Y)-束 $P \times_\rho Y := P \times Y/G \to B$ を構成することができる．これを P の**随伴束**という．とくに $Y = F$ とすれば (G,F)-束 $E \to B$ が回復する．

● 例 **A.2** n 階実ベクトル束 $\pi : E \to B$ に対して，そのファイバー $E_b = \pi^{-1}(b)$ の基底を**枠**という．枠全体の集合

$$F(E_b) = \{u : \mathbb{R}^n \to E_b \mid u \text{ は線形同型.}\}$$

を考える．b における $E \to B$ の局所自明化は $F(E_b)$ の元 u_0 を一つ定め，同一視 $F(E_b) \ni u \mapsto u^{-1}u_0 \in \mathrm{GL}_n(\mathbb{R})$ を与える．この同一視の下で $F(E_x)$ をファイバーとするファイバー束 $F(E) \to B$ は $E \to B$ と同じ変換関数を持つ主 $\mathrm{GL}_n(\mathbb{R})$ 束として構成されることが分かる．$F(E) \to B$ を**枠束**という．$E \to B$ が計量つきベクトル束ならば $E \to B$ と同じ変換関数を持つ主 $O(n)$ 束は正規直交枠束である．

B_0, B_1 上の主 G 束の間の写像 $\rho : P_0 \to P_1$ が任意の $g \in G$ に対して $\rho(pg) = \rho(p)g$ を満たすとき ρ を主 G 束の準同型という．定義から ρ はファイバーをファイバーに写し，$\phi_\rho : B_0 \to B_1$ を導く．このとき，ρ は ϕ_ρ を被覆するという．とくに ϕ_ρ が微分同相であるとき，ρ を主 G 束の同型，さらに $B_0 = B_1$ で ϕ_ρ が恒等写像であるとき，ρ を主 G 束の（ゲージ）同値写像という．P の自己同型全体を $\mathrm{Aut}(P)$，自己同値写像全体を $\mathrm{Aut}_0(P)$ と書く．G の中心元の右作用は P の自己同値写像を導く．$\mathrm{Aut}(P)$ は (G,F)-束 $P \times F/G$ にファイバー束の同型として作用する（F には恒等写像として作用させる）．

B 上の主 G 束は (A.1) を満たす変換関数で記述される．同じ開被覆 $\mathcal{U}$ に付随する 2 つの変換関数 $\{g_{\beta\alpha}\}, \{h_{\beta\alpha}\} \in C^1(\mathcal{U}, G) = \prod_{\alpha \neq \beta} C^\infty(U_\alpha \cap U_\beta, G)$ が B

上の 2 つの主 G 束 P, Q を構成するものとしよう．同値写像 $f : P \to Q$ の局所表示 f_α は

$$f_\beta g_{\beta\alpha} f_\alpha^{-1} = h_{\beta\alpha} \tag{A.2}$$

を満たす．つまり，$\mathcal{U}$ 上で自明化される主 G 束の同値類は (A.1) を満たす変換関数全体の空間（コサイクルの空間）$Z^1(\mathcal{U}, G)$ を $C^0(\mathcal{U}, G) = \prod C^\infty(U_\alpha, G)$ の導くコバウンダリ同値 (A.2) の関係で割った集合と同一視できる．開被覆 $\mathcal{U}$ の細分に関する帰納極限をとれば主 G 束の同値類と一致する．このように主 G 束の同値類を一種のチェックコホモロジーと見なして $H^1(B, G)$ と書く．とくに，G がアーベル群であれば，通常のチェックコホモロジーと一致する．一般には $H^1(B, G)$ は群の構造を持たないが，自明束の定める同値類 1_G が指定された点付き集合である．リー群の準同型 $\rho : G \to H$ があれば，変換関数 $\rho(g_{\beta\alpha})$ を考えて主 H 束が定められるが，このとき，コバウンダリ同値が保たれることから，同値類についても $\rho_* : H^1(B, G) \to H^1(B, H)$ が導かれ，$\rho_*(1_G) = 1_H$ である．ρ が単射準同型であるとき，ρ_* の像に含まれる主 H 束は構造群が G に**簡約可能**という．

定理 A.3 リー群の短完全列 $1 \to K \xrightarrow{i} G \xrightarrow{j} H \to 1$ に対して，完全列

$$H^1(B, K) \xrightarrow{i_*} H^1(B, G) \xrightarrow{j_*} H^1(B, H)$$

が得られる．K の像が G の中心に含まれるとき，通常のチェックコホモロジー $H^2(B, K)$ への連結作用素 $\delta : H^1(B, H) \to H^2(B, K)$ が定義され

$$H^1(B, K) \xrightarrow{i_*} H^1(B, G) \xrightarrow{j_*} H^1(B, H) \xrightarrow{\delta} H^2(B, K)$$

と完全列はさらに右に延長する．

注意 A.4 点付き集合の間の列 $(A, a) \xrightarrow{i} (B, b) \xrightarrow{j} (C, c)$ の完全性は $j^{-1}(c) = i(A)$ が成り立つという意味である．

- **例 A.5（第一 Stiefel-Whitney 類）** リー群の完全列 $1 \to \mathrm{GL}_n^+(\mathbb{R}) \to \mathrm{GL}_n(\mathbb{R}) \to \mathbb{Z}_2 \to 1$ に対して，定理 A.3 から完全列

$$H^1(B, \mathrm{GL}_n^+(\mathbb{R})) \xrightarrow{i_*} H^1(B, \mathrm{GL}_n(\mathbb{R})) \xrightarrow{j_*} H^1(B, \mathbb{Z}_2)$$

が得られる．主 GL_n 束 P に対して $w_1(P) := j_*(P) \in H^1(B, \mathbb{Z}_2)$ を第一 Stiefel-Whitney 類という．列の完全性から $w_1(P) = 0$ であることは P が GL_n^+ に簡約可能であるための必要十分条件である．

● **例 A.6（第一チャーン類）** アーベルリー群の完全列 $1 \to \mathbb{Z} \to \mathbb{R} \to U_1 \to 1$ に対して，定理 A.3 から完全列

$$H^1(B, \mathbb{Z}) \xrightarrow{i_*} H^1(B, \mathbb{R}) \xrightarrow{j_*} H^1(B, U_1) \xrightarrow{\delta} H^2(B, \mathbb{Z})$$

を得る．$H^1(B, \mathbb{R})$ は位相群 $\mathbb{R}$ の主束の空間で通常の $\mathbb{R}$ 係数コホモロジーとは異なり，$H^1(B, \mathbb{R}) = 0$ である（$\mathbb{R}$ 係数コホモロジー $H^1(B, \mathbb{R})$ は離散群 $\mathbb{R}$ についての主束の同値類である）．実際コサイクル条件を満たす $\mathbb{R}$-値変換関数 $g_{\alpha\beta}$ に対して，被覆に付随する 1 の分割 χ_α を用いて，$f_\alpha \in C^0$ を $f_\alpha = \sum_\gamma \chi_\gamma g_{\alpha\gamma}$ で定めると，$\delta f_{\alpha\beta} = f_\beta - f_\alpha = g_{\beta\alpha}$ となりコバウンダリとなることが分かる．とくに，連結準同型 $\delta : H^1(B, U_1) \to H^2(B, \mathbb{Z})$ は単射となり B 上の主 U_1 束を完全に分類する．主 U_1 束 P の像 $c_1(P) := \delta(P) \in H^2(B, \mathbb{Z})$ を第一チャーン類という．

G のリー環を $\mathfrak{g}$ とするとき，P への $g \in G$ の右作用の微分は $\mathfrak{g}$ から P 上のファイバーに沿ったベクトル場全体 $\mathcal{V}$ へのリー環の表現 $\mathfrak{g} \ni \xi \mapsto \xi^* \in \mathcal{V}$ を与える．P 上の $\mathfrak{g}$ 値 1-形式 θ で，$\xi \in \mathfrak{g}, g \in G$ に対して，

$$\theta(\xi^*) = \xi, \ R_g^* \theta = \mathrm{Ad}\, g^{-1} \theta$$

を満たすものを**接続形式**という．ここで R_g は P への右作用，Ad は G の（左）随伴表現である．θ は P の各点 x に水平部分空間 $H_x = \ker \theta_x \subset T_x P$ を定め，これにより G-不変水平分布 H が定まる．一般に分布とは TP の部分ベクトル束のことであり，水平分布とは P のファイバー方向の分布に横断的な分布のことである．G-不変水平分布 H を与えることと接続形式 θ を与えることは等価であるが，θ あるいは H を**接続**と呼ぶことが多い．P 上の $\mathfrak{g}$-値 2 次微分形式 F を

$$F(X, Y) = d\theta(X, Y) + [\theta(X), \theta(Y)]$$

で定める．ここで，第二項の [,] はリー環のブラケットである．$F = F_\theta$ を θ の曲率形式という．水平分布 H の可積分性は $d\theta(h_1, h_2) = -\theta([h_1, h_2])$ が $h_1, h_2 \in H$ に対して消えることと同値であるから F は H の可積分性の障害を与えている．定義から F は水平的（$\xi \in \mathfrak{g}$ に対して $F(\xi^*, \cdot) = 0$）であり，不変性 $R_g^* F = \operatorname{Ad} g^{-1} F$ を持つ．つまり，F はベクトル束 $\operatorname{Ad}(P) = P \times_{\operatorname{Ad}} \mathfrak{g}$ に値を取る 2 次微分形式を定める．これを曲率テンソルという．とくに，G がアーベル群ならば，F は B 上の $\mathfrak{g}$ 値 2 次閉形式を定めることになる．

• **例 A.7** θ を主 U_1 束 $P \to B$ 上の接続形式とする．U_1 のリー環は $2\pi\sqrt{-1}\mathbb{R}$ である．B 上の開被覆 $\mathcal{U} = \{U_\alpha\}$ をその交わりが全て単連結であるようにとる．変換関数を $g_{\beta\alpha}$ とするとき，$U_\beta \cap U_\alpha$ 上で $g_{\beta\alpha} = e^{2\pi\sqrt{-1}f_{\beta\alpha}}$ となる実数値関数 $f_{\beta\alpha}$ を選ぶと，$\delta f_{\alpha\beta\gamma} = f_{\alpha\beta} + f_{\beta\gamma} + f_{\gamma\alpha} \in C^2(\mathcal{U}, \mathbb{Z})$ となる．これは例 A.6 の定義から $c_1(P)$ を代表する．一方，P の局所自明化 $P|_{U_\alpha} \simeq U_\alpha \times U_1$ の下で接続形式 θ は $\theta_\alpha = 2\pi\sqrt{-1}(dt + \mu_\alpha)$ と書ける．ここで，μ_α は U_α 上の一次微分形式の引き戻しである．このとき μ_α の変換則は

$$\mu_\beta - \mu_\alpha = df_{\beta\alpha} \tag{A.3}$$

で与えられる．一方曲率形式 F は

$$d\mu_\alpha = \frac{F}{2\pi\sqrt{-1}} \tag{A.4}$$

で与えられる．とくに P 上の 2 つの接続 θ, θ' の差は B 上の 1-形式 a の引き戻しによって与えられ，とくに a が閉形式ならば (A.4) により曲率形式は等しくなる．また (A.3) と (A.4) は [BT82, Section II-9] のドラームの定理の同型により，$f_{\beta\alpha}$ の定める $c_1(P) \in H^2(B, \mathbb{Z})$ の $H^2(B, \mathbb{R})$ における像と $\frac{F}{2\pi\sqrt{-1}} \in H^2_{DR}(B)$ が対応することを示している．とくに係数拡大 $H^2(B, \mathbb{Z}) \to H^2(B, \mathbb{R})$ が単射であれば，そのドラームコホモロジー類は $c_1(P)$，したがって P の同値類，をただ一つ定める．逆に B 上の 2 次閉形式 F が $H^2(B, \mathbb{Z})$ の元を代表するならば，U_α 上で (A.4) により μ_α を選び，(A.3) により $f_{\beta\alpha}$ を定めると，$f_{\beta\alpha}$ は整数に値を持つ．したがって，$g_{\beta\alpha} = e^{2\pi\sqrt{-1}f_{\beta\alpha}}$ により変換関数を定めて P, θ を構成すれば，与えられた $c_1(P)$ を持つ主 U_1 束とその上の接続形式を構成することができる．

Aut(P) は引き戻しにより接続全体に作用し，とくに $Z(G)$ の右作用は全ての接続を固定する．$\sigma \in \mathrm{Aut}(P)$ は曲率形式には $\sigma^* F_\theta = F_{\sigma*\theta}$ で作用する．B 上の微分形式 ω に対して，$\mathrm{Diff}(B,\omega) = \{\sigma \in \mathrm{Diff}(B) \mid \sigma^*\omega = \omega\}$ とおき，接続形式 θ を保つ P 上のゲージ同値写像全体を $\mathrm{Aut}(P,\theta) = \mathrm{Aut}(P) \cap \mathrm{Diff}(P,\theta)$ とする．例 A.7 の結論を次の形にまとめておく．

補題 A.8 $\iota : H^2(B,\mathbb{Z}) \to H^2(B,\mathbb{R})$ は単射であるとする．$P \in H^1(B,U_1)$ 上の接続形式全体を $\mathcal{A}_P$ とおく．

1. $H^1(B,U_1) \ni P \mapsto [\frac{F_\theta}{2\pi\sqrt{-1}}] \in \iota(H^2(B,\mathbb{Z}))$ は $\theta \in \mathcal{A}_P$ のとり方によらず定まる一対一対応である．
2. $H^1(B,\mathbb{Z}) = 0$ とする．$P \in H^1(B,U_1)$，$\theta,\theta' \in \mathcal{A}_P$ に対して $F_\theta = F_{\theta'}$ ならば $\sigma^*\theta = \theta'$ を満たす $\sigma \in \mathrm{Aut}_0(P)$ が存在する．また次の短完全列が得られる．

$$1 \to U_1 \to \mathrm{Aut}(P,\theta) \to \mathrm{Diff}(B,F_\theta) \to 1.$$

証明 1. は上でみた．2. を示す．曲率形式が一致するので B 上の 1-形式 $\theta' - \theta$ は閉形式であるが，$H^1(B,\mathbb{Z}) = 0$ ならば，これは完全形式 df である．このとき $e^{2\pi\sqrt{-1}f}$ の作用を σ としてとればよい．後半の完全性を見る．定義から θ を保つ自己同型は適当な定数 $e^{2\pi t_0}$ の作用で書けるので，$U_1 = \mathrm{Aut}_0(P) \cap \mathrm{Aut}(P,\theta)$ と同一視できる．$\phi \in \mathrm{Diff}(B,F_\theta)$ とすると $\phi^*\theta, \theta$ は同じ曲率形式を持つので 1. から ϕ^*P は P と同値であり，前半の主張から $\sigma^*\phi^*\theta = \theta$ となる $\sigma \in \mathrm{Aut}_0(P)$ が存在する．つまり $\mathrm{Aut}(P,\theta) \to \mathrm{Diff}(B,F_\theta)$ は全射である．∎

• **例 A.9** 主 G 束 $\pi : P \to B$ と G の線形作用を持つベクトル空間 V が与えられているとき，(G,V)-束 $E = P \times V/G$ はベクトル束をなす．$E \to B$ の切断 s は P 上の V 値関数 S で $g \in G$ の右作用に関して G-不変性 $S(pg) = g^{-1}S(p)$ を満たすものと同一視される．P 上に接続が与えられていてその水平分布を H とする．B 上のベクトル場 X に対して $\pi\overline{X}(p) = X(\pi(p))$ を満たす水平持ち上げ $\overline{X}(p) \in H_p \subset T_pP$ がただ一つ定まるが，これは P 上の G-不変水平ベクトル場 $\overline{X}$ を定める．切断 s の定める V 値関数 S の微分 $\overline{X}S$ はやはり G-不変性を持つから切断 $D_X s$ が定まる．$s \mapsto D_X s$ を接続によって定められる **共変微分** と

いう.

とくに P が接ベクトル束 TB の枠束である場合,G として例 A.1 の線形群,V として $\mathbb{R}^n$ のテンソル積をとれば E の切断はいわゆるテンソル場となる.$p \in P$ の定める枠 $p = (e_1, \ldots, e_n)$ に対して,e_i の水平持ち上げ $\overline{X}_i$ を考えるとやはり P 上の水平ベクトル場 $\overline{X}_1, \ldots, \overline{X}_n$ が得られる.この場合 e_i 方向への共変微分の枠 p に関する成分 $D_i s$ は V-値関数の微分 $\overline{X}_i S$(これは G-不変ではない)として計算される.

参考文献

[Bam11] R. Bamler, *Long-time analysis of 3 dimensional Ricci flow I*, arXiv:1112.5125, December 2011.

[Bam12] _____, *Long-time analysis of 3 dimensional Ricci flow II*, arXiv:1210.1845, October 2012.

[Bam13] _____, *Long-time analysis of 3 dimensional Ricci flow III*, arXiv:1310.4483, October 2013.

[BBB+10] L. Bessiéres, G. Besson, M. Boileau, S. Moaillot, and J. Porti, *Collapsing irreducible 3-manifolds with nontrivial fundamental group*, Invent. Math. **179** (2010), no. 2, 435–460.

[BBI01] D. Burago, Y. Burago, and S. Ivanov, *A course in metric geometry*, Graduate Studies in Math, vol. 33, AMS, 2001.

[BGP92] Y Burago, M. Gromov, and G. Perelman, *A.D.Alexandrov spaces with curvature bounded below*, Russ. Math. Surveys **47** (1992), 1–58.

[Bin59] R.H. Bing, *An alternative proof that 3-manifolds can be triangulated*, Annals of Mathematics **69** (1959), 37–65.

[BK81] P. Buser and H. Karcher, *Gromov's almost flat manifolds*, Asterisque, vol. 81, Soc. Math. France, 1981.

[BT82] R. Bott and L.W. Tu, *Differential forms in algebraic geometry*, Springer, 1982.

[CCG+07] B. Chow, S-C. Chu, D. Glickenstein, C. Guenther, J. Isenberg, T. Ivey, D. Knopf, P. Lu, F. Luo, and L. Ni, *The Ricci Flow: Techniques and Applications Part I:Geometric Aspects*, Mathematical Surveys and Monographs, vol. 135, American Mathematical Society, 2007.

[CCG+08] _____, *The Ricci Flow: Techniques and Applications Part II:Analytic Aspects*, Mathematical Surveys and Monographs, vol. 144, American Mathematical Society, 2008.

[CE75] J. Cheeger and D.G. Ebin, *Comparison Theorems in Riemannian geometry*, North Holland, 1975.

[CG71] J. Cheeger and D. Gromoll, *The splitting theorem for manifolds of nonnegative ricci curvature*, J.D.G. **6** (1971), 119–128.

[CG72]   _____, *On the structure of complete manifolds of non-negative curvature*, Ann. of Math. **96** (1972), 413–443.

[CG90]   J. Cheeger and M. Gromov, *Collapsing Riemannian manifolds while keeping their curvature bounded II*, J.D.G. **32** (1990), 269–298.

[CGT82] J. Cheeger, M. Gromov, and M. Taylor, *Finite propagation speed, kernel estimates for functions of the Laplace operator, and the geometry of complete Riemannian manifolds*, J.D.G. **17** (1982), 15–53.

[CJ94]   A. Casson and D. Jungreis, *Convergence groups and Seifert fibered 3-manifolds*, Invent. Math. **118** (1994), 441–456.

[CM05]   T.H. Colding and W.P. Minicozzi, *Estimates for the extinction time for the Ricci flow on certain 3-manifolds and a question of Perelman*, J. Amer. Math. Soc. **18** (2005), no. 3, 561–569.

[CM08]   T. Colding and W.P. Minicozzi, *Width and Finite extinction time of Ricci flow*, Geometry and Topology **12** (2008), 2537–2586.

[CZ06]   B. Chen and X. Zhu, *Uniqueness of the Ricci Flow on complete noncompact manifolds*, J.D.G. **74** (2006), 119–154.

[DeT83] D. DeTurck, *Deforming the metric in the direction of their Ricci tensors*, J.D.G. **18** (1983), no. 1, 157–162.

[Eps72] D.B.A. Epstein, *Periodic flows on three manifolds*, Annals of Mathematics **95** (1972), no. 1, 66–82.

[Fri64] A. Friedman, *Partial Differential Equations of Parabolic type*, Prentice-Hall, 1964.

[Gab92] D. Gabai, *Convergence groups are Fuchsian groups*, Annals of Mathematics **136** (1992), 447–510.

[GM69]   D. Gromoll and W. Meyer, *On complete open manifolds of positive curvature*, Ann. of Math. **90** (1969), 75–90.

[GS77]   K. Grove and K. Shiohama, *A generalized sphere theorem*, Ann. of Math. **106** (1977), no. 2, 201–211.

[GW88]   R.E. Greene and H. Wu, *Lipschitz convergence of Riemannian manifolds*, Pacific J. Math. **131** (1988), 119–141.

[Ham82] R.S. Hamilton, *Three-manifolds with positive Ricci curvature*, J.D.G. **17** (1982), 255–306.

[Ham86] _____, *Four-manifolds with positive curvature operator*, J.D.G. **24** (1986), 153–179.

[Ham93] _____, *The Harnack estimate for the Ricci flow*, J.D.G. **37** (1993), 225–243.

[Ham95a] _____, *A compactness property of solutions of the Ricci flow*, American Journal of Math. **117** (1995), 545–572.

[Ham95b] _____, *Formation of singularities in the Ricci flow*, Surveys in Diff. Geom.

参考文献　315

	2 (1995), 7–136.
[Ham99]	———, *Non-singular solutions of the Ricci flow on three manifolds*, Commun. Anal. Geom. **7** (1999), no. 4, 695–729.
[Hat83]	A. Hatcher, *A proof of a Smale conjecture*, $Diff(S^3) \simeq O(4)$, Annals of mathematics **117** (1983), no. 2, 553–607.
[Hem76]	J Hempel, *3-manifolds*, Annals of mathematics studies, Princeton, 1976.
[Hsu07]	S.Y. Hsu, *Uniqueness of solutions of Ricci flow on complete noncompact manifolds*, arXiv:0704.3468, April 2007.
[Jac80]	W.H. Jaco, *Lectures on three-manifold topology*, AMS, 1980.
[Joh79]	K. Johannson, *Homotopy equivalences of 3-manifolds with boundaries*, Lecture notes in Math., vol. 761, Springer, 1979.
[Jos84]	J. Jost, *Harmonic mappings between Riemannian manifolds*, Proceedings of the Centre for Mathematical Analysis, Australian National University, 1984.
[JS79]	W.H. Jaco and P.B. Shalen, *Seifert fibered spaces in 3-manifolds*, Memoirs of the AMS, AMS, 1979.
[Kap01]	M. Kapovich, *Hyperbolic manifolds and Discrete groups*, Birkhäuser, 2001.
[Kas88]	A. Kasue, *A compactification of a manifold with asymptotically nonnegative curvature*, Ann. Sci. Ec. Norm. Sup **21** (1988), no. 4, 593–622.
[Ker83]	S.P. Kerckhoff, *The Nielsen Realization Problem*, Annals of Mathematics **117** (1983), no. 2, 235–265.
[KL08]	B. Kleiner and J. Lott, *Notes on Perelman's papers*, Geometry and Topology **12** (2008), 2587–2858.
[KL14]	———, *Locally collapsed 3-manifolds*, Asterisque journal **359** (2014), no. 1.
[Kne29]	H. Kneser, *Geschlossene Flächen in dreidimensionalen Mannigfaltigkeiten*, Jahresbericht der Deut. Math. Verein. **38** (1929), 248–260.
[Kob11]	R. Kobayashi, リッチフローと幾何化予想, 培風館, 2011.
[Lan69]	S. Lang, *Real Analysis*, Addison-Wesley, 1969.
[Mat03]	S. Matveev, *Algorithmic Topology and Classification of 3-manifolds*, Algorithms and Computation in Mathematics, vol. 9, Springer, 2003.
[Mil62]	J. Milnor, *A unique factorization theorem for 3-manifolds*, Amer. J. Math. **84** (1962), 1–7.
[Moi52]	E.E. Moise, *Affine structures in 3-manifolds V. the triangulation theorem and Hauptvermutung*, Annals of Mathematics **55** (1952), 96–114.
[Mos73]	G. D. Mostow, *Strong rigidity of locally symmetric spaces*, Princeton, 1973.
[MT06]	J.W. Morgan and G. Tian, *Ricci flow and the Poincaré Conjecture*, arXiv:math.DG/0607607, 2006.
[MT07]	J. Morgan and G. Tian, *Ricci flow and the Poincaré Conjecture*, Clay Mathematics Monograph, vol. 3, American Mathematical Society and Clay Math-

ematics Institute, 2007.

[Mun60] J. Munkres, *Obstructions to the Smoothing of Piecewise-Differential Homeomorphism*, Annals of mathematics **72** (1960), no. 3, 521–554.

[Mun61] J.R. Munkres, *Elementary differential topology*, Princeton, 1961.

[MY80] W.H. Meeks and S.T. Yau, *Topology of three manifolds and the embedding problems in minimal surface theory*, Annals of Mathematics **112** (1980), no. 3, 441–484.

[Per02] G. Perelman, *The entropy formula for the Ricci flow and its geometric applicattions*, arXiv:math.DG/0211159, 2002.

[Per03a] ———, *Finite extinction time for the solutions to the Ricci flow on certain three-manifolds*, arXiv:math.DG/0307245, 2003.

[Per03b] ———, *Ricci flow with surgery on three-manifolds*, arXiv:math.DG/0303109, 2003.

[Pet84] S. Peters, *Cheeger's finiteness theorem for diffeomorophism classes of Riemannian manifolds*, J. Reine Angew. Math. **349** (1984), 77–82.

[PT01] A. Petrunin and W. Tuschmann, *Asymptotical flatness and cone structure at inifinity*, Math. Ann. **321** (2001), 775–788.

[Rat94] J. Ratcliffe, *Foundations of hyperbolic manifolds*, Graduate Texts in Mathematics, vol. 149, Springer, 1994.

[Ree52] G. Reeb, *Sur certaines propriétés toplogiques des variétés feuillétées.*, Actualités Sci. Indust. **1183** (1952).

[Rei35] K. Reidemeister, *Homtopieringe und Linsenraüme*, Hamburger Abhandl **11** (1935), 102–109.

[RS82] C.P. Rourke and B.J. Sanderson, *Introduction to Piecewise-Linear Topology*, Springer Verlag, 1982.

[Sco80] P. Scott, *A new proof of the annulus and torus theorems*, Amer. J. Math. **102** (1980), 241–277.

[Sco83] G.P. Scott, *The geometries of three manifolds*, Bull. London Math. Soc. **15** (1983), 401–487.

[Sha77] V. Sharafutdinov, *Pogolerov-Klingenberg theorem for manifolds homeomorphic to $\mathbb{R}^n$*, Sibirsk. Math. Zh. **18** (1977), 915–925.

[Shi89] W.X. Shi, *Ricci deformation of the metric on complete noncompact Riemannian manifolds*, J.D.G. **30** (1989), 303–394.

[Sma59] S. Smale, *Diffeomorphisms of 2-sphere*, Proceedings of AMS **10** (1959), 621–626.

[SY05] T. Shioya and T. Yamaguchi, *Volume collapsed three-manifolds with a lower curvature bound*, Math. Ann. **333** (2005), 131–155.

[Thu97] W.P. Thurston, *Three-dimensional geometry and topology*, vol. 1, Princeton,

	1997.
[Thu98a]	———, *Hyperbolic Structures on 3-manifolds, I: Deformation of acylindrical manifolds*, arXiv:math/9801019, 1998.
[Thu98b]	———, *Hyperbolic Structures on 3-manifolds, II: Surface groups and 3-manifolds which fiber over the circle*, arXiv:math/9801045, 1998.
[Thu98c]	———, *Hyperbolic Structures on 3-manifolds, III: Deformations of 3-manifolds with incompressible boundary*, arXiv:math/9801058, 1998.
[Wal67]	F. Waldhausen, *Gruppen mit zentrum und 3-dimensionale mannigfaltigkeiten*, Topology **6** (1967), 501–504.
[Whi39]	J.H.C. Whitehead, *Simplicial spaces, nuclei and m-groups*, Proceedings of London Math. Soc. **45** (1939), 243–327.
[Ye04]	R. Ye, *Notes on reduced volume and asymptotic ricci solitons of kappa solutions*, 2004.

索 引

――――――― 英欧字 ―――――――

A-ホモトピー 182
Alexander の定理 79

(G, F)-束 305
(G, X)-構造 4
(G^n, X^n)-パターン 27
$\mathcal{G}$-構造 2
$\mathcal{G}$-多様体 2
G-不変計量 8

Heegard 曲面 85
Heegard 種数 86
Heegard 分解 84

JSJ-系 119
JSJ-成分 119

$\mathcal{L}^{\bar{\sigma}}$-最小跡 220
$\mathcal{L}^{\bar{\sigma}}$-正則点 220
$\mathcal{L}^{\bar{\sigma}}$-切点 220
$\mathcal{L}$-測地線 211
$\mathcal{L}$-ヤコビ場 214

PL-位相同型 2

ε-狭部 39
ε-近似 196
ε-頸点 265
ε-頸部 265
ε-正規近似 206
ε-笛部 287

ε-帽部 286, 290
ε-歪帽部 286, 290
κ 解 257
κ-非崩壊 207, 208

――――――― あ行 ―――――――

アイソトピー不変性 70
亜群 1
圧縮円板 81
　境界 81
　曲面に関する境界 81
　本質的 81
アレクサンドロフ空間 240
アンビエントアイソトピー 83

一様収束 196
一般の位置 74, 77
　PL 写像の 77
　線形写像の 74

永遠解 134
エンド 250

――――――― か行 ―――――――

階数 97
カスプ領域 41
完全円板族 83
簡約可能 307
簡約体積 221

幾何化 125
幾何モデル 54
軌道多様体 103

索 引

既約　87
キャップ　80
球面定理　96
境界点　74
境界平行　113
強最大値原理　151
共変微分　310
共役　170
局所 ε-分裂　280
局所収束　195
曲率制御　208, 297
　下から　297
曲率テンソル空間　138
キリング形式　58

組み合わせ的　62
クライン群　35
クラインモデル　16
グラフ多様体　111
グロモフ・ハウスドルフ収束　254

計量錐　163, 253

格子　35
勾配型ベクトル場　241
後手術領域　289
古代解　134
固定化群　8
固有埋め込み　78
固有曲面　78

──────── さ行 ────────

ザイフェルト　52
　構造　52
　多様体　52
ザイフェルト成分　120
サポート　279
支持関数　232
写像トーラス　48
主 G 束　306
重心　174
充満部分複体　70
準 κ 解　258

上半平面モデル　17
消耗的　242
随伴束　306
正規化された方程式　132
正規曲面　112
整合的　26, 63
星状近傍　62
正則点　243
正則ファイバー　52
接錐　254
接続　308
接続形式　308
切点　170
漸近錐　254
線形化作用素　142
前手術領域　289
全凸集合　245
線分　12
素　86
素因子分解　86
双曲合同変換　18
　双曲型　18
　楕円型　18
　放物型　18
双曲部分空間　12
測地完備　238
測地空間　237
測地三角形　19
側面　25
ソリトン　133–135, 223, 259, 261
　安定　133
　ガウス　134
　拡大　133
　勾配型　134
　縮小　133
　漸近　259
　葉巻型　135

──────── た行 ────────

退化次元　11

楕円型作用素　149
多面体　61
タワー　97
単純　120
単純交差解消　117
　帯型　117
　　トーラス体型　117
　　胞体型　117
単純二重点ループ　76
断面　266

チャーン数　45
頂点　25
直線　12

つぶれる　73

展開写像　4

等角構造　13
等角写像　13
等方的　10
トーラス的　121
特異点　73
特異ファイバー　52
凸関数　21
凸条件　155

──────── な行 ────────

二面的　79

──────── は行 ────────

ハーケン　120
ハイゼンベルグ群　46
ハミルトン・ヤウプログラム　128
バリア関数　149
貼りあわせパターン　26
半空間　247
半単純　58
半直線　12
ハンドル体　83
非圧縮的　81
　境界　81

比較三角形　19
非正曲率　20
非退化二次形式　11
標準解　130
標準近傍　286
標準近傍定理　277, 290
ファイバー束　305
ブーズマン関数　22
フックス群　35
部分多面体　61
分解系　115
分岐点　73
分離可能　114
分離する　79
分離的　79
平行　113
平行閉曲線交差　121
平面曲面　85
辺　25
ポアンカレモデル　16
放射状交差　121
胞体　62
放物型作用素　149
放物型スケーリング　130
放物近傍　148
放物境界点　148
放物内点　148
ホロ球体　22
ホロノミー群　6
ホロノミー準同型　6

──────── ま行 ────────

脈　25
メビウス変換　14
モース関数　241

──────── や行 ────────

ヤコビ場　170

有界コンパクト 254
ユークリッド構造 3
ユニモジュラー 54

葉 50
葉層構造 50
余コンパクト 35

――――――― ら行 ―――――――

理想三角形 23
リッチフロー 129
 完備 130
 正規 206
 デターク・リッチフロー 143

リンク 62
ループ定理 95

零空間 11
劣解 148
連結和 79, 80
 向きを保つ 80
連結和分解 80
 自明な 80
レンズ空間 43

――――――― わ行 ―――――――

枠 306
枠束 306

著者紹介

戸田 正人(とだ まさひと)

1970年 東京都生まれ
1992年 東京大学理学部数学科卒業
1996年 東京大学大学院数理科学研究科数理科学専攻博士課程修了,博士(数理科学)
　　　 東京都立大学理学部助手を経て,
現　在 お茶の水女子大学基幹研究院自然科学系准教授

共立講座 数学の輝き 9
3次元リッチフローと
幾何学的トポロジー
(*The Ricciflow and the Geometric
Topology of Dimension Three*)

2017年3月25日 初版1刷発行

著 者　戸田正人 © 2017
発行者　南條光章
発行所　共立出版株式会社
　　　　〒112-0006
　　　　東京都文京区小日向4-6-19
　　　　電話番号　03-3947-2511(代表)
　　　　振替口座　00110-2-57035

共立出版㈱ホームページ
http://www.kyoritsu-pub.co.jp/

印　刷　啓文堂
製　本　ブロケード

一般社団法人
自然科学書協会
会員

Printed in Japan

検印廃止
NDC 415.7
ISBN 978-4-320-11203-2

[JCOPY] <出版者著作権管理機構委託出版物>
本書の無断複製は著作権法上での例外を除き禁じられています.複製される場合は,そのつど事前に,出版者著作権管理機構(TEL:03-3513-6969,FAX:03-3513-6979,e-mail:info@jcopy.or.jp)の許諾を得てください.